U0230408

谨以此书献给韩京清先生和吴麒先生

自抗扰控制

——设计、仿真与试验

（上册）

李东海　李明大　吴振龙　　著
何　婷　黄春娥　张玉龙

科学出版社

北京

内 容 简 介

本书主要论述自抗扰控制器设计方法、参数整定规则及其在能源动力控制系统中的仿真模拟与现场试验。本书在理论分析的基础上，通过大量仿真实验详尽地讨论了自抗扰控制的应用，主要包括单变量与多变量系统的控制器设计与参数整定，气化炉、锅炉、汽轮机、发电机、飞行器、水轮发电机组、分布式能源系统等实际对象控制的仿真模拟，以及火电机组控制的现场应用试验。

本书可供过程控制领域的科研人员和工程技术人员阅读，也可以作为高等院校和科研院所控制科学与工程、动力工程及工程热物理等相关专业研究生及高年级本科生的参考用书。

图书在版编目（CIP）数据

自抗扰控制：设计、仿真与试验. 上册 / 李东海等著. -- 北京：科学出版社, 2025.3. -- ISBN 978-7-03-081523-1

Ⅰ. TP273

中国国家版本馆CIP数据核字第2025EL1555号

责任编辑：张海娜　赵微微 / 责任校对：王　瑞
责任印制：肖　兴 / 封面设计：无极书装

科 学 出 版 社 出版
北京东黄城根北街 16 号
邮政编码：100717
http://www.sciencep.com
北京建宏印刷有限公司印刷
科学出版社发行　各地新华书店经销

＊

2025 年 3 月第 一 版　开本：720×1000 1/16
2025 年 3 月第一次印刷　印张：26 1/4
字数：524 000

定价：236.00 元
（如有印装质量问题，我社负责调换）

前　　言

20 世纪 90 年代中期我参与大型火电机组仿真机研制开发，去火电厂收集开发仿真机所需分散控制系统(DCS)的技术资料，与火电机组控制工程师和运行人员交流，发现普遍使用的 PID 控制器在很多场合并未达到满意的动态性能。从多变量频率域控制理论领域进入电力系统和能源动力系统领域，自然激发了我改变控制工程现状的思考，可否基于现代控制理论开发一系列新型控制器替代工业上一直普遍使用的 PID 控制器？是否应当以控制工程需求为驱动重新思考控制理论和控制系统设计方法？

1997 年夏天，一个偶然机会我读到韩京清先生的"自抗扰控制"讲稿，看到其中一系列强非线性时变控制系统动态响应仿真曲线。这些快速收敛和优美的曲线深刻地吸引了我，是我在此前阅读的所有控制理论的文献中从未见到的，这使我立刻想到简明的自抗扰控制算法在控制工程上实现应当是可行的。

从此我开启了长达二十七年的自抗扰控制研究，指导研究生进行了一系列的相关内容探究，包括自抗扰控制理论分析、设计方法和整定规则，大量典型算例仿真、标准实验验证，以及一系列火电机组控制回路试验。

本书主要针对大型复杂热工系统，介绍一种简单实用、效果良好的控制器设计方法和整定规则。通过动态仿真、小型实验台实验以及大型火电机组的现场试验，展现该方法在大型热工系统上良好的应用前景。

全书分为上册和下册，主要内容如下。

上册：设计与整定。

第 1 章为绪论，从自抗扰控制与 PID 控制的关系出发，探讨自抗扰控制的设计思想，初步介绍自抗扰控制在热工过程中应用时需要关注的关键技术问题。

第 2 章介绍自抗扰控制的原理与方法，主要阐述自抗扰控制的基本理论，以及不稳定热方程和不稳定波动方程的自抗扰动态镇定问题。

第 3 章介绍单变量系统的自抗扰控制，主要阐述自抗扰控制在不同类型单回路系统中的结构设计与参数整定。

第 4 章介绍多变量系统的自抗扰控制，从逆解耦、等效开环传递函数、简单解耦以及多变量分散式自抗扰控制等角度阐述自抗扰控制在多变量系统中的结构设计与参数整定。

第 5 章介绍无理传递函数模型和分布参数系统的自抗扰控制，主要阐述自抗扰控制在无理传递函数模型和分布参数系统中的结构设计与参数整定。

第 6 章介绍分数阶系统的自抗扰控制，主要阐述线性与非线性分数阶模型以及具有物理背景的分数阶模型的自抗扰控制器设计与参数整定。

下册：仿真与试验。

第 1 章介绍气化炉的自抗扰控制，从 ALSTOM 气化炉模型及其控制要求出发，阐述气化炉基准问题及其在约束条件下的自抗扰控制和参数优化。

第 2 章介绍锅炉、汽轮机和发电机的自抗扰控制，主要阐述自抗扰控制在火电机组中的应用情况，并阐述自抗扰控制的工程实施、切换保护等实现方法，针对火电机组的过热汽温系统、机炉协调系统、发电机励磁系统、锅炉给水系统、一次风及物料系统和燃烧系统等不同动态特性分别进行控制器结构设计和参数整定。

第 3 章介绍火电机组的自抗扰控制，主要阐述自抗扰控制应用于火电机组热工系统的控制方法，尤其是在火电机组的工程实现问题，包括在火电机组的燃烧系统、汽水系统以及协调系统等重要回路的工程应用实例。

第 4 章介绍飞行器的自抗扰控制，主要阐述多种航空器、航天器的自抗扰控制器结构设计和参数整定，以及自抗扰导引律设计等问题。

第 5 章介绍水轮发电机组与新能源系统的自抗扰控制，主要阐述水轮发电机组的自抗扰控制器结构设计和参数整定，包括单变量、双变量、适应型非线性控制等，以及分布式能源系统的自抗扰控制问题。

在开始自抗扰控制研究时，韩京清先生毫无保留地将自抗扰控制仿真程序提供给我们，金在烈先生创立了 ISEF 项目，促成我在 W. H. Kwon 教授的高等测量与控制研究所访问。大量控制科学文献的阅读，使我从广阔的视野反复审视和深入思考控制理论体系的现状和自抗扰控制的基本原理。前辈吕崇德老师、姜学智老师、杨献勇老师、唐多元老师在研究前景无法预料的阶段一直鼓励我选择并坚持探究这一困难的基础问题。

在漫长的自抗扰控制研究过程中，我与李春文老师、高志强老师、郭宝珠老师、陈阳泉老师、薛定宇老师、罗贵明老师、谭文老师、张维存老师、老大中老师、王培红老师、王京老师、高福荣老师、王吉红老师进行了交流，从中受益匪浅。老大中老师、孙先仿老师、戴亚平老师、谭文老师、王京老师派遣了十几名博士、硕士研究生来我的研究小组参与了自抗扰控制研究。

在研究小组做过自抗扰控制研究的博士、硕士研究生及博士后有刘翔、孙立明、余涛、刘艳芬、曾河华、马素霞、宁喜荣、陈金莉、黄炳红、左哲、王军、闪文晓、陈星、田玲玲、徐益、白仁明、魏伟、李明大、黄春娥、柴素娟、张云帆、张玉琼、康莹、赵东、赵春哲、崔建伟、孙立、马克西姆、刘倩、杨晓燕、吴俊雄、董君伊、沈雅丽、何婷、陈菡苕、吴振龙、张玉龙。

黄焕袍博士、万辉博士、牛海明工程师、陈世和所长、潘凤萍所长、王灵梅老师、贾峰生高工参与了一系列的自抗扰控制工程试验。

我与吕俊复院士、朱民老师、史琳老师、刘尚明老师、蔡瑞忠总工、李政老师、丁艳军老师、王哲老师、刘培老师、薛亚丽老师进行了项目合作，一起推动了自抗扰控制的理论研究和工程试验。K. Y. Lee 教授和刘吉臻院士高度肯定了本书所述自抗扰控制的研究结果，孟庆虎院士肯定了我的科研团队在自抗扰控制工程应用的长期探究中所取得的原创科研成果。

谨向上述所有人士表示真挚的感谢。

然而，对于自抗扰控制的研究和应用，本书的工作仅仅是奠定了在能源与动力系统控制方向的基础。这项研究在学术理论上具有特别的意义，在工程实践中也具有重要的实用价值。还有很多工作需要继续进行，可能将超出我们当前已经完成的范围。真诚地希望有志于此的同行继续研究，为控制科学和控制技术的进步服务，为新型能源动力系统的高效运行和精准控制服务。

自动控制是现代能源动力系统高效、安全、稳定运行的重要支撑。随着现代能源系统经济性、安全性的要求进一步提升，自抗扰控制由于其具有的总扰动实时观测与在线补偿的优势，可以在电力行业、石油行业继续发挥更大的作用，解决能源系统的运行难题，提高运行品质，在构建智慧化、绿色化、经济化的现代能源体系中发挥更突出的作用。

在精密制造领域，如半导体加工、精密机床控制等，对位置、速度、加速度的精度要求都极高。应用自抗扰控制能有效抑制机械振动、摩擦变化等非线性干扰，提升加工精度与稳定性，提高产品质量。此外，在机器人控制、汽车自动驾驶、轨道交通等运动控制领域，自抗扰控制也具有广泛的应用前景。

自抗扰控制未来的研究需要在算法改进和理论分析方面继续深化和拓展；在更多的工业领域进行实践和优化；探索自抗扰控制与其他控制策略如模型预测控制、模糊控制等的结合，并结合神经网络、深度学习、强化学习等人工智能算法实现更复杂系统的控制，以适应未来新技术的挑战和需求。

二十多年前吴麒先生思考控制科学与工程实践方法，总结了学术前辈的观点后指出："控制科学是一门技术科学，设计性能优良的控制系统，从来都是控制科学的核心内容和终极归宿。世世代代的科学家和工程师们创建的博大精深的控制理论体系，最终都要落实到优良的控制系统设计方法上。"以此激励我们持之以恒，面向现代复杂工业过程中的控制问题，循序渐进地改变控制技术。在此过程中，以控制工程试验所反馈的信息为导引、以现代应用数学为分析工具、以动态仿真技术为研究手段、以奥卡姆剃刀原理——大道至简为原则，不断改进控制理论与控制工程。

由于作者水平有限，书中难免存在不妥之处，殷切希望广大读者批评指正。

李东海

2024 年 9 月于清华园

目　　录

第1章 绪 论

自抗扰控制(active disturbance rejection control, ADRC)是中国科学院数学与系统科学研究院韩京清研究员提出的一种不依赖精确数学模型的先进控制思想。本章从自抗扰控制与比例积分微分(proportional-integral-derivative, PID)控制关系出发,探讨自抗扰控制的设计思想,初步介绍自抗扰控制在热工过程中应用时需要关注的关键技术点。

1.1 范式的转变:从 PID 控制到自抗扰控制

PID 控制作为一种工业控制的主要通用解决方案,一直主导着行业发展。它起源于比例控制,可以追溯到工业革命初期的离心调速器。随着控制要求的增加,积分和微分项被添加为改进增量。完整的 PID 控制器是由 Elmer Sperry 于 1911 年针对船舶转向提出的,其数学形式由 Nicholas Minorsky 于 1922 年给出。20 世纪40 年代的经典控制理论,以及 60 年代以后的现代控制理论,并没有对实际的工业实践产生太大的改变,PID 控制作为唯一可行的通用解决方案,至今仍然是独树一帜的。

那么,是什么使得自抗扰控制与众不同呢?

1.1.1 自抗扰控制与 PID 控制的兼容性

韩京清在其具有里程碑意义的专著《自抗扰控制技术——估计补偿不确定因素的控制技术》中对于 PID 控制的机制及其特征的深刻见解是自抗扰控制思想的核心来源。PID 控制的控制动作由设定值和输出之间的偏差驱动,并考虑其当前值、过去值和未来值进行调节计算。系统的稳定性可以通过增益的大范围变化来保证,但是良好的控制性能很难通过增益的大范围变化来实现。PID 控制的简单性是以参数灵敏度为代价的,即只有在很窄的增益范围内才能获得良好的性能,并且不易整定。

在电力行业,PID 控制整定的问题尤其严重,因为每台机组都有超过 100 个PID 控制回路,只有少数的现场工程师能够具备调整这些回路的能力。大多数"高级控制"解决方案很难在现场实施和应用,因为:①它们与 PID 控制设计原则不兼容;②现场工程师无法对它们进行调整优化。

自抗扰控制继承了 PID 控制的偏差驱动设计原理，更进一步地，自抗扰控制将输出偏差的概念扩展到了系统动力学，且通过一些权衡可以简化为 PID 控制的标准形式，没有工程经验的现场工程师也可以在分散控制系统(distributed control system, DCS)中轻松地对其进行组态实现和参数调整。

1.1.2　从一维设计到二维设计

平衡于偏差驱动 PID 控制的设计思想，许多研究人员基本上是先利用反馈的概念，再发展基于模型的控制理论，即从"经典控制"到"现代控制"理论。反馈控制理论的目标不是使偏差为零，而是使用反馈来修改系统的稳定性、瞬态和稳态特性等行为。然而，这两种范式在设计目标上有着共同的单一性，即减少偏差或者改变动态特性，都是"一维"的。

相比之下，自抗扰控制器的设计本质上是二维的，见图 1.1.1，采用了许多实践工程师所熟悉的串联控制方式。内环即扰动抑制器(rejector)，通过设计的扩张状态观测器(extended state observer, ESO)将系统动力学简化为积分串联型对象，又称 Han 标准型。需要说明的是，扰动抑制器在假设模型信息非常少的情况下能够消除系统的多重干扰，并保证系统按照积分串联型的理想对象运行。

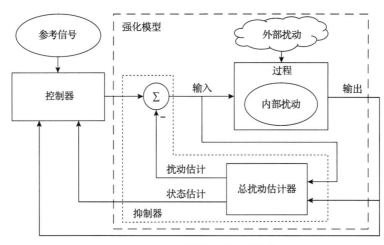

图 1.1.1　自抗扰控制器二维结构

外环即控制器，其设计通过 PD 控制器确保输出偏差为零。当然，PD 控制器可以扩展到具有比例项和多个微分项的 n 阶控制器。需要说明的是，控制器中没有积分项，这是因为积分串联形式的对象不需要积分项。

该二维的设计与经典的二自由度(two-degree-of-freedom, 2DOF)控制结构设计是有所不同的。例如，二自由度控制结构可以单独设计去补偿系统动态，但也是前面讨论的一维设计思想。

1.1.3　参数整定

工程中总是要做出权衡，所有控制器为获得足够好的性能都需要在实际中进行调整，还需要解决如稳定裕度和噪声敏感性的其他限制问题。在实际中没有绝对的"最优"，自抗扰控制器的参数整定也不例外。它从"ESO 需要多快才能迅速估计并消除位于控制回路带宽内总干扰"的问题出发，决定了 ESO 的带宽，进而决定了 ESO 增益。

另外，控制器增益取决于带宽的要求，带宽又取决于设计的性能要求。需要说明的是，ESO 和控制器带宽在控制工程中都是需要权衡的，即带宽越高，代价也会越高。因此，一般的指导原则是在满足性能要求的前提下选择尽可能低的带宽。

相比之下，PID 控制参数整定的难度在于：①在开始整定之前，我们不知道是否存在同时满足干扰抑制(或鲁棒性)和设定值跟踪方面均有良好性能的 PID 控制增益；②即使存在这样的参数集，我们也不知道如何系统地找到它；③假设找到了这样一个参数集，如文献[1]讨论的那样，无论是通过经验还是随意对其进行的改变都可能会显著改变系统性能。

从 PID 控制到自抗扰控制的转变将从根本上解决当前的困境。

1.2　热工过程的自抗扰控制

接下来以热工过程为背景介绍工程实践中如何从 PID 控制转换到自抗扰控制，具体包括自抗扰控制的 DCS 实现、参数整定和热工过程中的必要结构改进。

1.2.1　工程实现

当自抗扰控制应用于热工过程时，下面三个问题是不可避免的：

(1)如何在 DCS 中实现？

(2)如何确定自抗扰控制与原始控制策略的优先级？

(3)如何设置 ESO 的初始值？

当自抗扰控制应用于热工过程时，通常在自带编程和计算模块的 DCS 平台实现。一阶线性自抗扰控制器的实现原理见图 1.2.1，其中的代数运算和积分器通常可在任何 DCS 平台上使用(积分器从现有 PID 控制模块获得)。因此，一阶线性自抗扰控制表达式为

$$\begin{cases} \dot{z}_1 = z_2 + \beta_1 \left(y - z_1 \right) + b_0 u \\ \dot{z}_2 = \beta_2 \left(y - z_1 \right) \\ u = \dfrac{k_p \left(r - z_1 \right) - z_2}{b_0} \end{cases} \tag{1.2.1}$$

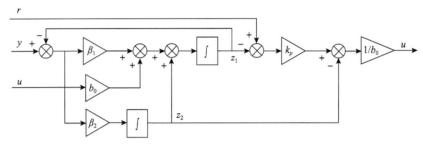

图 1.2.1　一阶线性自抗扰控制器的实现原理图

可以按照图 1.2.1 所示的结构图在 DCS 中进行组态,其中 β_1、β_2 和 b_0 是需要整定的参数。需要说明的是,无论是与基于模型还是弱模型的先进控制的解决方案相比,这都是一个非常简单的解决方案。

出于安全考虑,当自抗扰控制应用在热工过程时,它不能直接取代原始控制方法(PI/PID 控制),而是和原始控制方法并行运行,控制可以从现有解决方法(通常为 PID 控制)切换到自抗扰控制,反之亦然。操作员的手动控制信息向手操器发出的指令具有最高权限。如图 1.2.2 所示,自抗扰控制和 PI/PID 控制始终并行运行,两者之间的转换通过自抗扰控制投入信号进行控制。

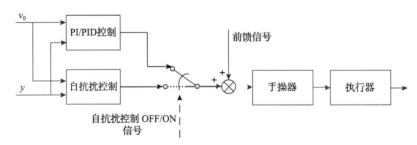

图 1.2.2　自抗扰控制和 PI/PID 控制的切换逻辑

1.2.2　ESO 初始值的设置

如果 ESO 的初始值设置不正确,它的输出需要很长时间进行调整。这就是在过渡过程中称为"峰值"的根本问题。控制信号的跳变会导致执行器的严重磨损,甚至是不可逆的损坏。关于如何计算 ESO 初始值的细节在文献中已经有了一些讨论,对于一阶热工过程有

$$\begin{cases} z_1 \to y \\ z_2 \to -b_0 u + u_{\text{fd}} \end{cases} \tag{1.2.2}$$

其中，u_{fd} 是前馈控制信号。

这样即使自抗扰控制不驱动执行器，ESO 也能始终跟踪其目标值。也就是说，ESO 始终处于开启状态，并且始终保持跟踪，随时可以切换到其他状态。

1.2.3　参数整定

大多数先进控制解决方案没有在实践中扎根的原因之一是在参数整定中缺乏透明度和简单性。无论它的参数整定的解决方案从理论分析上看有多好，这都需要在相互矛盾的控制要求中做出权衡，这也是自抗扰控制显示出明显优势的地方。本部分总结适用于热工过程的一些定量参数整定规则。

对于应用于热工过程的非线性自抗扰控制器，分离原理可用于整定其参数，其中 ESO 的参数可由斐波那契序列进行计算。对于线性自抗扰控制器，带宽参数化方法是在参数整定中广泛使用的方法，同样特别适用于热工过程[2]。基于带宽参数化方法，已经有不少适用于热工过程的参数整定规则。文献[3]针对二阶对象总结了能够很好权衡满意控制性能和良好鲁棒性的简单整定方法。文献[4]找到了一种基于现有(通用或传统)PID/PI 控制器计算自抗扰控制器参数的方法，这为自抗扰控制器在热工过程中的广泛应用提供了基本支持。对于热工过程中常见的 $K/(Ts+1)^n$ 形式的高阶过程，文献[5]和[6]推导了高阶过程的一阶/二阶自抗扰控制器的定量整定公式。基于自抗扰控制器的稳定域分析，文献[7]给出了观测器带宽和控制器带宽之间的定量关系，并在火电机组二次风系统中验证了其有效性。文献[8]针对一阶加纯滞后(first-order plus dead time, FOPDT)系统，提出了一种改进的自抗扰控制器的定量整定规则，其中所有参数均可以由一个系数进行计算。

总体来讲，这些方法使得自抗扰控制器的参数整定变得简单、系统和直观。

1.2.4　结构改进

热工过程的时滞使得其控制具有较大的挑战性，此外，高阶特性或者多输入多输出也给控制带来很大的调整。必须对自抗扰控制器的结构做出必要的改进来提高系统的控制性能。

文献[9]通过在 ESO 中添加延时块，使得自抗扰控制中的控制量与系统输出在进入 ESO 时同步，从而增强系统的稳定性。另一种方法是在系统输出端进入 ESO 前通过一个预估器来抵消时间延迟带来的影响[1]。然而，预估器由于模型失配会带来严重的振荡。为解决该问题，文献[10]引入了基于模型信息的条件反馈，能够有效地减少输出振荡。类似地，文献[11]通过将开环稳定、积分和不稳定等过程近似为时滞系统，提出了一种带预测滤波器的增强型自抗扰控制器。文献[12]和[13]针对一类形如 $K/(Ts+1)^n$ 的高阶热工过程提出了低阶改进自抗扰控制器。针对高阶系统，文献[14]和[15]提出一种结合低阶 ESO 和数个状态观测器的高阶自抗扰控制器，对于任何 n 阶系统，ESO 的阶数都限制为三阶或四阶。此外，文献[16]设计了一种改进的降阶 ESO，能够应用于两输入两输出热工系统的解耦控制。

参 考 文 献

[1] Zheng Q L, Gao Z Q. Predictive active disturbance rejection control for processes with time delay[J]. ISA Transactions, 2014, 53(4): 873-881.

[2] Gao Z Q. Scaling and bandwidth-parameterization based controller tuning[C]. Proceedings of the American Control Conference, Denver, 2003: 4989-4996.

[3] Chen X, Li D H, Gao Z Q, et al. Tuning method for second-order active disturbance rejection control[C]. Proceedings of the 30th Chinese Control Conference, Yantai, 2011: 6322-6327.

[4] Zhao C Z, Li D H. Control design for the SISO system with the unknown order and the unknown relative degree[J]. ISA Transactions, 2014, 53(4): 858-872.

[5] He T, Wu Z L, Li D H, et al. A tuning method of active disturbance rejection control for a class of high-order processes[J]. IEEE Transactions on Industrial Electronics, 2019, 67(4): 3191-3201.

[6] He T, Wu Z L, Shi R Q, et al. Maximum sensitivity-constrained data-driven active disturbance rejection control with application to airflow control in power plant[J]. Energies, 2019, 12(2): 231.

[7] Wu Z L, He T, Li D H, et al. The calculation of stability and robustness regions for active disturbance rejection controller and its engineering application[J]. Control Theory and Applications, 2018, 35(11): 1635-1647.

[8] Wang L J, Li Q, Tong C N, et al. On control design and tuning for first order plus time delay plants with significant uncertainties[C]. Proceedings of the American Control Conference, Chicago, 2015: 5276-5281.

[9] Zhao S, Gao Z Q. Modified active disturbance rejection control for time-delay systems[J]. ISA Transactions, 2014, 53(4): 882-888.

[10] Zhang Y Q, Li D H, Gao Z Q, et al. On oscillation reduction in feedback control for processes with an uncertain dead time and internal-external disturbances[J]. ISA Transactions, 2015, 59: 29-38.

[11] Hao S L, Liu T, Wang Q G. Enhanced active disturbance rejection control for time-delay systems[J]. IFAC-PapersOnLine, 2017, 50(1): 7541-7546.

[12] Wu Z L, He T, Li D H, et al. Superheated steam temperature control based on modified active disturbance rejection control[J]. Control Engineering Practice, 2019, 83: 83-97.

[13] Wu Z L, Li D H, Xue Y L, et al. Modified active disturbance rejection control for fluidized bed

combustor[J]. ISA Transactions, 2020, 102: 135-153.

[14] 刘翔, 李东海, 姜学智, 等. 自抗扰控制器在高阶系统中应用的仿真[J]. 清华大学学报（自然科学版）, 2001, 41(6): 95-99.

[15] Wu Z L, Li D H, He T, et al. A comparison study of a high order system with different ADRC control strategies[C]. Proceedings of the 37th Chinese Control Conference, Wuhan, 2018: 1-6.

[16] Pawar S N, Chile R H, Patre B M. Modified reduced order observer based linear active disturbance rejection control for TITO systems[J]. ISA Transactions, 2017, 71: 480-494.

第 2 章 自抗扰控制的原理与方法

本章主要阐述自抗扰控制的基本理论以及不稳定热方程和不稳定波动方程的自抗扰动态镇定问题，更为详细的单变量和多变量自抗扰控制详见第 3 章和第 4 章。

2.1 自抗扰控制的基本理论

本节仅简单阐述韩京清研究员[1,2]提出的非线性自抗扰控制和高志强教授[3]提出的频域带宽参数化线性自抗扰控制，具体内容详见后续章节。

2.1.1 非线性自抗扰控制

本节以二阶非线性自抗扰控制为例，结构图如图 2.1.1 所示。

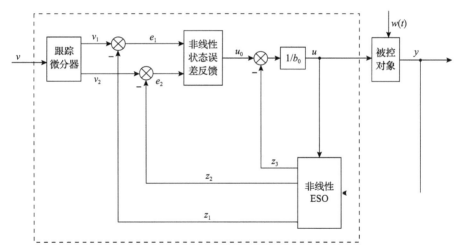

图 2.1.1　二阶非线性自抗扰控制结构图

设有受未知外扰 $w(t)$ 作用的非线性不确定被控对象：

$$\ddot{y} = f(y, \dot{y}, w(t), t) + bu \tag{2.1.1}$$

其中，f 为包含了内扰和外扰的总扰动；y 为输出；u 为输入。

定义状态变量 $x_1 = y$，$x_2 = \dot{y}$，则可将式 (2.1.1) 化为状态方程形式：

$$\begin{cases} \dot{x}_1 = x_2 \\ \dot{x}_2 = f(x_1, x_2, w(t), t) + bu \\ y = x_1 \end{cases} \tag{2.1.2}$$

自抗扰控制的核心在于如何实时估计 $f(x_1, x_2, w(t), t)$ 并将其抵消掉，使得原系统变为如式 (2.1.3) 所示的积分串联标准型：

$$\ddot{y} = u_0 \tag{2.1.3}$$

ESO 的基本思想是通过系统的输入输出重构出总扰动 f。定义新的状态变量 $x_3 = f$，则原系统变为

$$\begin{cases} \dot{x}_1 = x_2 \\ \dot{x}_2 = x_3 + bu \\ \dot{x}_3 = \dot{f}(x_1, x_2, w(t), t) \\ y = x_1 \end{cases} \tag{2.1.4}$$

由于系统式 (2.1.4) 是可观的，为此构建非线性扩张状态观测器 (non-linear extended state observer, NLESO) 有

$$\begin{cases} e = z_1 - y \\ \dot{z}_1 = z_2 - \beta_{01} e \\ \dot{z}_2 = z_3 - \beta_{02} \, \mathrm{fal}(e, 0.5, \delta) + bu \\ \dot{z}_3 = -\beta_{03} \, \mathrm{fal}(e, 0.25, \delta) \end{cases} \tag{2.1.5}$$

其中，$\mathrm{fal}(x, a, \delta)$ 为非线性函数，表示为

$$\mathrm{fal}(x, a, \delta) = \begin{cases} \dfrac{x}{\delta^{1-a}}, & |x| \leqslant \delta \\[2mm] \mathrm{sign}(x) |x|^a, & |x| > \delta \end{cases} \tag{2.1.6}$$

对应的离散形式为

$$\begin{cases} e = z_1(k) - y(k) \\ z_1(k+1) = z_1(k) + h(z_2(k) - \beta_{01} e) \\ z_2(k+1) = z_2(k) + h(z_3(k) + bu - \beta_{02} \, \mathrm{fal}(e, 0.5, \delta)) \\ z_3(k+1) = z_3(k) - h\beta_{03} \, \mathrm{fal}(e, 0.25, \delta) \end{cases} \tag{2.1.7}$$

由最优控制理论可导出跟踪微分器离散形式为

$$\begin{cases} v_1 = v_1 + hv_2 \\ v_2 = v_2 + hu, \quad |u| \leqslant r \end{cases} \tag{2.1.8}$$

其中，h 为采样周期；$u = \mathrm{fhan}\left(v_1 - v, v_2, r_0, h_0\right)$，$r_0$ 和 h_0 为控制器参数，$\mathrm{fhan}(v_1, v_2, r_0, h_0)$ 各参数如下：

$$\begin{cases} d = h_0 r_0^2 \\ a_0 = h_0 v_2 \\ y = v_1 + a_0 \\ a_1 = \sqrt{d\left(d + 8|y|\right)} \\ a_2 = a_0 + \mathrm{sign}(y)\left(a_1 - d\right)/2 \\ s_y = \left(\mathrm{sign}(y + d) - \mathrm{sign}(y - d)\right)/2 \\ a = \left(a_0 + y - a_2\right)s_y + a_2 \\ s_a = \left(\mathrm{sign}(a + d) - \mathrm{sign}(a - d)\right)/2 \\ \mathrm{fhan} = -r_0\left(a/d - \mathrm{sign}(a)\right)s_a - r_0\mathrm{sign}(a) \end{cases} \tag{2.1.9}$$

图 2.1.1 中非线性状态误差反馈主要有两种形式：

$$u_0 = \beta_1 \mathrm{fal}\left(e_1, a_1, \delta\right) + \beta_2 \mathrm{fal}\left(e_2, a_2, \delta\right) \tag{2.1.10}$$

和

$$u_0 = \mathrm{fhan}\left(e_1, ce_2, r, h_1\right) \tag{2.1.11}$$

这样，控制量为

$$u = \frac{u_0 - z_3}{b_0} \tag{2.1.12}$$

2.1.2　线性自抗扰控制

考虑如下 n 阶系统：

$$\begin{cases} \dot{x}_1 = x_2 \\ \dot{x}_2 = x_3 \\ \quad\vdots \\ \dot{x}_i = x_{i+1} \\ \dot{x}_n = F(x_1, x_2, \cdots, x_n, a_i) + bu + d \\ y = x_1 \end{cases} \quad (2.1.13)$$

其中，$(x_1, x_2, \cdots, x_n) \in \mathbf{R}^n$、$a_i(i=1, 2, \cdots, n) \in \mathbf{R}$ 为系统的状态向量，$y \in \mathbf{R}$、$u \in \mathbf{R}$ 分别为系统的输出和控制量输入；$F(x_1, x_2, \cdots, x_n, a_i)$ 可以是 $(x_1, x_2, \cdots, x_n, a_i)$ 的线性或非线性函数；d 是系统的外部扰动。

不失一般性，本节以二阶线性自抗扰控制为例，结构图如图 2.1.2 所示。

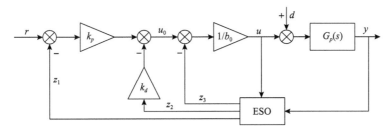

图 2.1.2　二阶线性自抗扰控制结构图

线性自抗扰控制的核心同样在于实时估计系统总扰动并将其抵消掉，使系统变为式 (2.1.3) 的积分串联标准型。图 2.1.2 中 $G_p(s)$ 为被控对象，系统参考输入值和系统外部扰动 d 是控制回路中的两个外部输入信号。线性 ESO 用于实时估计外部扰动 d 和被控对象内部不确定性因素（如 $G_p(s)$ 的参数摄动）。控制信号 u 和系统输出 y 是 ESO 的两个输入量，z_1、z_2 和 z_3 分别为 ESO 的三个输出量，z_1 是对象状态 x_1 的估计量，z_2 是状态 x_2 的估计量，z_3 是扩张总扰动的估计量。k_p、k_d 和 b_0 分别是自抗扰控制器要整定的参数。

因此，对线性 ESO 重构总扰动如下：

$$\begin{cases} \dot{z}_1 = z_2 + \beta_1(y - z_1) \\ \dot{z}_2 = z_3 + \beta_2(y - z_1) + b_0 u \\ \dot{z}_3 = \beta_3(y - z_1) \end{cases} \quad (2.1.14)$$

其中，β_1、β_2 和 β_3 是需要整定的观测器参数。

由式 (2.1.14) 可知 ESO 的阶数为 3，故一般将图 2.1.2 所示的自抗扰控制称为二阶线性自抗扰控制。

一般地，在自抗扰控制的作用下，大多数工业系统可被近似为一个二阶模型：

$$\ddot{y} = F\left(x_1, \cdots, x_n, a_i\right) - \sum_{j=1}^{n} y^{(j)} + d + bu, \quad j = 1, 3, 4, \cdots, n \tag{2.1.15}$$

即

$$f = F\left(x_1, \cdots, x_n, a_i\right) - \sum_{j=1}^{n} y^{(j)} + d + \left(b - b_0\right)u \tag{2.1.16}$$

其中，b 为被控对象 $G_p(s)$ 的增益；$F\left(x_1, \cdots, x_n, a_i\right)$ 为系统的内部动态和外部扰动的综合特性，将被控对象的扩张状态定义为 $\ddot{y} = F\left(x_1, \cdots, x_n, a_i\right) - \sum_{j=1}^{n} y^{(j)} + d + bu$，其数学表达式的具体形式是未知的。当式(2.1.14)所示的 ESO 被正确整定时，z_1、z_2 和 z_3 将分别准确地跟踪 y、$\dot{y}$ 和 f。

由此，图 2.1.2 中的虚拟控制律 u_0 可以表示成

$$u_0 = k_p\left(r - z_1\right) - k_d z_2 \tag{2.1.17}$$

线性自抗扰控制的实际控制量与式(2.1.12)相同，即

$$u = \frac{u_0 - z_3}{b_0} \tag{2.1.18}$$

将式(2.1.18)代入式(2.1.16)，当 ESO 能够被正确整定并实现 $z_3 \approx f$ 时，原系统被转换成与式(2.1.3)相同的积分串联标准型：

$$\ddot{y} = f + \left(u_0 - z_3\right) \approx u_0 \tag{2.1.19}$$

将式(2.1.17)代入式(2.1.19)，即得到系统的闭环预期动态方程(desire dynamic equation, DDE)为

$$\ddot{y} + k_d \dot{y} + k_p y = k_p r \tag{2.1.20}$$

对式(2.1.20)进行拉普拉斯(Laplace)变换，得到传递函数形式的闭环 DDE 为

$$G(s) = \frac{y(s)}{r(s)} = \frac{k_p}{s^2 + k_d s + k_p} \tag{2.1.21}$$

为使参数整定问题简化，文献[3]利用频域带宽理论将自抗扰控制器的参数个数简化为三个，即令

$$\begin{aligned} s^3 + \beta_1 s^2 + \beta_2 s + \beta_3 &= \left(s + \omega_o\right)^3 \\ s^2 + k_d s + k_p &= \left(s + \omega_c\right)^2 \end{aligned} \tag{2.1.22}$$

将参数 β_1、β_2 和 β_3 转换为 ESO 带宽 ω_o 的函数，k_p 和 k_d 转换为控制器带宽 ω_c 的函数，即

$$\begin{cases} \beta_1 = 3\omega_o \\ \beta_2 = 3\omega_o^2 \\ \beta_3 = \omega_o^3 \end{cases} \text{和} \quad \begin{cases} k_p = \omega_c^2 \\ k_d = 2\omega_c \end{cases} \tag{2.1.23}$$

此时，线性自抗扰控制器仅剩下三个独立参数 b_0、ω_o 和 ω_c 需要整定，极大地简化了参数整定的工作量，与频域带宽相关联的参数整定也促进了自抗扰控制在工程上的实际应用。

2.2　不稳定热方程的自抗扰动态镇定

本节研究不稳定热方程的自抗扰动态镇定问题，不稳定热传导方程可以用来描述一种传热杆模型，该模型不仅考虑了周围介质的热量损失，还考虑了内部不稳定的热源。基于自抗扰控制中的 ESO，设计了动态补偿器和输出状态反馈，应用里斯（Riesz）基方法、算子半群理论和奈奎斯特（Nyquist）判据等方法证明了闭环系统的适定性和稳定性，并且通过数值仿真验证控制设计的有效性。其中 2.2.1 节给出问题描述和控制设计，2.2.2 节证明闭环系统的适定性，2.2.3 节证明闭环系统的指数稳定性，2.2.4 节通过数值仿真验证所提出控制方法的有效性。本节更详细内容请见文献[4]。

2.2.1　问题描述

首先考虑如下的不稳定热方程：

$$\begin{cases} u_t(x,t) = u_{xx}(x,t) + cu(x,t), & x \in (0,1), t > 0 \\ u_x(0,t) = 0, \ u(1,t) = U(t), & t > 0 \\ y(t) = u\left(x_0, t\right), & x_0 \in (0,1), t > 0 \\ u(x,0) = u_0(x), & x \in (0,1) \end{cases} \tag{2.2.1}$$

其中，$c > 0$ 是常数；$U(t)$ 是控制输入；$y(t)$ 是观测量；$x_0 \in (0,1)$ 是测量点；$u_0(x)$ 是初值。假设 $x_0 \neq \pi / \left(2\sqrt{c}\right)$，用以满足闭环系统的适定性，具体原因解释见 2.2.2 节。当参数 c 足够大时开环系统式 (2.2.1)（$u(1,t) = 0$）具有不稳定的特征值，即开

环系统是不稳定的。在文献[5]中，针对不稳定热方程应用自抗扰控制方法，提出如下的动态补偿器：

$$\begin{cases} \dot{\zeta}_1(t) = \zeta_2(t) + bU(t) + \beta_1\big(u(x_0,t) - \zeta_1(t)\big) \\ \dot{\zeta}_2(t) = \beta_2\big(u(x_0,t) - \zeta_1(t)\big) \end{cases} \tag{2.2.2}$$

其中，β_1、β_2、b 都是正常数。

控制律为

$$U(t) = -\frac{k}{b}\zeta_1(t) - \frac{1}{b}\zeta_2(t) \tag{2.2.3}$$

其中，k 为控制器增益。

当 $\pi^2/4 < c < 9\pi^2/4$ 时，开环系统式(2.2.1)只有一个不稳定特征值 $c - \pi^2/4$。在文献[5]中通过应用分布参数系统的 Nyquist 判据[6]以及选取适当的参数，闭环系统式(2.2.1)的全部特征值都被证明位于左半复平面 $\{s \in \mathbf{C} \mid \mathrm{Re}(s) \leqslant -\sigma_0\}$，其中 $\sigma_0 > 0$。

在本节中，考虑由热方程式(2.2.1)和补偿器式(2.2.2)以及反馈控制律式(2.2.3)组合成的如图 2.2.1 所示的闭环系统(其中参考信号 $r(t)=0$)：

$$\begin{cases} \dot{\zeta}_1(t) = -(k+\beta_1)\zeta_1(t) + \beta_1 u(x_0,t), & t>0 \\ \dot{\zeta}_2(t) = \beta_2\big(u(x_0,t) - \zeta_1(t)\big), & t>0 \\ u_t(x,t) = u_{xx}(x,t) + cu(x,t), & x \in (0,1), t>0 \\ u_x(0,t)=0, \ u(1,t) = -\frac{k}{b}\zeta_1(t) - \frac{1}{b}\zeta_2(t), & t>0 \end{cases} \tag{2.2.4}$$

其中，β_1、β_2、k、b 和 c 都是待定的正常数；$x_0 \in (0,1)$ 是测量点。

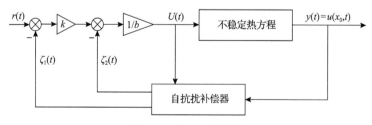

图 2.2.1　闭环系统框图

类似于式(2.2.4)的常微分方程-偏微分方程耦合系统已经在实际工程中有许多应用，如电磁耦合、机械耦合和化学反应耦合等。这类常微分方程-热方程耦合系统的模型也广泛应用于固定点绝缘催化剂与化学反应和热扩散的固气相互作用中[7-10]。在文献[11]中，考虑了常微分方程-热方程耦合系统的镇定问题，其中常微分方程是不稳定的，热方程是稳定的，应用 Riesz 基方法证明了闭环系统的指数稳定性。

本节的主要贡献有以下几个方面：

(1)应用算子半群理论和 Riesz 基方法证明了闭环系统的适定性；

(2)应用分布参数系统的 Nyquist 判据验证了闭环系统的特征值都位于左半开复平面；

(3)证明了闭环系统的指数稳定性；

(4)所得结果可以为低阶自抗扰补偿器在热工系统中的应用提供理论基础。

2.2.2　闭环系统适定性

本节证明闭环系统式 (2.2.4) 的适定性。首先将系统式 (2.2.4) 写成如下形式：

$$\begin{cases} \dot{X}(t) = AX(t) + Bu(x_0,t) \\ u_t(x,t) = u_{xx}(x,t) + cu(x,t) \\ u_x(0,t) = 0, \quad u(1,t) = CX(t) \end{cases} \tag{2.2.5}$$

其中

$$\dot{X}(t) \in \mathbf{R}^2, \quad \frac{\pi^2}{4} < c < \frac{9\pi^2}{4}, \quad x_0 \in (0,1)$$

$$A = \begin{bmatrix} -(k+\beta_1) & 0 \\ -\beta_2 & 0 \end{bmatrix}, \quad B = \begin{bmatrix} \beta_1 \\ \beta_2 \end{bmatrix}, \quad C = -\frac{k}{b} \quad \frac{1}{b} \tag{2.2.6}$$

在如下希尔伯特 (Hilbert) 空间中考虑系统式 (2.2.5)：

$$\mathcal{H} = \mathbf{R}^2 \times L^2(0,1) \tag{2.2.7}$$

其内积为

$$\langle F_1, F_2 \rangle_{\mathcal{H}} = X_1^{\mathrm{T}} X_2 + \int_0^1 f_1(x) f_2(x) \mathrm{d}x$$

其中，$F_i = (X_i, f_i) \in \mathcal{H}$，$i = 1, 2$。

定义一个线性算子 $\mathcal{A} : D(\mathcal{A}) \subset \mathcal{H} \to \mathcal{H}$ 如下：

$$\begin{cases} \mathcal{A}(X,f) = \big(AX + Bf(x_0), f'' + cf\big), \quad \forall (X,f) \in D(\mathcal{A}) \\ D(\mathcal{A}) = \begin{cases} (X,f) \in \mathbf{R}^2 \times H^2(0,1) \\ f'(0) = 0, \ f(1) = CX \end{cases} \end{cases} \tag{2.2.8}$$

那么，系统式(2.2.5)可以写成 $\mathcal{H}$ 中的发展方程：

$$\frac{\mathrm{d}}{\mathrm{d}t}\begin{bmatrix} X(t) \\ u(\cdot,t) \end{bmatrix} = \mathcal{A}\begin{bmatrix} X(t) \\ u(\cdot,t) \end{bmatrix} \tag{2.2.9}$$

引理 2.2.1　设 $\mathcal{A}$ 由式(2.2.8)定义，那么 $\mathcal{A}^{-1}$ 存在并且在 $\mathcal{H}$ 上是紧的。因此，算子 $\mathcal{A}$ 的谱 $\sigma(\mathcal{A})$ 仅由孤立的特征值组成。

证明　令 $(Y,g)\in\mathcal{H}$，解 $\mathcal{A}(X,f)=(Y,g)$，其中 $(X,f)\in D(\mathcal{A})$，得到

$$\begin{cases} AX + Bf(x_0) = Y \\ f'' + cf = g \\ f'(0) = 0,\ f(1) = CX \end{cases}$$

直接计算得到唯一解：

$$\begin{cases} f(x) = \delta\cos\sqrt{c}\,x + h(x) \\ \delta = \dfrac{1}{\cos\sqrt{c}}(CX - h(1)) \\ h(x) = \dfrac{1}{\sqrt{c}}\displaystyle\int_0^x g(\xi)\sin\sqrt{c}(x-\xi)\mathrm{d}\xi \\ X = \left(A + BC\dfrac{\cos\sqrt{c}\,x_0}{\cos\sqrt{c}}\right)^{-1}\left[Y + B\left(\dfrac{\cos\sqrt{c}\,x_0}{\cos\sqrt{c}}h(1) - h(x_0)\right)\right] \end{cases}$$

在上式最后一个方程中，$\left(A + BC\dfrac{\cos\sqrt{c}\,x_0}{\cos\sqrt{c}}\right)^{-1}$ 存在仅当假设 $x_0 \neq \pi/(2\sqrt{c})$ 成立。

因此得到唯一解 $(X,f)\in D(\mathcal{A})$，并且 $\mathcal{A}^{-1}$ 存在。由索伯列夫(Sobolev)嵌入定理可知 $\mathcal{A}^{-1}$ 在 $\mathcal{H}$ 上是紧的。证毕。□

接下来考虑算子 $\mathcal{A}$ 的特征值问题。令 $\mathcal{A}Z=\lambda Z$，其中 $Z=(X,f)$，可知

$$\begin{cases} AX + Bf(x_0) = \lambda X \\ f''(x) = (\lambda - c)f(x) \\ f'(0) = 0,\ f(1) = CX \end{cases} \tag{2.2.10}$$

推出

$$f(x) = \frac{CX\cosh\sqrt{\lambda - c}\,x}{\cosh\sqrt{\lambda - c}} \tag{2.2.11}$$

其中，X 满足

$$\left(\lambda I - A - \frac{BC \cosh\sqrt{\lambda-c}\,x_0}{\cosh\sqrt{\lambda-c}}\right)X = 0 \tag{2.2.12}$$

于是式 (2.2.10) 有非平凡解当且仅当

$$\det\left(\lambda I - A - \frac{BC \cosh\sqrt{\lambda-c}\,x_0}{\cosh\sqrt{\lambda-c}}\right) = 0 \tag{2.2.13}$$

因此可以直接得到引理 2.2.2。

引理 2.2.2 令 $\mathcal{A}$ 由式 (2.2.8) 定义，并且

$$\Delta(\lambda) = \det\left(\lambda I - A - \frac{BC \cosh\sqrt{\lambda-c}\,x_0}{\cosh\sqrt{\lambda-c}}\right) \tag{2.2.14}$$

那么 $\mathcal{A}$ 的谱满足

$$\sigma(\mathcal{A}) = \{\lambda \in \mathbf{C} \mid \Delta(\lambda) = 0\} \tag{2.2.15}$$

命题 2.2.1 设 $\mathcal{A}$ 由式 (2.2.8) 定义，那么算子 $\mathcal{A}$ 的特征值 $\sigma(\mathcal{A}) = \{\lambda_n, n \in \mathbf{N}\}$ 和相应的特征函数 $\{\Phi_n = (X_n, f_n), n \in \mathbf{N}\}$ 有如下的渐近表达式：

$$\begin{cases} \lambda_n = c - \dfrac{(2n+1)^2 \pi^2}{4} + O\left(n^{-2}\right) \\ X_n = \left(O\left(n^{-2}\right), O\left(n^{-2}\right)\right)^{\mathrm{T}} \\ f_n(x) = \cos\left(n + \dfrac{1}{2}\right)\pi x + O\left(n^{-2}\right) \end{cases} \tag{2.2.16}$$

其中，n 是充分大的正整数；$O\left(n^{-2}\right)$ 表示存在一个常数 M_0 使得 $O\left(n^{-2}\right) \leqslant M_0 n^{-2}$。

证明 根据式 (2.2.14)，由 $\Delta(\lambda) = 0$ 可推出

$$\frac{\cosh\sqrt{\lambda-c}\,x_0}{\cosh\sqrt{\lambda-c}}\left[\left(\frac{\beta_2}{b} + \frac{k\beta_1}{b}\right)\lambda + \frac{k\beta_2}{b}\right] + \lambda^2 + (k+\beta_1)\lambda = 0$$

得到

$$\frac{\cosh\sqrt{\lambda-c}}{\lambda^2 + (k+\beta_1)\lambda}\Delta(\lambda) = \cosh\sqrt{\lambda-c} + O\left((\lambda-c)^{-1}\right) = 0 \tag{2.2.17}$$

根据 Rouché 定理，式 (2.2.17) 的解可以表示为

$$\lambda_n = c - \frac{(2n+1)^2\pi^2}{4} + O(n^{-2}), \quad n \in \mathbf{N}, n \to \infty$$

根据式 (2.2.10) 和式 (2.2.11) 得到

$$\begin{cases} X_n = \left(O\left(n^{-2}\right), O\left(n^{-2}\right)\right)^{\mathrm{T}} \\ f_n(x) = \cos\left(n + \frac{1}{2}\right)\pi x + O\left(n^{-2}\right) \end{cases}$$

其中，n 是充分大的正整数。证毕。□

基于上面的结果，可以得出下列关于闭环系统式 (2.2.5) 适定性的定理。

定理 2.2.1 设 $\mathcal{A}$ 由式 (2.2.8) 定义。存在 $\mathcal{A}$ 的一组广义特征函数生成 $\mathcal{H}$ 的一组 Riesz 基。进一步地，算子 $\mathcal{A}$ 生成 $\mathcal{H}$ 上的 C_0 半群 $\mathrm{e}^{\mathcal{A}t}$，并且系统式 (2.2.9) 是适定的，也就是说对于初值 $(X(0), u(\cdot, 0)) \in \mathcal{H}$，系统式 (2.2.9) 有唯一解 $(X(t), u(\cdot, t)) \in C(0, \infty; \mathcal{H})$：

$$(X(t), u(\cdot, t))^{\mathrm{T}} = \mathrm{e}^{\mathcal{A}t}(X(0), u(\cdot, 0))^{\mathrm{T}} \tag{2.2.18}$$

证明 令 $e_1 = (1, 0, 0)$，$e_2 = (0, 1, 0)$，$F_n = \left(0, 0, \cos\left(n + \frac{1}{2}\right)\pi x\right)$，$n \in \mathbf{N}$。于是 $\{e_1, e_2, F_n, n \in \mathbf{N}\}$ 生成 $\mathcal{H}$ 的一组正交基。由于 $\Phi_n = (X_n, f_n), n \in \mathbf{N}$ 有由式 (2.2.16) 给出的渐近表达式，因此存在某个充分大的正整数 M 使得

$$\sum_{n>M} \| F_n - \Phi_n \|_{\mathcal{H}}^2 = \sum_{n>M} O\left(n^{-4}\right) < \infty$$

由文献 [12] 中一个改进的 Bari 定理可知，存在算子 $\mathcal{A}$ 的一组广义特征函数生成 $\mathcal{H}$ 的一组 Riesz 基。因此，$\mathcal{A}$ 生成 $\mathcal{H}$ 上的 C_0 半群 $\mathrm{e}^{\mathcal{A}t}$，并且系统式 (2.2.9) 有唯一解 $(X(t), u(\cdot, t)) \in C(0, \infty; \mathcal{H})$ 满足

$$(X(t), u(\cdot, t))^{\mathrm{T}} = \mathrm{e}^{\mathcal{A}t}(X(0), u(\cdot, 0))^{\mathrm{T}}$$

证毕。□

2.2.3 闭环系统稳定性

本节考虑闭环系统式 (2.2.5) 的稳定性。首先，由于闭环系统式 (2.2.5) 的低频

谱难以通过计算获得精确表达式，因此采用 Nyquist 判据结合计算机绘图的方式，判断闭环特征值在复平面中的分布。

1. Nyquist 判据

本节将利用分布参数系统的 Nyquist 判据[6]验证算子 $\mathcal{A}$ 的特征值在复平面的位置。如果算子 $\mathcal{A}$ 的全部特征值均位于某个左半复平面，那么应用 Riesz 基方法就可以证明闭环系统式(2.2.9)的指数稳定性。

首先分别给出不稳定热方程式(2.2.1)和自抗扰补偿器式(2.2.2)的传递函数 $G_p(s)$ 和 $G_c(s)$ [5]为

$$G_p(s) = \frac{\cosh\sqrt{s-c}\,x_0}{\cosh\sqrt{s-c}}, \quad G_c(s) = \frac{(k\beta_1 + \beta_2)s + k\beta_2}{b\big(s^2 + (k+\beta_1)s\big)} \tag{2.2.19}$$

令

$$F(s) := 1 + G_c(s)G_p(s) \tag{2.2.20}$$

那么可以看出 $F(s) = 1 + G_c(s)G_p(s)$ 的零点就是算子 $\mathcal{A}$ 的特征值。因此，系统式 (2.2.5)的稳定性就可以通过检验 $F(s)$ 是否有零点在开右半复平面 $\{s \in \mathbf{C} | \mathrm{Re}(s) > -\sigma_0\}$ 中来决定，其中 $\sigma_0 \geqslant 0$ 是一个常数。

下面给出关于 Nyquist 判据的引理 2.2.3 和引理 2.2.4。

引理 2.2.3　设某个 $\sigma_0 \geqslant 0$，令 Z 为 $F(s) = 1 + G_c(s)G_p(s)$ 在右半复平面 $\{s \in \mathbf{C} | \mathrm{Re}(s) > -\sigma_0\}$ 中零点的个数，P 为 $G_c(s)G_p(s)$ 在 $\{s \in \mathbf{C} | \mathrm{Re}(s) > -\sigma_0\}$ 中极点的个数，N 为 Nyquist 曲线按顺时针环绕 $(-1, \mathrm{i}0)$ 的圈数。那么有如下等式成立：

$$Z = N + P \tag{2.2.21}$$

注释 2.2.1　如果 Nyquist 曲线按顺时针环绕，则引理 2.2.3 中的 N 是正的。如果 Nyquist 曲线是按逆时针环绕，那么 N 就是负的。

可以看出当 $Z = 0$ 时，闭环系统的全部特征值都位于左半复平面 $\{s \in \mathbf{C} | \mathrm{Re}(s) > -\sigma_0\}$。为了将引理 2.2.3 应用到分布参数系统中，传递函数 $G_p(s)$ 和 $G_c(s)$ 需要满足下列假设条件[6]：

(1) 传递函数 $G_c(s)$ 是一个适当的有理传递函数；

(2) 传递函数 $G_p(s)$ 在右半复平面 $\mathrm{Re}(s) \geqslant -\sigma_0$ 是一个亚纯函数，其中 $\sigma_0 \geqslant 0$；

(3) $G_p(s)$ 及它的一、二阶导数在除了某个有界线段外的直线 $\mathrm{Re}(s) = -\sigma_0$ 上是绝对可积的；

(4) 当 $|s| \to \infty$ 时，$G_p(s)$ 及它的一、二阶导数在闭的右半复平面 $\mathrm{Re}(s) \geqslant -\sigma_0$ 收敛到 0；

(5) $G_c(s)G_p(s)$ 在右半复平面 $\mathrm{Re}(s) \geqslant -\sigma_0$ 中没有零/极点相消的情况。

在满足上述假设条件下，有下列引理[6]。

引理 2.2.4　如果假设(1)~(5)都成立，并且式(2.2.21)中的 Z 等于 0，那么 $\sigma(\mathcal{A})$ 满足

$$\sigma(\mathcal{A}) \subset \{s \in \mathbf{C} \,|\, \mathrm{Re}(s) \leqslant -\sigma_0\} \tag{2.2.22}$$

简单计算就可以验证式(2.2.19)中的传递函数 $G_p(s)$ 和 $G_c(s)$ 满足假设(1)~(5)。更多验证细节可以参考文献[5]。

为了应用分布参数系统的 Nyquist 判据，首先要确定传递函数 $G_p(s)$ 和 $G_c(s)$ 中的参数。首先，考虑不稳定参数 $c = 7$ 的情况。此时传递函数 $G_p(s)$ 仅存在一个不稳定极点。测量点选取为 $x_0 = 1/4$，也就是说系统式(2.2.4)的观测量为 $y(t) = u(1/4, t)$。根据文献[3]的带宽参数化方法，令 $\beta_1 = 2\beta$，$\beta_2 = \beta^2$。接下来选择 $b = 12$。于是只剩下两个参数 k 和 β 待定。

下面给出决定参数 k 和 β 范围的稳定域。将 $s = \mathrm{i}\omega, \forall \omega \in \mathbf{R}$ 代入 $F(s)$，得到

$$F(\mathrm{i}\omega) = 1 + G_c(\mathrm{i}\omega)G_p(\mathrm{i}\omega) = 0 \tag{2.2.23}$$

历遍全部的 $\omega \in \mathbf{R}$ 并且解方程式(2.2.23)，可以得到相应的 (k, β)，这构成了稳定域的边界。稳定域由图 2.2.2 给出，也就是图中闭合曲线的内部区域。因此选取参数 $k = 0.3$，$\beta = 53$。

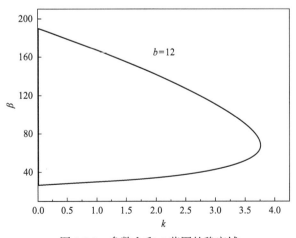

图 2.2.2　参数 k 和 β 范围的稳定域

接下来给出 $G_c(s)G_p(s)$ 的 Nyquist 曲线。再次给出如下的 $G_p(s)$ 和 $G_c(s)$ 的参数：

$$c = 7, \quad x_0 = \frac{1}{4}, \quad b = 12, \quad \beta_1 = 2\beta, \quad \beta_2 = \beta^2, \quad \beta = 53, \quad k = 0.3 \quad (2.2.24)$$

可以看出 $G_c(s)G_p(s)$ 在 $\{s \in \mathbf{C} | \text{Re}(s) > 0\}$ 中只有一个极点 $7 - \pi^2/4$。在图 2.2.3 中，由于 $\omega = 0$ 是 $G_c(\mathrm{i}\omega)G_p(\mathrm{i}\omega)(\forall \omega \in \mathbf{R})$ 的一个极点，因此添加一条辅助虚线以保持 Nyquist 曲线的完整。当 ω 从 $-\infty$ 变化到 $+\infty$ 时，可以看出 Nyquist 曲线逆时针绕 $(-1, \mathrm{i}0)$ 一次。由引理 2.2.3 和引理 2.2.4 可知 $Z = 0$，并且 $\mathcal{A}$ 的特征值都位于复平面上虚轴的左边，即 $\sigma(\mathcal{A}) \subset \{s \in \mathbf{C} | \text{Re}(s) < 0\}$。

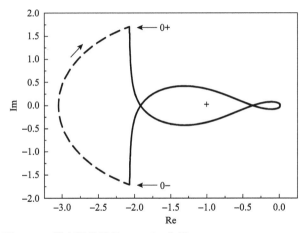

图 2.2.3　带有辅助线的 Nyquist 曲线 $G_c(\mathrm{i}\omega)G_p(\mathrm{i}\omega)(\forall \omega \in \mathbf{R})$

令 $\sigma_0 = 0.2$，可以看出 $G_c(s)G_p(s)$ 在 $\{s \in \mathbf{C} | \text{Re}(s) > -0.2\}$ 上存在两个不稳定极点 0 和 $7 - \pi^2/4$，其中 0 是 $G_c(s)$ 的极点，$7 - \pi^2/4$ 是 $G_p(s)$ 的极点。此时，图 2.2.4 中的 Nyquist 曲线 $G_c(-0.2 + \mathrm{i}\omega)G_p(-0.2 + \mathrm{i}\omega)(\forall \omega \in \mathbf{R})$ 逆时针环绕 $(-1, \mathrm{i}0)$ 两圈。因此，由引理 2.2.3 和引理 2.2.4 可知 $\mathcal{A}$ 的特征值都位于左半复平面 $\{s \in \mathbf{C} | \text{Re}(s) \leqslant -0.2\}$。

注释 2.2.2　对于任意的 $c \in (\pi^2/4, 7]$ 以及式 (2.2.24) 中给定的参数，通过应用 Nyquist 判据都可以证明算子 $\mathcal{A}$ 的特征值全部位于左半复平面。然而如何得到一阶自抗扰补偿器适用的参数 c 的明确范围仍然是一个未解决的问题。因此，当不稳定热方程的不稳定参数 c 更大时，可以尝试设计更高阶的自抗扰补偿器，用以镇定不稳定方程。

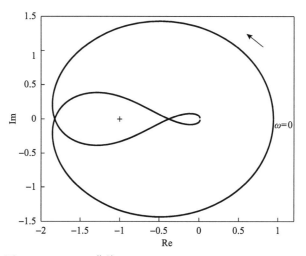

图 2.2.4　Nyquist 曲线 $G_c(-0.2+\mathrm{i}\omega)G_p(-0.2+\mathrm{i}\omega)(\forall\omega\in\mathbf{R})$

2. 指数稳定性

接下来给出闭环系统式(2.2.4)指数稳定性的证明。

定理 2.2.2　令 $\mathcal{A}$ 由式(2.2.8)定义，其中的参数由式(2.2.24)给出。半群 $\mathrm{e}^{\mathcal{A}t}$ 的谱确定增长条件成立，即 $S(\mathcal{A})=\omega(\mathcal{A})$ ，其中

$$S(\mathcal{A}):=\sup\{\mathrm{Re}(\lambda)\,|\,\lambda\in\sigma(\mathcal{A})\}$$

是算子 $\mathcal{A}$ 的谱界，满足

$$\omega(\mathcal{A}):=\inf\left\{\omega\,\big|\,\exists M>0,\|\,\mathrm{e}^{\mathcal{A}t}\|\leqslant M\mathrm{e}^{\omega t}\right\}$$

是 $\mathrm{e}^{\mathcal{A}t}$ 的增长界。进一步地，系统式(2.2.9)是指数稳定的，即存在两个正常数 M 和 μ 使得 C_0 半群 $\mathrm{e}^{\mathcal{A}t}$ 满足

$$\|\,\mathrm{e}^{\mathcal{A}t}\|\leqslant M\mathrm{e}^{-\mu t}\tag{2.2.25}$$

证明　根据命题 2.2.1、定理 2.2.1 以及文献[7]中的定理 2.3.5，半群 $\mathrm{e}^{\mathcal{A}t}$ 的谱确定增长条件 $S(\mathcal{A})=\omega(\mathcal{A})$ 成立。由引理 2.2.4 以及图 2.2.3 和图 2.2.4 的 Nyquist 曲线，可知

$$\sigma(\mathcal{A})\subset\{s\in\mathbf{C}\,|\,\mathrm{Re}(s)\leqslant-0.2\}$$

即 $S(\mathcal{A})\leqslant-0.2$ 。因此可得

$$\|\,\mathrm{e}^{\mathcal{A}t}\|\leqslant M\mathrm{e}^{-0.2t}$$

证毕。□

3. 控制参数的适用范围

对于任意的 $c \in (\pi^2/4, 7]$，应用本节的方法都可以证明闭环系统的指数稳定性。下面在图 2.2.5 中给出当 $c = 3, 4, 5, 6$ 以及 $x_0 = 1/4$、$b = 12$ 时 (β, k) 的稳定域。可以看出，c 越大稳定域越小。选择式 (2.2.24) 中同样的参数 $\beta = 53$，$k = 0.3$，得到当 $c = 3, 4, 5, 6$ 时的 Nyquist 曲线，如图 2.2.6 和图 2.2.7 所示。

可以看出当 $c = 3, 4, 5, 6$ 时闭环系统特征值都位于左半复平面 $\{s \in \mathbf{C} \mid \mathrm{Re}(s) \leqslant -0.2\}$。因此，应用 Riesz 基方法可以得到当 $c = 3, 4, 5, 6$ 时闭环系统的指数稳定性。

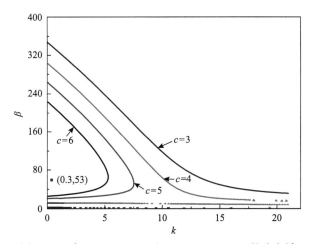

图 2.2.5　当 $c = 3, 4, 5, 6$ 以及 $x_0 = 1/4$、$b = 12$ 的稳定域

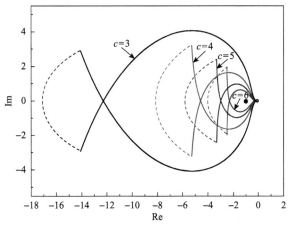

图 2.2.6　Nyquist 曲线 $G_c(\mathrm{i}\omega) G_p(\mathrm{i}\omega) (\forall \omega \in \mathbf{R})$

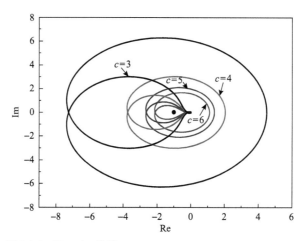

图 2.2.7　Nyquist 曲线 $G_c(-0.2+\mathrm{i}\omega)G_p(-0.2+\mathrm{i}\omega)(\forall\,\omega\in\mathbf{R})$

2.2.4　仿真研究

本节应用有限差分法给出常微分方程——热方程耦合系统的数值仿真结果。空间和时间的步长分别选为 0.025 和 0.0001 。观测点为 $x_0=1/4$ ，其余参数为 $k=0.3$ ， $b=12$ ， $\beta_1=106$ ， $\beta_2=2809$ 。图 2.2.8 展示了不稳定热方程开环系统式 (2.2.1) 的状态。图 2.2.9 和图 2.2.10 展示了闭环系统式 (2.2.4) 的状态。可以看出 $u(x,t)$ 和 $\zeta_1(t)$ 都收敛到 0。

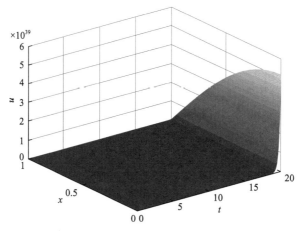

图 2.2.8　不稳定热方程开环系统式 (2.2.1) 的状态

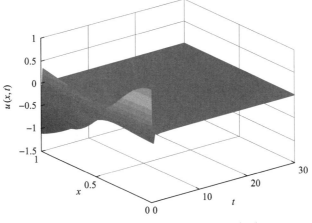

图 2.2.9　闭环系统式 (2.2.4) 的状态 $u(x,t)$

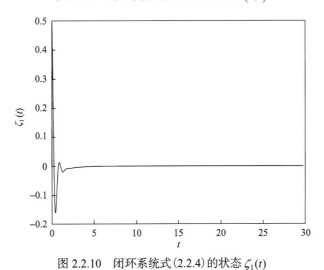

图 2.2.10　闭环系统式 (2.2.4) 的状态 $\zeta_1(t)$

2.2.5　小结

本节研究了带有自抗扰动态补偿器的不稳定热方程的镇定问题。当不稳定参数 $c=7$ 时热方程只存在一个不稳定极点。通过应用分布参数系统的 Nyquist 判据和 Riesz 基方法，证明了闭环系统的指数稳定性。至于当不稳定参数 c 更大时，也许可以构建更高阶的自抗扰补偿器来镇定不稳定热方程。

2.3　不稳定波动方程的自抗扰动态镇定

本节研究带有阻尼和源项的不稳定波动方程的自抗扰动态镇定问题。带有阻尼和源项的不稳定波动方程可以用来描述带有阻尼和一个附加刚度力的弹性弦，这种刚度力是由弦周围的介质提供的，导致弦不稳定振动。根据自抗扰控制方法设计动态补偿器和输出状态反馈，应用 Riesz 基方法、算子半群理论和 Nyquist 判据等方法证明闭环系统的适定性和稳定性，通过数值仿真验证控制方法的有效性。其中 2.3.1 节给出问题描述和控制设计，2.3.2 节证明闭环系统的适定性，2.3.3 节证明闭环系统的指数稳定性，2.3.4 节通过数值仿真验证所提出控制方法的有效性。本节更详细内容请见文献[13]。

2.3.1　问题描述

首先考虑如下不稳定波动方程：

$$\begin{cases} w_{tt}(x,t) - w_{xx}(x,t) + kw_t(x,t) = cw(x,t), & x \in (0,1), t > 0 \\ w_x(0,t) = 0, \ w_x(1,t) = U(t), & t > 0 \\ y(t) = w(x_0,t), & x_0 \in (0,1), t > 0 \\ w(x,0) = w_0(x), \ w_t(x,0) = w_1(x), & x \in (0,1) \end{cases} \quad (2.3.1)$$

其中，w 是波动方程的位移；w_t 是速度；$kw_t(x,t)$ 是耗散项；$cw(x,t)$ 是源项，代表由介质提供的附加刚度力；$k > 0$ 和 $c > 0$ 都是常数；$U(t)$ 是控制输入；$w_0(x)$ 和 $w_1(x)$ 是初值；$y(t) = w(x_0,t)$ 是在 $x_0 \in (0,1)$ 点的观测量。假设 $x_0 \neq \pi / (2\sqrt{c})$ 以满足闭环系统的适定性，具体原因解释见 2.3.2 节。

系统式 (2.3.1) 也被称为 Klein-Gordon 方程，它描述的是相对论量子力学和量子场论的基本方程[14]。

可以验证开环系统式 (2.3.1)（$U(t) = 0$）的特征值有如下表达式：

$$\rho_n^{\pm} = \frac{-k \pm \sqrt{k^2 + 4(c - n^2\pi^2)}}{2}, \quad n = 0,1,2,\cdots$$

全部特征值的实部上确界为

$$\sup\left\{\operatorname{Re}(\rho_n^{\pm}), n \in \mathbf{N}\right\} = \rho_0^+ > 0, \quad c > 0$$

因此，当 $c > 0$ 时开环系统式 (2.3.1) 是不稳定的，并且当 $0 < c < \pi^2$ 时开环系统式 (2.3.1) 只有一个不稳定特征值：

$$\rho_0^+ = \frac{-k + \sqrt{k^2 + 4c}}{2} > 0$$

应用自抗扰控制方法, 设计下列自抗扰动态补偿器:

$$\begin{cases} \dot{\zeta}_1(t) = \zeta_2(t) + bU(t) + l_1(y(t) - \zeta_1(t)) \\ \dot{\zeta}_2(t) = l_2(y(t) - \zeta_1(t)) \end{cases} \tag{2.3.2}$$

其中, l_1、l_2、b 都是正常数。

反馈控制律为

$$U(t) = -\frac{k_p}{b}\zeta_1(t) - \frac{1}{b}\zeta_2(t) \tag{2.3.3}$$

其中, k_p 为控制器增益。

这样就得到一个由波动方程式 (2.3.1) 和补偿器式 (2.3.2) 以及反馈控制律式 (2.3.3) 组合而成的闭环系统:

$$\begin{cases} \dot{\zeta}_1(t) = -(k_p + l_1)\zeta_1(t) + l_1 w(x_0, t) \\ \dot{\zeta}_2(t) = l_2(w(x_0, t) - \zeta_1(t)) \\ w_{tt}(x,t) - w_{xx}(x,t) + kw_t(x,t) = cw(x,t) \\ w_x(0,t) = 0, \quad w_x(1,t) = -\frac{k_p}{b}\zeta_1(t) - \frac{1}{b}\zeta_2(t) \end{cases} \tag{2.3.4}$$

其中, l_1、l_2、k_p、k、b 和 c 都是待定的正常数; $x_0 \in (0,1)$ 是测量点。

本节的主要贡献有:

(1) 应用半群理论和 Riesz 基方法证明了常微分方程-波动方程耦合系统式 (2.3.4) 的适定性;

(2) 由于难以得到系统式 (2.3.4) 的低频谱的精确表达式, 应用 Nyquist 判据验证了系统式 (2.3.4) 的特征值都在左半复平面内;

(3) 通过验证谱确定增长条件成立, 证明了闭环系统式 (2.3.4) 的指数稳定性;

(4) 为应用自抗扰控制方法研究不稳定偏微分方程的镇定问题提供了理论方法。

2.3.2　闭环系统适定性

本节证明闭环系统式 (2.3.4) 的适定性。首先将系统式 (2.3.4) 写成如下形式:

$$\begin{cases} \dot{X}(t) = AX(t) + Bw(x_0, t) \\ w_{tt}(x,t) - w_{xx}(x,t) + kw_t(x,t) = cw(x,t) \\ w_x(0,t) = 0, \quad w_x(1,t) = CX(t) \end{cases} \tag{2.3.5}$$

其中

$$A = \begin{bmatrix} -(k_p + l_1) & 0 \\ -l_2 & 0 \end{bmatrix}, \quad B = \begin{bmatrix} l_1 \\ l_2 \end{bmatrix}, \quad C = -\frac{k_p}{b} - \frac{1}{b} \quad (2.3.6)$$

$$\dot{X}(t) = (\zeta_1(t), \zeta_2(t))^T \in \mathbf{R}^2$$

Hilbert 状态空间为

$$\mathcal{H} = \mathbf{R}^2 \times H^1(0,1) \times L^2(0,1) \quad (2.3.7)$$

其内积为

$$\langle F_1, F_2 \rangle_{\mathcal{H}} = X_1^T X_2 + \int_0^1 \Big(f_1'(x) f_2'(x) + f_1(x) f_2(x) + g_1(x) g_2(x) \Big) dx \quad (2.3.8)$$

其中，$F_i = (X_i, f_i, g_i) \in \mathcal{H}, \ i = 1, 2$。

定义线性算子 $\mathcal{A} : D(\mathcal{A}) \subset \mathcal{H} \to \mathcal{H}$ 如下：

$$\begin{cases} \mathcal{A}(X, f, g) = \big(AX + Bf(x_0), g, f'' + cf - kg \big), \quad \forall (X, f, g) \in D(\mathcal{A}) \\ D(\mathcal{A}) = \begin{cases} (X, f, g) \in \mathbf{R}^2 \times H^2(0,1) \times H^1(0,1) \\ f'(0) = 0, \ f'(1) = CX \end{cases} \end{cases} \quad (2.3.9)$$

于是可以将系统式(2.3.5)写成 $\mathcal{H}$ 中的发展方程：

$$\frac{d}{dt} \big(X(t), w(\cdot, t), w_t(\cdot, t) \big) = \mathcal{A} \big(X(t), w(\cdot, t), w_t(\cdot, t) \big) \quad (2.3.10)$$

引理 2.3.1　设 $\mathcal{A}$ 由式(2.3.9)定义，那么 $\mathcal{A}^{-1}$ 存在并且在 $\mathcal{H}$ 上是紧的。因此算子 $\mathcal{A}$ 的谱 $\sigma(\mathcal{A})$ 仅由带有有穷代数重数的孤立特征值组成。

证明　对于任意的 $(Y, u, v) \in \mathcal{H}$，需要找到 $(X, f, g) \in D(\mathcal{A})$ 使得 $\mathcal{A}(X, f, g) = (Y, u, v)$，推出

$$\begin{cases} AX + Bf(x_0) = Y \\ g(x) = u(x) \\ f''(x) + cf(x) - kg(x) = v(x) \\ f'(0) = 0, \ f'(1) = CX \end{cases}$$

直接计算得到唯一解：

$$
\begin{cases}
f(x) = C_1 \cos \sqrt{c}\, x + C_2 \sin \sqrt{c}\, x + h(x) \\
C_1 = \dfrac{1}{\sqrt{c} \sin \sqrt{c}} \left[h'(1) - CX - \dfrac{1}{\sqrt{c}} (ku(0) + v(0)) \cos \sqrt{c} \right] \\
C_2 = -\dfrac{1}{c} (ku(0) + v(0)) \\
h(x) = \displaystyle\int_0^x (ku(\xi) + v(\xi)) \sin\left(\sqrt{c}(x - \xi) \right) \mathrm{d}\xi \\
X = \left(A - BC \dfrac{\cos \sqrt{c}\, x_0}{\sqrt{c} \cos \sqrt{c}} \right)^{-1} \left[Y + B \dfrac{\cos \sqrt{c}\, x_0}{\sqrt{c} \cos \sqrt{c}} \left(C_2 \sqrt{c} + h'(1) \right) + \left(C_2 \sin \sqrt{c}\, x_0 + h(x_0) \right) \right]
\end{cases}
$$

在上式中，$\left(A - BC \dfrac{\cos \sqrt{c}\, x_0}{\sqrt{c} \cos \sqrt{c}} \right)^{-1}$ 存在仅当假设 $x_0 \neq \pi / \left(2\sqrt{c} \right)$ 成立。因此，得到唯一解 $(X, f, g) \in D(\mathcal{A})$，于是 $\mathcal{A}^{-1}$ 存在。由 Sobolev 嵌入定理[15]可知，$\mathcal{A}^{-1}$ 在 $\mathcal{H}$ 上是紧的。证毕。□

下面考虑算子 $\mathcal{A}$ 的特征值问题。令 $\lambda \in \sigma(\mathcal{A})$，$Z = (X, f, g)$ 为相应的特征函数：$\mathcal{A}Z = \lambda Z$。于是 $g = \lambda f$ 和 (X, f) 即为下列特征值问题的解：

$$
\begin{cases}
AX + Bf(x_0) = \lambda X \\
f''(x) = \left(\lambda^2 + k\lambda - c \right) f(x) \\
f'(0) = 0, \ f'(1) = CX
\end{cases}
\tag{2.3.11}
$$

推出

$$
f(x) = \frac{CX}{\sqrt{\lambda^2 + k\lambda - c}} \frac{\cosh \sqrt{\lambda^2 + k\lambda - c}\, x}{\sinh \sqrt{\lambda^2 + k\lambda - c}}
\tag{2.3.12}
$$

其中，X 满足

$$
\left(\lambda I - A - \frac{BC \cosh \sqrt{\lambda^2 + k\lambda - c}\, x_0}{\sqrt{\lambda^2 + k\lambda - c} \ \sinh \sqrt{\lambda^2 + k\lambda - c}} \right) X = 0
\tag{2.3.13}
$$

该特征值问题有非平凡解当且仅当

$$
\det \left(\lambda I - A - \frac{BC \cosh \sqrt{\lambda^2 + k\lambda - c}\, x_0}{\sqrt{\lambda^2 + k\lambda - c} \ \sinh \sqrt{\lambda^2 + k\lambda - c}} \right) = 0
\tag{2.3.14}
$$

定义

$$\Delta(\lambda) = \det\left(\lambda I - A - \frac{BC\cosh\sqrt{\lambda^2 + k\lambda - cx_0}}{\sqrt{\lambda^2 + k\lambda - c}\,\sinh\sqrt{\lambda^2 + k\lambda - c}}\right) \quad (2.3.15)$$

于是有

$$\sigma(\mathcal{A}) = \{\lambda \in \mathbf{C} \mid \Delta(\lambda) = 0\} \quad (2.3.16)$$

引理 2.3.2　设 $\mathcal{A}$ 由式 (2.3.9) 定义，那么 $\mathcal{A}$ 的特征值 $\sigma(\mathcal{A}) = \left\{\lambda_n^{\pm}, n \in \mathbf{N}\right\}$ 和相应的特征函数 $\left\{\Phi_n = \left(X_n, \left(\lambda_n^{\pm}\right)^{-1} f_n, f_n\right), n \in \mathbf{N}\right\}$ 有如下的渐近表达式：

$$\begin{cases} \lambda_n^{\pm} = \dfrac{-k \pm \sqrt{k^2 + 4\left(c - n^2\pi^2\right)}}{2} + O\left(n^{-1}\right) \\[2mm] X_n = \left(O\left(n^{-2}\right), O\left(n^{-2}\right)\right)^{\mathrm{T}} \\[2mm] f_n(x) = \sqrt{2}\cos(n\pi x) + O\left(n^{-2}\right) \end{cases} \quad (2.3.17)$$

其中，n 是充分大的正整数。

证明　由式 (2.3.15) 得到

$$\Delta(\lambda) = \lambda^2 + \left(k_p + l_1\right)\lambda + \frac{\left[\left(k_p l_1 + l_2\right)\lambda + k_p l_2\right]\cosh\sqrt{\lambda^2 + k\lambda - cx_0}}{b\sqrt{\lambda^2 + k\lambda - c}\,\sinh\sqrt{\lambda^2 + k\lambda - c}} = 0 \quad (2.3.18)$$

推出当 $|\lambda| \to \infty$ 时，有

$$\frac{\sinh\sqrt{\lambda^2 + k\lambda - c}}{\lambda^2 + \left(k_p + l_1\right)\lambda}\Delta(\lambda) = \sinh\sqrt{\lambda^2 + k\lambda - c} + O\left(\lambda^{-2}\right)\cosh\sqrt{\lambda^2 + k\lambda - cx_0} = 0 \quad (2.3.19)$$

将 $\lambda^2 + k\lambda - c$ 替换成 $-\mu^2$，并且将复平面 $\mathbf{C}$ 划分为四个区域 $\mathcal{S}_j$：

$$\begin{cases} \lambda^2 + k\lambda - c := -\mu^2 \\[2mm] \mu \in \mathcal{S}_j := \left\{z \in \mathbf{C},\ \dfrac{j\pi}{2} \leqslant \arg z \leqslant \dfrac{(j+1)\pi}{2}\right\} \end{cases} \quad (2.3.20)$$

其中，$j = 0, 1, 2, 3$。

可知对于任意的 $\mu \in \mathcal{S}_0 = \left\{ z \in \mathbf{C}, \ 0 \leqslant \arg z \leqslant \dfrac{\pi}{2} \right\}$ 都有

$$\mathrm{Re}(\mathrm{i}\mu) \leqslant 0, \quad \mathrm{Re}(\mathrm{i}\mu x_0) \leqslant 0, \quad \mathrm{Re}(-\mathrm{i}\mu) \geqslant 0, \quad \mathrm{Re}(-\mathrm{i}\mu x_0) \geqslant 0$$

于是有

$$
\begin{aligned}
&\sinh\sqrt{\lambda^2 + k\lambda - c} + O(\lambda^{-2})\cosh\sqrt{\lambda^2 + k\lambda - c}\,x_0 \\
&= \sinh\sqrt{-\mu^2} + \cosh\sqrt{-\mu^2}\,x_0 O(\mu^{-2}) \\
&= \frac{\mathrm{e}^{-\mathrm{i}\mu}}{2}\left[\mathrm{e}^{2\mathrm{i}\mu} - 1 + \left(\mathrm{e}^{\mathrm{i}\mu(x_0+1)} + \mathrm{e}^{-\mathrm{i}\mu(x_0-1)} \right)O(\mu^{-2}) \right] \\
&= \frac{\mathrm{e}^{-\mathrm{i}\mu}}{2}\left(\mathrm{e}^{2\mathrm{i}\mu} - 1 + O(\mu^{-2}) \right)
\end{aligned}
\tag{2.3.21}
$$

式 (2.3.21) 中的最后一步利用了 $\mathrm{e}^{\mathrm{i}\mu(x_0+1)}$ 和 $\mathrm{e}^{-\mathrm{i}\mu(x_0-1)}$ 的有界性。令 $\Delta(\mu)=0$，由式 (2.3.19) 和式 (2.3.21) 可知，$\mu \in \mathcal{S}_0$ 满足

$$\mathrm{e}^{2\mathrm{i}\mu} - 1 + O(\mu^{-2}) = 0 \tag{2.3.22}$$

根据 Rouché 定理，式 (2.3.22) 的根有下列渐近表达式:

$$\mu_n = n\pi + O(n^{-2}), \quad |n| \geqslant N_1 \tag{2.3.23}$$

其中，N_1 是足够大的正整数。利用 $\lambda^2 + k\lambda - c = -\mu^2$，得到算子 $\mathcal{A}$ 的特征值的渐近表达式为

$$\lambda_n^{\pm} = \frac{-k \pm \sqrt{k^2 + 4(c - n^2\pi^2)}}{2} + O(n^{-1}), \quad |n| \geqslant N_1$$

由式 (2.3.11) 和式 (2.3.12) 得到

$$
\begin{cases}
X_n = \left(O(n^{-2}), O(n^{-2}) \right)^{\mathrm{T}} \\
f_n(x) = \sqrt{2}\cos(n\pi x) + O(n^{-2})
\end{cases}
$$

其中，n 是充分大的正整数。

利用同样的过程可以证明在其他区域 $\mathcal{S}_j\ (j=1,2,3)$ 的特征值有同样的渐近表达式。证毕。□

基于上面的结果，可以得出下列关于闭环系统式(2.3.5)适定性的定理。

定理 2.3.1 设 $\mathcal{A}$ 由式(2.3.10)定义，其特征值和特征函数由引理 2.3.2 给出。那么算子 $\mathcal{A}$ 的广义特征函数生成 $\mathcal{H}$ 的一组 Riesz 基。进一步地，$\mathcal{A}$ 生成 $\mathcal{H}$ 中的 C_0 半群 $\mathrm{e}^{\mathcal{A}t}$，并且系统式(2.3.10)是适定的，即对于初值 $(X(0),w(\cdot,0),w_t(\cdot,0)) \in \mathcal{H}$，系统式(2.3.10)有唯一解 $(X(t),w(\cdot,t),w_t(\cdot,t)) \in C(0,\infty;\mathcal{H})$，满足

$$(X(t),w(\cdot,t),w_t(\cdot,t))^{\mathrm{T}} = \mathrm{e}^{\mathcal{A}t}(X(0),w(\cdot,0),w_t(\cdot,0))^{\mathrm{T}} \tag{2.3.24}$$

证明 因为 $\left\{1,\sqrt{2}\cos(n\pi x),n \in \mathbf{N}\right\}$ 是 $L^2(0,1)$ 的一组标准正交基，根据文献[16]中的定理 1，可知 $\left\{\mathrm{e}^{\frac{k}{2}x}\right\} \cup \left\{1,\left(\pm in\pi - \frac{k}{2}\right)^{-1}\sqrt{2}\cos(n\pi x),n \in \mathbf{N}\right\}$ 是 $H^1(0,1)$ 的一组 Riesz 基。令 $e_1 = (1,0,0,0)$，$e_2 = (0,1,0,0)$，$F_k = \left(0,0,\mathrm{e}^{\frac{k}{2}x},0\right)$，$F_0 = (0,0,1,0)$，$F_n^{\pm} = \left(0,0,\left(\pm in\pi - \frac{k}{2}\right)^{-1}\sqrt{2}\cos(n\pi x),\sqrt{2}\cos(n\pi x)\right),n \in \mathbf{N}$，可知 $\{e_1,e_2,F_k,F_0,F_n^{\pm},n \in \mathbf{N}\}$ 生成 $\mathcal{H}$ 的一组 Riesz 基。由式(2.3.17)可知，存在某个充分大的正整数 M 使得

$$\sum_{n>M} \| F_n^+ - \varPhi_n^+\|_{\mathcal{H}}^2 + \sum_{n>M} \| F_n^- - \varPhi_n^-\|_{\mathcal{H}}^2 = \sum_{n>M} O\left(n^{-4}\right) < \infty$$

根据文献[12]中改进的 Bari 定理，存在 $\mathcal{A}$ 的一组广义特征函数生成 $\mathcal{H}$ 的一组 Riesz 基。因此，$\mathcal{A}$ 生成 $\mathcal{H}$ 上的 C_0 半群 $\mathrm{e}^{\mathcal{A}t}$，并且系统式(2.3.10)有唯一解 $(X(t),w(\cdot,t),w_t(\cdot,t)) \in C(0,\infty;\mathcal{H})$，满足

$$(X(t),w(\cdot,t),w_t(\cdot,t))^{\mathrm{T}} = \mathrm{e}^{\mathcal{A}t}(X(0),w(\cdot,0),w_t(\cdot,0))^{\mathrm{T}}$$

证毕。□

2.3.3　闭环系统稳定性

本节考虑闭环系统式(2.3.10)的稳定性。首先，由于闭环系统式(2.3.10)的低频谱难以通过计算获得精确表达式，因此采用 Nyquist 判据结合计算机绘图的方式，判断闭环特征值在复平面中的分布。

1. Nyquist 判据

本节将利用分布参数系统的 Nyquist 判据[6]验证算子 $\mathcal{A}$ 的特征值在复平面的位置。如果算子 $\mathcal{A}$ 的全部特征值均位于某个左半复平面，那么应用 Riesz 基方法

就可以证明闭环系统式(2.3.5)的指数稳定性。

对式(2.3.1)和式(2.3.2)进行 Laplace 变换，然后解相应的常微分方程和代数方程就得到了如下的不稳定波动方程式(2.3.1)和自抗扰补偿器式(2.3.2)的传递函数 $G_p(s)$ 和 $G_c(s)$：

$$G_p(s) = \frac{\cosh\sqrt{s^2+ks-c}\,x_0}{\sqrt{s^2+ks-c}\,\sinh\sqrt{s^2+ks-c}}, \quad G_c(s) = \frac{\left(k_pl_1+l_2\right)s+k_pl_2}{b\left[s^2+\left(k_p+l_1\right)s\right]} \quad (2.3.25)$$

传递函数 $G_p(s)$ 和 $G_c(s)$ 应满足如下的假设条件，其中 $\sigma_0 \geqslant 0$ 为常数[6]：

(1) $G_c(s)$ 是适当的有理传递函数；

(2) $G_p(s)$ 是右半复平面 $\mathrm{Re}(s) \geqslant -\sigma_0$ 上的亚纯函数；

(3) $G_p(s)$ 及它的一、二阶导数在除了某个有界线段外的直线 $\mathrm{Re}(s) = -\sigma_0$ 上是绝对可积的；

(4) 当 $|s| \to \infty$ 时，$G_p(s)$ 及它的一、二阶导数在闭的右半复平面 $\mathrm{Re}(s) \geqslant -\sigma_0$ 收敛到 0；

(5) $G_c(s)G_p(s)$ 在右半复平面 $\mathrm{Re}(s) \geqslant -\sigma_0$ 中没有零/极点相消的情况。

注释 2.2.3　由假设(1)～(5)可知，如果 $G_p(s)$ 在右半复平面 $\mathrm{Re}(s) \geqslant -\sigma_0$ 有无穷多个极点，那么 Nyquist 判据将无法应用。

接下来验证 $G_p(s)$ 和 $G_c(s)$ 满足假设条件(1)～(5)。

验证假设条件(1)　由于控制器传递函数 $G_c(s)$ 是严格有理的，容易看出对于充分大的 ρ，有

$$\sup_{\{s|\mathrm{Re}(s)\geqslant0\}\cap\{s||s|>\rho\}}\left|G_c(s)\right| < \infty \quad 和 \quad \lim_{|s|\to\infty} G_c(s) = 0$$

根据文献[17]的定义 B.1，$G_c(s)$ 不仅是适当的，还是严格适当的。□

验证假设条件(2)　传递函数 $G_p(s)$ 的极点为

$$\rho_n^\pm = \frac{-k\pm\sqrt{k^2+4\left(c-n^2\pi^2\right)}}{2}, \quad n=0,1,2,\cdots \quad (2.3.26)$$

当 $0<c<\pi^2$ 时，$G_p(s)$ 只有一个不稳定极点：

$$\rho_0^+ = \frac{-k+\sqrt{k^2+4c}}{2} > 0 \quad (2.3.27)$$

对于某个 $0 \leqslant \sigma_0 < \dfrac{k}{2}$，$G_p(s)$ 只有一个极点 ρ_0^+ 位于右半复平面 $\mathrm{Re}(s) \geqslant -\sigma_0$。因此，

传递函数 $G_p(s)$ 在有限的右半复平面 $\mathrm{Re}(s) \geq -\sigma_0$ 上是亚纯函数。□

验证假设条件(3) 对于所有的正整数 n 和实数 ρ，可知

$$\lim_{\rho \to \infty} \rho^n G_p(\rho) = 0$$

此时称 $G_p(s)$ 有无穷的相对阶(参考文献[17]中的定义 C.1)。定义直线 $\Gamma :=$ $\{-\sigma_0 + \mathrm{i}\omega, \forall \omega \in \mathbf{R}\}$，得到

$$\left| G_p\left(-\sigma_0 + \mathrm{i}\omega\right) \right|$$

$$= \left| \frac{1}{\sqrt{\left(\sigma_0^2 - \omega^2 - k\sigma_0 - c\right) + \mathrm{i}\left(-2\sigma_0\omega + k\omega\right)}} \right| \left| \frac{\cosh\sqrt{\left(\sigma_0^2 - \omega^2 - k\sigma_0 - c\right) + \mathrm{i}\left(-2\sigma_0\omega + k\omega\right)}x_0}{\sinh\sqrt{\left(\sigma_0^2 - \omega^2 - k\sigma_0 - c\right) + \mathrm{i}\left(-2\sigma_0\omega + k\omega\right)}} \right|$$

$$(2.3.28)$$

容易验证存在一个整数 $N > 0$ 使得对于 $|\omega| \geq N$ 有

$$\left| \frac{1}{\sqrt{\left(\sigma_0^2 - \omega^2 - k\sigma_0 - c\right) + \mathrm{i}\left(-2\sigma_0\omega + k\omega\right)}} \right| = O\left(\left|\omega\right|^{-1}\right)$$

令

$$\sqrt{\left(\sigma_0^2 - \omega^2 - k\sigma_0 - c\right) + \mathrm{i}\left(-2\sigma_0\omega + k\omega\right)} = \phi + \mathrm{i}\varphi$$

对于任意正整数 n 和实数 $|\omega| \geq N$，可知

$$\left| \frac{\cosh\sqrt{\left(\sigma_0^2 - \omega^2 - k\sigma_0 - c\right) + \mathrm{i}\left(-2\sigma_0\omega + k\omega\right)}x_0}{\sinh\sqrt{\left(\sigma_0^2 - \omega^2 - k\sigma_0 - c\right) + \mathrm{i}\left(-2\sigma_0\omega + k\omega\right)}} \right| = \mathrm{e}^{-|\phi|(1-x_0)}\left| \frac{1 + \mathrm{e}^{-2(\phi+\mathrm{i}\varphi)x_0}}{1 + \mathrm{e}^{-2(\phi+\mathrm{i}\varphi)}} \right| = O\left(\left|\omega\right|^{-n}\right)$$

因此，令 $n = 2$ 得到

$$\left| G_p\left(-\sigma_0 + \mathrm{i}\omega\right) \right| = O\left(\left|\omega\right|^{-3}\right)$$

其中，$|\omega| \geq N$。

$\left| G_p(s) \right|$ 在直线 Γ 的有界子区间 $[-\sigma_0 - \mathrm{i}N, -\sigma_0 + \mathrm{i}N]$ 外的积分为

$$\int_{-\sigma_0 + \mathrm{i}N}^{-\sigma_0 + \mathrm{i}\infty} \left| G_p(s) \right| \mathrm{d}s + \int_{-\sigma_0 - \mathrm{i}\infty}^{-\sigma_0 - \mathrm{i}N} \left| G_p(s) \right| \mathrm{d}s$$

$$= \int_{N}^{+\infty} \left| G_p\left(-\sigma_0 + \mathrm{i}\omega\right) \right| \mathrm{d}\omega + \int_{-\infty}^{-N} \left| G_p\left(-\sigma_0 + \mathrm{i}\omega\right) \right| \mathrm{d}\omega = O\left(N^{-2}\right)$$

因此，$G_p(s)$ 在除了某个有界线段外的直线 $\mathrm{Re}(s) = -\sigma_0$ 上是绝对可积的。因为证明过程类似，这里省略了对 $G_p(s)$ 的一、二阶导数的验证过程。□

验证假设条件(4)　类似于假设条件(3)的验证过程，可以证明当 $|s| \to \infty$ 时，$G_p(s)$ 及它的一、二阶导数在闭的右半复平面 $\mathrm{Re}(s) \geqslant -\sigma_0$ 收敛到 0。□

验证假设条件(5)　由式(2.3.25)可知，$G_p(s)$ 的零点和极点有如下表达式：

$$\begin{cases} \eta_n^\pm = \dfrac{-k \pm \sqrt{k^2 + \left(4c - \dfrac{(2n+1)^2 \pi^2}{x_0^2}\right)}}{2}, & n = 0,1,2,\cdots \\[4mm] \rho_n^\pm = \dfrac{-k \pm \sqrt{k^2 + 4(c - n^2\pi^2)}}{2} \end{cases} \qquad (2.3.29)$$

$G_c(s)$ 的零点为 $-k_p l_2 / (k_p l_1 + l_2)$，极点是 0 和 $-(k_p + l_1)$。因此，通过选取适当的参数可以避免零/极点相消的情况。□

定义一个辅助函数 $F(s)$：

$$F(s) := 1 + G_c(s) G_p(s) \qquad (2.3.30)$$

可以看出 $F(s)$ 的零点等价于算子 $\mathcal{A}$ 的特征值。因此，系统式(2.3.4)的稳定性就可以通过验证 $F(s)$ 在左半复平面 $\{s \in \mathbf{C} | \mathrm{Re}(s) < -\sigma_0\}$ 之外是否有零点来确定，其中 σ_0 为某个非负常数。

下面是两个关于 Nyquist 判据的引理[6]。

引理 2.3.3　$G_p(s)$、$G_c(s)$、$F(s)$ 由式(2.3.25)和式(2.3.30)定义。设 Nyquist 路径 Γ_s 被定义为环绕整个右半复平面 $\{s \in \mathbf{C} | \mathrm{Re}(s) > -\sigma_0\}$，其中 $\sigma_0 > 0$ 为常数。Nyquist 判据就可表示为

$$Z = N + P \qquad (2.3.31)$$

其中，N 为 Nyquist 曲线 $G_c(s) G_p(s)$ 环绕点 $(-1, \mathrm{i}0)$ 的圈数；Z 为 $F(s)$ 在右半复平面 $\{s \in \mathbf{C} | \mathrm{Re}(s) > -\sigma_0\}$ 中零点的个数；P 为 $G_c(s) G_p(s)$ 在右半复平面 $\{s \in \mathbf{C} | \mathrm{Re}(s) > -\sigma_0\}$ 中极点的个数。

引理 2.3.4　如果式(2.3.31)中的 $Z = 0$，那么 $\sigma(\mathcal{A})$ 满足

$$\sigma(\mathcal{A}) \subset \{s \in \mathbf{C} | \mathrm{Re}(s) \leqslant -\sigma_0\} \qquad (2.3.32)$$

接下来要确定 $G_p(s)$ 和 $G_c(s)$ 的参数。令 $k = 2$，不稳定参数 $c = 1$，观测点为 $x_0 = 1/4$。根据带宽参数化方法[3]，可以令 $l_1 = 2l$，$l_2 = l^2$，再令 $b = 12$。于是仅剩下两

个参数 k_p 和 l 待定。根据 2.3.1 节的方法,同样可以得到 k_p 和 l 的稳定域(图 2.3.1)。选择稳定域内参数 $k_p = 0.3$ 和 $l = 50$。则 $G_c(s)G_p(s)$ 的全部参数如下所示:

$$k = 2, \quad c = 1, \quad x_0 = \frac{1}{4}, \quad b = 12, \quad k_p = 0.3, \quad l_1 = 2l, \quad l_2 = l^2, \quad l = 50 \qquad (2.3.33)$$

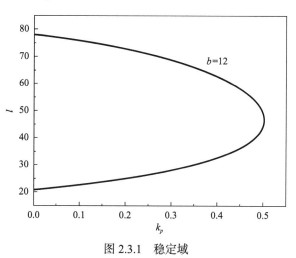

图 2.3.1　稳定域

由式(2.3.27)可以得到,$G_c(s)G_p(s)$ 在 $\{s \in \mathbf{C} | \mathrm{Re}(s) > 0\}$ 内有一个极点 $\rho_0^+ = \sqrt{2} - 1$,并且在虚轴上有一个极点 0。这样,图 2.3.2 就给出了 $G_c(\mathrm{i}\omega)G_p(\mathrm{i}\omega)(\forall \omega \in \mathbf{R})$ 的 Nyquist 曲线。可以看到 Nyquist 曲线 $G_c(\mathrm{i}\omega)G_p(\mathrm{i}\omega)$ 按逆时针环绕驻点 $(-1, \mathrm{i}0)$ 一次。由引理 2.3.3 可得 $Z = 0$。容易验证算子 $\mathcal{A}$ 在虚轴上没有特征值,因此由引理 2.3.4 可知 $\mathcal{A}$ 的特征值都位于 $\{s \in \mathbf{C} | \mathrm{Re}(s) < 0\}$ 内部,即 $\sigma(\mathcal{A}) \subset \{s \in \mathbf{C} | \mathrm{Re}(s) < 0\}$。

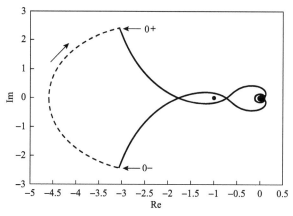

图 2.3.2　Nyquist 曲线 $G_c(\mathrm{i}\omega)G_p(\mathrm{i}\omega)(\forall \omega \in \mathbf{R})$

进一步地，令 $\sigma_0 = 0.1$，可以看到 $G_c(s)G_p(s)$ 在 $\{s \in \mathbf{C} | \mathrm{Re}(s) > -0.1\}$ 内有两个极点 0 和 $\sqrt{2}-1$。在图 2.3.3 中，可以看到 Nyquist 曲线 $G_c(-0.1+\mathrm{i}\omega)G_p(-0.1+\mathrm{i}\omega)$ $(\forall \omega \in \mathbf{R})$ 逆时针环绕驻点 $(-1, \mathrm{i}0)$ 两次。因此，根据引理 2.3.3 和引理 2.3.4，$\mathcal{A}$ 的特征值都位于左半复平面 $\{s \in \mathbf{C} | \mathrm{Re}(s) \leqslant -0.1\}$ 内。

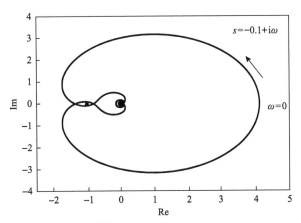

图 2.3.3　Nyquist 曲线 $G_c(-0.1+\mathrm{i}\omega)G_p(-0.1+\mathrm{i}\omega)(\forall \omega \in \mathbf{R})$

2. 指数稳定性

下面给出系统式 (2.3.4) 的指数稳定性。

定理 2.3.2　令 $\mathcal{A}$ 由式 (2.3.9) 定义，其参数由式 (2.3.33) 给出。则半群 $\mathrm{e}^{\mathcal{A}t}$ 的谱确定增长条件成立，即 $S(\mathcal{A}) = \omega(\mathcal{A})$，其中

$$S(\mathcal{A}) := \sup\{\mathrm{Re}(\lambda) \,|\, \lambda \in \sigma(\mathcal{A})\}$$

是算子 $\mathcal{A}$ 的谱界，满足

$$\omega(\mathcal{A}) := \inf\left\{\omega \,\middle|\, \exists M > 0, \|\mathrm{e}^{\mathcal{A}t}\| \leqslant M\mathrm{e}^{\omega t}\right\}$$

是 $\mathrm{e}^{\mathcal{A}t}$ 的增长界。进一步地，系统式 (2.3.20) 是指数稳定的，即存在两个正常数 M 和 μ 使得 C_0 半群 $\mathrm{e}^{\mathcal{A}t}$ 满足

$$\|\mathrm{e}^{\mathcal{A}t}\| \leqslant M\mathrm{e}^{-\mu t} \tag{2.3.34}$$

证明　根据引理 2.3.3 和定理 2.3.1 以及文献[18]中的定理 2.3.5，$\mathcal{A}$ 是 Riesz-谱算子并且谱确定增长条件 $S(\mathcal{A}) = \omega(\mathcal{A})$ 成立。由 2.3.3 节的 Nyquist 曲线可知

$$\sigma(\mathcal{A}) \subset \{s \in \mathbf{C} | \mathrm{Re}(s) \leqslant -0.1\}$$

即 $S(\mathcal{A}) \leqslant -0.1$。于是有

$$\| \mathrm{e}^{\mathcal{A}t} \| \leqslant M\mathrm{e}^{-0.1t}$$

证毕。□

3. 控制参数的适用范围

对于任意的 $c \in (0,4]$，都可以用上述方法证明闭环系统的指数稳定性。首先在图 2.3.4 中给出当 $c = 2,3,4$ 以及 $k = 2$、$x_0 = 1/4$、$b = 12$ 时 (k_p, l) 的稳定域。可以看出 c 越大稳定域越小。当 $c > 4$ 时，k_p 将小于 0.005。因此，推断当 c 大于 4 时式 (2.3.2) 表示的自抗扰补偿器将不再适用于不稳定波动方程，可以考虑更高阶的自抗扰补偿器。

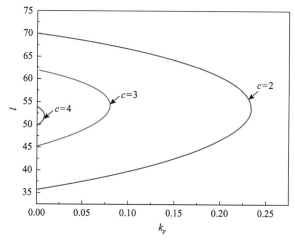

图 2.3.4　当 $c = 2,3,4$ 以及 $k = 2$、$x_0 = 1/4$、$b = 12$ 时的稳定域

根据图 2.3.4 中的稳定域，分别为 $c = 2$ 选择参数 $k_p = 0.15$ 和 $l = 50$，为 $c = 3$ 选择参数 $k_p = 0.03$ 和 $l = 54$，为 $c = 4$ 选择参数 $k_p = 0.003$ 和 $l = 52$。于是得到图 2.3.5 所示的 Nyquist 曲线 $G_c(-\sigma_0 + \mathrm{i}\omega)G_p(-\sigma_0 + \mathrm{i}\omega)(\forall \omega \in \mathbf{R})$，其中 $c = 2,3,4$。当 $c = 2$ 和 $c = 3$ 时，仍然选择 $\sigma_0 = 0.1$，可以看到 Nyquist 曲线逆时针环绕驻点 $(-1, \mathrm{i}0)$ 两次。因此当 $c = 2$ 和 $c = 3$ 时，全部特征值都位于左半复平面 $\{s \in \mathbf{C} \mid \mathrm{Re}(s) \leqslant -0.1\}$ 内部。然而当 $c = 4$ 时，选取 $\sigma_0 = 0.01$ 才能令 Nyquist 曲线逆时针环绕 $(-1, \mathrm{i}0)$ 两次。因此当 $c = 4$ 时，特征值都位于左半复平面 $\{s \in \mathbf{C} \mid \mathrm{Re}(s) \leqslant -0.01\}$ 内部。因此根据定理 2.3.2，当 $c = 2,3,4$ 时，可以证明闭环系统是指数稳定的。

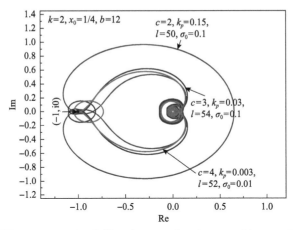

图 2.3.5　Nyquist 曲线 $G_c\left(-\sigma_0+\mathrm{i}\omega\right)G_p\left(-\sigma_0+\mathrm{i}\omega\right)\left(\forall\omega\in\mathbf{R}\right)$

2.3.4　仿真研究

本节给出开环系统式 (2.3.1) 和闭环系统式 (2.3.4) 的数值仿真结果。采用有限差分法来逼近常微分方程和波动方程的解，空间和时间的步长分别设为 0.025 和 0.0001。全部参数由式 (2.3.33) 给出：

$$k=2,\quad c=1,\quad x_0=\frac{1}{4},\quad b=12,\quad k_p=0.3,\quad l_1=100,\quad l_2=2500$$

开环不稳定波动方程式 (2.3.1) 的状态如图 2.3.6 和图 2.3.7 所示。闭环系统式 (2.3.4) 的状态如图 2.3.8～图 2.3.11 所示，可以看到式 (2.3.4) 的全部状态都收敛到 0，这验证了所设计的输出反馈控制律的有效性。

令 $k=2+0.5\sin\left(t/5\right)$，$c=1+0.5\sin\left(t/5\right)$，并当 $t\geqslant20$ 时加入一个阶跃干扰，这时图 2.3.12 和图 2.3.13 表明所提出的反馈控制律对不确定扰动具有良好的鲁棒性。

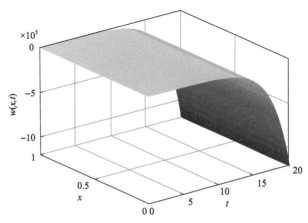

图 2.3.6　不稳定波动方程式 (2.3.1) 的状态 $w(x,t)$

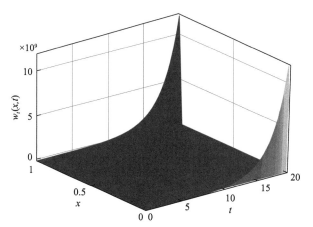

图 2.3.7　不稳定波动方程式(2.3.1)的速度 $w_t(x,t)$

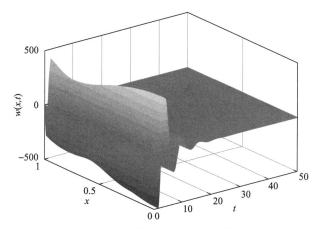

图 2.3.8　闭环系统式(2.3.4)的状态 $w(x,t)$

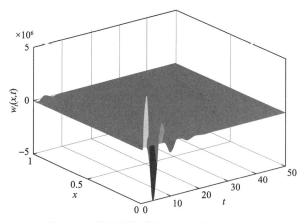

图 2.3.9　闭环系统式(2.3.4)的速度 $w_t(x,t)$

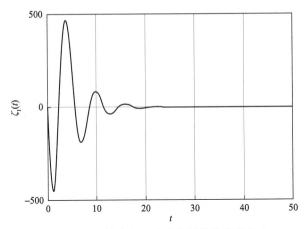

图 2.3.10　闭环系统式 (2.3.4) 中常微分方程的状态 $\zeta_1(t)$

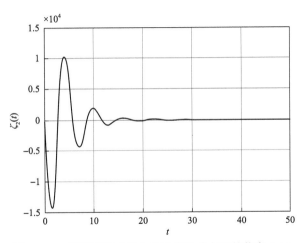

图 2.3.11　闭环系统式 (2.3.4) 中常微分方程的状态 $\zeta_2(t)$

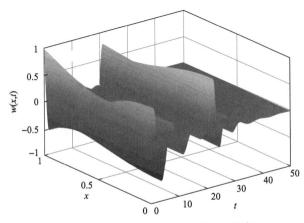

图 2.3.12　闭环系统式 (2.3.4) 受扰动时的状态 $w(x,t)$

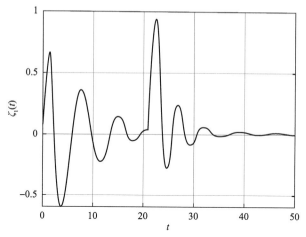

图 2.3.13　闭环系统式(2.3.4)受扰动时的状态 $\zeta_1(t)$

2.3.5　小结

本节研究了带有自抗扰动态补偿器的不稳定波动方程的镇定问题。当不稳定参数 $0 < c < \pi^2$ 时，不稳定波动方程存在一个不稳定极点。通过应用分布参数系统的 Nyquist 判据和 Riesz 基方法，证明了闭环系统的指数稳定性。当不稳定参数 $c > 4$ 时，一阶自抗扰补偿器将无法适用，也许可以构建更高阶的自抗扰补偿器来镇定不稳定波动方程。

参 考 文 献

[1] 韩京清. 自抗扰控制技术: 估计补偿不确定因素的控制技术[M]. 北京: 国防工业出版社, 2008.

[2] Han J Q. From PID to active disturbance rejection control[J]. IEEE Transactions on Industrial Electronics, 2009, 56(3): 900-906.

[3] Gao Z Q. Scaling and bandwidth-parameterization based controller tuning[C]. Proceedings of the American Control Conference, Denver, 2006: 4989-4996.

[4] Zhang Y L, Zhu M, Li D H, et al. ADRC dynamic stabilization of an unstable heat equation[J]. IEEE Transactions on Automatic Control, 2020, 65(10): 4424-4429.

[5] Zhao D, Li D H, Wang Y. A novel boundary control solution for unstable heat conduction systems based on active disturbance rejection control[J]. Asian Journal of Control, 2016, 18(2): 595-608.

[6] Chait Y, MacCluer C R, Radcliffe C J. A Nyquist stability criterion for distributed parameter systems[J]. IEEE Transactions on Automatic Control, 1989, 34(1): 90-92.

[7] Susto G A, Krstic M. Control of PDE-ODE cascades with Neumann interconnections[J]. Journal of the Franklin Institute, 2010, 347(1): 284-314.

[8] Krstić M. Delay Compensation for Nonlinear, Adaptive, and PDE Systems[M]. Boston: Birkhäuser, 2009.

[9] Tang S X, Xie C K. Stabilization for a coupled PDE-ODE control system[J]. Journal of the Franklin Institute, 2011, 348(8): 2142-2155.

[10] Ren B B, Wang J M, Krstic M. Stabilization of an ODE-Schrödinger cascade[J]. Systems & Control Letters, 2013, 62(6): 503-510.

[11] Zhao D X, Wang J M, Guo Y P. The direct feedback control and exponential stabilization of a coupled heat PDE-ODE system with Dirichlet boundary interconnection[J]. International Journal of Control, Automation and Systems, 2019, 17(1): 38-45.

[12] Guo B Z. Riesz basis approach to the stabilization of a flexible beam with a tip mass[J]. SIAM Journal on Control and Optimization, 2001, 39(6): 1736-1747.

[13] Zhang Y L, Zhu M, Li D H, et al. Dynamic feedback stabilization of an unstable wave equation[J]. Automatica, 2020, 121: 109165.

[14] Morse P M, Feshbach H. Methods of Theoretical Physics Part I[M]. New York: McGraw-Hill, Inc., 1953.

[15] Adams R A, Fournier J J F. Sobolev Spaces[M]. 2nd ed. Amsterdam: Academic Press, 2003.

[16] Russell D L. On exponential bases for the Sobolev spaces over an interval[J]. Journal of Mathematical Analysis and Applications, 1982, 87(2): 528-550.

[17] Curtain R, Morris K. Transfer functions of distributed parameter systems: A tutorial[J]. Automatica, 2009, 45(5): 1101-1116.

[18] Curtain R F, Zwart H. An Introduction to Infinite-Dimensional Linear Systems Theory[M]. New York: Springer-Verlag, 1995.

第3章　单变量系统的自抗扰控制

第2章介绍了自抗扰控制的基本原理与常用的稳定性分析方法，使读者对自抗扰控制的设计方法、分析方法有较好的掌握。本章在第2章的基础上，首先介绍自抗扰控制在高阶非线性对象、本质非线性环节和RC电路等单变量系统中的设计方法；然后介绍自抗扰控制在不同类型单回路系统中的结构设计与参数整定，如结合输入成形技术的设计方法、针对时滞系统和高阶对象的结构改进和参数定量化整定等。

通过本章内容的介绍，能够展示自抗扰控制在多类单变量系统中的结构设计与参数整定方法，为读者设计合适的自抗扰控制提供更好的借鉴思路。

3.1　低阶自抗扰控制重构对象分析

3.1.1　基于指定模型的抗扰原理

1. 基于指定模型的抗扰设计

工业过程控制对象通常包含非线性、延时、参数变化等特点，常规的控制思路一般直接着眼于对象本身的复杂动态和静态特性，而自抗扰控制给出"指定模型"（imposed model, IM）的控制设计范式。通过扰动归一化和估计补偿机制，将原始被控对象转变为一个近似指定模型动态的对象，如图 3.1.1 所示，以下说明其设计原理。

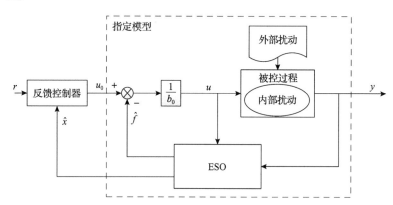

图 3.1.1　基于指定模型的抗扰设计示意图

一般地，基于 n 阶指定模型形式，首先将被控对象动态表达成如下 n 阶形式：

$$y^{(n)} = f + bu \tag{3.1.1}$$

即一个包含积分环节和扰动的对象。其中，y 和 u 分别为被控对象输出和输入；f 定义为"总扰动"，作为指定模型 $y^{(n)} = u$ 的扩张状态量，包含系统外部干扰和被控对象内部不确定性，表征实际被控过程和指定模型的偏离；$b \neq 0$ 为控制量放大系数，在文献[1]中被定义为关键增益参数（critical gain parameter, CGP）。将式 (3.1.1) 写成状态空间方程形式：

$$\begin{cases} \dot{x}_1 = x_2 \\ \dot{x}_2 = x_3 \\ \quad\vdots \\ \dot{x}_i = x_{i+1} \\ \quad\vdots \\ \dot{x}_n = x_{n+1} + bu \\ \dot{x}_{n+1} = \dot{f} \\ y = x_1 \end{cases} \tag{3.1.2}$$

其中，$i = 1, 2, \cdots, n-1$。

针对上述系统，为了实时估计总扰动 f 和其他状态量，设计 ESO 如式 (3.1.3) 所示：

$$\begin{cases} \dot{z}_1 = z_2 + \beta_1(y - z_1) \\ \dot{z}_2 = z_3 + \beta_2(y - z_1) \\ \quad\vdots \\ \dot{z}_i = z_{i+1} + \beta_i(y - z_1) \\ \quad\vdots \\ \dot{z}_{n-1} = z_n + \beta_{n-1}(y - z_1) \\ \dot{z}_n = z_{n+1} + \beta_n(y - z_1) + b_0 u \\ \dot{z}_{n+1} = \beta_{n+1}(y - z_1) \end{cases} \tag{3.1.3}$$

其中，用 z_i 观测 x_i，即 $y^{(i-1)}(1 \leqslant i \leqslant n)$；用 $z_{n+1}(t)$ 估计 f；需调整的参数包括观测器增益 $\beta_i (1 \leqslant i \leqslant n+1)$ 和 CGP 估计值 b_0。由此，可设计式 (3.1.4) 所示的扰动抑制律，补偿总扰动 f：

$$u = \frac{u_0 - z_{n+1}}{b_0} \tag{3.1.4}$$

则被控对象重构为如式(3.1.5)所示的新形式，即重构对象(modified plant, MP)，其动态特性近似为纯积分形式，即串联积分型指定模型：

$$y^{(n)} = f + bu = f + b\frac{u_0 - z_{n+1}}{b_0} \approx u_0 \tag{3.1.5}$$

基于此重构对象，外环控制器的设计可极大简化，如简单比例环节等形式即可满足预期动态要求。

上述设计思路是自抗扰控制器的核心所在，即不依赖数学模型的具体形式，将实际被控对象补偿为一个指定模型的近似形式，再通过外环反馈控制获得期望的闭环动态特性。在该思想框架下，对象的补偿和重构是最为关键的环节，能否通过 ESO 和扰动抑制律的设计，获得期望的重构对象，是整个闭环控制的基础。

2. 重构对象传递函数推导

在上述基于指定模型的抗扰控制设计中，一般已假设在观测器收敛和 b_0 设置合理的情况下，原被控对象被补偿为积分环节，如图 3.1.2 所示。实际上，重构对象的动态特性受 ESO 增益和 b_0 的直接影响，尤其当被控对象为复杂的工业对象时，其动态过程的阶次比控制器更高，甚至含有纯时滞环节时，重构对象的稳定性也可能发生变化。以下将针对此问题进行研究分析，由于一阶和二阶控制器结构较为简单，分析、实现和整定难易程度适中，且不易引起高频噪声的放大，是工业应用，尤其是过程控制中最可能得以实现的形式，因此这里主要针对一阶、二阶自抗扰控制($n=1,2$)，进行频域分析。首先初步给出一阶和二阶自抗扰控制下，重构对象的传递函数基本形式，用于接下来各类典型对象的具体分析。

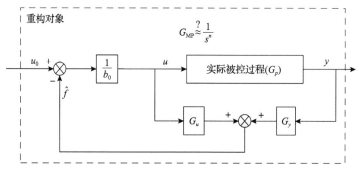

图 3.1.2 基于串联积分型指定模型设计框架的重构对象

假设被控对象传递函数描述为 $G_p(s)$，分别推导一阶和二阶自抗扰控制框架下，重构对象的闭环和开环传递函数。设 ESO 的两个输入 u 和 y 到状态估计量 $\hat{f}$ 的传递函数关系分别为 G_u 和 G_y，则可计算重构对象输入 u_0 至输出 y 的传递函数 G_{MP}

表达式为

$$G_{\text{MP}} = \frac{y(s)}{u_0(s)} = \frac{G_p \dfrac{1}{b_0}}{1 + G_u \dfrac{1}{b_0} + G_y \dfrac{1}{b_0} G_p} = \frac{G_p}{b_0 + G_u + G_y G_p} \tag{3.1.6}$$

同时，为采用 Nyquist 判据和 Bode 图分析重构对象稳定性，根据系统框图写出重构对象的开环传递函数：

$$G_{\text{MP}\_k} = \frac{\dfrac{1}{b_0}}{1 + \dfrac{G_u}{b_0}} G_p G_y = \frac{G_p G_y}{b_0 + G_u} \tag{3.1.7}$$

1）一阶自抗扰控制重构对象

令式（3.1.3）中 $n = 1$，进行 Laplace 变换，可得到

$$\begin{bmatrix} z_1 \\ z_2 \end{bmatrix} = \begin{bmatrix} G_{11} & G_{12} \\ G_{21} & G_{22} \end{bmatrix} \begin{bmatrix} u \\ y \end{bmatrix} = \begin{bmatrix} \dfrac{b_0 s}{s^2 + \beta_1 s + \beta_2} & \dfrac{\beta_1 s + \beta_2}{s^2 + \beta_1 s + \beta_2} \\ \dfrac{-b_0 \beta_2}{s^2 + \beta_1 s + \beta_2} & \dfrac{\beta_2 s}{s^2 + \beta_1 s + \beta_2} \end{bmatrix} \begin{bmatrix} u \\ y \end{bmatrix} \tag{3.1.8}$$

则扰动估计变量 z_2 与 ESO 输入 u 和 y 之间的传递函数分别为 G_{21} 和 G_{22}，即可令式（3.1.6）中 $G_u = G_{21}$，$G_y = G_{22}$，可得一阶自抗扰控制重构对象传递函数：

$$G_{\text{MP1}} = \frac{G_p}{b_0 + G_{21} + G_{22} G_p} \tag{3.1.9}$$

相应地，其开环传递函数为

$$G_{\text{MP1}\_k} = \frac{\dfrac{1}{b_0}}{1 + \dfrac{G_{21}}{b_0}} G_p G_{22} = \frac{G_p G_{22}}{b_0 + G_{21}} \tag{3.1.10}$$

显然，重构对象 MP 的动态和稳态特性随参数 β_1、β_2、b_0 以及实际被控对象 G_p 的变化而发生改变。

2）二阶自抗扰控制重构对象

令式（3.1.3）中 $n = 2$，推导得到 ESO 输入输出传递函数式（3.1.11）：

$$
\begin{bmatrix} z_1 \\ z_2 \\ z_3 \end{bmatrix} = \begin{bmatrix} G_{11} & G_{12} \\ G_{21} & G_{22} \\ G_{31} & G_{32} \end{bmatrix} \begin{bmatrix} u \\ y \end{bmatrix} \tag{3.1.11}
$$

其中

$$
\begin{cases}
G_{11} = \dfrac{b_0 s}{s^3 + \beta_1 s^2 + \beta_2 s + \beta_3} \\[3mm]
G_{12} = \dfrac{\beta_1 s^2 + \beta_2 s + \beta_3}{s^3 + \beta_1 s^2 + \beta_2 s + \beta_3} \\[3mm]
G_{21} = \dfrac{b_0 s(s + \beta_1)}{s^3 + \beta_1 s^2 + \beta_2 s + \beta_3} \\[3mm]
G_{22} = \dfrac{\beta_2 s^2 + \beta_3 s}{s^3 + \beta_1 s^2 + \beta_2 s + \beta_3} \\[3mm]
G_{31} = -\dfrac{b_0 \beta_3}{s^3 + \beta_1 s^2 + \beta_2 s + \beta_3} \\[3mm]
G_{32} = \dfrac{\beta_3 s^2}{s^3 + \beta_1 s^2 + \beta_2 s + \beta_3}
\end{cases} \tag{3.1.12}
$$

G_{31} 和 G_{32} 分别表示扰动估计变量 z_3 与 ESO 输入 u 和 y 之间的传递函数。则二阶自抗扰控制重构对象 G_{MP2} 为

$$
G_{\mathrm{MP2}} = \frac{G_p}{b_0 + G_{31} + G_{32} G_p} \tag{3.1.13}
$$

式(3.1.13)为分析重构对象的稳定性，根据系统框图写出二阶自抗扰控制中，重构对象开环传递函数：

$$
G_{\mathrm{MP2\_}k} = \frac{G_p G_{32}}{b_0 + G_{31}} \tag{3.1.14}
$$

由此可见，参数 β_1、β_2、β_3 和 b_0 以及实际被控对象 G_p 均可能影响重构对象的动态和稳态特性。以下针对热工过程控制中几种典型的被控对象，进行具体分析。

3.1.2 重构对象的特性分析

接下来分别讨论当被控对象为如下几种情况：①自稳定一阶惯性环节；②存

在更高阶次;③存在时滞。基于一阶和二阶线性自抗扰控制框架,进行积分型指定模型抗扰设计下重构对象的动态特性和稳定性分析。

1. 一阶自抗扰控制重构对象特性分析

1)一阶被控对象

假设被控对象为如下一阶惯性对象:

$$\dot{y} = -ay + bu \tag{3.1.15}$$

需注意:本书仅讨论一类过程控制自平衡对象,以下分析中,均认为 $a > 0$ 和 $b > 0$。将该对象表达为传递函数形式:

$$G_p = \frac{b}{s+a} \tag{3.1.16}$$

代入式(3.1.9)和式(3.1.10),可得相应一阶自抗扰控制设计中重构对象闭环和开环传递函数分别为

$$G_{\mathrm{MP1}} = \frac{1}{s} \frac{b(s^2 + \beta_1 s + \beta_2)}{b_0 \left[s^2 + (a + \beta_1)s + \dfrac{b}{b_0}\beta_2 + a\beta_1 \right]} \tag{3.1.17}$$

$$G_{\mathrm{MP1\_}k} = \frac{b\beta_2}{b_0[s^2 + (a+\beta_1)s + a\beta_1]} \tag{3.1.18}$$

为说明 ESO 增益 β_1、β_2 和 b_0 的影响,将分 $b = b_0$ 和 $b \neq b_0$ 两种情况进行讨论,在此之前,给出两种情况下均存在的两条结论。

结论 3.1.1　针对式(3.1.15)所示形式的一阶被控对象,当 $\beta_2 \to +\infty$ 时,基于一阶积分型指定模型的抗扰设计框架中,重构对象的动态特性为纯积分环节。

该结论可由式(3.1.17)的极限推导证明如下:

$$\lim_{\beta_2 \to +\infty} G_{\mathrm{MP1}} = \lim_{\beta_2 \to +\infty} \frac{b(s^2 + \beta_1 s + \beta_2)}{b_0 s \left[s^2 + (a+\beta_1)s + \dfrac{b}{b_0}\beta_2 + a\beta_1 \right]} = \frac{b\beta_2}{b_0 s \dfrac{b}{b_0}\beta_2} = \frac{1}{s} \tag{3.1.19}$$

结论 3.1.2　针对式(3.1.15)所示形式的一阶被控对象,基于一阶积分型指定模型的抗扰设计框架中,对 $\forall \beta_1 > 0$、$\beta_2 > 0$ 和 $b_0 > 0$,其重构对象始终为稳定环节(不包含右半复平面极点),并且其环路增益裕度无穷大。

该结论证明如下。

令 $s = \mathrm{i}\omega$,其中 ω 为角频率,将其代入式(3.1.18),则重构对象的开环频域特性为

$$
\begin{aligned}
G_{\mathrm{MP1\_}k}(\mathrm{i}\omega) &= \frac{b\beta_2}{b_0[(\mathrm{i}\omega)^2 + (a+\beta_1)(\mathrm{i}\omega) + a\beta_1]} \\
&= \frac{b\beta_2}{b_0[a\beta_1 - \omega^2 + \mathrm{i}(a\omega + \beta_1\omega)]} \\
&= \frac{b\beta_2[a\beta_1 - \omega^2 - \mathrm{i}(a\omega + \beta_1\omega)]}{b_0\sqrt{(a\beta_1 - \omega^2)^2 + (a\omega + \beta_1\omega)^2}}
\end{aligned}
\tag{3.1.20}
$$

令 $G_{\mathrm{MP1\_}k}(\mathrm{i}\omega)$ 虚部为 0,则

$$
a\omega + \beta_1\omega = 0
\tag{3.1.21}
$$

由 $a > 0$ 且 $\beta_1 > 0$,则需满足 $\omega = 0$,故

$$
G_{\mathrm{MP1\_}k}(\mathrm{i}\omega) = \frac{b\beta_2 a\beta_1}{b_0 a\beta_1} = \frac{b\beta_2}{b_0}
\tag{3.1.22}
$$

因此,$G_{\mathrm{MP1\_}k}$ 的 Nyquist 曲线和左半复平面实轴无任一交点,即 $G_{\mathrm{MP1\_}k}$ 的相角不可能到达–180°,显然,重构对象的环路增益裕量为无穷大。证毕。□

(1) $b = b_0$。

假设对象参数为 $a = 1$,$b = 1$,分析重构对象的动态变化。图 3.1.3 所示为 G_{MP} 的单位阶跃响应,其中正红色线为纯积分环节响应曲线(本书彩图请扫封底二维码)。

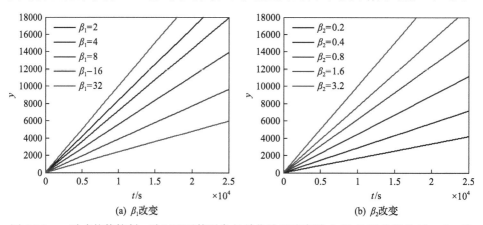

(a) β_1 改变　　　　　　　　(b) β_2 改变

图 3.1.3　一阶自抗扰控制一阶过程重构对象的单位阶跃响应随 β_1 和 β_2 变化趋势($b_0 = b = 1$)

图 3.1.3 曲线可直观表明:在一阶线性自抗扰控制框架下,β_1 越小,β_2 越大,

被控对象被补偿后的动态越接近积分环节。

(2) $b \neq b_0$。

图 3.1.4 给出一阶过程重构对象动态特性随 b_0 的变化趋势, 显然, 其动态特性随 b_0 减小, 逐渐靠近积分对象。

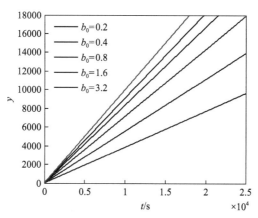

图 3.1.4　一阶自抗扰控制一阶过程重构对象的单位阶跃响应随 b_0 变化趋势 ($\beta_1 = 1, \beta_2 = 2$)

2) 高阶被控对象

考虑如式 (3.1.23) 所示的 n 阶被控对象 ($n \geqslant 2$):

$$G_p = \frac{b}{\displaystyle\sum_{i=2}^{n} a_i s^i + s + a_0} \tag{3.1.23}$$

其中, $b > 0$ 且 $\displaystyle\sum_{i=2}^{n} a_i s^i + s + a_0$ 为赫尔维茨 (Hurwitz) 多项式。在一阶自抗扰控制下, 该被控过程的重构对象闭环和开环传递函数分别为

$$G_{\mathrm{MP1}} = \frac{1}{s} \frac{b(s^2 + \beta_1 s + \beta_2)}{b_0 \left[\displaystyle\sum_{i=3}^{n} (a_{i-1} + a_i \beta_1) s^i + a_n s^{n+1} + (a_2 \beta_1 + 1) s^2 + (a_0 + \beta_1) s + \left(a_0 \beta_1 + \frac{b}{b_0} \beta_2 \right) \right]} \tag{3.1.24}$$

$$G_{\mathrm{MP1\_k}} = \frac{b \beta_2}{b_0 \left[\displaystyle\sum_{i=3}^{n} (a_{i-1} + a_i \beta_1) s^i + a_n s^{n+1} + (a_2 \beta_1 + 1) s^2 + (a_0 + \beta_1) s + a_0 \beta_1 \right]} \tag{3.1.25}$$

根据上述传递函数,可给出如下结论。

结论 3.1.3　针对式(3.1.23)所示形式的 n 阶稳定过程,当 $\beta_2 \to +\infty$ 时,基于一阶积分型指定模型的抗扰设计框架中,重构对象的动态特性为纯积分环节。

该结论由式(3.1.24)的极限可证明

$$\lim_{\beta_2 \to +\infty} G_{\text{MP1}} = \frac{b\beta_2}{b_0 s \dfrac{b}{b_0}\beta_2} = \frac{1}{s} \tag{3.1.26}$$

结论 3.1.4　针对式(3.1.23)所示形式的 n 阶稳定过程,基于一阶积分型指定模型的抗扰设计框架中,当方程式(3.1.27)所有根均分布在左半复平面时,重构对象为稳定环节(不包含右半复平面极点)。

$$\sum_{i=3}^{n}(a_{i-1} + a_i\beta_1)s^i + a_n s^{n+1} + (a_2\beta_1 + 1)s^2 + (a_0 + \beta_1)s + \left(a_0\beta_1 + \frac{b}{b_0}\beta_2\right) = 0 \tag{3.1.27}$$

将一阶自抗扰控制用于二阶或更高阶对象时,可根据式(3.1.27)利用 Hurwitz 或劳斯(Routh)判据判断重构对象稳定性,保证所调参数不会造成重构对象失稳,给外环设计造成困难。

以式(3.1.28)所示的 n 阶对象为例,说明各相关参数对重构对象性能的影响。

$$G_p = \frac{1}{\displaystyle\prod_{i=1}^{n}(s + p_i)} \tag{3.1.28}$$

其中, $p_i = 2(i+1)(i=1,2,\cdots,n)$,则该过程为自平衡对象。假设 $n=10$,当 β_1 、 β_2 和 b_0/b 发生变化时,重构对象的动态特性、环路增益裕度和 Nyquist 曲线如表 3.1.1 所示。

由此可见,当一阶自抗扰控制阶次高于 1 的对象时,参数 β_1 、 β_2 和 b_0 对重构对象动态特性的影响和一阶对象时相同,即减小 β_1 、增大 β_2 或减小 b_0 ,使得重构对象动态特性更靠近指定模型。但过小的 β_1 或 b_0 以及过大的 β_2 ,可能导致重构对象失稳。由此可见,一阶自抗扰控制阶次高于 1 的热工过程时,需避免参数调整过于激进,否则可能引入不稳定的重构对象,给外环的反馈设计造成困难。

3)被控过程含时滞环节

工业过程控制中,经常存在大量质量或能量转换和传递过程,电动或气动阀门等执行机构动作过程也不可避免地需要一定的时间,相当于在广义被控对象中引入了延时环节,因此大部分被控过程均不可避免地存在纯时滞特性。

表 3.1.1　一阶自抗扰控制 n 阶过程重构对象特性

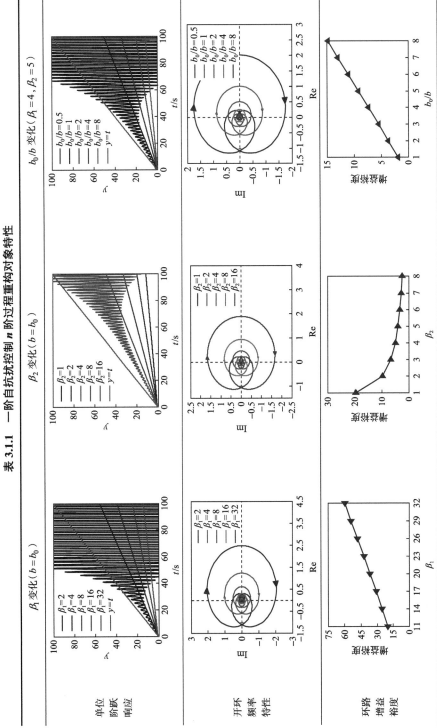

考虑如下典型 FOPDT 对象:

$$G_p = \frac{b}{s+a}\mathrm{e}^{-\tau s} \tag{3.1.29}$$

将式(3.1.29)代入式(3.1.9),得重构对象的闭环传递函数为

$$
\begin{aligned}
G_{\mathrm{MP1}} &= \frac{\dfrac{b}{s+a}\mathrm{e}^{-\tau s}}{b_0 + \dfrac{-b_0\beta_2}{s^2+\beta_1 s+\beta_2} + \dfrac{\beta_2 s}{s^2+\beta_1 s+\beta_2}\dfrac{b}{s+a}\mathrm{e}^{-\tau s}} \\
&= \frac{b(s^2+\beta_1 s+\beta_2)\mathrm{e}^{-\tau s}}{b_0(s^2+\beta_1 s+\beta_2)(s+a)-b_0\beta_2(s+a)+\beta_2 sb\mathrm{e}^{-\tau s}} \\
&= \frac{b(s^2+\beta_1 s+\beta_2)\mathrm{e}^{-\tau s}}{s(b_0 s^2+b_0\beta_1 s+b_0 as+b_0 a\beta_1+b\beta_2\mathrm{e}^{-\tau s})}
\end{aligned} \tag{3.1.30}
$$

因此,重构后被控环节的特征方程为

$$s(b_0 s^2+b_0\beta_1 s+b_0 as+b_0 a\beta_1+b\beta_2\mathrm{e}^{-\tau s})=0 \tag{3.1.31}$$

除 $s=0$ 的临界稳定极点外,可根据式(3.1.32)进行稳定性分析:

$$b_0 s^2+b_0\beta_1 s+b_0 as+b_0 a\beta_1+b\beta_2\mathrm{e}^{-\tau s}=0 \tag{3.1.32}$$

显然,由于时滞项 $\mathrm{e}^{-\tau s}$ 的存在,此式为超越方程,无法由 Routh 判据给出稳定性条件。本节采用双重轨迹法[2],对 FOPDT 对象在一阶指定模型抗扰设计框架中的重构对象进行理论分析。

首先将式(3.1.32)等价为如下形式:

$$-\mathrm{e}^{-\tau s} = \frac{s^2+\beta_1 s+as+a\beta_1}{b\beta_2/b_0} \tag{3.1.33}$$

定义方程左边为 $D_1(s)$,右边为 $D_2(s)$。在复平面上做出 D_1 和 D_2 的频率响应轨迹,记为 Γ_1 和 Γ_2,如图 3.1.5 所示,当角频率 ω 由 0 增加至 $+\infty$,Γ_1 为以点 $(1,\mathrm{i}0)$ 为起点的顺时针方向单位圆,Γ_2 为起始于点 $(a\beta_1 b_0/(b\beta_2),\mathrm{i}0)$ 的抛物线,由单位圆右边延伸至其左边。ω 在 $-\infty$ 到 0 范围与 0 到 $+\infty$ 的变化范围关于实轴完全对称,在如下分析和示意图中省略。

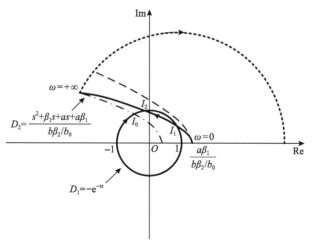

图 3.1.5　含时滞过程的一阶自抗扰控制重构对象系统双重轨迹示意图

根据文献[2]和[3]，给出定理 3.1.1。

定理 3.1.1　当且仅当如下条件(i)、(ii)和(iii)中任意一个成立时，闭环系统式(3.1.30)稳定，即不存在右半复平面极点：

(i)轨迹 Γ_1 和 Γ_2 无交点；

(ii)若轨迹 Γ_1 和 Γ_2 存在一个交点 I_0，则 Γ_2 需在 Γ_1 之前到达该交点；

(iii)若轨迹 Γ_1 和 Γ_2 存在两个交点 I_1 和 I_2，则 Γ_2 需在 Γ_1 之前到达 I_2 点。

根据以上定理，进行分情况讨论。

首先令 $s = \mathrm{i}\omega$，写出 D_2 的频率响应：

$$D_2(\mathrm{i}\omega) = \frac{(a\beta_1 - \omega^2) + \mathrm{i}(a + \beta_1)\omega}{b\beta_2/b_0} \tag{3.1.34}$$

令 $D_2(\mathrm{i}\omega)$ 幅值为 1，得

$$\frac{(a\beta_1 - \omega^2)^2 + (a + \beta_1)^2\omega^2}{b^2\beta_2^2/b_0^2} = 1 \tag{3.1.35}$$

求解该方程所得根为

$$\omega_1 = \sqrt{\frac{-(a^2 + \beta_1^2) + \sqrt{(a^2 + \beta_1^2)^2 - 4a^2\beta_1^2 + 4b^2\beta_2^2/b_0^2}}{2}} \tag{3.1.36}$$

$$\omega_2 = \sqrt{\frac{-(a^2 + \beta_1^2) - \sqrt{(a^2 + \beta_1^2)^2 - 4a^2\beta_1^2 + 4b^2\beta_2^2/b_0^2}}{2}} \tag{3.1.37}$$

(1)当 $a\beta_1 b_0/(b\beta_2) < 1$ 时。

此时，Γ_2 起点位于单位圆 Γ_1 内部，则 ω 由 0 增加至 $+\infty$ 过程中，Γ_1 和 Γ_2 有一个交点，如图 3.1.6 所示。由于 $\dfrac{-(a^2+\beta_1^2)-\sqrt{(a^2+\beta_1^2)^2-4a^2\beta_1^2+4b^2\beta_2^2/b_0^2}}{2} < 0$，因此该交点 I_0 处，Γ_2 的频率为 ω_1。

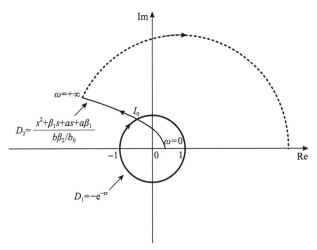

图 3.1.6　$a\beta_1 b_0/(b\beta_2) < 1$ 时双重轨迹示意图

①若 $\omega_1 < \sqrt{a\beta_1}$，则 I_0 位于第一象限，若 Γ_2 早于 Γ_1 通过交点 I_0，则需满足

$$\tau\omega_1 < \pi - \arctan\frac{(a+\beta_1)\omega_1}{a\beta_1 - \omega_1^2}$$

②若 $\omega_1 > \sqrt{a\beta_1}$，则 I_0 位于第二象限，若 Γ_2 早于 Γ_1 通过交点 I_0，则需满足

$$\tau\omega_1 < \arctan\frac{(a+\beta_1)\omega_1}{\omega_1^2 - a\beta_1}$$

(2)当 $a\beta_1 b_0/(b\beta_2) > 1$ 时。

此时，Γ_2 起点位于单位圆 Γ_1 外部，ω 由 0 增加至 $+\infty$ 过程中，Γ_1 和 Γ_2 可能有两个交点或无交点。由于 $\dfrac{-(a^2+\beta_1^2)-\sqrt{(a^2+\beta_1^2)^2-4a^2\beta_1^2+4b^2\beta_2^2/b_0^2}}{2} < 0$，则解 ω_2 不存在。同时，$a\beta_1 b_0/(b\beta_2) > 1$，可得 $-4a^2\beta_1^2+4b^2\beta_2^2/b_0^2 < 0$，则 $\sqrt{(a^2+\beta_1^2)^2-4a^2\beta_1^2+4b^2\beta_2^2/b_0^2} < a^2+\beta_1^2$，因此，$\omega_1$ 也不存在。由此，Γ_2 和 Γ_1 无交点。此时无论对象时滞为多少，重构对象均不可能包含不稳定极点。该情形

下双重轨迹如图 3.1.7 所示。

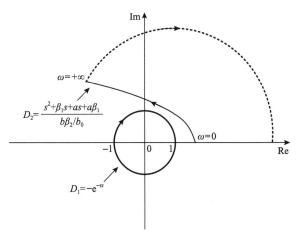

图 3.1.7 $a\beta_1 b_0/(b\beta_2)>1$ 时双重轨迹示意图

综合以上分析，可得到如下结论。

结论 3.1.5 针对被控过程式(3.1.29)，在一阶积分型指定模型的抗扰设计框架下，当参数满足 $a\beta_1 b_0/(b\beta_2)>1$ 时，无论对象时滞大小多少，重构对象均为不包含右半复平面的极点。

结论 3.1.6 针对被控过程式(3.1.29)，采用基于一阶积分型指定模型的抗扰设计，当参数满足 $a\beta_1 b_0/(b\beta_2)<1$ 时，需满足如下条件，才可保证重构对象稳定，不包含右半复平面极点：

(i) $\tau < \dfrac{1}{\omega_1}\left(\pi - \arctan\dfrac{(a+\beta_1)\omega_1}{a\beta_1 - \omega_1^2}\right)$，其中 $\omega_1 < \sqrt{a\beta_1}$；

(ii) $\tau < \dfrac{1}{\omega_1}\left(\arctan\dfrac{(a+\beta_1)\omega_1}{\omega_1^2 - a\beta_1}\right)$，其中 $\omega_1 > \sqrt{a\beta_1}$。

上述分析给出了被控过程为包含时滞环节的 FOPDT 过程时，保证重构对象稳定的参数范围。为进一步分析重构对象的动态及稳态特性随各参数变化的趋势，以 $a=1$、$b=1$ 和 $\tau=1$ 的 FOPDT 对象为例，通过表 3.1.2 给出相应特性曲线直观说明参数影响。

由表 3.1.2 中重构对象单位阶跃响应所示，减小 β_1 或增大 β_2 可使得重构对象和纯积分环节的动态特性更加接近，但同时会减小环路增益裕度，很快出现振荡。若 β_1 过小或 β_2 过大，由 Nyquist 曲线可见，重构对象将失稳。

改变 b_0 重构对象特性。通过减小 b_0，重构对象动态特性更接近积分环节，但同时也可能导致稳定裕度降低，甚至引入不稳定极点。

表 3.1.2 一阶自抗扰控制 FOPDT 过程重构对象特性

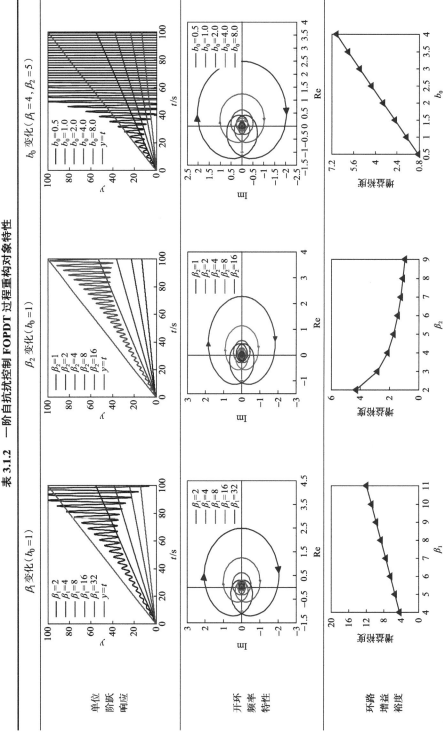

2. 二阶自抗扰控制重构对象特性分析

1) 高阶对象

二阶自抗扰控制二阶及更高阶对象时，结论类似。因此，更一般化地，以 n 阶过程为例进行分析，考虑式 (3.1.38) 所示被控对象：

$$G_p = \frac{b}{\sum_{i=3}^{n} a_i s^i + s^2 + a_1 s + a_0} \tag{3.1.38}$$

其中，$b > 0$，分母 $\sum_{i=3}^{n} a_i s^i + s^2 + a_1 s + a_0$ 为 Hurwitz 多项式。当 $n = 2$ 时 $\sum_{i=3}^{n} a_i s^i$ 项不存在，被控过程为二阶。基于二阶自抗扰控制设计思想，将式 (3.1.38) 代入式 (3.1.13)，可推导该被控对象被重构为

$$G_{\text{MP2}} = b(s^3 + \beta_1 s^2 + \beta_2 s + \beta_3) \Bigg/ \left(b_0 \left\{ \sum_{i=5}^{n} \left[a_n s^{n+3} + (a_n \beta_1 + a_{n-1}) s^{n+2} + (a_{i-2} + a_{i-1}\beta_1 \right. \right. \right.$$

$$\left. \left. \left. + a_i \beta_2) s^{i+1} \right] + \lambda_5 s^5 + \lambda_4 s^4 + \lambda_3 s^3 + \lambda_2 s^2 + \lambda_1 s \right\} \right) \tag{3.1.39}$$

其中，$\begin{cases} \lambda_5 = a_4 \beta_2 + a_3 \beta_1 + 1 \\ \lambda_4 = a_3 \beta_2 + a_1 + \beta_1 \\ \lambda_3 = a_0 + \beta_2 + a_1 \beta_1 \\ \lambda_2 = a_0 \beta_1 + a_1 \beta_2 + \beta_3 b / b_0 \\ \lambda_1 = a_0 \beta_2 \end{cases}$，$\sum_{i=5}^{n} [\cdot]$ 内的部分仅当 $n \geqslant 5$ 时存在，将式 (3.1.38)

代入式 (3.1.14)，得到重构被控对象的开环传递函数：

$$G_{\text{MP2}\_k} = b\beta_3 s \Bigg/ \left(b_0 \left\{ \sum_{i=5}^{n} \left[a_n s^{n+2} + (a_n \beta_1 + a_{n-1}) s^{n+1} + (a_{i-2} + a_{i-1}\beta_1 + a_i \beta_2) s^i \right] + \lambda_5 s^4 \right. \right.$$

$$\left. \left. + \lambda_4 s^3 + \lambda_3 s^2 + \bar{\lambda}_2 s + \lambda_1 \right\} \right) \tag{3.1.40}$$

其中，$\bar{\lambda}_2 = a_0 \beta_1 + a_1 \beta_2$。

根据上述传递函数，可得结论 3.1.7。

结论 3.1.7　针对式 (3.1.38) 所示形式的 n 阶被控过程，当 $\beta_3 \to +\infty$ 时，在二阶积分型指定模型的自抗扰控制框架中，重构对象动态特性为二阶积分环节。

该结论可由式(3.1.39)的极限证明:

$$\lim_{\beta_3 \to +\infty} G_{\mathrm{MP2}} = \frac{b\beta_2}{b_0 s^2 \frac{b}{b_0}\beta_2} = \frac{1}{s^2} \tag{3.1.41}$$

结论 3.1.8 针对式(3.1.38)所示的 n 阶被控过程,在二阶积分型指定模型的抗扰设计框架中,当方程式(3.1.42)左侧为 Hurwitz 多项式时,重构对象为稳定环节(不包含右半复平面极点)。

$$\sum_{i=5}^{n}\left[a_n s^{n+2} + (a_n\beta_1 + a_{n-1})s^{n+1} + (a_{i-2} + a_{i-1}\beta_1 + a_i\beta_2)s^i\right] + \lambda_5 s^4 + \lambda_4 s^3 + \lambda_3 s^2 + \lambda_2 s + \lambda_1 = 0 \tag{3.1.42}$$

针对 n 阶对象设计二阶自抗扰控制时,可根据以上结论通过 Routh 或 Hurwitz 判据,判断重构对象的稳定性。避免重构对象失稳,不利于外环控制器设计。以下进行分情况讨论,以式(3.1.28)所示的 n 阶对象为例,令 $n=10$。分析在二阶自抗扰控制框架中,当被控对象阶次超过指定模型阶次时,重构对象的稳定性和动态特性。表 3.1.3 给出 β_1、β_2、β_3 和 b_0 变化的情况下重构对象的单位阶跃响应、环路增益稳定裕度和开环频域特性。

(1) $b = b_0$。

当 $b = b_0$ 时,由 β_1、β_2 和 β_3 变化时重构对象单位阶跃响应曲线(正红色线所示为二阶串联积分环节响应曲线)可见,二阶自抗扰控制高阶过程,仍可将其重构为近似二阶积分的对象;并且参数影响与二阶自抗扰控制二阶被控过程类似,即 β_1 或 β_2 越小,β_3 越大,重构对象越接近积分环节,但同时使重构对象稳定裕度降低,甚至在重构对象中引入右半复平面极点。

(2) $b \neq b_0$。

由 b_0 变化时重构对象动态和稳态特性曲线,减小 b_0 可得到一个更接近指定模型动态的重构对象,但同时环路增益裕度减小,过小的 b_0 会导致重构对象不稳定。

2)被控过程含时滞环节

当被控过程含时滞环节时,无法采用 Routh 判据的方法给出参数稳定裕度,二阶自抗扰控制二阶加纯滞后(second-order plus dead time, SOPDT)对象时,重构对象的特征方程阶次较高,双重轨迹法较为复杂,此处采用 Nyquist 判据针对具体问题进行分析,以式(3.1.43)所示 SOPDT 对象为实例,分析参数影响:

$$G_p = \frac{1}{(2s+1)(20s+1)}e^{-s} \tag{3.1.43}$$

表 3.1.4 给出该含时滞对象在二阶自抗扰控制设计框架下,经扰动估计补偿后

表 3.1.3 二阶自抗扰控制 *n* 阶过程重构对象特性

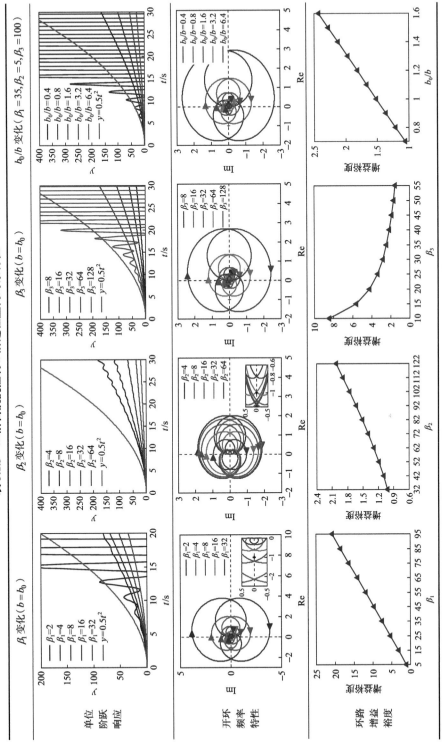

表 3.1.4　二阶自抗扰控制 SOPDT 过程重构对象特性

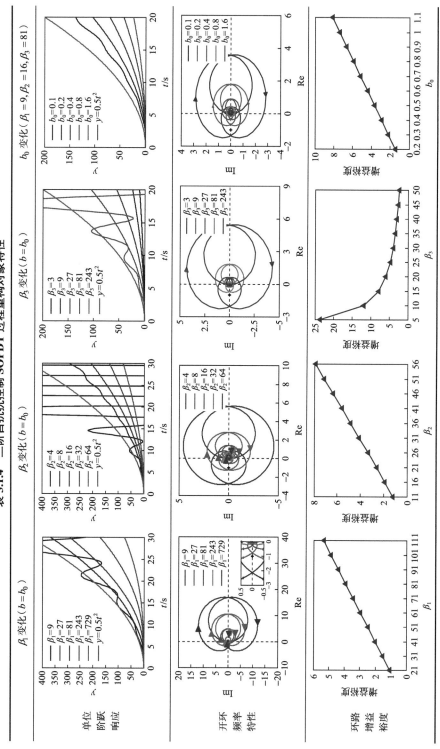

的重构对象动态和稳态特性曲线。

由重构对象动态特性和二阶积分环节的对比关系，可得到与无时滞高阶对象类似的结果，β_1 或 β_2 越小，β_3 越大，重构对象动态越接近二阶积分。由 Nyquist 曲线和环路增益裕度，减小 β_1 或 β_2，增大 β_3 会降低重构对象稳定性。由 b_0 变化时的特性曲线簇，更小的 b_0 可使得重构对象更接近二阶积分动态，但同时会减小其增益裕度，降低稳定性。

3.1.3　小结

通过本节的理论分析，总结如下结论：在基于指定模型的抗扰设计框架中，低阶自抗扰控制阶次不完全匹配的高阶对象甚至含时滞的对象，可通过扰动估计和补偿，将对象重构为近似二阶积分环节，从而进行下一步反馈设计；其中 ESO 增益和 b_0 对于阶次匹配、不匹配或包含时滞环节的过程，对于重构对象动态特性的影响规律基本一致，在一阶自抗扰控制中，通过减小 β_1、增大 β_2 或减小 b_0，在二阶自抗扰控制中，通过减小 β_1 或 β_2、增大 β_3 或减小 b_0，可将被控对象补偿为一个更接近相应阶次积分型指定模型的重构对象。但需注意，当热工过程自平衡对象阶次超过指定模型阶次或存在时滞特性时，为保证补偿后对象的稳定性不发生改变，ESO 增益和 b_0 需满足一定条件，能使得重构对象越接近理想形式的参数越可能造成重构对象失稳。

3.2　典型高阶对象的自抗扰控制

在实际控制对象中，许多被控对象都是高阶对象，因此研究其非线性控制和控制器的优化，具有重要的实际意义。本节首先主要针对一系列高阶对象设计自抗扰控制器；其次利用蒙特卡罗（Monte Carlo）方法，在不同的初始条件下对 ESO 的参数进行寻优，从而改善系统的静、动态性能；最后通过大量的仿真实验对优化前、后控制系统的性能鲁棒性进行对比，进一步检验优化后自抗扰控制的控制性能。

3.2.1　高阶对象自抗扰控制系统优化设计流程

步骤 1：根据被控对象的微分方程在仿真环境中构建自抗扰控制系统结构图。

步骤 2：通过极点配置法或误差绝对值的时间积分（integrated time and absolute error，ITAE）最优法设置控制系统的预期动力学方程。

步骤 3：利用 Monte Carlo 方法对 ESO 的参数 β_1、β_2 进行寻优。

步骤 3.1：确定控制系统的性能评价指标。

步骤 3.2：确定被控对象的初始条件，为了更好地检验 ESO 的跟踪和补偿性能，本节分别在以下初始条件下对 ESO 的参数进行寻优。

(1)在被控对象标称参数下，以单位阶跃信号为参考输入 $r(t)$，检验输出 y 的 J_{ITAE} 指标，β_1、β_2、J_{ITAE} 构成一个三维向量集合 $\{\beta_1, \beta_2, J_{\text{ITAE}}\}$，以 β_1 为 x 坐标、β_2 为 y 坐标、J_{ITAE} 为 z 坐标绘制三维曲面图。

(2)在被控对象标称参数下，在扰动输入 $d(t)$ 的情况下检验输出 y 的 J_{ITAE} 指标，表示为 J_d，构成一个二维向量集合 $\{J_{\text{ITAE}}, J_d\}$，该集合在平面坐标图上是一个区域。该区域与原点的距离大小反映所整定的控制系统性能指标的好坏。而该区域的大小，反映控制系统在扰动下其性能指标的散布程度，即控制系统的抗干扰性。

(3)被控对象的参数发生一定范围的摄动，以单位阶跃信号为参考输入 $r(t)$，检验输出 y 的 J_{ITAE} 指标，表示为 J_p，构成一个二维向量集合，即 $\{J_{\text{ITAE}}, J_p\}$。同理，该集合在平面坐标图上也构成一个区域。该区域与原点的距离大小反映所整定的控制系统性能指标的好坏。而该区域的大小，反映控制系统在对象参数变动下其性能指标的散布程度，即控制系统的性能鲁棒性。

(4)根据 β_1、β_2 参数的边界条件，即 $\beta_1^2 \geqslant 4\beta_2$，分别设定它们取值的范围。因为 β_2 不宜取值太大，我们将其值域设定为 $\beta_2 \in [1, 5000]$，再根据 $\beta_1^2 \geqslant 4\beta_2$ 确定 β_1 的值域。

(5)按照系统的精度要求 ε 和置信水平 δ，根据公式 $N \geqslant \ln\left(\dfrac{1}{\delta}\right)\bigg/\ln\left(\dfrac{1}{1-\varepsilon}\right)$ 计算系统在该精度要求下，需要对系统进行仿真的最小次数 $N_{\min}$，确保实际仿真的次数 $N \geqslant N_{\min}$。

(6)选取适当的 β_1、β_2 参数变化的步长，按照选定的步长对 β_1、β_2 取值，对系统进行仿真。在每次仿真过程中，计算出系统的性能评价指标。

(7)重复步骤(6) N 次。根据仿真所得到的数据，求出系统取得最优性能评价指标值时对应的 β_1、β_2 的参数值，即 ESO 的优化参数值。

步骤 4：利用 Monte Carlo 方法检验和对比不同控制系统的性能鲁棒性。

步骤 4.1：确定被控对象参数值的摄动范围。

步骤 4.2：为了评判控制系统性能鲁棒性的优劣，选取控制系统的动态性能评价指标系统输出的超调量 σ，调节时间 T_s，构成一个二维向量集合 $\{\sigma, T_s\}$。

步骤 4.3：确定系统的精度要求 ε 和置信水平 δ，根据公式 $N \geqslant \ln\left(\dfrac{1}{\delta}\right)\bigg/\ln\left(\dfrac{1}{1-\varepsilon}\right)$ 计算系统在该精度要求下，需要对系统进行仿真的最小次数 $N_{\min}$，确保实际仿真的次数 $N \geqslant N_{\min}$。

步骤 4.4：每次实验即根据特定的规则（如随机原则、均匀原则）在所建立的模型集合中得到一个具体模型，对系统进行仿真实验，计算出系统的性能指标：超调量 σ 和 T_s。

步骤 4.5：重复步骤 4.4 N 次，最终得到 N 组控制性能指标值，然后将这 N 组数据在坐标图上反映出来。

步骤 4.6：根据得出的分布图形分析和比较性能指标值所在处与坐标原点的距离以及分散程度，评价控制系统的性能鲁棒性。

步骤 5：控制系统响应曲线分析，优化前后响应对比。

3.2.2　高阶对象自抗扰控制优化设计应用实例

例 3.2.1　某二阶非线性被控对象的微分方程表达式为

$$\ddot{y} + k_1 \times \dot{y}^2 + k_2 \times 2\dot{y} + y + \dot{y}y + y^2 = u(t) \tag{3.2.1}$$

其中，k_1、k_2 为系统参数，标称参数为 $k_1 = 1$，$k_2 = 1$。

（1）构建自抗扰控制系统，设计二阶线性 ESO。

（2）选取系统的预期动力学方程为：$\ddot{y} + 2w\dot{y} + w^2 = w^2 r(t)$，其中 $w = 2$。

（3）对 ESO 进行寻优。当取 $\varepsilon = 0.001$、$\delta = 0.05$ 时，根据公式 $N \geqslant \ln\left(\dfrac{1}{\delta}\right) \Big/ \ln\left(\dfrac{1}{1-\varepsilon}\right)$ 计算得仿真的最小次数为：$N_{\min} = 2994$；本例取 $N = 3366$。接着根据以下三种情况，计算系统输出 y 的 ITAE 指标。

① 标称参数时，控制系统输出 y 的 ITAE 指标。以 β_1、β_2、J_{ITAE} 为坐标绘制三维曲面，如图 3.2.1（a）所示，可见 J_{ITAE} 值随 β_1、β_2 的增加呈下降趋势，并且经计算得当 $\beta_1 = 142$、$\beta_2 = 4949$ 时，J_{ITAE} 值最小。

② 在外部扰动 $w(t) = \begin{cases} 20, & 2.5 \leqslant t \leqslant 5.5 \\ 0, & \text{其他} \end{cases}$ 作用下，控制系统输出 y 的 ITAE 指标 J_d。以 J_{ITAE} 为横坐标、J_d 为纵坐标绘制二维分布图，经计算得当 $\beta_1 = 142$、$\beta_2 = 4949$ 时，图 3.2.1（b）中有一点与原点的距离最小，即 $\sqrt{J_{ITAE}^2 + J_d^2}$ 最小。

③ 当被控对象参数摄动值为 $k_1 = 10$、$k_2 = 50$ 时，输出 y 的 ITAE 指标 J_p。以 J_{ITAE} 为横坐标、J_p 为纵坐标绘制二维分布图，经计算得当 $\beta_1 = 142$、$\beta_2 = 4949$ 时，图 3.2.1（c）中有一点与原点的距离最小，即 $\sqrt{J_{ITAE}^2 + J_p^2}$ 最小。

（4）检验系统的性能鲁棒性。参数 k_1、k_2 的变化域为 $k_1 \in [1,10]$，$k_2 \in [1,50]$。动态性能指标用超调量 σ 和调节时间 T_s 表示。经过仿真由图 3.2.2（a）与（b）（横坐标为超调量，纵坐标为调节时间）对比可知，优化后系统的性能鲁棒性优于未优化的系统。

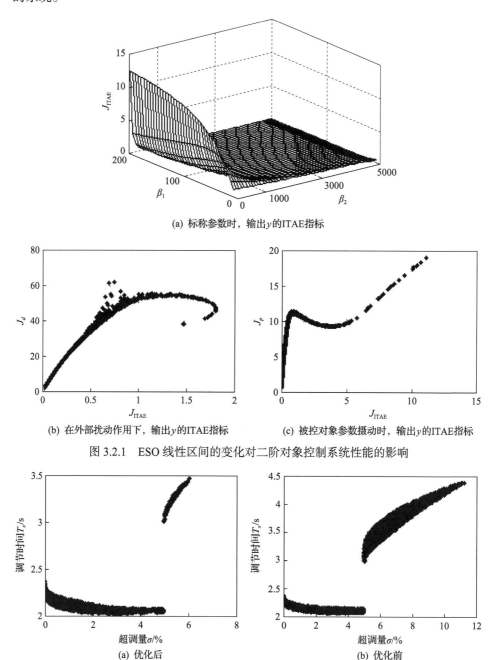

(a) 标称参数时,输出 y 的ITAE指标

(b) 在外部扰动作用下,输出 y 的ITAE指标

(c) 被控对象参数摄动时,输出 y 的ITAE指标

图 3.2.1　ESO 线性区间的变化对二阶对象控制系统性能的影响

(a) 优化后

(b) 优化前

图 3.2.2　二阶对象的自抗扰控制系统优化前、后的性能鲁棒性

(5)系统的阶跃响应,如图 3.2.3 所示(图中 $v(t)$ 为构造的预期动力学方程的响

应曲线）。

①系统参数摄动值 $k_1 = 10$、$k_2 = 50$ 时的阶跃响应，如图 3.2.3(a) 所示。

②系统在加入方波外扰时的阶跃响应，如图 3.2.3(b) 所示。

显然优化后系统的性能鲁棒性和抗干扰性皆好于未优化的系统。

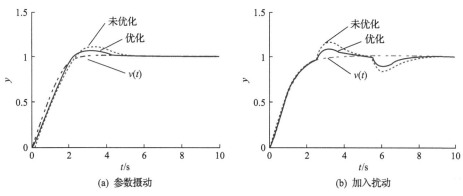

图 3.2.3　二阶对象的自抗扰控制系统单位阶跃响应

例 3.2.2　某五阶非线性被控对象微分方程为

$$y^{(5)} + k_1 \times 5y^{(4)} + k_2 \times 10y^{(3)} + 10\ddot{y} + 5\dot{y} + y + y^{(4)}(y^{(3)} + \ddot{y} + \dot{y} + y) = u(t) \quad (3.2.2)$$

其中，k_1、k_2 为系统参数，标称参数为 $k_1 = 1$，$k_2 = 1$；$y^{(i)}(i \geq 3)$ 表示 y 的 i 阶导数。

(1) 构建自抗扰控制系统，设计二阶线性 ESO。

(2) 设系统的预期动力学方程为 $y^{(5)} + 5wy^{(4)} + 10w^2 y^{(3)} + 10w^3\ddot{y} + 5w^4\dot{y} + w^5 y = w^5 r(t)$，其中 $w = 2$。

(3) 对 ESO 进行寻优。当取 $\varepsilon = 0.001$、$\delta = 0.05$ 时，根据公式 $N \geq \ln\left(\dfrac{1}{\delta}\right)\Big/\ln\left(\dfrac{1}{1-\varepsilon}\right)$ 计算仿真的最小次数为：$N_{\min} = 2994$；本例取 $N = 3366$。就以下三种情况，计算系统输出 y 的 ITAE 指标。

①标称参数时，控制系统输出 y 的 ITAE 指标 J_{ITAE}。以 β_1、β_2、J_{ITAE} 为坐标绘制三维曲面，如图 3.2.4(a) 所示，可见 J_{ITAE} 值随 β_1、β_2 的增加呈下降趋势，并且经计算得当 $\beta_1 = 142$、$\beta_2 = 4990$ 时，J_{ITAE} 值最小。

②在外部扰动 $w(t) = \begin{cases} -200, & 5 \leq t \leq 10 \\ 0, & \text{其他} \end{cases}$ 作用下，控制系统输出 y 的 ITAE 指标 J_d。以 J_{ITAE} 为横坐标、J_d 为纵坐标绘制二维分布图，经计算得当 $\beta_1 = 142$、$\beta_2 = 4990$ 时，图 3.2.4(b) 中有一点与原点的距离最小，即 $\sqrt{J_{\text{ITAE}}^2 + J_d^2}$ 最小。

③当被控对象参数摄动值为 $k_1=15$、$k_2=30$ 时，输出 y 的 ITAE 指标 J_p。以 J_{ITAE} 为横坐标、J_p 为纵坐标绘制二维分布图，经计算得当 $\beta_1=142$、$\beta_2=4949$ 时，图 3.2.4(c) 中有一点与原点的距离最小，即 $\sqrt{J_{ITAE}^2+J_p^2}$ 最小。

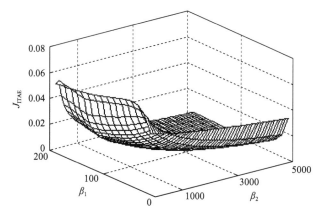

(a) 标称参数时，输出 y 的 ITAE 指标

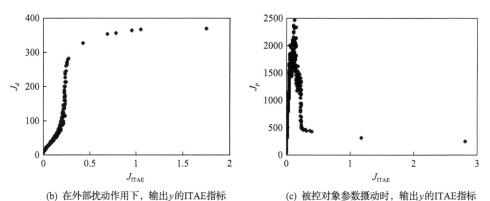

(b) 在外部扰动作用下，输出 y 的 ITAE 指标 　　　(c) 被控对象参数摄动时，输出 y 的 ITAE 指标

图 3.2.4　ESO 线性区间的变化对五阶对象自抗扰控制系统性能的影响

(4) 检验系统的性能鲁棒性。

令参数 k_1、k_2 的变化域为 $k_1\in[1,15]$，$k_2\in[1,30]$。动态性能指标采用超调量 σ 和调节时间 T_s 表示。仿真结果如图 3.2.5 所示，横坐标为超调量，纵坐标为调节时间。由图可见，优化后系统的性能鲁棒性明显优于未优化的系统。

(5) 系统的阶跃响应，如图 3.2.6 所示。

①系统参数摄动为 $k_1=15$、$k_2=30$ 时的阶跃响应，如图 3.2.6(a) 所示。

②系统在加入方波外扰时的阶跃响应，如图 3.2.6(b) 所示。

显然优化后系统的性能鲁棒性和抗干扰性皆较未优化的系统有很大的改善。

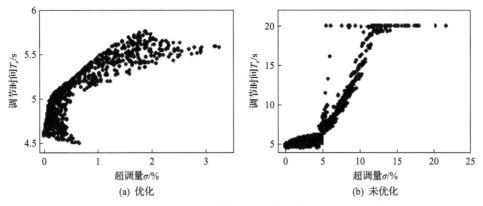

(a) 优化   (b) 未优化

图 3.2.5 五阶对象的自抗扰控制系统优化前、后的性能鲁棒性

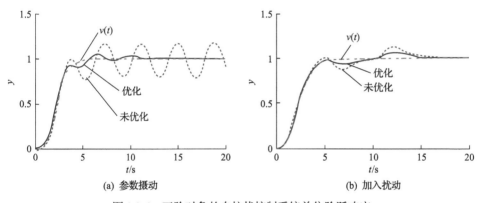

(a) 参数摄动   (b) 加入扰动

图 3.2.6 五阶对象的自抗扰控制系统单位阶跃响应

例 3.2.3 八阶非线性被控对象微分方程为

$$y^{(8)} + y^{(3)}\ddot{y} + \dot{y}^2 + k_2 \sin y = (k_1 y + 1)u(t) \tag{3.2.3}$$

其中，k_1、k_2 为系统参数，标称参数为 $k_1 = 1$、$k_2 = 1$。

(1) 构建自抗扰控制系统，设计二阶线性 ESO。

(2) 按照 ITAE 最优法设系统的预期动力学方程为 $y^{(8)} + 2.53 y^{(7)} + 8.02 y^{(6)} + 12.72 y^{(5)} + 17.98 y^{(4)} + 16.7 y^{(3)} + 11.49 \ddot{y} + 4.86 \dot{y} + y = r(t)$。

(3) 对 ESO 进行寻优。当 $\varepsilon = 0.001$、$\delta = 0.05$ 时，仿真的最小次数为 $N_{\min} = 2994$；本例取 $N = 3366$。就以下三种情况，计算系统输出 y 的 ITAE 指标。

① 标称参数时，控制系统输出 y 的 ITAE 指标 J_{ITAE}。以 β_1、β_2、J_{ITAE} 为坐标绘制三维曲面，如图 3.2.7(a) 所示，可见 J_{ITAE} 值随 β_1、β_2 的增加呈下降趋势，并且经计算得当 $\beta_1 = 142$、$\beta_2 = 5000$ 时，J_{ITAE} 值最小。

②在外部扰动 $w(t) = \begin{cases} 5, & 15 \leqslant t \leqslant 25 \\ 0, & \text{其他} \end{cases}$ 作用下，控制系统输出 y 的 ITAE 指标 J_d。以 J_{ITAE} 为横坐标、J_d 为纵坐标绘制二维分布图，经计算得当 $\beta_1 = 138$、$\beta_2 = 4702$ 时，图 3.2.7(b) 中有一点与原点的距离最小，即 $\sqrt{J_{\text{ITAE}}^2 + J_d^2}$ 最小。

③当被控对象参数摄动值为 $k_1 = 15$、$k_2 = 30$ 时，输出 y 的 ITAE 指标 J_p。以 J_{ITAE} 为横坐标、J_p 为纵坐标绘制二维分布图，经计算得到当 $\beta_1 = 140$、$\beta_2 = 4838$ 时，图 3.2.7(c) 中有一点与原点的距离最小，即 $\sqrt{J_{\text{ITAE}}^2 + J_p^2}$ 最小。

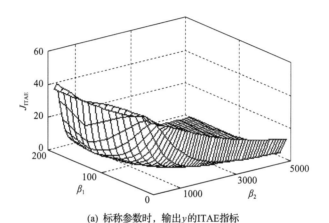

(a) 标称参数时，输出 y 的ITAE指标

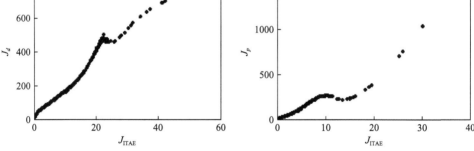

(b) 在外部扰动作用下，输出 y 的ITAE指标　　　　(c) 被控对象参数摄动时，输出 y 的ITAE指标

图 3.2.7　ESO 线性区间的变化对八阶自抗扰控制系统性能的影响

(4)检验系统的性能鲁棒性。

令参数 k_1、k_2 的变化域为 $k_1 \in [0.1, 1]$、$k_2 \in [1, 50]$。动态性能指标采用超调量 σ 和调节时间 T_s 表示。仿真结果如图 3.2.8 所示，横坐标为超调量，纵坐标为调节时间。由图可见，优化后系统的性能鲁棒性优于未优化的系统。

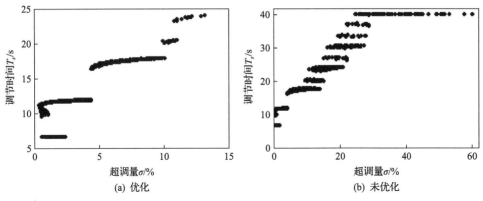

(a) 优化　　　　　　　　　　　　　(b) 未优化

图 3.2.8　八阶对象的自抗扰控制系统优化前、后的性能鲁棒性

(5) 系统的阶跃响应，如图 3.2.9 所示。

① 系统参数摄动为 $k_1 = 0.1$、$k_2 = 50$ 时的阶跃响应，如图 3.2.9(a) 所示。

② 系统在加入方波外扰时的阶跃响应，如图 3.2.9(b) 所示。

显然优化后系统的性能鲁棒性和抗干扰性皆较未优化的系统有很大的改善。

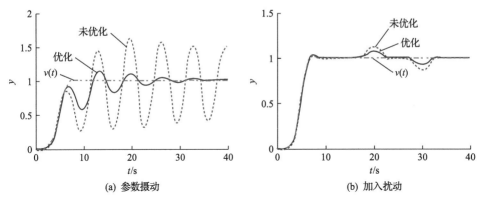

(a) 参数摄动　　　　　　　　　　　　(b) 加入扰动

图 3.2.9　八阶对象的自抗扰控制系统单位阶跃响应

例 3.2.4　直升机俯仰控制

$$G(s) = \frac{\theta(s)}{\delta(s)} = \frac{k_2 \times (s / 0.002451 + 1)}{(s / k_1 + 1)(s^2 / k_3^2 - 2 \times 0.3077 s / k_3 + 1)} \tag{3.2.4}$$

其中，k_1、k_2 和 k_3 为系统参数，标称参数为 $k_1 = 0.6808$、$k_2 = 0.1413$、$k_3 = 0.3997$。

(1) 构建自抗扰控制系统，设计二阶线性 ESO。

(2) 设系统的预期动力学方程为 $y^{(3)} + 3w\ddot{y} + 3w^2\dot{y} + w^3 y = w^3 r(t)$，其中 $w = 2$。

(3) 对 ESO 进行寻优。当 $\varepsilon = 0.001$、$\delta = 0.05$ 时，仿真的最小次数为 $N_{\min} = 2994$；本例取 $N = 3366$。就以下三种情况，计算系统输出 y 的 ITAE 指标。

①标称参数时，控制系统输出 y 的 ITAE 指标 J_{ITAE}。以 β_1、β_2、J_{ITAE} 为坐标绘制三维曲面，如图 3.2.10(a)所示，可见 J_{ITAE} 值随 β_1、β_2 的增加呈下降趋势，并且经计算得当 $\beta_1 = 142$、$\beta_2 = 5000$ 时，J_{ITAE} 值最小。

②在外部扰动 $w(t) = 200\sin t$ 作用下，控制系统输出 y 的 ITAE 指标 J_d。以 J_{ITAE} 为横坐标、J_d 为纵坐标绘制二维分布图，经计算得当 $\beta_1 = 144$、$\beta_2 = 4950$ 时，图 3.2.10(b)中有一点与原点的距离最小，即 $\sqrt{J_{\mathrm{ITAE}}^2 + J_d^2}$ 最小。

③当被控对象参数摄动值为 $k_1 = 0.4$、$k_2 = 0.1$、$k_3 = 0.15$ 时，输出 y 的 ITAE 指标 J_p。以 J_{ITAE} 为横坐标、J_p 为纵坐标绘制二维分布图，经计算得当 $\beta_1 = 142$、$\beta_2 = 4857$ 时，图 3.2.10(c)中有一点与原点的距离最小，即 $\sqrt{J_{\mathrm{ITAE}}^2 + J_p^2}$ 最小。

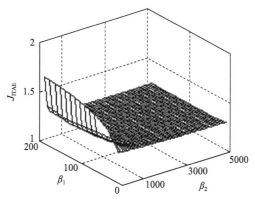

(a) 标称参数时，输出 y 的 ITAE 指标

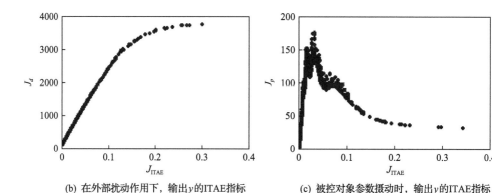

(b) 在外部扰动作用下，输出 y 的 ITAE 指标   (c) 被控对象参数摄动时，输出 y 的 ITAE 指标

图 3.2.10   ESO 线性区间的变化对直升机对象自抗扰控制系统性能的影响

(4)检验系统的性能鲁棒性。

令参数 k_1、k_2 和 k_3 的变化域为 $k_1 \in [0.4, 0.6808]$、$k_2 \in [0.1, 0.1413]$、$k_3 \in [0.15, 0.3997]$。动态性能指标采用超调量 σ 和调节时间 T_s 表示。仿真结果如图 3.2.11

所示，横坐标为超调量 σ，纵坐标为调节时间 T_s。由图可见，优化后系统的性能鲁棒性优于未优化的系统。

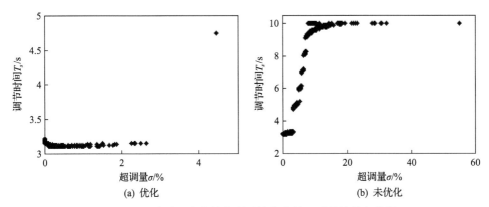

图 3.2.11　直升机自抗扰控制系统优化前、后的性能鲁棒性

（5）系统的阶跃响应，如图 3.2.12 所示。

①系统参数摄动为 $k_1 = 0.4$、$k_2 = 0.1$、$k_3 = 0.15$ 时的阶跃响应，如图 3.2.12（a）所示。

②系统在加入方波外扰时的阶跃响应，如图 3.2.12（b）所示。

显然优化后系统的性能鲁棒性和抗干扰性皆较未优化的系统有很大的改善。

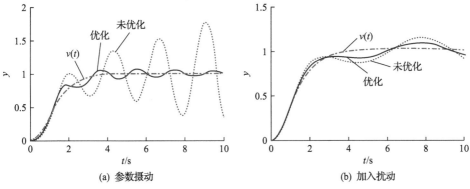

图 3.2.12　直升机自抗扰控制系统单位阶跃响应

3.2.3　小结

本节基于随机实验的方法优化自抗扰控制系统二阶线性 ESO 的算法，针对若干个典型高阶对象各自的特点分别进行了自抗扰控制系统的优化设计，同时利用 Monte Carlo 随机实验的方法检验系统的抗干扰性和性能鲁棒性，并且给出了不同条件下的仿真实验结果。通过对比进一步说明，经过优化自抗扰控制系

统的鲁棒性和抗干扰性的确得到了改善，另一方面也证明了随机实验法检验系统性能的有效性。

3.3　多个惯性环节串联的高阶系统自抗扰控制

热工系统作为典型的能量转换装置，涉及流体流动和多种传热方式。这些动态系统是典型的分布式参数系统，为了能够准确地描述上述系统的动态特性，工程上一般将这类系统近似为多个惯性环节串联的高阶系统：

$$G_p(s) = \frac{K}{(Ts+1)^n} \tag{3.3.1}$$

其中，K、T 和 n 分别表示高阶系统的增益常数、时间常数和阶次，热工系统中一般有 $n \in [3,10]$[4,5]。

燃煤机组中的过热汽温系统、主蒸汽压力系统和再热汽温系统等都是典型的高阶系统。该类系统的主要控制难点有以下三点：①对设定值变化和扰动响应较慢；②难以获得系统精确模型；③随着工况变化系统特性变化大。为进一步提高自抗扰控制高阶对象的能力，加快设定值跟踪速度和增强扰动抑制能力，本节提出一种改进的自抗扰控制(modified active disturbance rejection control, MADRC)设计，并从结构设计、稳定性分析、参数整定、仿真验证和过热汽温系统的现场应用等几个方面进行讨论。针对高阶系统，对文献[6]和[7]提出时滞补偿自抗扰控制(DADRC)和 MADRC 从跟踪性能、低频输入扰动抑制能力和高频测量噪声的控制量放大抑制能力方面进行理论分析、仿真研究和实验验证。

3.3.1　改进自抗扰控制设计

1. 控制结构

自抗扰控制系统在控制高阶系统时能力受到一定的限制，其主要原因是 ESO 的两个输入量(控制量 u 和系统输出 y)不同步。具体来讲就是进入 ESO 的当前时刻系统输出是高阶系统很长时间之前的控制量作用的结果，而不是当前时刻控制量作用的结果。u 和 y 的不同步使得 ESO 的估计精度下降，增加了 ESO 估计的负担。针对式(3.3.1)中的高阶系统，结合文献[6]的设计思路，提出了如图 3.3.1 所示的 MADRC 结构，如果设计 i 阶自抗扰控制系统，则补偿对象设计为

$$G_{\mathrm{cp}}(s) = \frac{1}{(Ts+1)^{n-i}} \tag{3.3.2}$$

MADRC 的设计思路是通过 u 在进入 ESO 之前通过一个补偿部分，从而将被控对

象补偿为阶次为 i 的系统，见图 3.3.1 中大的虚线框内。补偿后的系统如下：

$$Y(s) = \frac{K}{(Ts+1)^n} U(s) = \frac{K}{(Ts+1)^i} \frac{1}{(Ts+1)^{n-i}} U(s) = \frac{K}{(Ts+1)^i} U_f(s) \quad (3.3.3)$$

其中，$U_f(s)$ 为补偿部分的输出。状态反馈控制律（state feedback control law, SFCL）和 ESO 的设计与常规自抗扰控制系统保持一致，其中 ESO 的一个输入量由系统的控制量 u 改为补偿部分的输出 u_f。

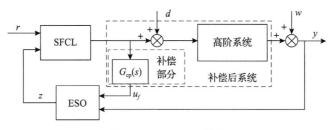

图 3.3.1　MADRC 结构

由于在实际中一阶自抗扰控制系统和二阶自抗扰控制系统是广泛应用的，本节也是针对一阶 MADRC（$G_{cp}(s) = 1/(Ts+1)^{n-1}$）和二阶 MADRC（$G_{cp}(s) = 1/(Ts+1)^{n-2}$）进行讨论，一阶 MADRC 结构如图 3.3.2 所示。需要说明的是，带宽法[8]仍然是减少 MADRC 参数数量的有效方法，在本节中采用带宽法来整定 MADRC 的参数。

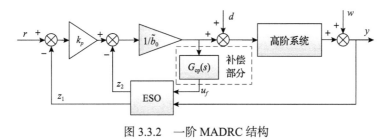

图 3.3.2　一阶 MADRC 结构

2. 稳定性分析

本节针对提出的一阶 MADRC 和二阶 MADRC 进行稳定性分析，并给出相关证明过程。

定理 3.3.1　针对系统（3.3.1）和设计的一阶 MADRC（$G_{cp}(s) = 1/(Ts+1)^{n-1}$），假设总扰动 f 有界和参考信号 r 是非时变（或者为常数）的。当且仅当 $A - LC$ 是 Hurwitz 矩阵和 $N(s) = \omega_c + s(Ts+1)^{n-1} = 0$ 的所有根都位于左半复平面时，跟踪误差

$|y-r|$ 是有界的。

证明 首先证明定理 3.3.1 的充分性。

根据式(3.3.3),当 $i=1$ 时有

$$Y(s) = \frac{K}{(Ts+1)^n}U(s) = \frac{K}{Ts+1}\frac{1}{(Ts+1)^{n-1}}U(s) = \frac{K}{Ts+1}U_f(s) \tag{3.3.4}$$

式(3.3.4)可以整理为

$$\dot{y} = \frac{K}{T}u_f - \frac{1}{T}y = \tilde{b}_0 u_f + \left(\frac{K}{T} - \tilde{b}_0\right)u_f - \frac{1}{T}y = \tilde{b}_0 u_f + f \tag{3.3.5}$$

其中,$\tilde{b}_0$ 为已知的输入增益;$f = \left(K/T - \tilde{b}_0\right)u_f - y/T$ 为补偿后高阶系统的总扰动。

一阶 MADRC 的补偿部分 $G_{\mathrm{cp}}(s) = 1/(Ts+1)^{n-1}$ 可以表述为状态空间形式:

$$\dot{u}_f = \tilde{A}u_f + \tilde{B}u \tag{3.3.6}$$

其中,$u_f = \begin{bmatrix} u_f \\ u_{f_1} \\ \vdots \\ u_{f_{n-3}} \\ u_{f_{n-2}} \end{bmatrix}_{(n-1)\times 1}$; $\tilde{A} = \begin{bmatrix} -\dfrac{1}{T} & \dfrac{1}{T} & 0 & \cdots & 0 & 0 \\ 0 & -\dfrac{1}{T} & \dfrac{1}{T} & \cdots & 0 & 0 \\ \vdots & \vdots & \vdots & & \vdots & \vdots \\ 0 & 0 & 0 & \cdots & 0 & -\dfrac{1}{T} \end{bmatrix}_{(n-1)\times(n-1)}$; $\tilde{B} = \begin{bmatrix} 0 \\ \vdots \\ 0 \\ \dfrac{1}{T} \end{bmatrix}_{(n-1)\times 1}$ 。

在不考虑参考信号的输入时,闭环系统可以表述为

$$\begin{cases} \dot{y} = \tilde{b}_0 u_f + f \\ \dot{z} = Az + Bu_f + L(y - z_1) \\ \dot{u}_f = \tilde{A}u_f + \tilde{B}u \\ u = K(-z)/\tilde{b}_0 \end{cases} \tag{3.3.7}$$

其中,L 为观测器增益。

定义跟踪误差 $e_z = y - r$ 和 $e_i = x_i - z_i \; (i=1,2)$,可知

$$\dot{e}_z = \dot{y} - \dot{r} = \dot{y} \tag{3.3.8}$$

$$\dot{e} = (A - LC)e + E_1\dot{f} \tag{3.3.9}$$

其中，$\dot{e}=\begin{bmatrix} \dot{e}_1 \\ \dot{e}_2 \end{bmatrix}$; $E_1=\begin{bmatrix} 0 \\ 1 \end{bmatrix}$。

结合式(3.3.7)～式(3.3.9)，可以得到闭环系统：

$$\dot{\xi}=\Lambda\xi+\Psi f \tag{3.3.10}$$

其中

$$\xi=\begin{bmatrix} e_z \\ u_f \\ u_{f_1} \\ \vdots \\ u_{f_{n-3}} \\ u_{f_{n-2}} \\ e_1 \\ z_2 \end{bmatrix}_{(n+2)\times 1}, \Psi=\begin{bmatrix} 1 \\ 0 \\ \vdots \\ 0 \\ 1 \\ 0 \end{bmatrix}_{(n+2)\times 1}$$

$$\Lambda=\begin{bmatrix} 0 & \tilde{b}_0 & 0 & \cdots & 0 & 0 & 0 \\ 0 & -\dfrac{1}{T} & \dfrac{1}{T} & \cdots & 0 & 0 & 0 \\ \vdots & \vdots & \vdots & \vdots & \vdots & \vdots \\ 0 & 0 & \cdots & -\dfrac{1}{T} & \dfrac{1}{T} & 0 & 0 \\ \dfrac{-k_p}{\tilde{b}_0 T} & 0 & \cdots & 0 & -\dfrac{1}{T} & \dfrac{k_p}{\tilde{b}_0 T} & -\dfrac{1}{\tilde{b}_0 T} \\ 0 & 0 & \cdots & 0 & 0 & -\beta_1 & -1 \\ 0 & 0 & \cdots & 0 & 0 & \beta_2 & 0 \end{bmatrix}_{(n+2)\times(n+2)}=\begin{bmatrix} \Lambda_1 & \times \\ 0 & \Lambda_2 \end{bmatrix}$$

式(3.3.10)所示闭环系统的系统 Λ 矩阵特征值可以通过下式进行计算：

$$|sI-\Lambda|=|sI-\Lambda_1||sI-\Lambda_2|=\begin{vmatrix} s & -\tilde{b}_0 & 0 & \cdots & 0 \\ 0 & s+\dfrac{1}{T} & -\dfrac{1}{T} & \cdots & 0 \\ \vdots & \vdots & & \vdots & \vdots \\ 0 & 0 & \cdots & s+\dfrac{1}{T} & -\dfrac{1}{T} \\ \dfrac{k_p}{\tilde{b}_0 T} & 0 & \cdots & 0 & s+\dfrac{1}{T} \end{vmatrix}\begin{vmatrix} s+\beta_1 & 1 \\ -\beta_2 & s \end{vmatrix}$$

$$=\left[s\left(s+\frac{1}{T}\right)^{n-1}+(-1)^{n+1}\frac{k_p}{\tilde{b}_0 T}(-1)^{n-1}\tilde{b}_0\left(\frac{1}{T}\right)^{n-2}\right]\left(s^2+\beta_1 s+\beta_2\right)$$

$$=\left[k_p+s(Ts+1)^{n-1}\right]\left(s^2+\beta_1 s+\beta_2\right)=\left[k_p+s(Ts+1)^{n-1}\right]\left(s^2+\beta_1 s+\beta_2\right)=0$$

$$(3.3.11)$$

当 $A-LC$ 是 Hurwitz 矩阵，且 $N(s)=\omega_c+s(Ts+1)^{n-1}=0$ 的所有根都在左半复平面时，Λ 是 Hurwitz 矩阵。结合假设总扰动 f 有界和闭环系统 $\dot{\xi}=\Lambda\xi+\Psi f$，可知 ξ 和 e_z 是有界的[9]，即 $|e_z|=|y-r|$ 是有界的。

接下来通过反证法证明定理 3.3.1 的必要性。

令 $f=1$，假设 $A-LC$ 不是 Hurwitz 矩阵或者 $N(s)=\omega_c+s(Ts+1)^{n-1}=0$ 有至少一个根位于右半复平面，那么式 (3.3.11) 所示的特征方程至少有一个根位于右半复平面，即 Λ 有一个位于右半复平面的根和 Λ 是不稳定的。这意味着式 (3.3.10) 所示的闭环系统是不收敛的，即跟踪误差 $|e_z|=|y-r|$ 不是有界的，这与假设跟踪误差 $|e_z|=|y-r|$ 有界是矛盾的。故结论成立，证毕。□

注释 3.3.1　更进一步，定理 3.3.1 可以进一步强化为：由于通过带宽法将 $A-LC$ 的根配置在 $-\omega_o$，即 $A-LC$ 总是 Hurwitz 矩阵，当且仅当 $N(s)=\omega_c+s(Ts+1)^{n-1}=0$ 的所有根位于左半复平面时，跟踪误差 $|y-r|$ 是有界的。

注释 3.3.2　根据定理 3.3.1，ω_c 的范围可以通过求解 $N(s)=\omega_c+s(Ts+1)^{n-1}=0$ 得到。

注释 3.3.3　由于 ξ 是有界的，可知补偿部分的输出 u_f 也是有界的。

针对二阶 MADRC，通过定理 3.3.2 讨论二阶 MADRC 的稳定性，其证明与一阶 MADRC 类似，这里不再赘述。

定理 3.3.2　针对式 (3.3.1) 中系统和设计的二阶 MADRC（$G_{cp}(s)=1/(Ts+1)^{n-2}$），假设总扰动 f 有界和参考信号 r 是非时变(或者为常数)的。当且仅当 $A-LC$ 是 Hurwitz 矩阵和 $N(s)=k_p+k_d s+s^2(Ts+1)^{n-2}=0$ 的所有根都位于左半复平面时，跟踪误差 $|y-r|$ 是有界的。

注释 3.3.4　定理 3.3.1 和定理 3.3.2 是针对设定值为非时变信号进行讨论的，当设定值为时变信号时也是成立的，证明过程在这里不再赘述。

3. 参数整定

参数整定是控制器应用的必要条件，简单、有效的参数整定方法有利于控制器的大规模推广和应用。MADRC 与常规的自抗扰控制结构不同，其参数整定方法也会有所变化。本节针对一阶 MADRC 的基于带宽法的参数整定方法展开研究，提出了一种参数整定流程。二阶 MADRC 具有类似的整定流程，这里不再赘述。

为总结一阶 MADRC 的参数整定流程，首先分析一阶 MADRC 的参数 $\{\omega_c,\omega_o,\tilde{b}_0\}$ 对控制效果的影响，针对式(3.3.12)所示的过热汽温系统外回路对象设计 MADRC 参数为 $\{\omega_c=0.06,\tilde{b}_0=2K/T\approx0.1,\omega_o=0.5\}$。外回路对象是基于现场开环阶跃的运行数据辨识的传递函数[10]

$$G_p(s)=\frac{1.474}{(28.774s+1)^4} \tag{3.3.12}$$

为分析参数 $\{\omega_c,\omega_o,\tilde{b}_0\}$ 对控制效果的影响，采用单一变量法进行比较，结果如图 3.3.3～图 3.3.5 所示。由图 3.3.3 可知，当 ω_o 大到一定程度时，控制效果基本不发生变化，这与常规自抗扰控制有明显的区别，ω_o 越大意味着 ESO 对噪声越敏感，在实际应用中需要权衡选择合理的值。由图 3.3.4 和图 3.3.5 可知，ω_c 越大或者 $\tilde{b}_0$ 越小，控制作用越强，也会带来较大的超调量和振荡。

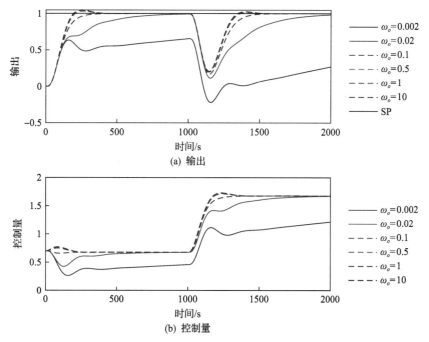

图 3.3.3 不同 ω_o 对控制效果的影响(SP: 设定值)

基于大量的仿真，总结 MADRC 的参数整定流程如下。

(1)需要首先固定 $\tilde{b}_0$，推荐 $\tilde{b}_0$ 的值位于区间 $[K/(2T),\infty)$ 内。

(2)固定较小的 ω_c 和 ω_o，然后逐步增加 ω_o 直到控制效果不发生明显改变时，

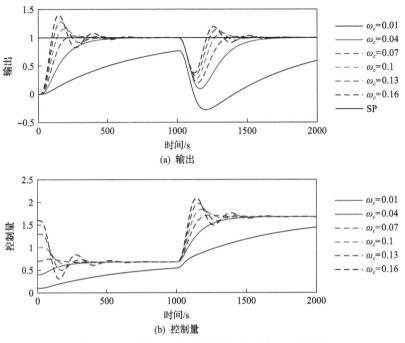

(a) 输出

(b) 控制量

图 3.3.4　不同 ω_c 对控制效果的影响(SP: 设定值)

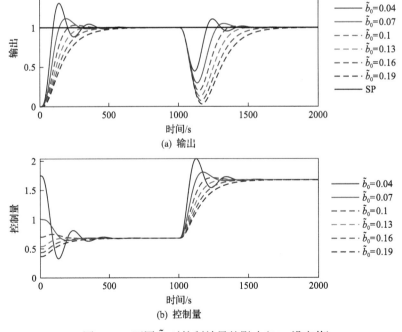

(a) 输出

(b) 控制量

图 3.3.5　不同 $\tilde{b}_0$ 对控制效果的影响(SP: 设定值)

ω_o 选择该值。ω_o 的合理区间在 $[0.3, 0.6]$。

（3）此时逐步增加 ω_c，直到闭环系统达到满意的控制效果。如果控制效果满意，则停止，否则重复（1）～（3）。

上述整定流程可以通过图 3.3.6 进行表示，尽管该流程需要不断调整，但参数整定简单和易于理解，有助于 MADRC 在实际工业系统中广泛推广和应用。需要说明的是，调整过程中的 ω_c 一定位于注释 3.3.2 所给的理论范围内，并且为保证闭环系统的鲁棒性，ω_c 应该是位于理论范围中较小的子集中。

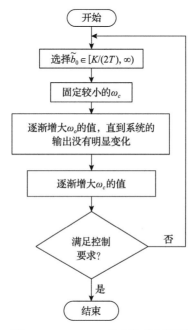

图 3.3.6　MADRC 的参数整定流程

3.3.2　仿真研究

本节比较 MADRC、基于带宽法整定的 ADRC、基于 Skogestad 内模控制（Skogestad internal model control, SIMC）整定的 PI（即 SIMC-PI）、模型预测控制（model predictive control, MPC）和 DADRC 对于该类高阶系统的控制效果和应对参数不确定性的能力。

考虑燃煤机组中如式（3.3.1）所示的高阶系统：主蒸汽压力系统，根据运行数据，辨识出主蒸汽压力系统：

$$G_p(s) = \frac{1.46}{(244s + 1)^4} \tag{3.3.13}$$

针对该系统分别设计上述控制器,其参数见表 3.3.1。可以得到式(3.3.13)所示系统在标称工况下的控制响应,如图 3.3.7 所示。幅值为 1 的阶跃和幅值为 −1 的控制量扰动分别在 0s 和 6000s 作用在系统上。为更好地比较控制效果,从 0s 和 6000s 内的设定值跟踪的性能指标(σ、T_s、IAE_{sp}(绝对误差积分)和 TV_{sp}(input variation,控制量变化值))和从 6000s 和 12000s 内抗干扰的性能指标(IAE_{ud} 和 TV_{ud})都进行计算,结果如表 3.3.2 所示。

表 3.3.1　控制器参数

控制器	参数
MPC	采样时间 $T_{\text{st}} = 10\text{s}$,预测时域=300,控制时域=20,输出变量权值 $= \text{diag}[1]$,输入变量权值 $= 10 \times \text{diag}[1]$,限幅 $[-2, 2]$
MADRC	$\omega_c = 0.0035$,$\tilde{b}_0 = 0.003$,$\omega_o = 0.5$,$G_{\text{cp}}(s) = 1/(244s + 1)^3$
SIMC-PI	$k_p = 0.3288$,$k_i = 1/1620$
ADRC	$\omega_c = 0.0029$,$b_0 = 0.013$,$\omega_o = 0.007$
DADRC	$\omega_c = 0.0019$,$b_0 = 0.012$,$\omega_o = 0.1$,延迟时间 $\tau = 150\text{s}$

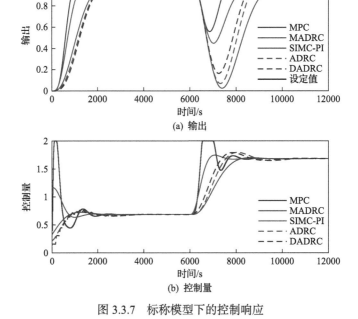

(a) 输出

(b) 控制量

图 3.3.7　标称模型下的控制响应

表 3.3.2　标称模型下的控制性能指标

控制器	$\sigma/\%$	T_s/s	$\mathrm{IAE_{sp}}$	$\mathrm{IAE_{ud}}$	$\mathrm{TV_{sp}}$	$\mathrm{TV_{ud}}$
MPC	4.5	1350.0	609.6	342.4	4.09	2.19
MADRC	0.02	1327.8	718.0	630.9	0.60	1.15
SIMC-PI	1.5	2094.6	1129.8	1616.8	0.45	1.04
ADRC	1.6	4135.2	1237.9	1366.0	0.64	1.31
DADRC	1.1	2176.6	1272.9	1139.9	1.44	1.29

由图 3.3.7 和表 3.3.2 可知，虽然 MPC 的 $\mathrm{TV_{sp}}$ 和 $\mathrm{TV_{ud}}$ 的值最大，但是 MPC 在跟踪和抗干扰都具有最好的效果。MADRC 具有最小的 σ 和最短的 T_s，但是 MADRC 的 $\mathrm{IAE_{sp}}$ 和 $\mathrm{IAE_{ud}}$ 比 MPC 的值大。DADRC 和 ADRC 在抗干扰方面比 SIMC-PI 有优势，MADRC 在跟踪和抗干扰两个方面的控制效果都比其他三种控制器的效果要好。

上述讨论是针对非时变设定值和输入扰动信号的讨论，接下来分析设定值和输入扰动为时变信号时的控制效果，图 3.3.8 和图 3.3.9 分别为设定值和输入扰动信号为正弦信号时的控制性能，正弦信号的幅值为1，频率为 $1/6280\,\mathrm{Hz}$。此外，相关性能指标在表 3.3.3 中列出。可知 MADRC 在设定值和输入扰动为时变信号时仍具有仅次于 MPC 的跟踪效果和扰动抑制效果。SIMC-PI 具有较好的跟踪效果，但是输入扰动抑制效果最差。DADRC 的输入扰动抑制效果较 SIMC-PI 和 ADRC 有优势，但跟踪效果最差。综合上述讨论可知，MADRC 在设定值和输入扰动为时变信号或者非时变信号时都具有明显的优势，展示了很好的控制效果。

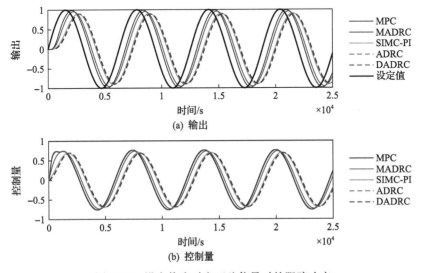

图 3.3.8　设定值为时变正弦信号时的跟踪响应

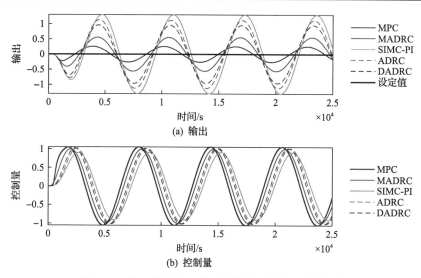

(a) 输出

(b) 控制量

图 3.3.9　输入扰动为时变正弦信号时的扰动抑制响应

表 3.3.3　设定值和输入扰动为时变正弦信号的控制性能指标

指标	MPC	MADRC	SIMC-PI	ADRC	DADRC
IAE_{sp}（$\times 10^4$）	0.82	1.06	1.53	1.61	1.67
IAE_{ud}（$\times 10^4$）	0.39	0.84	1.95	1.68	1.44
TV_{sp}	12.37	11.84	10.97	10.74	10.72
TV_{ud}	16.54	15.39	13.65	15.39	15.47

　　由于高阶系统中存在的不确定性，需要检验设计控制器的鲁棒性。在保持控制器参数不改变的情况下，首先考虑式(3.3.13)所示高阶系统中的时间常数和增益常数分别变化到原来的 80% 和 120%，可以得到闭环系统的控制响应如图 3.3.10 和图 3.3.11 所示。可知现有针对热工系统设计的常规 MPC 在被控对象存在不确定性时，控制效果明显变差，而其他的控制器仍能保证比较满意的控制效果。所以

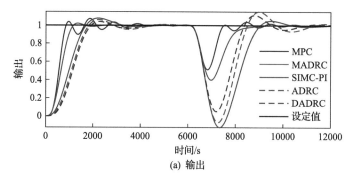

(a) 输出

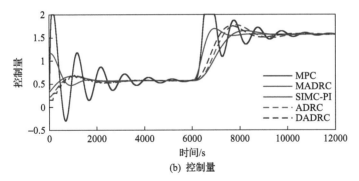

(b) 控制量

图 3.3.10　式(3.3.13)中时间常数为 $0.8T$ 时的控制响应

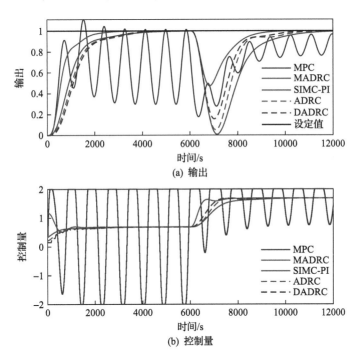

(a) 输出

(b) 控制量

图 3.3.11　式(3.3.13)中增益常数为 $1.2K$ 时的控制响应

接下来的 Monte Carlo 实验针对除 MPC 外的所有控制器进行设计。

对上述除 MPC 外的四种控制器进行 Monte Carlo 实验，式(3.3.13)所示高阶系统的参数 $\{K,T,n\}$ 的不确定性为 $\pm 20\%$，由于系统的阶次为整数，n 值从 $\{3,4,5\}$ 中随机选取。将不确定性对象的阶跃跟踪和扰动抑制实验重复 1000 次，可以得到 $\mathrm{IAE_{sp}}$ 和 $\mathrm{IAE_{ud}}$ 的分布如图 3.3.12 所示，统计性能指标的范围见表 3.3.3。需要说明的是，阶跃跟踪和扰动抑制仿真设置与图 3.3.7 保持一致。

越小的性能指标意味着越好的跟踪和抗干扰性能，越密集的分布意味着更强的鲁棒性。由图 3.3.12 和表 3.3.4 可知，MADRC 具有最小范围的 IAE_{sp} 和 IAE_{ud}，尽管 MADRC 的 σ 范围比 SIMC-PI 和 ADRC 的范围大。需要说明的是，四种控制器的最大 T_s 均为 6000s，这是由于在某些不确定性工况时($n=5$)，闭环系统在 6000s 的仿真时间内无法达到稳态。由 Monte Carlo 实验可知，MADRC 能够保证系统对于不确定性的容忍能力。

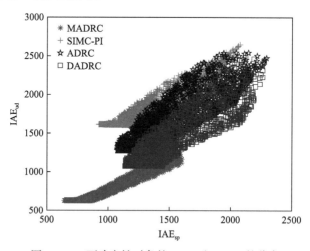

图 3.3.12　不确定性对象的 IAE_{sp} 和 IAE_{ud} 的分布

表 3.3.4　不确定性对象的性能指标范围

控制器	$\sigma/\%$	T_s/s	IAE_{sp}	IAE_{ud}	TV_{sp}	TV_{ud}
MADRC	$[0,41.1]$	$[1111.2, 6000.0]$	$[645.9, 1599.5]$	$[630.6, 1256.5]$	$[0.34, 2.42]$	$[1.00,3.16]$
SIMC-PI	$[0.01,37.1]$	$[1684.2, 6000.0]$	$[923.0, 2075.9]$	$[1603.6, 2647.1]$	$[0.24, 1.20]$	$[0.99,1.83]$
ADRC	$[0.01,40.8]$	$[2266.6, 6000.0]$	$[1074.8, 2291.0]$	$[1277.9, 2544.2]$	$[0.35, 1.72]$	$[1.00,2.66]$
DADRC	$[0,42.1]$	$[2137.0, 6000.0]$	$[1139.4, 2271.1]$	$[1074.2, 2479.7]$	$[1.41, 2.22]$	$[1.00,3.06]$

　　上述是针对一阶 MADRC 进行讨论的，二阶 MADRC 具有类似的结论和参数整定流程[11]，接下来讨论二阶 MADRC 在 Peltier 温度控制平台的控制效果。为构建 Peltier 温度系统的高阶特性，将其控制量在进入 Peltier 温度系统前通过三个惯性环节，构成高阶系统：

$$G_p(s)=\frac{0.119}{(38.32s+1)^4} \qquad (3.3.14)$$

基于提出的参数整定流程,可以得到二阶 MADRC 的参数如表 3.3.5 所示,此外基于带宽法整定的二阶 ADRC、基于 SIMC 整定的 PI 和 PID 参数也在表 3.3.5 中给出(即 SIMC-PI、SIMC-PID)。需要说明的是,SIMC-PI 和 SIMC-PID 参数是基于式 (3.3.14) 中高阶系统近似的 $0.1186/(57.4806s+1)\mathrm{e}^{-95.8010s}$ 和 $0.1186/((57.4806s+1)(38.3204s+1))\mathrm{e}^{-57.4806s}$ 计算得到的。此外,由于实际系统中存在噪声,在 SIMC-PID 中使用滤波 $N=100$ 的实际微分代替纯微分。

表 3.3.5 Peltier 温度系统的控制器参数

控制器	参数
二阶 MADRC	$\omega_c=0.1$, $\tilde{b}_0=0.002$, $\omega_o=0.2$, $G_{\mathrm{cp}}(s)=1/(38.32s+1)^2$
二阶 ADRC	$\omega_c=0.047$, $b_0=0.002$, $\omega_o=0.15$
SIMC-PI	$k_p=1.8663$, $k_i=0.02933$
SIMC-PID	$k_p=3.1229$, $k_i=0.03260$, $k_d=71.8014$, $N=100$

将整定的上述控制器应用在 Peltier 温度控制平台上,可以得到图 3.3.13 和图 3.3.14 所示的实验结果。温度设定值在 100s 、3500s 和 7100s 分时别以幅值为

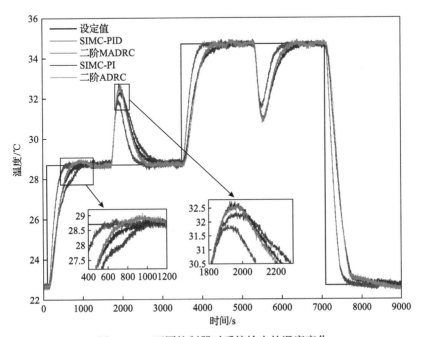

图 3.3.13 不同控制器时系统输出的温度变化

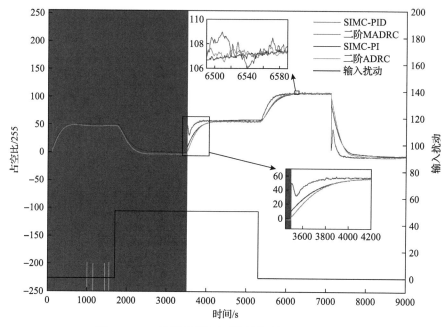

图 3.3.14 不同控制器时系统的控制量和输入扰动

6℃、6℃和–12℃进行阶跃, 输入扰动在1700s和5300s分别以幅值为50和–50添加到系统中, 如图 3.3.14 中黑色线所示。由于 SIMC-PID 的控制量在实验过程中有非常严重的抖动, 为保护实验台的安全, SIMC-PID 的实验在 3500s 时停止, 其他控制器均完成 9000s 的实验。此外, 实验的控制性能指标: IAE_{sp}、IAE_{ud}、TV_{sp} 和 TV_{ud} 也可以得到, 如表 3.3.6 所示。

表 3.3.6 实验结果的性能指标统计

参数	二阶 MADRC	SIMC-PI	二阶 ADRC
IAE_{sp}	4995.3	7731.1	13289.4
TV_{sp}	2386.7	5472.1	1234.2
IAE_{ud}	2107.0	3422.8	3138.2
TV_{ud}	1506.2	3660.1	838.7

由图 3.3.13 和表 3.3.6 可知, 二阶 MADRC 在跟踪和抗干扰方面都具有明显优势: 二阶 MADRC 的 IAE_{sp} 只有 SIMC-PI 和二阶 ADRC 的 64.6%和 37.6%; 类似地, 二阶 MADRC 的 IAE_{ud} 只有 SIMC-PI 和二阶 ADRC 的 61.6%和 67.1%。二阶 MADRC 的 TV_{sp} 和 TV_{ud} 比二阶 ADRC 的值要大, 但是比 SIMC-PI 的值要小。

由于系统的温度在一个较大范围内变化，二阶 MADRC 仍然保持了很好的控制效果，说明了控制器的鲁棒性较强。通过仿真和实验台验证，说明了参数整定流程的有效性和 MADRC 对高阶系统在跟踪和抗干扰方面的提升。

总体来说，提出的 MADRC 是基于同步 y 和 u 的设计思想，但是相对于常规自抗扰控制有很多改进。基于前面的讨论、仿真和实验台验证，将 MADRC 的特点总结如下。

(1) 设计的 MADRC 需要模型信息，但是并不需要精确的模型信息。

(2) 在保证鲁棒性的条件下，设计的 MADRC 可以提高系统的跟踪速度和抗干扰的能力。

(3) 设计的 MADRC 相对于常规自抗扰控制并没有增加额外的整定参数，参数整定的方法简单。

(4) 设计的 MADRC 可以通过同步 y 和 u，增强 ESO 的估计能力，并且增加了 ESO 可以达到的观测器带宽上限。

(5) 设计的 MADRC 继承了常规自抗扰控制结构简单的特点，保留了易于在 DCS 平台上实现的特点。

需要说明的是，该结构是针对一类高阶系统设计的；如果被控对象是一般高阶系统，也可以设计类似的结构来提高系统的跟踪和扰动抑制效果，这部分工作会在后续工作中继续展开。

3.3.3　过热汽温回路的现场应用

过热汽温回路是燃煤机组的关键回路之一，过热汽温回路的温度对于机组的安全性和经济性有较大的影响。温度过高，会对过热汽温管道产生不可逆的损害，影响机组的安全性。如果温度过低，会降低机组的安全性。比较理想的过热汽温回路可以将温度控制在设定值 ±5℃ 范围内[12]。随着越来越多的燃煤机组参与深度调峰，大范围升降负荷对过热汽温的控制带来了巨大的挑战。

过热汽温回路涉及热量传递和蒸汽流动等过程，是典型的高阶系统。为解决过热回路在负荷升降过程中的过热汽温波动过大的问题，尝试将 MADRC 应用在过热汽温回路中抑制由负荷升降、其他未知扰动等造成的温度波动。燃煤机组过热汽温系统示意图如图 3.3.15 所示，其包含一级过热汽温回路和二级过热汽温回，后者的出口温度比前者的出口温度要高出很多，控制的难度也更大，并且其出口温度的稳定对于机组的经济性和安全性都是十分重要的。因此，本节关注二级过热汽温回路的控制。

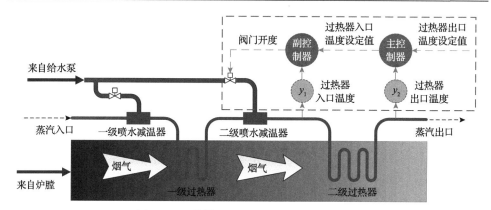

图 3.3.15　燃煤机组过热汽温系统的示意图

过热汽温回路采用串级控制结构，如图 3.3.15 中虚线框内部分和图 3.3.16 所示。利用过热汽温回路的两个输出信号：过热器入口温度(y_1)和出口温度(y_2)，分别设计副控制器和主控制器。其中 $G_1(s)$ 和 $G_2(s)$ 分别表示减温水阀门到过热器入口和过热器入口到过热器出口之间的模型。基于 70%负荷左右时开环阶跃实验的数据，通过多目标遗传优化算法得到 $G_1(s)$ 和 $G_2(s)$ 的传递函数为

$$G_1(s) = \frac{-1.726}{(19.775s + 1)^2} \qquad (3.3.15)$$

且 $G_2(s) = G_p(s)$（$G_p(s)$ 见式(3.3.12)）。

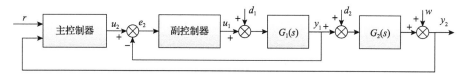

图 3.3.16　过热汽温回路的串级控制结构

由式(3.3.12)和式(3.3.15)可知，$G_2(s)$ 是典型的高阶系统，$G_1(s)$ 为响应较快的二阶系统，因此主控制器采用 MADRC，副控制器采用原有的 PI 控制器，如图 3.3.17 所示。

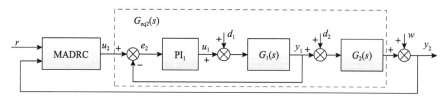

图 3.3.17　含有 MADRC 的串级控制结构

在将 MADRC 应用到实际机组的过热汽温回路之前，首先通过仿真验证 MADRC 的控制效果。针对辨识的模型，分别设计含有 MADRC 的串级控制方法（MADRC-PI）、基于 SIMC 整定的控制方法（SIMC-PI）和现场由热工专家设计的 PI 控制方法（PI_f-PI）。需要说明的是，主控制器 MADRC 的参数整定提供如下两种思路。

（1）$MADRC_1$-PI：MADRC 参数整定可以简化为对图 3.3.17 中 $G_{eq2}(s)$ 设计参数，$G_{eq2}(s)$ 是对虚框内的等效对象进行近似后的结果：

$$G_{eq2}(s) = \frac{G_{PI_1}G_1}{1+G_{PI_1}G_1}G_2 = \frac{K_1\left(k_{p1}s+k_{i1}\right)}{s\left(T_1s+1\right)^2+K_1\left(k_{p1}s+k_{i1}\right)}G_2 \approx \frac{1.474}{\left(35s+1\right)^4} \quad (3.3.16)$$

此时 $G_{cp}(s)$ 可以选择为 $1/\left(35s+1\right)^3$，$\left\{\omega_c,\omega_o,\tilde{b}_0\right\}$ 可以通过上述方法得到。

（2）$MADRC_2$-PI：MADRC 的 $G_{cp}(s)$ 可以直接根据式（3.3.12）选择为 $1/\left(28.774s+1\right)^3$，$G_2(s)$ 和 $G_{eq2}(s)$ 之间的偏差通过 ESO 进行估计和补偿。此时，$\left\{\omega_c,\omega_o,\tilde{b}_0\right\}$ 也可以通过提出的参数整定流程得到。

$MADRC_1$-PI、$MADRC_2$-PI、SIMC-PI 和 PI_f-PI 的参数在表 3.3.7 中给出。基于上述参数得到标称模型时的控制响应如图 3.3.18 所示，幅值为 1 的设定值阶跃、内环控制量扰动（d_1）和外环控制量扰动（d_2）分别在 0s、1000s 和 2000s 作用在系统上。相关的性能指标统计列在表 3.3.8 中。

表 3.3.7　过热汽温串级控制的控制器参数

控制方法	外环控制器参数		PI_1 参数
$MADRC_1$-PI	$\omega_c=0.032$，$\tilde{b}_0=0.04$，$\omega_o=0.5$，$G_{cp}(s)=1/\left(35s+1\right)^3$		
$MADRC_2$-PI	$\omega_c=0.027$，$\tilde{b}_0=0.04$，$\omega_o=0.5$，$G_{cp}(s)=1/\left(35s+1\right)^3$		$k_{p1}=-1$,
PI_f-PI	$k_{p2}=1/3$，$k_{i2}=1/240$		$k_{i1}=-1/40$
SIMC-PI	$k_{p2}=0.1628$，$k_{i2}=1/263$		

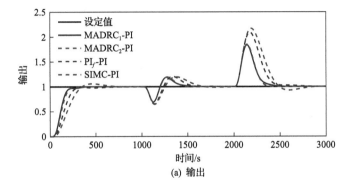

(a) 输出

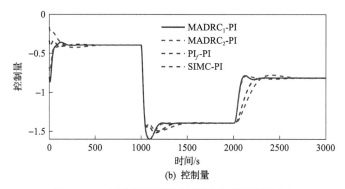

(b) 控制量

图 3.3.18　过热汽温回路标称模型下的控制响应

表 3.3.8　过热汽温回路标称模型下的性能指标

控制方法	IAE_{sp}	IAE_{ud1}	IAE_{ud2}	TV_{sp}	TV_{ud1}	TV_{ud2}
$MADRC_1$-PI	123.8	56.2	136.4	0.62	1.43	0.68
$MADRC_2$-PI	128.0	57.4	134.0	0.41	1.39	0.64
PI_f-PI	162.8	78.1	239.9	0.26	1.29	0.60
SIMC-PI	206.2	90.4	295.8	0.30	1.28	0.66

　　由图 3.3.18 可知,$MADRC_1$-PI 和 $MADRC_2$-PI 具有类似的跟踪效果和扰动抑制,没有超调量,并且跟踪和抗干扰效果均比 SIMC-PI 和 PI_f-PI 的效果好。表 3.3.8 的数据也进一步说明了上述结论。尽管由表 3.3.8 可知,$MADRC_1$-PI 较 $MADRC_2$-PI 具有微弱的优势,在实际中应用的是 $MADRC_2$-PI 的参数,这是考虑到 $MADRC_2$-PI 的参数整定步骤较前者更少。

　　对上述四种控制器进行 Monte Carlo 实验,式(3.3.12)和式(3.3.15)所示过热汽温系统的参数 $\{K,T\}$ 的不确定性为 $\pm10\%$。将不确定性对象的阶跃和跟踪实验重复 1000 次,可以得到 IAE_{sp} 和 IAE_{ud} 的分布如图 3.3.19 所示,统计性能指标的范围见表 3.3.9。可知,$MADRC_1$-PI 具有最小的 IAE_{sp}、IAE_{ud1} 和 IAE_{ud2} 区间,即 $MADRC_1$-PI 具有很强的鲁棒性,能够很好地应对系统的不确定性。$MADRC_2$-PI 的性能指标比 $MADRC_1$-PI 的范围大,但是比 PI_f-PI 和 SIMC-PI 的范围小,可知 MADRC 的串级控制方法具有很强的鲁棒性。

　　基于 3.1.1 节和 3.1.2 节的理论分析、参数整定和仿真验证,将 $MADRC_2$-PI 应用在晋控电力同达热电山西有限公司的过热汽温回路中,在 DCS 平台上完成 MADRC 的组态、无扰切换和保护逻辑,并通过严格测试后投入现场中。为了更好地比较控制效果,将性能指标,如最大正偏差 e_+、最大负偏差 e_-、误差绝对值的平均值 $\bar{e}_{abs}$ 和标准差 σ_e 进行计算。从 PI_f-PI 切换到 $MADRC_2$-PI 的运行数据如

图 3.3.20 所示，原来的 PI_f-PI 控制方法运行三个小时，切换到 $MADRC_2$-PI 运行两个小时。相关的性能指标在表 3.3.10 中给出，此外，温度误差的概率密度函数分布也在图 3.3.21 中给出。需要说明的是，由于过热汽温回路的温度输出含有两个测点，故图 3.3.20(b) 显示两个输出。相关性能指标计算是基于两者的平均值进行计算的。

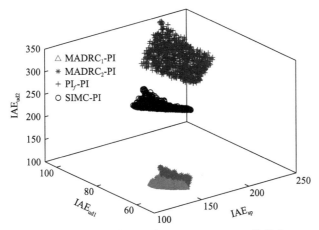

图 3.3.19 不确定性对象的 IAE_{sp} 和 IAE_{ud} 的分布

表 3.3.9 不确定性对象的性能指标范围

控制方法	IAE_{sp}	IAE_{ud1}	IAE_{ud2}	TV_{sp}	TV_{ud1}	TV_{ud2}
$MADRC_1$-PI	[115.5, 136.1]	[51.2, 61.8]	[136.4, 140.2]	[0.48, 0.93]	[1.29,1.80]	[0.53,1.04]
$MADRC_2$-PI	[119.7, 147.5]	[52.1, 65.6]	[134.0, 149.9]	[0.35, 0.58]	[1.29,1.64]	[0.53,0.88]
PI_f-PI	[148.0, 181.0]	[71.3, 89.4]	[239.7, 254.5]	[0.23, 0.32]	[1.24,1.37]	[0.53,0.77]
SIMC-PI	[183.1, 231.5]	[78.9, 105.9]	[268.5, 339.6]	[0.24, 0.41]	[1.22,1.35]	[0.55,0.83]

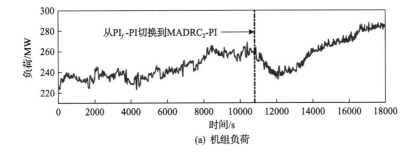

(a) 机组负荷

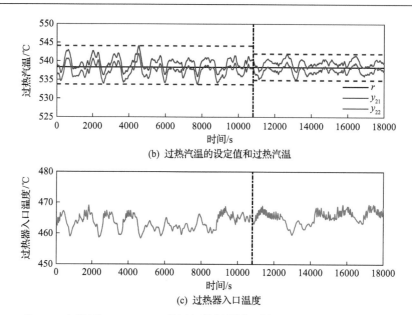

(b) 过热汽温的设定值和过热汽温

(c) 过热器入口温度

图 3.3.20　从 PI_f-PI 切换到 $MADRC_2$-PI 的运行数据(数据时间是 2017 年 12 月 1 日 12:42～17:42)

表 3.3.10　切换过程中的功率范围和性能指标

控制方法	功率范围/MW	e_+/℃	e_-/℃	$\overline{e}_{abs}$/℃	σ_e/℃
PI_f-PI	[223.2, 270.1]	4.68	3.57	1.32	1.61
$MADRC_2$-PI	[232.8, 288.7]	2.56	2.37	0.75	0.94

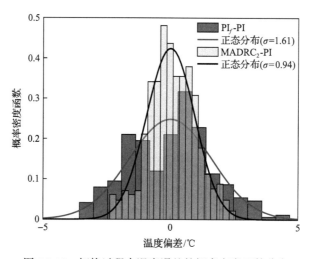

图 3.3.21　切换过程中温度误差的概率密度函数分布

　　由图 3.3.20 和表 3.3.10 可知，在 MADRC$_2$-PI 投入后，过热汽温的波动范围明显变小，MADRC$_2$-PI 的最大温度偏差只有 PI$_f$-PI 的 58.4%。此外，MADRC$_2$-PI 的 $\bar{e}_{abs}$ 也只有 PI$_f$-PI 的 56.8%。由图 3.3.21 可知，MADRC$_2$-PI 的温度误差能够比较好地控制在一个较小的范围内，尽管其经历的负荷变化范围更大。总体来讲，MADRC$_2$-PI 能够更好地将温度波动控制在一个更小的范围内，具有更强的抗干扰能力。

　　接下来比较 PI$_f$-PI 和 MADRC$_2$-PI 在负荷小范围变化（<40MW）时分别运行 5h 的数据结果，如图 3.3.22 和图 3.3.23 所示；在负荷大范围变化（>40MW）时分别运行 5h 的数据结果如图 3.3.24 和图 3.3.25 所示。此外，图 3.3.26 和图 3.3.27 也分别给出了负荷小范围变化和负荷大范围变化时温度误差的概率密度函数分布。相关的性能指标也在表 3.3.11 给出。

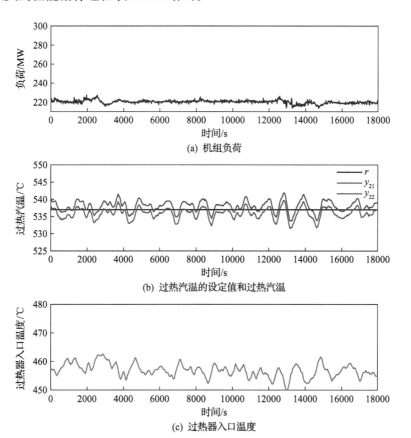

图 3.3.22　负荷小范围变化时 PI$_f$-PI 运行数据（数据时间是 2017 年 12 月 1 日 23:42～2 日 04:42）

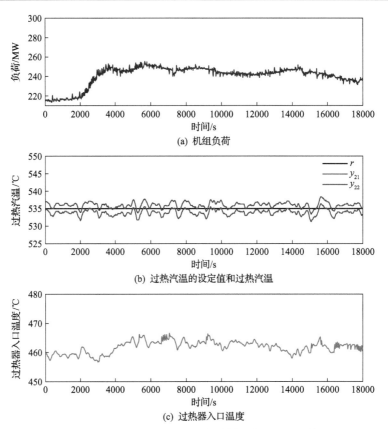

(a) 机组负荷

(b) 过热汽温的设定值和过热汽温

(c) 过热器入口温度

图 3.3.23 负荷小范围变化时 MADRC$_2$-PI 运行数据（数据时间是 2017 年 11 月 29 日 23:30～30 日 04:30）

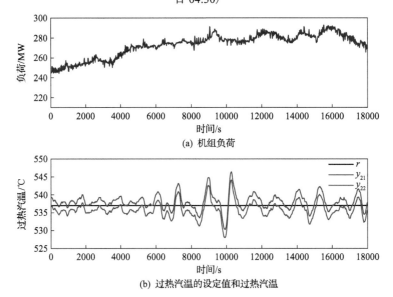

(a) 机组负荷

(b) 过热汽温的设定值和过热汽温

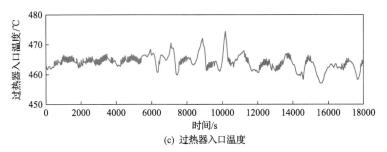

(c) 过热器入口温度

图 3.3.24　负荷大范围变化时 PI_f-PI 运行数据（数据时间是 2017 年 11 月 29 日 07:06~12:06）

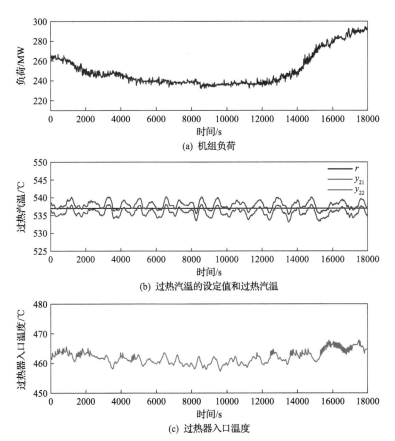

(a) 机组负荷

(b) 过热汽温的设定值和过热汽温

(c) 过热器入口温度

图 3.3.25　负荷大范围变化时 $MADRC_2$-PI 运行数据（数据时间是 2017 年 11 月 29 日 12:18~17:18）

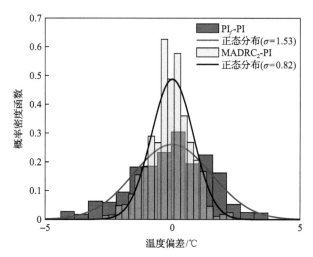

图 3.3.26 负荷小范围变化时温度误差的概率密度函数分布

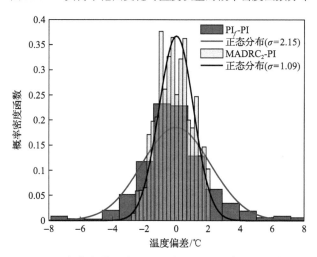

图 3.3.27 负荷大范围变化时温度误差的概率密度函数分布

表 3.3.11 负荷小范围和大范围变化时的功率范围和性能指标

工况	控制方法	功率范围/MW	e_+/℃	e_-/℃	$\overline{e}_{abs}$/℃	σ_e/℃
负荷小范围 变化	PI$_f$-PI	$[213.5, 227.7]$	3.75	4.38	1.23	1.53
	MADRC$_2$-PI	$[212.9, 251.2]$	2.38	2.75	0.64	0.82
负荷大范围 变化	PI$_f$-PI	$[243.1, 293.1]$	8.25	7.88	1.54	2.15
	MADRC$_2$-PI	$[231.9, 295.3]$	2.13	2.82	0.91	1.09

尽管 MADRC$_2$-PI 在两种工况下都具有更大的负荷变化，MADRC$_2$-PI 仍然可以将最大温度偏差降到原来的一半左右，MADRC$_2$-PI 在负荷小范围变化和负荷大范围变化时具有接近的最大温度偏差。MADRC$_2$-PI 可以很好地将温度偏差控制在一个较小的范围内，如图 3.3.26 和图 3.3.27 中的温度误差的概率密度函数分布所示。此外，在负荷大范围变化时 PI$_f$-PI 的过热汽温最大偏差超过 ±5℃，这对于机组的安全运行有很大的影响，在实际中过热汽温回路应该尽可能避免出现上述情况。

3.3.4　小结

本节针对多个惯性环节串联的高阶系统提出了一种改进的鲁棒自抗扰控制设计方法，完成稳定性分析、参数整定和仿真研究，并在燃煤机组过热汽温中得到成功的应用。现场运行数据说明了本节提出的 MADRC 在过热汽温回路中能够很好地将汽温波动控制在一个很小的范围内，说明了提出的 MADRC 在热工系统中具有很好的应用前景。需要说明的是，由于负荷工况不能够严格完全一致，上述比较并不是十分严谨，但是由于 MADRC 具有更大的负荷变化范围，二者的对比是有意义的并可以支持上述结论的。

3.4　非线性主动状态补偿控制

控制器设计的目标是针对具有非线性、不确定性的实际系统，实现控制系统的稳定裕度大，动态性能良好的动态特性；并且要求控制器结构简单，控制参数易于整定。基于上述设计目标本节提出了一套"分析—设计—优化—评价"的非线性主动状态补偿控制(简称状态补偿控制)设计方法。

3.4.1　非线性主动状态补偿方法原理

选取表示动态系统特性的微分方程如式(3.4.1)所示：

$$y^{(n)}(t) = f(y^{(n-1)}(t), \cdots, \ddot{y}(t), \dot{y}(t), y(t), \Delta y, d) + bu \qquad (3.4.1)$$

其中，d 为系统的扰动，Δy 为系统的不确定性。

选取状态 f_{EX}，如式(3.4.2)所示：

$$f_{\mathrm{EX}} = f(y^{(n-1)}, \cdots, \ddot{y}, \dot{y}, y, \Delta y, d) - u \qquad (3.4.2)$$

其中，f_{EX} 为系统的扩张状态。

定义 $\hat{f}_{\mathrm{EX}}$ 为扩张状态估计值,构造以扩张状态估计值反馈的控制律 $u = -\dfrac{1}{b}\hat{f}_{\mathrm{EX}}$,将其代入式(3.4.1)可以得到

$$
\begin{aligned}
y^{(n)} &= f(y^{(n-1)}, \cdots, \ddot{y}, \dot{y}, y, \Delta y, d) - b\frac{1}{b}\hat{f}_{\mathrm{EX}} \\
&= \left\{ f(y^{(n-1)}, \cdots, \ddot{y}, \dot{y}, y, \Delta y, d) - u \right\} - \hat{f}_{\mathrm{EX}} + u
\end{aligned}
\tag{3.4.3}
$$

$$
y^{(n)} = \left\{ f_{\mathrm{EX}} - \hat{f}_{\mathrm{EX}} \right\} + u = \Delta ef_{\mathrm{EX}} + u
\tag{3.4.4}
$$

其中, Δef_{EX} 为控制器扩张状态估计值的观测误差。若 $\hat{f}_{\mathrm{EX}}$ 的观测精度可以保证,那么系统可以线性化为 n 阶纯积分系统,如式(3.4.5)所示:

$$
y^{(n)} = u + \Delta ef_{\mathrm{EX}}
\tag{3.4.5}
$$

在 $\hat{f}_{\mathrm{EX}}$ 的观测精度保证的情况下, Δef_{EX} 是一个小非线性函数,所以式(3.4.5)表示具有小不确定性的线性串联的 n 阶积分系统。由式(3.4.4)、式(3.4.5)的推导可知,对扩张状态的反馈可以实现对被控对象的近似反馈线性化,将原有的非线性、不确定系统转化为具有小非线性、不确定性的新线性系统。由此可以按照线性系统理论配置系统的极点,实现控制要求的预期动力学特性。

推论 3.4.1 扩张状态反馈线性化与极点配置推论。

当扩张状态观测值精确跟踪系统状态时,以扩张状态反馈构造的控制律可以实现对控制对象的近似反馈线性化,并且任意配置系统极点。

核心思想是通过对系统定义的扩张状态观测、反馈,实现近似反馈线性化的控制策略,称为非线性主动状态补偿控制策略。根据对扩张状态观测方法的差异,非线性主动状态补偿可以分为:"输入-输出"状态补偿控制策略,以线性自抗扰控制为代表;相对阶状态反馈实现的补偿控制策略,以 TC(Tornambè control)[13] 为代表。具体介绍如下。

线性自抗扰控制具有明确的物理意义。自抗扰控制的扩张状态 z_3 表示系统包含扰动、不确定量,尚未被系统观测到的状态 $y-z_1$ 与低通滤波器的滤波加权积分。通过对扩张状态的直接反馈实现对带有扰动、不确定量系统的近似反馈线性化。系统状态 z_1、z_2 的观测函数与经典的高增益观测器形式完全相同,可以认为是对系统的动态特性的观测量。并且,线性自抗扰控制方法减少了控制器待整定的参数个数,为运用线性方法理论对控制器进行分析提供了条件,克服了由非线性开关函数带来的抖振问题。

考虑到实际系统中状态变量相对阶信息可测,设计 TC 结构如图 3.4.1 所示 $(b_0 = 1)$[14]:

$$u = -\sum_{i=0}^{Rd-1} h_i z_{i+1} - \hat{f}_{EX}$$

$$\hat{f}_{EX} = \xi + \sum_{i=0}^{Rd-1} k_i z_{i+1}$$

$$\dot{\xi} = -k_{Rd-1}\xi - k_{Rd-1}\sum_{i=0}^{Rd-1} k_i z_{i+1} - \sum_{i=0}^{Rd-2} k_i z_{i+2} - k_{Rd-1}u$$

其中，Rd 为系统相对阶；z_i 为系统可测相对阶变量。

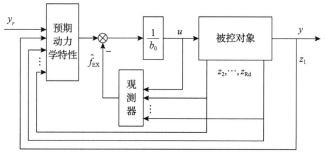

图 3.4.1　TC 结构

1. 非线性主动状态补偿控制传递函数推导

为研究非线性主动状态补偿控制的鲁棒特性、频率特性，分析其内在的规律。研究非线性主动状态补偿控制的输入-输出特性至关重要，因此本节分别推导了自抗扰控制与 TC 的输入输出特性，并给出稳定性与提高系统品质的定理、推论。

1) 二阶线性自抗扰控制输入输出特性推导

通过等价变换将线性自抗扰控制 (linear active disturbance rejection control, LADRC) 化为输入输出标准结构，其控制框架如图 3.4.2 所示。图 3.4.2 中 F 为输入滤波器，如式 (3.4.6) 所示；K_{ADRC} 为反馈积分器，如式 (3.4.7) 所示。具体推导过程见文献[15]。

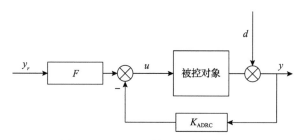

图 3.4.2　LADRC 等价变换结构框图

$$F = \frac{1}{b_0} \frac{s^3 + s^2\beta_1 + s\beta_2 + \beta_3}{s[s^2 + (\beta_1 + k_d)s + (k_d\beta_1 + \beta_2 + k_p)]} k_p \tag{3.4.6}$$

$$K_{ADRC} = \frac{1}{b_0} \frac{s^2(k_p\beta_1 + k_d\beta_2 + \beta_3) + s(\beta_2 k_p + k_d\beta_3) + k_p\beta_3}{s[s^2 + (\beta_1 + k_d)s + (k_d\beta_1 + \beta_2 + k_p)]} \tag{3.4.7}$$

自抗扰控制系统闭环传递函数为

$$
\begin{aligned}
G &= F\frac{P(s)}{1 + P(s)K_{ADRC}} \\
&= \frac{k_p}{b_0} \frac{s^3 + s^2\beta_1 + s\beta_2 + \beta_3}{s[s^2 + (\beta_1 + k_d)s + (k_d\beta_1 + \beta_2 + k_p)]} \\
&\quad \times \frac{P(s)}{\left\{1 + P(s)\dfrac{1}{b_0}\dfrac{s^2(k_p\beta_1 + k_d\beta_2 + \beta_3) + s(\beta_2 k_p + k_d\beta_3) + k_p\beta_3}{s[s^2 + (\beta_1 + k_d)s + (k_d\beta_1 + \beta_2 + k_p)]}\right\}} \\
&= \frac{k_p}{b_0} \frac{s^3 + s^2\beta_1 + s\beta_2 + \beta_3}{s[s^2 + (\beta_1 + k_d)s + (k_d\beta_1 + \beta_2 + k_p)]} \\
&\quad \times \frac{P(s)\left\{b_0 s[s^2 + (\beta_1 + k_d)s + (k_d\beta_1 + \beta_2 + k_p)]\right\}}{\left\{b_0 s[s^2 + (\beta_1 + k_d)s + (k_d\beta_1 + \beta_2 + k_p)] + P(s)s^2(k_p\beta_1 + k_d\beta_2 + \beta_3) + s(\beta_2 k_p + k_d\beta_3) + k_p\beta_3\right\}} \\
&= \frac{k_p P(s)\left(s^3 + s^2\beta_1 + s\beta_2 + \beta_3\right)}{b_0 s[s^2 + (\beta_1 + k_d)s + (k_d\beta_1 + \beta_2 + k_p)] + P(s)\left[s^2(k_p\beta_1 + k_d\beta_2 + \beta_3) + s(\beta_2 k_p + k_d\beta_3) + k_p\beta_3\right]}
\end{aligned}
$$

由推导可以看出,自抗扰控制对系统的整定体现在观测器对系统的超前补偿作用和对控制系统极点的整定作用。其中出现了模态 $s[s^2 + (\beta_1 + k_d)s + (k_d\beta_1 + \beta_2 + k_p)]$ 的零极对消,因此若要自抗扰控制器稳定,需要求此模态稳定。

推论 3.4.2 自抗扰控制内稳定条件。

自抗扰控制器稳定,方程 $s^2 + (\beta_1 + k_d)s + (k_d\beta_1 + \beta_2 + k_p) = 0$ 是 Hurwitz 多项式,即特征方程具有负实部根。

推论 3.4.3 自抗扰控制核心控制模态。

$$K_{ADRC} = \frac{1}{b_0} \frac{s^2(k_p\beta_1 + k_d\beta_2 + \beta_3) + s(\beta_2 k_p + k_d\beta_3) + k_p\beta_3}{s[s^2 + (\beta_1 + k_d)s + (k_d\beta_1 + \beta_2 + k_p)]}$$ 模态决定系统的控制品质,系统的稳定裕量、动态性能均与此模态直接相关,反馈积分器为自抗扰控制系统核心。

2) 二阶 TC 输入输出特性推导

根据 TC 的信号流程,可以得到信号按照扩张状态→控制律的顺序进行逐级

递推完成。详细推导过程见文献[15]，在这里仅给出结论，以二阶 TC 为例，得到信号流程为

$$u = -h_0(z_1 - y_r) - h_1 z_2 - \hat{f}_{\mathrm{EX}}$$
$$\hat{f}_{\mathrm{EX}} = \xi + K_0(z_1 - y_r) + K_1 z_2 \tag{3.4.8}$$
$$\dot{\xi} = -K_1 \xi - K_1[K_0(z_1 - y_r) + K_1 z_2] - K_0 z_2 - K_1 u$$

推导得到扩张状态与系统状态的传递函数方程为

$$\frac{\hat{d}}{z_2} = \frac{sK_1}{s + K_1} \tag{3.4.9}$$

或

$$\frac{\hat{d}}{f_{\mathrm{EX}}} = \frac{K_1}{s + K_1} \tag{3.4.10}$$

TC 的输入输出结构如图 3.4.3 所示，其中，$TK_0 = (h_0 + K_0) + \dfrac{h_0 K_1}{s}$，$TK_1 = (h_1 + K_1) + \dfrac{h_1 K_1 - K_0}{s}$。

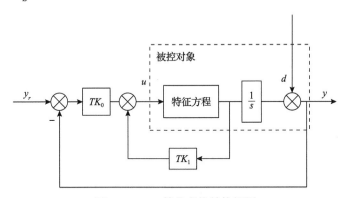

图 3.4.3　TC 等价变换结构框图

推论 3.4.4　TC 扩张状态特性推论。

TC 方法的扩张状态为相对阶状态串联惯性环节 $\dfrac{K_n}{s + K_n}$ 的积分，所以 K_n 值越大，动态特性越好，但是稳定裕度越小。

2. 基于能量特性的 ESO 参数选取方法

系统扩张状态观测精度误差上确界与系统状态变量观测精度成正比，提高系

统观测器的观测精度，即提高控制效果，如式(3.4.11)所示：

$$
\begin{aligned}
&|h(y) - h(z)| \leqslant c' \|x - z\| \\
&\Rightarrow \|x - z\|_{\infty} \Rightarrow \|y - z\|_{\infty} \propto \|G - G_{\mathrm{ESO}}\|_{\infty}
\end{aligned}
\tag{3.4.11}
$$

在不考虑控制量 u 修正的条件下，ESO 对系统状态的传递函数如式(3.4.12)所示：

$$
G_{\mathrm{ESO}} = \frac{\hat{f}_{\mathrm{EX}}(z)}{y} = \frac{\beta_3}{s^3 + \beta_1 s^2 + \beta_2 s + \beta_3}
\tag{3.4.12}
$$

推论 3.4.5 提高 ESO 品质推论。

在观测器维数确定的情况下，按照汉克尔(Hankel)算子规则选取的观测器能量特性参数具有对控制对象最佳的观测效果。

说明：由 Hankel 算子[16]定义(奇异值)得到，在观测器阶数相同的情况下，Hankel 算子具有对对象能量特性最佳的逼近性能，如式(3.4.13)所示：

$$
\|G - G_{\mathrm{ESO}}\|_{\infty} \geqslant \|G - G_{\mathrm{ESO(Hankel)}}\|_{\infty}
\tag{3.4.13}
$$

由式(3.4.12)可以发现，观测器的极点配置直接影响扩张状态的观测精度。采用式(3.4.14)的方式定义观测器参数：

$$
G_{\mathrm{ESO}} = \frac{\beta_3}{s^3 + \beta_1 s^2 + \beta_2 s + \beta_3} = \frac{\omega_o^3}{(s + \omega_o)^3}
\tag{3.4.14}
$$

以 ω_o 作为观测器带宽参数，ω_o 数值越大表明系统观测的带宽越宽，通过实验，表现出参数设置简便、控制动态效果良好等特点。但是，此类设置方法对系统的频率跟踪点只有一个 ω_o 作为转折频率，同时满足系统存在临界极点、快速响应要求、鲁棒特性等综合要求存在一定的困难。在控制系统设计中，容易造成放大噪声，增加系统对控制量摄动、扰动的灵敏度。

由推论 3.4.5 可知，按照 Hankel 算子的思想选取 ESO 参数可以提高观测精度。该思想反映为 ESO 对系统频率特性的跟踪特性。常用的二阶 ESO 存在三个自由参数，可以分解为式(3.4.15)的形式，继而按照低频段、通频段、高频段设计观测器参数。

$$
G_{\mathrm{ESO}} = \frac{\beta_3}{s^3 + \beta_1 s^2 + \beta_2 s + \beta_3} = \frac{\omega_1 \omega_2 \omega_3}{(s + \omega_1)(s + \omega_2)(s + \omega_3)}
\tag{3.4.15}
$$

下面给出基于 Hankel 算子的 ESO 参数选择准则(extended state observer

parameters selection guidelines by Hankel operator, ESGH)。由于自抗扰控制的核心思想分为扩张状态观测、补偿与预期动力学特性实现两部分，预期动力学特性选取在远高于系统原有动力学特性和与原有预期动力学特性相近或低于原有动力学特性时，ESO 观测的对象有较大的区别。因此，本节按照预期动力学特性选取不同分类给出 ESO 参数选取的准则。

(1)预期动力学特性相近或低于原有动力学特性条件下观测器参数选取准则。

低频段设计：由 Hankel 算子理论可以得到，在系统频率响应中：低频转折点所代表的能量模态对系统的特性有着根本性的影响。设计参数 ω_1 与被控对象开环频率特性的最低频转折频率相近。

高频段设计：为保证观测器有足够的响应速度观测系统动态与低通滤波器的实现，设计参数 ω_3 为系统预期动态特性方程转折频率的 $1 \sim 3$ 倍。

通频段设计：可以直接选取参数 ω_2 为被控对象穿越频率。

(2)预期动力学特性高于原有动力学特性条件下观测器参数选取准则。

低频段设计：观测器参数 ω_1 选取与准则(1)相同。

高频段设计：由于系统预期动力学特性设计改变了原有控制系统的动态特性，观测器需要观测实现预期动力学特性后系统的特性，如式(3.4.16)所示：

$$\left\| G - G_{\mathrm{ESO}} \right\|_\infty \rightarrow \left\| G_{\mathrm{DDE}} - G_{\mathrm{ESO}} \right\|_\infty \tag{3.4.16}$$

为保证观测器有足够的响应速度观测实现预期动力学特性系统动态与低通滤波器的实现，设计参数 ω_3 为系统预期动态特性方程转折频率的 $3 \sim 12$ 倍。

通频段设计：观测器参数 ω_2 选取与准则(1)相同。

注释 3.4.1　一般系统特性为欠阻尼，在低频段存在共轭复根。所以，通频段参数 ω_2 一般选取为 ω_1 的共轭，共同提高对系统主要能量模态的观测精度。

注释 3.4.2　在被控对象低频转折频率点模–30%～30%范围内，观测精度即 $\left\| G - G_{\mathrm{ESO}} \right\|_\infty$ 变化范围在–5%～5%均可实现对系统能量模态的观测。因此，选取此区间为 ESO 参数选取范围。

3.4.2　自抗扰控制通用鲁棒评价框架

传统自抗扰控制从计算实验角度出发进行控制器的设计。针对参数摄动与不确定性，自抗扰控制具有性能鲁棒性。但是对于经典的控制器鲁棒稳定问题(扰动灵敏度、加性摄动鲁棒稳定、乘性摄动鲁棒稳定)与实际工程问题，对自抗扰控制鲁棒性的定量评价尚待展开；针对控制系统特定的摄动要求，如何得到满足要求的自抗扰控制器，是一个值得讨论的问题。本节通过前面推导的自抗扰控制等价变换与推论，利用鲁棒控制的经典理论，得到鲁棒意义下的自抗扰控制分析、设计通用框架，继而得到 H_∞ 指标的定量评价，为控制器的设计提供了有力的稳定性支持。本节的工作为自抗扰控制的参数整定以及理论研究进行积极的探索，提出自抗扰控制鲁棒稳定性条件；以及推导得到扰动灵敏度、加性摄动鲁棒稳定、乘性摄动鲁棒稳定的判据。

经典鲁棒控制设计针对系统不同的不确定性与扰动，通过矩阵增广将系统扩充为多输入多输出(multiple-input and multiple-output, MIMO)系统，设计鲁棒控制器 $K(s)$ 使系统鲁棒稳定，如图 3.4.4 所示。其中，$P(s)$ 为标称系统；$K(s)$ 为控制器；y_r 为参考输入；y 为系统输出；u 为控制输出；e 为跟踪误差；d 为外部扰动；$\Delta A(s)$ 为加性摄动；$\Delta M(s)$ 为乘性摄动。

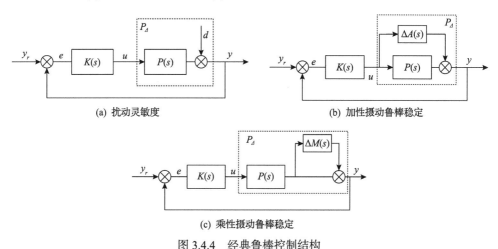

(a) 扰动灵敏度　　　　　　　　　　　(b) 加性摄动鲁棒稳定

(c) 乘性摄动鲁棒稳定

图 3.4.4　经典鲁棒控制结构

首先介绍经典的鲁棒控制问题。

(1)扰动灵敏度问题：鲁棒控制设计目标为 $K(s)$ 镇定 $P(s)$，使得外界扰动对系统的影响最小，如图 3.4.4(a)所示。

扰动灵敏度函数：

$$S = (I + P(s)K(s))^{-1} \tag{3.4.17}$$

$$\min \|W_1 S\|_\infty \ \text{或} \ \|W_1 S\|_\infty < 1 \tag{3.4.18}$$

频率控制设计目标：

$$|\sigma(S(\mathrm{i}\omega))| < 1/|W_1(\mathrm{i}\omega)| \tag{3.4.19}$$

(2)加性摄动鲁棒稳定问题(鲁棒镇定问题)：鲁棒控制设计目标为 $K(s)$ 镇定 $P(s)$，使得控制器对加性摄动或控制量扰动的影响最小，如图 3.4.4(b)所示。

加性摄动(控制量摄动)函数:

$$R = K(s)S \tag{3.4.20}$$

$$\min \|W_2 R\|_\infty \text{ 或 } \|W_2 R\|_\infty < 1 \tag{3.4.21}$$

频率控制设计目标:

$$\left|\bar{\sigma}(R(\mathrm{i}\omega))\right| < 1/\left|W_2(\mathrm{i}\omega)\right| \tag{3.4.22}$$

权值函数说明:

$$\left|\bar{\sigma}(\Delta A(\mathrm{i}\omega))\right| < \left|W_2(\mathrm{i}\omega)\right| \tag{3.4.23}$$

(3)乘性摄动鲁棒稳定问题(鲁棒镇定问题):鲁棒控制设计目标,$K(s)$ 镇定 $P(s)$,使得控制器对高频摄动与乘性摄动的影响最小,如图 3.4.4(c)所示。

补灵敏度函数:

$$T = P(s)K(s)(I + P(s)K(s))^{-1} = I - S \tag{3.4.24}$$

$$\min \|W_3 T\|_\infty \text{ 或 } \|W_3 T\|_\infty < 1 \tag{3.4.25}$$

频率控制设计目标:

$$\left|\bar{\sigma}(T(\mathrm{i}\omega))\right| < 1/\left|W_3(\mathrm{i}\omega)\right| \tag{3.4.26}$$

权值函数说明:

$$\left|\bar{\sigma}(\Delta M(\mathrm{i}\omega))\right| < \left|W_3(\mathrm{i}\omega)\right| \tag{3.4.27}$$

由式(3.4.6)和式(3.4.7),结合推论 3.4.3 可知,扰动、摄动条件下的鲁棒稳定性由反馈控制器 K_{ADRC} 决定。由以上结论定义的线性自抗扰控制的扰动灵敏度问题、加性摄动鲁棒稳定问题、乘性摄动鲁棒稳定问题的综合鲁棒指标函数,构成增广结构表达式,即鲁棒意义下自抗扰控制框架,如式(3.4.28)所示:

$$T_{zw} = \begin{Vmatrix} W_1 S \\ W_2 R \\ W_3 T \end{Vmatrix}_\infty = \begin{Vmatrix} W_1(I + PK_{\mathrm{ADRC}})^{-1} \\ W_2 K_{\mathrm{ADRC}}(I + PK_{\mathrm{ADRC}})^{-1} \\ W_3 PK_{\mathrm{ADRC}}(I + PK_{\mathrm{ADRC}})^{-1} \end{Vmatrix}_\infty = J_\infty \tag{3.4.28}$$

其次,将综合鲁棒控制指标进行线性分式变换,构造鲁棒控制经典求解结构:

$$T_{zw} = \begin{bmatrix} W_1(I+PK_{ADRC})^{-1} \\ W_2 K_{ADRC}(I+PK_{ADRC})^{-1} \\ W_3 PK_{ADRC}(I+PK_{ADRC})^{-1} \end{bmatrix} = \begin{bmatrix} W_1(I-PK_{ADRC}(I-(-P)K_{ADRC})^{-1}) \\ W_2(K_{ADRC}(I-(-P)K_{ADRC})^{-1}) \\ W_3(PK_{ADRC}(I-(-P)K_{ADRC})^{-1}) \end{bmatrix}$$

(3.4.29)

$$= \begin{bmatrix} W_1 \\ 0 \\ 0 \end{bmatrix} + \begin{bmatrix} W_1(-P) \\ W_2 \\ -W_3(-P) \end{bmatrix} K_{ADRC}(I-(-P)K_{ADRC})^{-1}I$$

$$G = \begin{bmatrix} G_{11} & G_{12} \\ G_{12} & G_{22} \end{bmatrix} = \begin{bmatrix} W_1 & W_1(-P) \\ 0 & W_2 \\ 0 & W_3 P \\ I & P \end{bmatrix}$$

(3.4.30)

最后，结合式(3.4.6)和式(3.4.7)，推导鲁棒意义下线性自抗扰控制结构框架，如图3.4.5所示。根据鲁棒控制的经典理论的解法得到特定形式的控制解或鲁棒性评价。因此，得到系统鲁棒稳定裕度的J_∞的定量量测值，如式(3.4.28)所示，若$J_\infty<1$，则系统鲁棒稳定。

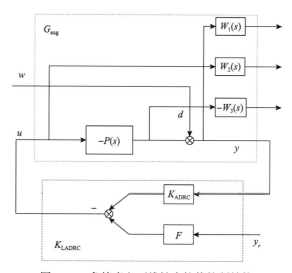

图3.4.5 鲁棒意义下线性自抗扰控制结构

3.4.3 基于回路成形理论控制器频率特性优化设计

状态补偿控制实现了鲁棒特性与控制预期的结合。由3.4.2节得到自抗扰控制的鲁棒稳定性判据。针对自抗扰控制与TC在特定系统设计中鲁棒稳定特性与系统动态性能同时满足要求的问题，运用回路成形思想，分别提出自抗扰频率补偿设计方法和 TC 频率补偿设计方法。两种方法通过对控制对象的频率补偿,提高了非线性主动状态补偿控制频率响应特性,从而实现控制预期。

经典回路成形方法设计步骤如下。

(1)根据系统要求的频率特性,选取期望回路形状,通过补偿函数构成期望回路。

(2)根据经典鲁棒控制互质分解方法,设计对期望回路的鲁棒控制器,最后合成期望回路补偿函数构造新控制器。

回路成形方法优点:参考了系统的频率设计方法,在工程中得到优良的频率指标,如图 3.4.6 所示。但是经典回路成形方法控制器待整定参数多,参数整定难度大。

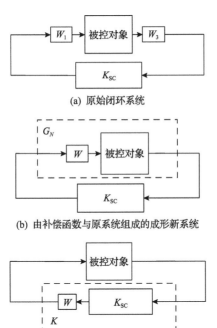

(a) 原始闭环系统

(b) 由补偿函数与原系统组成的成形新系统

(c) 成形状态补偿控制器与被控对象组成的闭环系统

图 3.4.6　状态补偿控制设计流程

汲取回路成形设计思想,通过权值补偿函数组合预补偿器的方法,可以大幅提高系统的频率特性。状态补偿控制回路成形设计的步骤如下所示。

(1)权值函数(超前、滞后补偿函数)对系统的频率特性进行补偿,使得系统奇异值达到设计期望的开环频率特性。由此构成由补偿函数与原系统(图 3.4.6(a))组成的成形新系统如图 3.4.6(b)所示。

(2)综合设计鲁棒稳定、动态特性良好的状态补偿控制器。

(3)组合完成设计的控制器与补偿器,形成新的成形状态补偿控制器如

图 3.4.6(c)所示。其中有

$$K = W_1 K_{SC} W_3 \qquad (3.4.31)$$

其中，$W = W_1 W_3$ 定义为控制系统预补偿器。

1. 输出反馈状态补偿控制的频率优化设计(简记为 AAFC)

结合前面讨论，基于回路成形的方法通过预补偿器对控制对象进行了频率成形约束，继而针对成形后的对象进行经典设计，最后得到控制量 u，如式(3.4.32)和图 3.4.7 所示。图中 u_1 为经典线性自抗扰控制器的输出，如式(3.4.33)和式(3.4.34)所示。

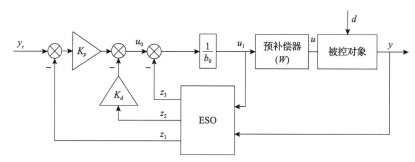

图 3.4.7　自抗扰控制预补偿器结构

$$u = Wu_1 \qquad (3.4.32)$$

$$u_1 = \frac{1}{b_0} \Big[K_p(y_r - z_1) - K_d z_2 - z_3 \Big] \qquad (3.4.33)$$

$$\begin{aligned} \dot{z}_1 &= z_2 + \beta_1(y - z_1) \\ \dot{z}_2 &= z_3 + \beta_2(y - z_1) + b_0 u \\ \dot{z}_3 &= \beta_3(y - z_1) \end{aligned} \qquad (3.4.34)$$

2. 相对阶状态反馈状态补偿控制频率优化设计(简记为 TAFC)

同理可得，通过预补偿器对控制对象进行了频率成形约束后进行经典 TC 设计，最后得到 TC 控制律 u，如式(3.4.35)和图 3.4.8 所示。

$$u = Wu_1 \qquad (3.4.35)$$

TC 输出(u_1)为

$$u_1 = \frac{1}{b_0} \Big[-h_0(z_1 - y_r) - h_1 z_2 - \hat{f}_{EX} \Big] \qquad (3.4.36)$$

$$\hat{f}_{EX} = \xi + k_0(z_1 - y_r) + k_1 z_2 \qquad (3.4.37)$$

$$\dot{\xi} = -k_1\xi - k_1[k_0(z_1 - y_r) + k_1z_2] - k_0z_2 - k_1u \tag{3.4.38}$$

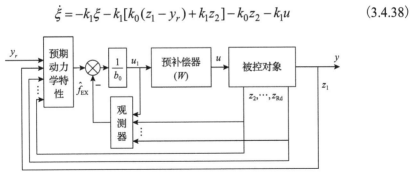

图 3.4.8　TC 预补偿器结构

3.4.4　控制系统动态特性的定量评价

1. 控制系统动态特性的 H_2 范数定量评价

在实际工程中，常用误差 $e(t)$ 的组合泛函的积分值大小来表示控制系统品质的优劣，称之为误差泛函评价指标，常见的有如下几种：

$$J(\mathrm{IE}) = \int_0^\infty e(t)\mathrm{d}t, \quad J(\mathrm{ITAE}) = \int_0^\infty t|e(t)|\mathrm{d}t, \quad J(\mathrm{IAE}) = \int_0^\infty |e(t)|\mathrm{d}t$$

$$J(\mathrm{ISE}) = \int_0^\infty e^2(t)\mathrm{d}t, \quad J(\mathrm{ISTE}) = \int_0^\infty te^2(t)\mathrm{d}t, \quad J(\mathrm{IST^2E}) = \int_0^\infty t^2e^2(t)\mathrm{d}t$$

$$J(\mathrm{IT^2AE}) = \int_0^\infty t^2|e(t)|\mathrm{d}t$$

其核心思想是通过对误差信号的时间加权积分，实现对系统动态过程性能的定量评价。其中 ITAE 指标是使用最广泛的系统动态指标衡量参数。但是，此类指标没有考虑控制量即控制代价这一指标，在具有限幅限速特性的系统中，此类指标无法有效地衡量系统动态特性。

那么有必要对控制系统动态特性选取兼顾系统动态特性与控制代价的衡量方法。借鉴线性二次型调节器(linear quadratic regulator, LQR)和线性二次高斯(linear quadratic Gaussian, LQG)控制方法，推荐选取 H_2 范数指标作为衡量控制系统动态特性的指标。

H_2 范数以功率谱的形式反映了系统在白噪声激励下输出的总能量，可以直观地反映出系统输入输出的动态响应，以及完成控制预期的能量代价。经典的 H_2 控制问题如 LQR、LQG，通过求解 Raccati 方程得到 H_2 范数最优状态反馈解，配置控制系统极点，从而保证系统动态特性最优。但是，一般的 H_2 控制需要系统全部状态的反馈信息，在实际控制中难以实现。当系统极点发生摄动时，系统性能将受到较大的影响。

因此，借鉴 H_2 控制问题的定义，兼顾系统动态特性与控制代价指标得到 J_D 的定义，如式(3.4.39)所示：按照经典的状态补偿控制方法实现输出反馈控制或部分状态反馈控制，克服经典 H_2 控制需要全状态信息的约束。

$$J_D = J_2 = \sqrt{\int_0^\infty \left(\left\| e^{\mathrm{T}}(t)e(t) \right\| + \rho \left\| u^{\mathrm{T}}(t)u(t) \right\| \right) \mathrm{d}t} \tag{3.4.39}$$

其中，ρ 为控制代价权值函数。

2. H_2/H_∞ 范数混合指标定义

H_2/H_∞ 指标分别反映了系统的动态特性和鲁棒性能，若将 H_2/H_∞ 指标综合进行控制系统的设计与评价，可以得到满足综合动态特性和鲁棒性能的优化控制器以及合理评价。因此，由式(3.4.28)和式(3.4.39)得到兼顾系统动态特性与稳定裕度的 H_2/H_∞ 范数混合指标，如式(3.4.40)和式(3.4.41)所示：

$$J_{\mathrm{mix}} = \min(W_B J_2 + J_\infty) \tag{3.4.40}$$

$$J_\infty = \max_\omega \delta_{\max}(G_{\mathrm{aug}}(\mathrm{i}\omega)) \tag{3.4.41}$$

其中，W_B 为归一化权值函数。

说明：控制系统鲁棒稳定，必存在 $J_\infty < 1$，但是 H_2 指标 J_2 的范围变化大，数量级为 J_∞ 的数倍。所以对 J_2 进行归一化处理非常重要。选取满足控制要求的最差(大) J_2 指标作为归一化函数，实现综合指标的归一化。

3. H_2/H_∞ 混合指标预期动态特性的选取

预期动态特性方程的选取决定了(精确、近似)反馈线性化系统的主导极点的分布，确定了系统的动态、频率、鲁棒等特性，具有重要意义。在这里选取的闭环预期特性方程如式(3.4.42)所示：

$$G_{\mathrm{DDE}} = \frac{a^n}{(s+a)^n} \tag{3.4.42}$$

按 3.4.4 节第 2 部分论述的兼顾系统动态特性与稳定裕度的 H_2/H_∞ 范数混合指标式(3.4.40)，选取系统预期动力学特性方程，如式(3.4.43)所示：

$$J_{\mathrm{DDE}_{\mathrm{mix}}} = \min(W_B J_2 + J_\infty) \tag{3.4.43}$$

系统预期动态特性如图 3.4.9 所示。

选取如式(3.4.42)所示形式的预期特性原因如下：

(1)选取的预期特性的阻尼比为 1，因此在控制系统的动态响应中无超调量。

(2)式(3.4.42)表示的方程的衰减频宽物理意义明显。

(3)式(3.4.42)表示的方程可以实现控制预期的次优解。

根据不同系统的频率、鲁棒特性要求,选取三类典型灵敏度-乘性摄动权值函数与控制代价全函数。在不同的控制代价权值函数约束下,系统预期动力学特性最优参数选取有一定的差异,根据具体的控制要求进行合理选择。

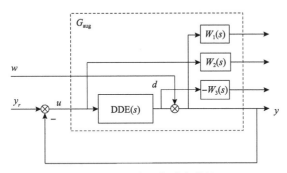

图 3.4.9 系统预期动态特性

3.4.5 "分析—设计—优化—评价"非线性主动状态补偿控制方法设计流程

通过 3.4.1～3.4.4 节内容的分析、总结,将其贯穿为一套"分析—设计—优化—评价"的非线性主动状态补偿控制设计方法,如图 3.4.10 所示。控制器设计从对系统传感器的个数、系统频率特性的分析出发;继而根据系统频率特性在鲁棒综合框架下设计典型主动补偿控制器以及提高系统频率特性的控制器;采用遗传算法进行控制系统全局优化;以定量、定性指标完成对控制系统合理评价的完整的主动状态补偿控制器设计过程。

运用"分析—设计—优化—评价"设计流程进行非线性主动状态补偿控制设计的意义、目的如下。

(1)状态补偿控制方法是完整流程并通用的方法。

提出适用于非线性、不确定系统的完整的控制器设计方法,通过该方法提供的设计流程、准则、定理、推论可以直接得到理论严谨、控制性能良好、鲁棒裕度大的控制器设计,而且该方法具有很强的通用性,适用于各类常见系统的控制器设计。

(2)在鲁棒控制理论下达到控制器设计的目的。

状态补偿控制具有性能鲁棒性,将状态补偿控制的设计从原有实验方法转变为利用鲁棒控制理论分析其鲁棒稳定性,并得到定量的鲁棒稳定裕度参数有理论意义。工业过程对控制要求一般是复杂的、多目标的,其本身的摄动、不确定性、扰动是多样的。所以将扰动灵敏度、加性摄动、乘性摄动这三类典型的鲁棒控制问题放在统一的框架下进行统一的度量、设计,明确了状态补偿控制的鲁棒稳定

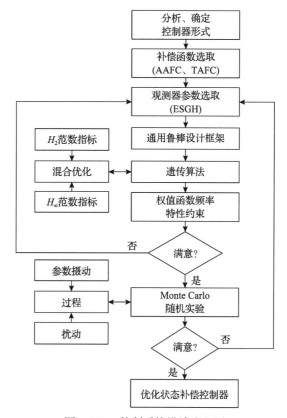

图 3.4.10　控制系统设计流程图

裕度,为特定条件下控制的设计方法提供了思路。

(3)兼顾时域、频率,提高系统控制品质设计。

状态补偿控制方法兼顾时域、频率特性,并且引入频率补偿函数,不仅提高了控制器频率响应的性能,而且增加了系统的鲁棒稳定裕度,拓展了状态补偿控制方法的适用范围。

(4)遗传算法优化对难以求解的问题提供了控制参数的参考。

状态补偿控制(特别是自抗扰控制)存在参数的规律性不明显,鲁棒约束条件下的控制器参数选取与鲁棒性能指标要求没有简单、线性的关系。由 3.4.1～3.4.4 节可知,非线性主动状态补偿控制由扩张状态补偿与预期动力学特性实现两部分组成。虽然 3.4.1 节分析了独立的 ESO 参数选取的方法,但是在一般状态下扩张状态反馈无法完全实现反馈线性化。由此产生了如下几类问题:如何在控制对象欠阻尼状态下选取适合预期动力学特性要求的最优阻尼?在系统的预期动力学特性确定的范围内,如何得到准则范围内 ESO 的最优高频参数?如何在预期动力学特性参数、稳定性参数、观测器参数相互耦合的情况下实现控制系统最优的配合?

选用具有全局优化能力的遗传算法进行控制器参数的优化，直接针对鲁棒稳定目标与动态响应目标进行控制器参数的优化，避免了直接求解控制器的运算困难，为控制器的工程实现，提供了先验方法。

（5）采用 Monte Carlo 实验方法实现定性评价，采用 H_∞ / H_2 方法实现定量评价。

通过鲁棒综合设计方法得到定量评价系统稳定裕度，保证了系统的稳定性。采用 Monte Carlo 随机实验方法通过特征点的散布程度，定性表明了系统在参数摄动条件下的性能鲁棒性，通过统一的概率鲁棒评价方法将定性实验定量化，更加直观地反映出系统的性能鲁棒性。

3.4.6　小结

本节详细阐述了基于"输入-输出"反馈-自抗扰控制方法与基于状态反馈-TC方法的两种非线性主动状态补偿控制的经典设计方法。针对该方法存在的问题、理论上的欠缺，首先给出了自抗扰控制误差收敛有界的证明；其次，依据证明的推导，得到提高 ESO 精度的参数选取准则（ESGH）；再次，提出自抗扰控制分析、设计通用鲁棒性评价框架；继而，在通用框架的基础上，探索了提高非线性主动状态补偿控制频率特性及鲁棒稳定裕度的方法（AAFC、TAFC）；最终形成一套完整的"分析—设计—优化—评价"的控制器设计流程。

3.5　一类本质非线性环节的非线性主动状态补偿控制

本节针对一类本质非线性环节设计非线性主动状态补偿控制策略，首先介绍一类本质非线性环节的动态特性，提出几种适用的非线性主动状态补偿控制策略，最后通过仿真分析标称模型以及不确定性模型下的控制效果。

3.5.1　一类本质非线性环节

本质非线性指在特定点具有不连续、不可微、不光滑的特性。具有本质非线性环节特性的系统，不能通过反馈方法变化成线性系统。有些本质非线性环节（如继电特性）存在不稳定不可控的环节。常见的本质非线性环节包括继电特性、死区特性、饱和特性（限幅、限速）、摩擦特性、间隙特性、滞环特性、编码器特性七种，如图 3.5.1 所示（图中 $k = \dfrac{y}{x}$，是非线性环节的等效增益）。

1. 继电特性

继电器、接触器、可控硅等电气元件特性通常表现为继电特性，即开关特性。表现为切换点的增益突变。如图 3.5.1（a）所示，其传递函数如式（3.5.1）所示：

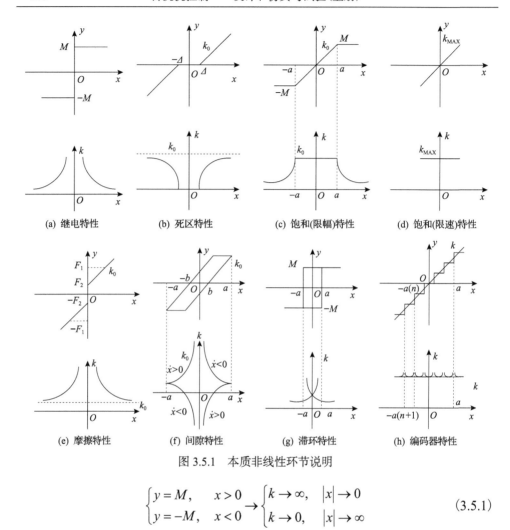

图 3.5.1 本质非线性环节说明

$$\begin{cases} y = M, & x > 0 \\ y = -M, & x < 0 \end{cases} \rightarrow \begin{cases} k \to \infty, & |x| \to 0 \\ k \to 0, & |x| \to \infty \end{cases} \tag{3.5.1}$$

2. 死区特性

死区特性一般由测量元件、放大元件以及执行机构的不灵敏区造成，在该区域会产生控制失效特征，如图 3.5.1(b)所示，传递函数如式(3.5.2)所示：

$$\begin{cases} k = 0, & |x| < \Delta \\ k \to k_0, & |x| > \Delta \end{cases} \tag{3.5.2}$$

3. 饱和特性(限幅、限速)

放大器及执行机构受电源电压或功率的限制，产生饱和现象，具体可分为幅度饱和与速度饱和特性。

幅度饱和特性限制了放大器输出的最大、最小值,如图 3.5.1(c)所示,传递函数如式(3.5.3)所示:

$$
\begin{cases}
k = k_0, & |x| < a \\
y = M, & x \geqslant a \\
y = -M, & x \leqslant -a
\end{cases}
\tag{3.5.3}
$$

速度饱和特性限制了放大器的变化最大值,如图 3.5.1(d)所示,传递函数如式(3.5.4)所示:

$$
\begin{cases}
k = k_0, & k < k_{\mathrm{MAX}} \\
k = k_{\mathrm{MAX}}, & k \geqslant k_{\mathrm{MAX}}
\end{cases}
\tag{3.5.4}
$$

4. 摩擦特性

摩擦特性是机械传动中普遍存在的非线性特性。摩擦一般表现为三种形式的组合,即静摩擦力 F_1、动摩擦力 F_2(定值)和黏性摩擦力。摩擦力与物体运动速度成正比,当运动在 0 附近微小变化时,静摩擦力与动摩擦力发生突变,等效增益变化剧烈,如图 3.5.1(e)所示,传递函数如式(3.5.5)所示:

$$
\begin{cases}
k = k_0, & |\dot{x}| \to \infty \\
k \to \infty, & |\dot{x}| \in (0 - \varepsilon, 0 + \varepsilon)
\end{cases}
\tag{3.5.5}
$$

5. 间隙特性

间隙特性是由齿轮、蜗轮轴系的加工及装配误差或磁滞效应产生的。以齿轮传动为例,一对啮合齿轮,当主动轮区中从动轮正向运行时,若主动轮改变方向,则需要运行两倍齿隙才可使从动齿轮反向运行,如图 3.5.1(f)所示,传递函数如式(3.5.6)所示:

$$
y = \begin{cases}
k_0(x - b), & \dot{x} > 0, x > -(a - 2b) \\
k_0(a - b), & \dot{x} < 0, x > -(a - 2b) \\
k_0(x + b), & \dot{x} < 0, x < -(a - 2b) \\
k_0(-a + b), & \dot{x} > 0, x < -(a - 2b)
\end{cases}
\tag{3.5.6}
$$

注:在主动轮改变方向的瞬时和从动轮由停止变为跟随主动轮转动的瞬时,等效增益曲线发生 $(-\infty, +\infty)$ 的跳变。

6. 滞环特性

滞环特性主要是由传动系统惯性引起的，系统特性与继电特性类似，可视为延时开关特性，如图 3.5.1(g) 所示，传递函数见式(3.5.7)：

$$\begin{cases} y = M, & \dot{x} < 0, x > -a \\ y = -M, & \dot{x} > 0, x < a \end{cases} \tag{3.5.7}$$

7. 编码器特性

编码器特性一般出现在 MAP 表或模拟-数字转换元件中，如图 3.5.1(h) 所示，传递函数表达式见式(3.5.8)：

$$\begin{cases} y = kx, & a(n-1) < x < a(n) \\ k \to \infty, & x \to a(n-1) \text{ 或 } x \to a(n) \end{cases} \tag{3.5.8}$$

3.5.2　本质非线性环节的非线性主动状态补偿控制

本质非线性环节不可微分、不连续的特点给控制系统的设计带来了一定的难度。针对本质非线性环节已有的控制方法主要分为动态逆方法与补偿控制方法。动态逆方法主要用于克服间隙特性的本质非线性环节中。文献[17]和[18]首先建立了间隙的逆模型，并提出了输出间隙的自适应间隙逆控制和最优控制方法，消除间隙非线性的影响。在此思路的基础上又衍生出基于模糊控制实现间隙特性的逆模型自适应模糊间隙补偿控制方法[19]、基于灰色预测理论的辨识算法[20]、基于神经网络的控制方法[21-23]等。补偿控制方法则是根据本质非线性环节的增益变化特点，将本质非线性环节的特点看成不确定性，继而针对不确定性设计鲁棒控制器，或者通过不确定性观测器解决这一问题。文献[24]运用和发展了 non-Lipschitz 连续输出反馈设计方法去解决具有不连续、不光滑输出，且不能镇定控制系统设计问题。文献[25]提出了局部状态反馈的自适应控制系统，通过辨识补偿本质非线性环节的影响。文献[26]提出了基于 μ 综合的控制思想，将本质非线性环节作为不确定环节处理，设计强鲁棒性控制系统，克服本质非线性环节。文献[27]通过补偿的思想设计了克服间隙特性的控制系统。

对以往的文献分析可以推知，补偿控制方法是克服本质非线性环节影响的一个有效途径，补偿方法可以避免由控制系统参数摄动造成控制品质下降的特点。由 3.4 节得到，主动状态补偿控制通过 ESO 对本质非线性环节的观测与补偿作用可以有效地减小本质非线性环节的非连续变增益特性影响。控制器对本质非线性环节具有一定的免疫能力。对于即使存在本质非线性环节的控制系统仍然可以按照 3.4 节中"分析—设计—优化—评价"的设计流程进行控制器的设计。下面就针对自抗扰控制与 TC 分别分析说明其克服本质非线性环节的原因,并进行仿真验证。

(1)自抗扰控制的扩张状态的物理意义为状态观测器无法观测到系统状态的积分。本质非线性环节的存在,使得具有连续积分观测性能的观测器无法精确观测。但是,控制律通过加权积分运算,柔化并对本质非线性信号积分并反馈,从而降低本质非线性环节的影响。由推论 3.4.1 可知,在完成对带有本质非线性特点的函数观测、反馈后,系统可以克服本质非线性环节的影响,实现控制预期。

(2)TC 的扩张状态通过对系统相对阶导数与低通滤波函数 $\dfrac{K}{s+K}$ 的积分得到。低通滤波函数可以有效降低本质非线性环节的峰值影响,实现柔化本质非线性环节的作用,基于扩张状态的准确反馈实现了对本质非线性环节的抑制。而直接采用系统相对阶导数信息的反馈方式,比利用观测器观测系统状态取到更好的控制效果。

下面给出不同控制方法在本质非线性环节影响下的对比实验。目的是检验在参数摄动条件下由于本质非线性环节的影响,系统动态特性下降的影响。

不失一般性,选取具有通用特性的非线性控制对象方程,如式(3.5.9)所示:

$$\begin{cases} \dot{x}_1 = x_2 \\ \dot{x}_2 = -(\alpha x_1 + \beta x_2 + r_1 x_1 x_2 + r_2 x_1^2 + r_3 x_2^2) + g(u) \end{cases} \tag{3.5.9}$$

其中,α、β、$r_i(i=1,2,3)$ 为系统参数;$g(u)$ 为控制量函数,在这里特指为具有 3.5.1 节表述的八类本质非线性环节的系统。

选取 TC、ADRC、EFL、PID 控制方法针对式(3.5.9)所示系统进行控制器对比实验,并且以概率鲁棒方法评价控制系统在参数摄动条件下具有本质非线性环节控制系统的性能鲁棒性。

应用概率鲁棒评价方法对参数摄动条件下系统满足设计指标要求的概率指标作为评价指标,评价控制方法在本质非线性环节与参数摄动影响下的性能鲁棒性,Monte Carlo 实验仿真次数为 1000 次。预期动力学特性参数选取如式(3.5.10)所示:

$$G_{\text{DDE}} = \frac{1}{s^2 + 2s + 1} \tag{3.5.10}$$

参数 $\alpha=10, \beta=10, r=1$,摄动范围为 $\pm20\%$。阶跃响应指标为:响应时间为 10.5s,超调量 $<10\%$。正弦响应指标为:与预期动力学特性响应误差 ITAE <0.75,

最大峰值<10%。控制器参数如表 3.5.1 所示。

表 3.5.1　控制器参数

控制器	TC	ADRC	EFL	PID
参数	$K=100$ $h_0=1$ $h_1=2$	$\beta_1=60$ $\beta_2=380$ $\beta_3=52860$ $b_0=5$	$h_0=1$ $h_1=2$	$k_p=1$ $k_i=5$ $k_d=0.5$

1. 标称系统响应

在标称参数条件下，TC、ADRC、EFL、PID 控制的动态响应与控制量相似，如图 3.5.2 所示。但是由于控制器自身品质结构不同，在参数摄动条件下具有不同的性能鲁棒性。通过 3.4 节提到的概率鲁棒评价方法得到 TC、ADRC、EFL、PID 四种控制方法满足控制要求的概率如下：TC 满足指标要求的概率为100%；ADRC 满足指标要求的概率为100%；EFL 满足指标要求的概率为68.4%；PID 满足指标要求的概率为64.9%。

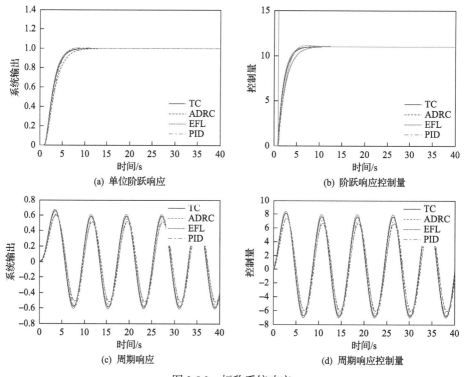

图 3.5.2　标称系统响应

从仿真结果可以看出，在参数摄动条件下，采用状态补偿控制方法设计的控制系统具有良好的性能鲁棒性。

2. 继电特性系统响应

继电特性由于在横轴为 0 处产生的增益剧增的跳变特性，EFL 无法对模型所产生的本质非线性环节的跳变特性求逆，实现精确反馈，因此无法继续跟踪控制预期。PID 控制在横轴为 0 处附近产生的增益突变使得控制器的微分特性失效，而积分特性造成跟踪速率下降，因此 PID 控制方法也无法克服控制系统中继电特性的影响，如图 3.5.3 所示。由图 3.5.3(b) 可知，在继电特性跳变过程中，TC、ADRC 时跟踪了跳变信号，其中 TC 直接从系统的动态特性中反馈跳变信号，直接反映在扩张状态的反馈中；ADRC 通过观测器稍慢得到突变信号，但是两种方法均实现了控制预期。通过概率鲁棒评价方法得到 TC、ADRC、EFL、PID 四种控制方法在参数摄动条件下满足控制要求的概率如下：TC 满足指标要求的概率为 92.3%；ADRC 满足指标要求的概率为 88.6%；EFL 满足指标要求的概率为 0%；PID 满足指标要求的概率为 0%。

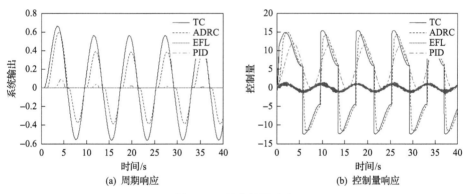

图 3.5.3 继电特性响应

3. 死区特性系统响应

由于死区特性的产生，EFL 无法对模型所产生的本质非线性环节的 0 附近增益趋于 0 的特性求逆，实现精确反馈，因此无法跟踪控制预期。TC、ADRC 在死区特性出现时，通过带有积分特性扩张状态的估计对 0 附近的增益特性进行了控制量的补偿。ADRC 在死区区间发生了控制量的跳变，用来直接克服死区特性的影响。而 TC 由于直接反馈相对阶信息的特点，控制量更加平顺，如图 3.5.4 所示。

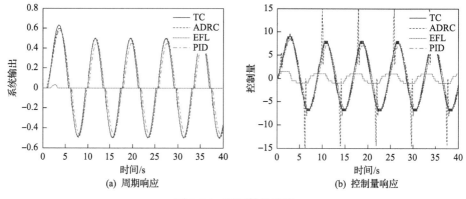

图 3.5.4　死区特性响应

通过概率鲁棒评价方法得到 TC、ADRC、EFL、PID 四种控制方法在参数摄动条件下满足控制要求的概率如下：TC 满足指标要求的概率为99.6%；ADRC 满足指标要求的概率为100%；EFL 满足指标要求的概率为0%；PID 满足指标要求的概率为48.4%。

4. 饱和特性系统响应

1)限幅特性

由图 3.5.2(b)可知，满足系统预期的控制量稳定值为 11，若选取控制量限幅小于 11，会使控制系统产生静差，如图 3.5.5 所示。四种方法都无法满足设计要求，需要重新设计控制系统。

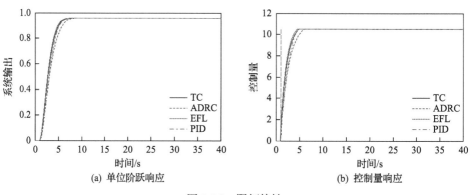

图 3.5.5　限幅特性

2)限速特性

与控制量限幅特性类似，若速度限制大于控制系统的响应速度，如图 3.5.6 所示。四种方法都无法满足设计要求，那么需要重新设计控制系统。

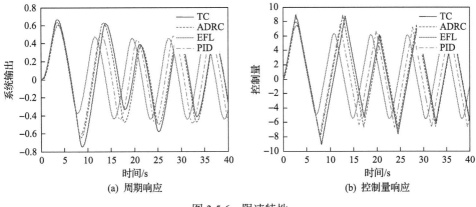

(a) 周期响应　　　　　　　　　　　　　(b) 控制量响应

图 3.5.6　限速特性

5. 控制量摩擦特性系统响应

受静摩擦到滑动摩擦的非线性特性的影响，EFL 无法反馈正确的系统精确模型，由此出现了明显的稳态误差，无法跟踪给定信号。PID 控制在摩擦转变的过程中，由于控制器自身的鲁棒性，克服了摩擦特性的影响，仍然保持了跟踪控制预期。TC、ADRC 仍然具有良好的控制效果，如图 3.5.7 所示。可以发现，在滑动摩擦与静摩擦转换的过程中，扩张状态跟踪不同摩擦力的切换，如图 3.5.7(b) 所示。通过概率鲁棒评价方法得到 TC、ADRC、EFL、PID 四种控制方法在参数摄动条件下满足控制要求的概率如下：TC 满足指标要求的概率为100%；ADRC 满足指标要求的概率为100%；EFL 满足指标要求的概率为0%；PID 满足指标要求的概率为64.8%。

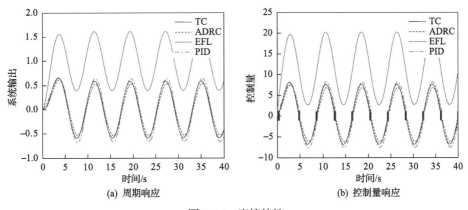

(a) 周期响应　　　　　　　　　　　　　(b) 控制量响应

图 3.5.7　摩擦特性

6. 间隙特性系统响应

间隙特性的物理意义是机械传动系统中运动部件之间存在的装配空隙导致的非线性位置误差。间隙特性的精确模型无法准确得到，因此产生了明显的稳态误差；而 PID 控制方法也产生了静差，即控制量的极限环特性。但是控制器参数中配置了较强的积分作用有利于减小误差，如图 3.5.8 所示。TC、ADRC 仍然具有良好的控制效果。通过概率鲁棒评价方法得到 TC、ADRC、EFL、PID 四种控制方法在参数摄动条件下满足控制要求的概率如下：TC 满足指标要求的概率为100%；ADRC 满足指标要求的概率为100%；EFL 满足指标要求的概率为0%；PID 满足指标要求的概率为48.4%。

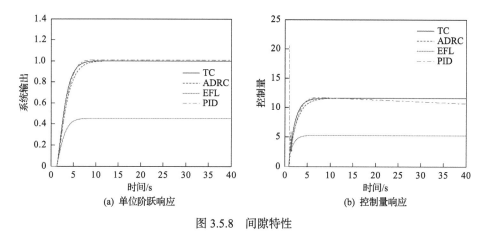

(a) 单位阶跃响应　　　　　　　　　(b) 控制量响应

图 3.5.8　间隙特性

7. 滞环特性系统响应

由于滞环特性的产生，EFL 反馈信号中产生了相位的延迟，按照系统精确模型设计的控制方法在控制信号的处理中产生相位的不确定变化，由此产生控制效果失稳的现象；而 PID 控制方法中滞环特性的延迟开关特性的影响，使控制量计算无法实现对控制预期的跟踪。TC、ADRC 仍然具有良好的控制效果，相位滞后的特性仍然为扩张状态补偿，如图 3.5.9 所示。通过概率鲁棒评价方法得到 TC、ADRC、EFL、PID 四种控制方法在参数摄动条件下满足控制要求的概率如下：TC 满足指标要求的概率为100%；ADRC 满足指标要求的概率为96.7%；EFL 满足指标要求的概率为0%；PID 满足指标要求的概率为0%。

8. 编码器特性系统响应

由于编码特性的作用，模型的反馈增益无法完全复现精确模型实现的反馈，系统的等效增益下降20%，由此，EFL 方法产生了20%稳态误差；PID、TC、ADRC 控制方法在控制量的计算上出现小振荡，但是仍然具有保持控制效果的特性，如图 3.5.10 所示。

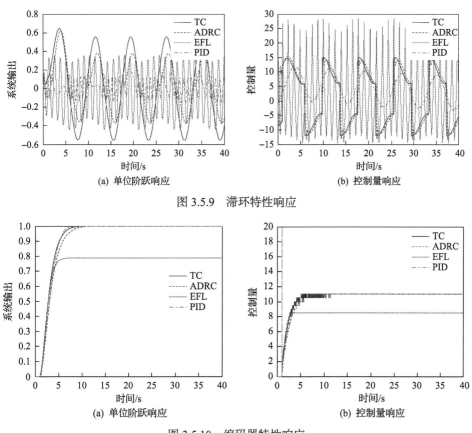

图 3.5.9　滞环特性响应

图 3.5.10　编码器特性响应

运用概率鲁棒评价方法得到 TC、ADRC、EFL、PID 四种控制方法在参数摄动条件下满足控制要求的概率如下：TC 满足指标要求的概率为100%；ADRC 满足指标要求的概率为100%；EFL 满足指标要求的概率为0%；PID 满足指标要求的概率为68.6%。

3.5.3　小结

TC、ADRC 方法通过本身状态补偿的特点克服了除饱和特性以外的常见本质非线性环节的影响，因此针对一般的非线性系统可以直接运用 3.4 节提出的控制器设计方法。设计得到的控制器具有对常见本质非线性环节的免疫能力，大大降低了控制器设计的难度。对具有饱和特性的系统，可以通过合理设计预期动力学特性加以克服。

3.6　基于输入成形的自抗扰控制

本节将从单变量对象出发，首先介绍线性自抗扰控制器结构，并对其参数稳定域及参数整定方法进行计算分析；然后对输入成形技术进行介绍，并在经典零振荡（zero vibration, ZV）输入成形技术的基础上提出一种改进的输入成形技术；最后将输入成形技术与自抗扰控制相结合，改善单变量控制系统的预期动态响应速度；另外，还将采用随机摄动实验对基于输入成形的自抗扰控制方法的性能鲁棒性进行评价。与此同时，本节工作也是改善多变量控制系统预期动态特性的基础。

3.6.1　输入成形技术简介

输入成形技术作为一种抑制振动的前馈控制方法，由脉冲序列与一定的期望输入相卷积，脉冲幅度和发生时间由被控系统的阻尼比和固有频率得到，所形成第一指令信号引起的系统振荡由第二指令信号引起的系统振荡抑制消除。该方法只能消除一段时间以后达到稳定的参考输入信号引起的系统振荡，而不能抑制像正弦信号这样的连续参考输入信号引起的系统振荡。

输入成形技术的发展在很大程度上归功于 O. J. M. Smith，该方法起初被命名为"posicast control"，是时滞滤波器最初的原型，但鲁棒性很差[28]。正是为了解决该方法对模型固有频率误差的鲁棒性差且不便工程应用的问题，经典的 ZV 输入成形方法才被提出来并迅速得到推广和应用[29]，同时输入成形技术在多模式系统、非线性系统及变参数系统上也得到了发展和应用。由于输入成形技术简单的结构易于实现，作为一种前馈控制策略已经成功应用于柔性起吊钢索控制[30,31]、挠性航天器[32,33]及远程操控机械臂[34]等实际系统。

输入成形技术作为一种抑制振动的前馈控制方法，在抑制残余振动方面得到了广泛的研究。20 世纪 50 年代末，Smith[35]通过对控制指令进行整形，提出了主动抑制残余振动的 posicast 控制策略。Singer 等[29]通过在时域里面将期望指令与脉冲序列进行卷积，提出了输入成形技术。相比 posicast 方法，Singer 等提出的方法更加简单易行，而且增强了输入成形器的鲁棒性。文献[36]～[38]提出了时间最优的输入成形器，使得输入成形器的延迟时间达到最短。

输入成形在抑制残余振动的同时，也可以提高系统的响应速度。本节将在经典 ZV 输入成形的技术基础上，提出一种改进的输入成形技术，并与自抗扰闭环控制系统相结合，既可解决输入成形技术对系统模型过度依赖的问题，也可改善系统动态响应的快速性。将基于输入成形技术的自抗扰控制方法应用到低阶系统、高阶系统、非最小相位系统、不稳定系统、含有积分环节系统中以检验其控制能力和动态响应控制效果。另外将通过概率鲁棒性原理检验和评价所设计控制方法的性能鲁棒性，所采用的 Monte Carlo 随机实验方法[39]只需简单重复的数值计算，不需要复杂的理论推导，在计算机高度发展的今天具有很强的可操作性[40]。

3.6.2　问题描述

自抗扰控制可以应用到很多实际系统中，包括单输入单输出、多输入多输出系统，非线性、时变系统以及模型不确定系统。然而，为了便于分析，假设被控对象为一类可以用传递函数描述的单变量系统：

$$\frac{y(s)}{u(s)} = G_p(s, p) \tag{3.6.1}$$

其中，p 表示模型参数；G_p 可以是低阶模型、高阶模型、不稳定模型、非最小相位模型以及含有积分环节模型等十分广泛的系统。

针对实际生产中常见的单输入单输出(single-input and single-output, SISO)过程，根据前馈补偿思想和自抗扰控制单位反馈闭环控制结构，设计出基于输入成形技术的自抗扰控制结构，用于改善闭环控制系统的动态响应速度。在仿真实验中，可以用概率论的方法检验自抗扰控制系统的性能鲁棒性，即在保持控制结构和控制器参数不变的前提下，令单变量模型参数 p 在一定范围内发生摄动，即 $p \in [0.8p_0, 1.2p_0]$，p_0 表示参数 p 的标称值，来研究闭环控制系统的稳定性和响应快速性。

3.6.3　自抗扰控制器结构

线性自抗扰控制器结构如图 3.6.1 所示。

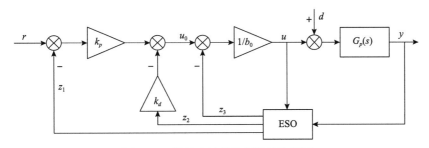

图 3.6.1　线性自抗扰控制器结构框图

在图 3.6.1 中，$G_p(s)$ 为被控对象，系统参考输入值 r 和系统外部扰动 d 是控制回路中的两个外部信号。ESO 用于实时估计外部扰动 d 和被控对象内部不确定性因素(如 $G_p(s)$ 的参数摄动)。控制信号 u 和系统输出 y 是 ESO 的两个输入量，z_1、z_2 和 z_3 分别是 ESO 的三个输出量。k_p、k_d 和 b_0 是自抗扰控制器的参数。

ESO 满足如下形式：

$$\begin{cases} \dot{z}_1 = z_2 + \beta_1(y - z_1) \\ \dot{z}_2 = z_3 + \beta_2(y - z_1) + b_0 u \\ \dot{z}_3 = \beta_3(y - z_1) \end{cases} \tag{3.6.2}$$

其中，β_1、β_2 和 β_3 是需要被整定的观测器参数。

由式(3.6.2)可知，ESO 的阶数为 3，被控系统可被近似为串联积分型二阶系统，故将图 3.6.1 所示的自抗扰控制器定义为二阶线性自抗扰控制器。

一般地，在自抗扰控制作用下，大多数工业系统 $y^{(n)} = F(x_1, \cdots, x_n, a_i) + bu + d$ 可被近似为一个二阶模型：

$$\ddot{y} = F(x_1, \cdots, x_n, a_i) + \ddot{y} - y^{(n)} + d + bu \tag{3.6.3}$$

即

$$\ddot{y} = f + b_0 u \tag{3.6.4}$$

其中，b 为被控对象 $G_p(s)$ 的增益；$F(x_1, \cdots, x_n, a_i)$ 表示系统的内部动态和外部扰动的综合特性，将被控对象的扩张状态定义为 $f = F(x_1, \cdots, x_n, a_i) + \ddot{y} - y^{(n)} + d + (b - b_0)u$，其数学表达式的具体形式是未知的。当式(3.6.2)所示的 ESO 被正确整定时，z_1、z_2 和 z_3 将分别跟踪 y、$\dot{y}$ 和 f。

由此，图 3.6.1 中所示的控制律 u_0 可以表示成

$$u_0 = k_p(r - z_1) - k_d z_2 \tag{3.6.5}$$

则自抗扰控制的控制信号为

$$u = (u_0 - z_3) / b_0 \tag{3.6.6}$$

将式(3.6.6)代入式(3.6.4)，当 ESO 能够被正确整定并实现 $z_3 = f$ 时，控制系统被转换成双积分串联环节：

$$\ddot{y} = f + (u_0 - z_3) \approx u_0 \qquad (3.6.7)$$

将式 (3.6.5) 代入式 (3.6.7)，即得到系统的闭环 DDE 为

$$\ddot{y} + k_d \dot{y} + k_p y = k_p r \qquad (3.6.8)$$

对式 (3.6.8) 进行 Laplace 变换，得到传递函数形式的闭环 DDE 为

$$G(s) = \frac{y(s)}{r(s)} = \frac{k_p}{s^2 + k_d s + k_p} \qquad (3.6.9)$$

接下来分析线性自抗扰控制器的稳定域。

设计控制器的最基本目标是实现系统稳定，本节将对自抗扰闭环控制系统的控制器参数稳定域进行分析，参数稳定域是指保证控制系统闭环稳定的所有自抗扰控制器参数的集合，这也将对参数整定具有指导意义。

1. 自抗扰控制器参数稳定域分析

根据图 3.6.1 所示的线性自抗扰控制器结构框图,可推导出自抗扰闭环控制系统的传递函数[41]：

$$G_{cl}(s) = \frac{G_p(s)k_p(s^3 + \beta_1 s^2 + \beta_2 s + \beta_3)}{b_0 P(s) + G_p(s)Q(s)} \qquad (3.6.10)$$

其中，$G_p(s)$ 为被控对象；$P(s) = s^3 + (\beta_1 + k_d)s^2 + (\beta_1 k_d + \beta_2 + k_p)s$；$Q(s) = (\beta_3 + \beta_2 k_d + \beta_1 k_p)s^2 + (\beta_3 k_d + \beta_2 k_p)s + \beta_3 k_p$。

利用频域带宽理论将自抗扰控制器参数个数简化为三个，即令

$$\begin{aligned}
s^3 + \beta_1 s^2 + \beta_2 s + \beta_3 &= (s + \omega_o)^3 \\
s^2 + k_d s + k_p &= (s + \omega_c)^2
\end{aligned} \qquad (3.6.11)$$

将参数 β_1、β_2 和 β_3 转换为 ESO 带宽 ω_o 的函数，k_p 和 k_d 转换为控制器带宽 ω_c 的函数，也可表示为

$$\begin{cases} k_p = \omega_c^2 \\ k_d = 2\omega_c \end{cases} \quad \text{且} \quad \begin{cases} \beta_1 = 3\omega_o \\ \beta_2 = 3\omega_o^2 \\ \beta_3 = \omega_o^3 \end{cases} \qquad (3.6.12)$$

此时式(3.6.10)仅剩下三个独立参数 b_0、ω_c 和 ω_o 需要整定。

考虑到自抗扰控制系统稳定的充分必要条件是闭环传递函数式(3.6.10)的极点全部位于 $[s]$ 平面的左半复平面,即闭环传递函数的极点全部具有负实部,且闭环极点越远离虚轴收敛越快,当共轭闭环极点位于虚轴上时,将产生等幅振荡,系统处于临界稳定状态。

下面将以串联型系统 $G_p(s)=1/(s+1)^3$ 为例,研究控制器参数 b_0、ω_c 和 ω_o 的变化对自抗扰闭环控制系统稳定域的影响情况。如图 3.6.2 所示,当在某组参数 b_0^*、ω_c^* 和 ω_o^* 的作用下,式(3.6.10)表示的闭环控制系统存在实部为正的闭环极点

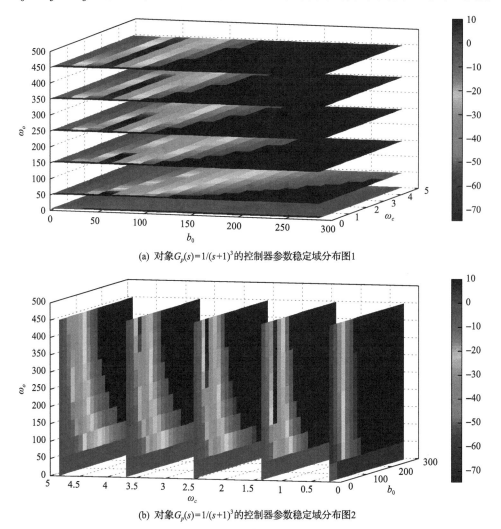

(a) 对象 $G_p(s)=1/(s+1)^3$ 的控制器参数稳定域分布图1

(b) 对象 $G_p(s)=1/(s+1)^3$ 的控制器参数稳定域分布图2

图 3.6.2   对象 $G_p(s)=1/(s+1)^3$ 的控制器参数稳定域分布图

时，系统处于不稳定状态，其在稳定域中的稳定状态用数值 10 表示；若在该组控制参数作用下，系统的全部闭环极点都具有非正的实部，系统处于临界稳定或渐近稳定状态时，其在稳定域中的稳定状态用距离虚轴最近的闭环极点的实部（非正数）乘以 100 表示。

显然，稳定域中稳定状态小于 0 的区域即为自抗扰闭环控制系统的参数稳定域，且状态数的绝对值越大（主导极点离虚轴越远）表示该区域的稳定性越强，收敛速度越快；稳定状态大于 0 的区域表示系统处于不稳定状态。

由图 3.6.2 得知，ESO 频带宽度 ω_o 决定控制器对外部扰动和不确定性估计和补偿的精度，随着 ω_o 的迅速增大，闭环控制系统的稳定域有减小的趋势，但稳定性能增强；由 ESO 结构式（3.6.2）可知，参数 b_0 也关系到 ESO 的估计补偿的精度，所以当 b_0 在一定范围内增大时稳定域也将随之增大，但考虑到控制器结构框图（图 3.6.1）和控制量式（3.6.6），参数 b_0 对控制器的增益补偿有至关重要的作用，当参数 b_0 取值过大时自抗扰控制作用将迅速减弱，这将使闭环系统处于不稳定状态。所以，参数 b_0 要在合适的范围内选取；控制器带宽 ω_c 决定了控制律式（3.6.5）的选取，由图 3.6.2 可以看出在参数 ω_o 和 b_0 选定的情况下，随着 ω_c 的增大，闭环控制系统的稳定性能变差。

2. 参数整定分析

由 ESO 的结构可知，参数 β_1、β_2 和 β_3 决定观测器对不确定性和外部扰动的观测精度，若仅依靠观测带宽 ω_o 来进行参数整定，当 ω_o 受到测量噪声或采样频率的限制时将难以获得较好的估计补偿效果。由图 3.6.2 可知，当 ω_o 取值很大时，虽然 ESO 的观测精度有所提高，但闭环系统的稳定域减小，使得选取合适的 b_0 变得很费力。为了使 ESO 在 ω_o 取值较小的情况下，仍可以获得很好的观测效果，对 ESO 的参数选择进行了如下改进：

$$\beta_1 = 3\omega_o, \quad \beta_2 = 3\omega_o^2, \quad \beta_3 = k\beta_2 \tag{3.6.13}$$

其中，k 是依据被控对象的特性来确定的。

由式（3.6.2）可知，自抗扰控制系统在 $z_3(s)$ 完全跟踪 $f(s)$ 的情况下能够获得式（3.6.8）的预期动态特性。$z_3(s)$ 和 $f(s)$ 之间的传递函数关系为

$$\frac{z_3(s)}{f(s)} = \frac{\beta_3}{s^3 + \beta_1 s^2 + \beta_2 s + \beta_3} \tag{3.6.14}$$

若 $z_3(s)$ 想要准确地跟踪估计 $f(s)$ 的值，则传递函数形式 $z_3(s)/f(s)$ 必须是稳定的。根据 Routh 判据，若满足 $\beta_i(i=1,2,3)>0$ 且

$$\beta_1\beta_2>\beta_3 \tag{3.6.15}$$

则 $z_3(s)/f(s)$ 是渐近稳定的。

当 ESO 的参数取 $\beta_1=3\omega_o$、$\beta_2=3\omega_o^2$ 和 $\beta_3=k\beta_2$ 时，为满足稳定性要求，k 的取值须满足 $k<3\omega_o$。因此：

(1)在满足稳定性的前提下，ω_o 的取值越大，$z_3(s)$ 跟踪估计 $f(s)$ 的响应速度越快；

(2)当 $k=\omega_o/3$ 时，$z_3(s)$ 可以无超调跟踪估计 $f(s)$ 的值，但响应快速性降低。

3.6.4 输入成形技术

输入成形[42,43]是指由脉冲序列，即输入成形器(input shaper)与一定的期望输入相卷积，所形成的新指令作为系统的实际输入，使系统在完成跟踪指令的同时使输出响应具有更快的动态响应特性。

1. ZV 输入成形技术

一般工业对象都可以用低阶系统来近似描述，考虑二阶线性系统结构如下：

$$G(s)=\frac{\omega_n^2}{s^2+2\zeta\omega_n s+\omega_n^2} \tag{3.6.16}$$

其中，ω_n 为系统的无阻尼自然频率；ζ 为系统的阻尼比。系统响应的有阻尼自然频率和振荡周期分别表示为 $\omega_d=\omega_n\sqrt{1-\zeta}$ 和 $T_d=2\pi/\omega_d$。则该二阶线性系统的脉冲响应可以表示为

$$y(t)=\left[A\frac{\omega_n}{\sqrt{1-\zeta^2}}\mathrm{e}^{-\zeta\omega_n(t-t_0)}\right]\sin\omega_n\sqrt{1-\zeta^2}(t-t_0) \tag{3.6.17}$$

其中，$y(t)$ 为系统的时域脉冲响应；A 为脉冲信号的幅值；t_0 为脉冲信号的发生时间。

如图 3.6.3 所示，当系统的输入信号由两个脉冲信号组成时，其输出响应的残余振荡可以依靠两个脉冲响应的叠加来消除。

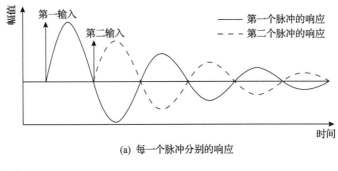

(a) 每一个脉冲分别的响应

(b) 两个脉冲的总响应

图 3.6.3　二阶系统双脉冲响应

由于线性系统适用叠加性定理，则由三角函数关系式可以推导出系统的双脉冲响应：

$$B_1\sin(\alpha t+\phi_1)+B_2\sin(\alpha t+\phi_2)=A_{\mathrm{amp}}\sin(\alpha t+\psi) \qquad (3.6.18)$$

其中，ψ 为系统多脉冲响应的相角，$\psi=\arctan\left(\dfrac{B_1\cos\phi_1+B_2\cos\phi_2}{B_1\sin\phi_1+B_2\sin\phi_2}\right)$；$A_{\mathrm{amp}}$ 为系统多脉冲响应引起的残余振荡幅值，$A_{\mathrm{amp}}=\sqrt{(B_1\cos\phi_1+B_2\cos\phi_2)^2+(B_1\sin\phi_1+B_2\sin\phi_2)^2}$；$\alpha$ 为系统振荡角频率；B_1 和 B_2 分别为两个脉冲信号引起的脉冲响应的幅值；ϕ_1 和 ϕ_2 分别为两个脉冲信号引起的脉冲响应的相角。

同理可以推出二阶线性系统在多个脉冲信号作用下的输出响应的残余振荡幅值：

$$A_{\mathrm{amp}}=\sqrt{\left(\sum_{j=1}^{N}B_j\cos\phi_j\right)^2+\left(\sum_{j=1}^{N}B_j\sin\phi_j\right)^2},\quad \phi_j=\omega_n\sqrt{(1-\zeta^2)}\,t_j,\quad B_j=A_j\mathrm{e}^{\zeta\omega_n t_j}$$

$$(3.6.19)$$

其中，N 代表组成输入成形器的脉冲信号总个数；A_j 为第 j 个脉冲信号的幅值；B_j 为系统第 j 个脉冲信号引起的脉冲响应的幅值；t_j 为第 j 个脉冲信号产生的时间。

为了在最后一个脉冲之后保证系统的输出响应残余振荡幅值为零，即 $A_{\text{amp}} = 0$。则需满足下列约束条件：

$$\sum_{j=1}^{N} B_j \cos\phi_j = \sum_{j=1}^{N} A_j \mathrm{e}^{\zeta\omega_n t_j} \cos(\omega_d t_j) = 0$$
$$\sum_{j=1}^{N} B_j \sin\phi_j = \sum_{j=1}^{N} A_j \mathrm{e}^{\zeta\omega_n t_j} \sin(\omega_d t_j) = 0 \tag{3.6.20}$$

另外，为保证系统有最短的响应时间和成形前后有一致的响应效果，则 $t_1 = 0$，且

$$\sum_{j=1}^{N} A_j = 1 \tag{3.6.21}$$

由于脉冲幅值大于零，则有

$$A_j > 0, \quad j = 1, 2, \cdots, N \tag{3.6.22}$$

容易看出，使输入成形器持续时间最短的约束方程的解是 $j = 2$ 时的脉冲序列，由此可以得到经典的 ZV 输入成形器[44]如下：

$$\begin{bmatrix} A_1 & A_2 \\ t_1 & t_2 \end{bmatrix} = \begin{bmatrix} \dfrac{1}{1+K} & \dfrac{K}{1+K} \\ 0 & T_2 \end{bmatrix}, \quad T_2 = \dfrac{\pi}{\omega_n\sqrt{1-\zeta^2}}, \quad K = \mathrm{e}^{-\dfrac{\zeta\pi}{\sqrt{1-\zeta^2}}} \tag{3.6.23}$$

其中，A_1 和 A_2 为第 1、2 个脉冲信号的幅值；t_1 和 t_2 为第 1、2 个脉冲信号产生的时间。

当系统以阶跃信号作为参考输入时，输入成形基本原理如图 3.6.4 所示。可见，在输入成形技术的作用下，欠阻尼二阶系统的衰减振荡特性将被抑制，系统响应的快速性得到明显改善。但是，由于经典 ZV 输入成形器参数对被控系统的振动频率 ω_n 和阻尼比 ζ 的依赖，该方法不便于进行工程推广应用。

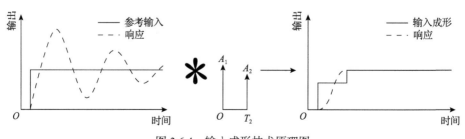

图 3.6.4　输入成形技术原理图

2. 改进的输入成形技术

受经典的 ZV 输入成形技术启发，在此基础上提出一种改进的输入成形 (improved input shaping，简称 IS)方法，用于改善被控系统的动态响应快速性。

考虑到一阶线性系统 $K/(Ts+1)$ 的单位阶跃输出响应为

$$y(t) = K(1 - e^{-t/T}) \tag{3.6.24}$$

其中，K 为系统增益；T 为惯性环节的时间常数。

由控制工程相关理论知识可知，一阶线性系统的调节时间 $T_s = 3T$。对于时间常数 T 比较大的大惯性系统，改善其动态响应的快速性是很有意义的。

如图 3.6.5 所示，当一阶线性系统的输入信号由两个阶跃信号组成时，其输出响应的残余项可以依靠两个阶跃响应的叠加来消除。首先给系统输入幅值为 $1+\Delta$ 倍的参考输入量，对惯性系统产生增强的激励作用，将控制量迅速变大，加快系统的响应速度；在 t_1 时刻，将输入信号与脉冲序列相卷积产生负激励作用，使系统响应回到期望输出状态。

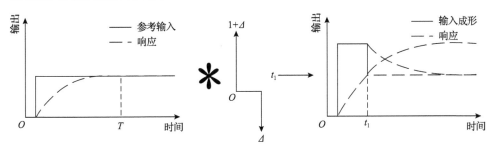

图 3.6.5　改进的输入成形技术原理图

假设线性系统 $K/(Ts+1)$ 受到单位阶跃输入成形信号的激励作用，其输出响应如下：

$$
\begin{aligned}
y(t) &= K(1+\Delta)\left(1 - e^{-\frac{t}{T}}\right) - K\Delta\left(1 - e^{-\frac{t-t_1}{T}}\right) \\
&= K + Ke^{-\frac{t}{T}}\left[\Delta\left(e^{-\frac{t_1}{T}} - 1\right) - 1\right]
\end{aligned} \tag{3.6.25}
$$

消除式(3.6.25)中的残余项，即

$$Ke^{-\frac{t}{T}}\left[\Delta\left(e^{-\frac{t_1}{T}} - 1\right) - 1\right] = 0 \tag{3.6.26}$$

得到脉冲序列发生时间 t_1 如下:

$$t_1 = T\ln(1+1/\varDelta) \tag{3.6.27}$$

可见,输入成形开始阶段的冲击量 $\varDelta$ 越大,系统响应速度越快。当 $\varDelta = 0.582$ 时,系统的调节时间 $T_s = T$。

对于二阶线性系统,有

$$G(s) = \frac{\omega_n^2}{s^2 + 2\zeta\omega_n s + \omega_n^2} \tag{3.6.28}$$

其中,ω_n 为系统的无阻尼自然频率;ζ 为系统的阻尼比。

当阻尼比 $\zeta > 1$ 时(过阻尼系统),存在两个负实极点 $-p_{1,2} = -\xi\omega_n \pm \omega_n\sqrt{\zeta^2-1}$,令

$$T_1 = \frac{1}{-\omega_n(-\xi+\sqrt{\zeta^2-1})}, \quad T_2 = \frac{1}{-\omega_n(-\xi-\sqrt{\zeta^2-1})} \tag{3.6.29}$$

则系统的输出响应可以表示为

$$y(t) = 1 + \frac{T_2}{T_1-T_2}\mathrm{e}^{-\frac{t}{T_2}} - \frac{T_1}{T_1-T_2}\mathrm{e}^{-\frac{t}{T_1}} \tag{3.6.30}$$

由式 (3.6.30) 可知,当 $T_1 \gg T_2$ $\left(\text{即}\ \zeta > \sqrt{\dfrac{9}{5}}\right)$ 时,二阶系统的动态特性可以被近似为一阶线性系统:

$$G(s) = \frac{\omega_n^2}{s^2 + 2\zeta\omega_n s + \omega_n^2} \approx \frac{1}{T_1 s+1}\left(\zeta > \sqrt{\frac{9}{5}}\right) \tag{3.6.31}$$

由此可以按照一阶惯性环节的方法进行输入成形设计。

3.6.5　基于输入成形的自抗扰控制结构

复杂对象或高阶系统在自抗扰控制作用之后被近似为二阶线性系统,因此,可以将 ZV 输入成形技术作为输入成形器与自抗扰闭环控制系统相结合,基于输入成形技术的自抗扰控制结构如图 3.6.6 所示。

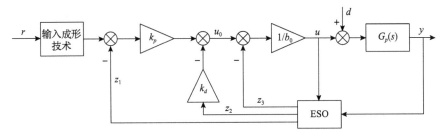

图 3.6.6 基于输入成形技术的自抗扰控制结构框图

（1）当自抗扰控制器参数 k_p 和 k_d 满足 $0 < k_d < 2\sqrt{k_p}\,(k_p > 0)$ 时，自抗扰闭环控制系统被近似为欠阻尼二阶系统，其预期动态方程如下：

$$\frac{y(s)}{r(s)} = \frac{\omega_n^2}{s^2 + 2\zeta\omega_n s + \omega_n^2} = \frac{k_p}{s^2 + k_d s + k_p} \tag{3.6.32}$$

由此可以通过自抗扰控制器参数对 ZV 输入成形技术进行设计：

$$\begin{bmatrix} A_1 & A_2 \\ t_1 & t_2 \end{bmatrix} = \begin{bmatrix} \dfrac{1}{1+K} & \dfrac{K}{1+K} \\ 0 & T_2 \end{bmatrix}$$

$$T_2 = \frac{2\pi}{\sqrt{4k_p - k_d^2}} \tag{3.6.33}$$

$$K = \mathrm{e}^{-\dfrac{k_d\pi}{\sqrt{4k_p - k_d^2}}}$$

由经典 ZV 输入成形器可知，输入成形器参数将不再受被控系统的振动频率 ω_n 和阻尼比 ζ 影响而只取决于自抗扰控制器的整定参数 k_p 和 k_d，从而解决了输入成形对模型严重依赖及模型不确定情况下鲁棒性较差的问题。

（2）当自抗扰控制器参数 k_p 和 k_d 满足 $k_d > 2\sqrt{k_p}\,(k_p > 0)$ 时，自抗扰闭环控制系统被近似为过阻尼二阶系统，采用改进后的输入成形技术作为输入成形器，一般脉冲序列发生时间 t_1 按如下方法选取：

$$t_1 = \frac{2\ln(1 + 1/\Delta)}{k_d - \sqrt{k_d^2 - 4k_p}} \tag{3.6.34}$$

其中，Δ 表示输入成形开始阶段的冲击量，一般取 $\Delta = 0.582$。

　　综上所述，无论是 ZV 输入成形技术还是改进以后的输入成形技术，成形参数将不再直接受被控系统的振动频率 ω_n 和阻尼比 ζ 限制，作为自抗扰闭环控制系统的输入成形器，其参数只取决于自抗扰控制器的整定参数 k_p 和 k_d。因此，基于输入成形技术的自抗扰控制方法不仅改善了系统响应的快速性，还解决了输入成形技术对模型严重依赖的问题。

3.6.6　仿真研究

　　针对 10 个具有典型代表性的单变量控制对象，采用基于输入成形技术的自抗扰控制方法进行预期动态特性和性能鲁棒性分析。在 MATLAB/simulink 平台，分别对基于 ZV 输入成形技术的自抗扰控制方法(ZV-ADRC)和基于改进后的输入成形技术的自抗扰控制方法(IS-ADRC)进行仿真研究。

　　10 个具有典型代表性的单变量控制对象如下：

$$G_{p1}(s) = \frac{s+3}{(s+1)(0.2s+1)} \ , \quad G_{p2}(s) = \frac{s+2}{(s+1)(s^2+2s+9)}$$

$$G_{p3}(s) = \frac{(0.17s+1)^2}{s(s+1)^2(0.028s+1)} \ , \quad G_{p4}(s) = \frac{1}{s(s+1)^2} \ , \quad G_{p5}(s) = \frac{1-2s}{(s+1)^3}$$

$$G_{p6}(s) = \frac{4}{(s+4)(s-1)} \ , \quad G_{p7}(s) = \frac{-s+1}{s+1} \ , \quad G_{p8}(s) = \frac{2(15s+1)}{(20s+1)(s+1)(0.1s+1)^2}$$

$$G_{p9}(s) = \frac{s+3}{(s+1)(0.2s+1)(0.04s+1)(0.008s+1)} \ , \quad G_{p10}(s) = \frac{1}{(s+1)^4}$$

　　由于以上这些对象反映了实际工业过程中大多数系统的特征，所以用其说明所提方法广泛的适用性。G_{p1} 和 G_{p2} 为最常见的最小相位系统，其中 G_{p2} 又是一个三阶系统；G_{p3} 和 G_{p4} 都具有积分环节；G_{p5}、G_{p6} 和 G_{p7} 是具有非最小相位特性的不稳定系统；G_{p8}、G_{p9} 和 G_{p10} 都为高阶系统，其中对象 G_{p9} 的四个极点在实轴上各不相同。

　　1. 动态响应特性分析

　　图 3.6.7 显示了基于 ZV 输入成形技术的自抗扰控制方法下 10 个典型单变量控制系统的动态输出响应，并对采用 ZV 输入成形技术的自抗扰控制和单独使用自抗扰控制两种方法的动态响应性能进行了比较。图 3.6.8 为基于改进的输入成形技术的自抗扰控制方法下 10 个典型单变量控制系统的动态输出响应，同样对采用

改进后输入成形技术的自抗扰控制和单独使用自抗扰控制两种方法进行了比较分析，具体的控制器参数和性能指标详见表 3.6.1。

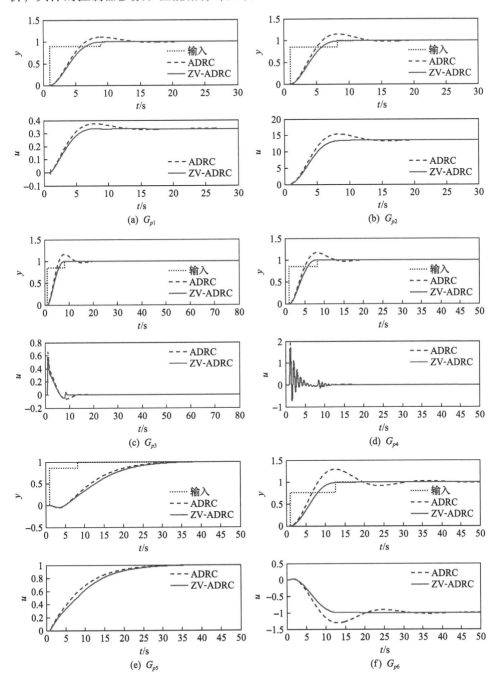

(a) G_{p1}　　　　　　　　　　　　　　　　(b) G_{p2}

(c) G_{p3}　　　　　　　　　　　　　　　　(d) G_{p4}

(e) G_{p5}　　　　　　　　　　　　　　　　(f) G_{p6}

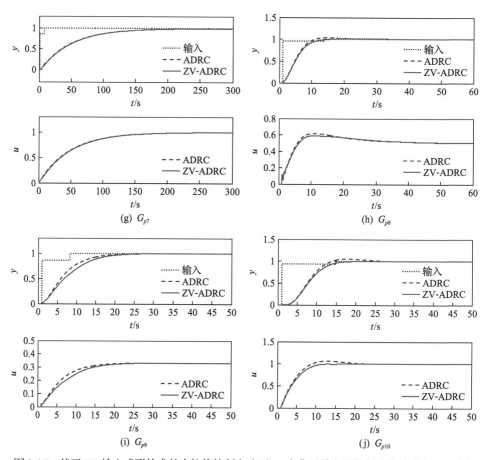

图 3.6.7　基于 ZV 输入成形技术的自抗扰控制方法下 10 个典型单变量控制系统的动态输出响应

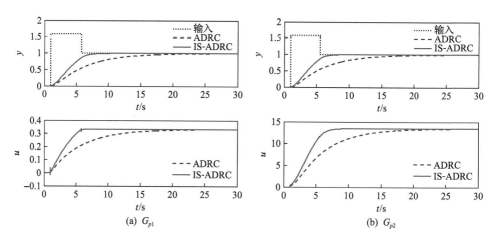

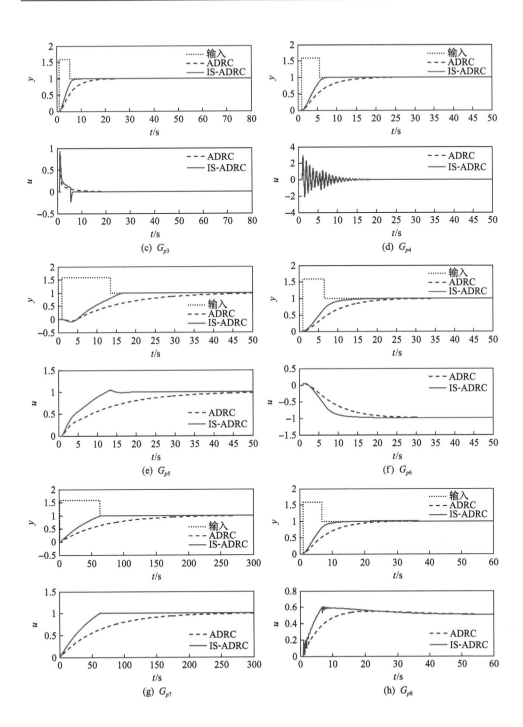

(c) G_{p3}

(d) G_{p4}

(e) G_{p5}

(f) G_{p6}

(g) G_{p7}

(h) G_{p8}

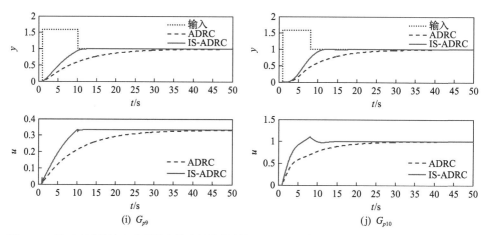

(i) G_{p9}　　　　　　　　　　　　　　(j) G_{p10}

图 3.6.8　基于改进的输入成形技术的自抗扰控制方法下 10 个典型单变量控制系统的动态输出响应

表 3.6.1　基于改进的输入成形技术的自抗扰控制方法下 10 个典型
单变量控制系统控制器参数及性能指标

被控对象	控制方法	自抗扰控制器参数				调节时间 T_s/s	超调量 σ/%	ITAE 指标
		k_p	k_d	ω_o	b_0			
G_{p1}	ADRC	0.25	0.5	100	10	12.38	10.7	13770
	ZV-ADRC					7.02	0.16	10029
	ADRC	0.25	1.34	100	10	20.04	0	34123
	IS-ADRC					7.13	0	9298
G_{p2}	ADRC	0.25	0.5	2000	1.0	15.62	14.8	14410
	ZV-ADRC					6.72	0.2	9531
	ADRC	0.25	1.34	2000	1.0	18.83	0	30701
	IS-ADRC					6.31	0	7990
G_{p3}	ADRC	0.25	0.5	800	1.0	16.19	16.4	15279
	ZV-ADRC					6.25	0.1	8779
	ADRC	0.25	1.34	800	1.0	18.45	0	30074
	IS-ADRC					6.81	0	8482
G_{p4}	ADRC	0.25	0.5	800	5.0	16.31	16.9	15631
	ZV-ADRC					6.15	0.5	8886
	ADRC	0.25	1.34	800	5.0	18.42	0	30009
	IS-ADRC					5.84	0.1	8011
G_{p5}	ADRC	0.25	0.5	12	10	31.42	0	112050
	ZV-ADRC					33.10	0	129270
	ADRC	0.25	1.34	12	10	49.00	0	208440
	IS-ADRC					15.34	0	57433

被控对象	控制方法	自抗扰控制器参数				调节时间 T_s/s	超调量 σ/%	ITAE 指标
		k_p	k_d	ω_o	b_0			
G_{p6}	ADRC	0.09	0.3	160	4.0	37.08	29.2	64856
	ZV-ADRC					10.72	0.3	23825
	ADRC	0.09	1.34	160	4.0	26.52	0	61702
	IS-ADRC					15.4	0	23471
G_{p7}	ADRC	0.25	0.5	3	10	187.9	0	2.35×10^6
	ZV-ADRC					188.9	0	2.40×10^6
	ADRC	0.25	1.34	3	10	245.2	0	3.83×10^6
	IS-ADRC					61.4	0	5.63×10^5
G_{p8}	ADRC	0.25	0.5	8	2.0	19.9	3.3	26530
	ZV-ADRC					11.8	1.4	26640
	ADRC	0.25	1.34	8	2.0	23.5	0.5	55065
	IS-ADRC					11.9	0.9	23588
G_{p9}	ADRC	0.25	0.5	10	10	20.06	0	37685
	ZV-ADRC					22.04	0	48695
	ADRC	0.25	1.34	10	10	36.40	0	98010
	IS-ADRC					10.29	0	19193
G_{p10}	ADRC	0.25	0.5	28	10	22.99	5.4	42768
	ZV-ADRC					15.18	0.5	40418
	ADRC	0.25	1.34	28	10	31.18	0	84519
	IS-ADRC					10.06	0	25287

可以发现，当系统设定值发生跃变时，采用基于 ZV 输入成形技术的自抗扰控制方法比单独使用自抗扰控制方法能更快地跟踪上设定值，而且几乎没有产生超调量，但是并不是对于所有的被控对象基于 ZV 输入成形技术的自抗扰控制方法都能取得比自抗扰控制更快的动态响应速度。对于类似对象 G_{p5}、G_{p7} 和 G_{p9} 等具有不稳定特点的非最小相位系统或高阶系统，由于对自抗扰控制器的 ESO 性能要求比较高，系统实际输出响应与预期动态特性相差较大，这就使得依靠自抗扰控制器特性工作的 ZV 输入成形器的控制效果大大降低。

但是，采用改进的输入成形技术的自抗扰控制方法比单独使用自抗扰控制方法具有更快的动态响应速度且没有超调量。由图 3.6.8 的仿真实验结果可以发现，基于改进的输入成形技术的自抗扰控制方法不仅对最小相位系统和低阶系统的动态响应快速性具有较大的改善，而且对基于 ZV 输入成形技术的自抗扰控制方法不能解决的非最小相位系统和高阶系统也能获得快速稳定的动态响应效果。

2. 性能鲁棒性分析

基于输入成形技术的自抗扰单变量闭环控制系统如图 3.6.9 所示。其中 r 为设定值输入；e 为误差信号；u 为控制信号；y 为系统输出。$G_c(s,h)$ 为自抗扰控制器，其中 h 表示一组控制器参数；$G_p(s)$ 为单变量被控对象。

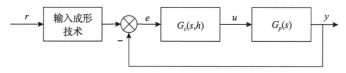

图 3.6.9　基于输入成形技术的自抗扰单变量闭环控制系统

对一组确定的自抗扰控制器参数 h ，在被控对象模型参数摄动时，随机产生样本数量为 N 的被控对象族，依据闭环系统的稳定性设计要求，定义相应的二元指标函数：

$$I_i = \begin{cases} 0, & \text{第}i\text{个样本不满足稳定要求} \\ 1, & \text{第}i\text{个样本满足稳定要求} \end{cases} \tag{3.6.35}$$

假设 N 个被控对象样本中有 K 个被控对象输出响应是稳定的，则观察频率 $\hat{P}_i(h) = K/N$ 。依据大数定理，当 $N \to \infty$ 时，观察频率 $\hat{P}$ 以概率 1 收敛到实际概率 P_x：

$$P_x \leftarrow \hat{P}_i(h) = K/N \tag{3.6.36}$$

其中，P_x 表示实际概率；$\hat{P}_i(h)$ 表示观察频率。

一般情况下，实际概率 P_x 不能用解析的方法获得，采用 Monte Carlo 实验原理对其进行估计。在利用 Monte Carlo 实验估计 P_x 时，只有当样本数量 N 足够大时，估计值才能以较高的置信度与真实值充分接近。根据 Massart 不等式[45]，如果给定估计精度 ε 和置信度 $1-\sigma$ ，所需样本数量可由式 (3.6.37) 得到：

$$N > \frac{4(3-2\varepsilon)\ln\dfrac{2}{\sigma}}{9\varepsilon} \tag{3.6.37}$$

这样得到的样本数量可保证 $P\{|P_x - K/N| < \varepsilon\} > 1-\sigma$ ，其中 P_x 为实际概率；K/N 为观察频率。经计算，当样本数量 $N > 488.57$ 时，$|P_x - K/N| < 0.01$ 的可信度为 0.95 ；当样本数量 $N > 701.73$ 时，$|P_x - K/N| < 0.01$ 的可信度为 0.99 。

可以看出，概率鲁棒方法将被控对象模型参数域作为整体进行考虑，兼顾了域内的每一点，包括标称点和一些极端、病态的工况点，更全面地考虑和利用了单变量对象的参数不确定性。为了更进一步说明基于输入成形技术的自抗扰控制方法的性能鲁棒性，引入 ITAE 性能评价指标[46]：

$$\text{ITAE} = \int_0^\infty t|e(t)|\mathrm{d}t \tag{3.6.38}$$

其中，$e(t)$ 为系统输入量与输出量之间的误差；t 为时间变量。

可以看出，ITAE 性能指标可以同时兼顾被控系统响应的快速性与准确性。在控制器参数不变的情况下，若令模型参数在 $[a,b]$ 范围内随机摄动，其对应的响应性能指标表示为：$\{T_s,\text{ITAE}\}$，其中 T_s 表示系统的调节时间。可见这是一个二维向量的集合，是平面坐标图上的一个区域。该区域与原点的距离大小反映了所设计的控制系统动态性能的好坏，区域越靠近原点说明该控制系统动态性能越好；而该区域的分散程度反映了该控制方法在对象参数摄动情况下的性能鲁棒性，分布越密集说明该控制方法的性能鲁棒性越好。

考虑到实际系统可能存在参数不确定的情况，采用 Monte Carlo 随机实验方法评价两种基于输入成形技术的自抗扰控制系统的性能鲁棒性。保持控制结构和参数不变，令10个典型单变量对象参数在标称值附近发生 ±20% 的随机摄动，重复进行800 次实验，在二维图上表示全部实验的性能分布点 (T_s-ITAE) 如图 3.6.10 所示。

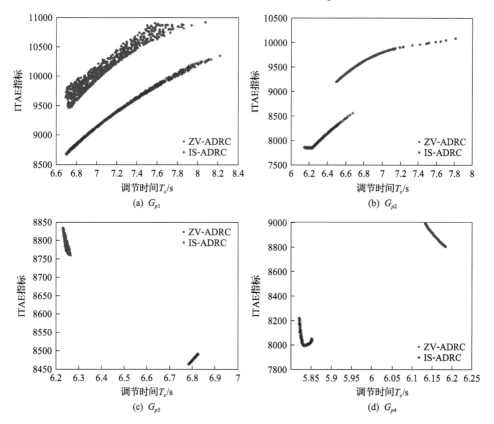

(a) G_{p1}　　　　　(b) G_{p2}

(c) G_{p3}　　　　　(d) G_{p4}

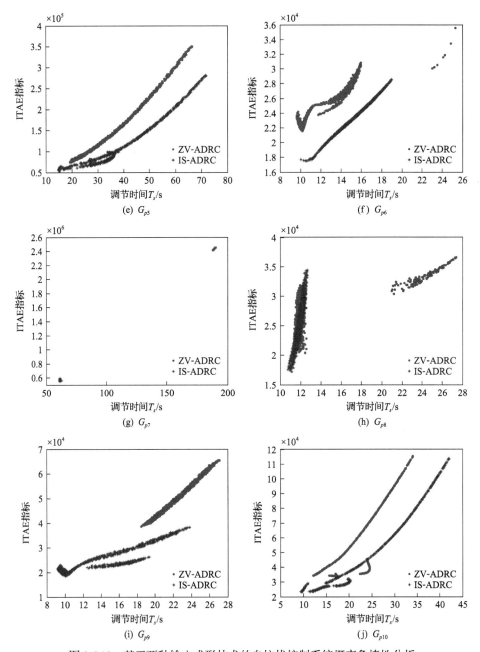

图 3.6.10　基于两种输入成形技术的自抗扰控制系统概率鲁棒性分析

　　由图 3.6.10 分析可知,与基于 ZV 输入成形技术的自抗扰控制方法相比,基于改进的输入成形技术的自抗扰控制方法在二维坐标图上的指标分布区域大多都位于基于 ZV 输入成形技术的自抗扰控制方法的下方,说明其具有更优的 ITAE 性能指标；且其区域的分散程度较基于 ZV 输入成形技术的自抗扰控制方法更加密集，说明基于改进的输入成形技术的自抗扰控制方法具有更加优越的鲁棒性能。

综上所述，基于 ZV 输入成形技术的自抗扰控制方法和基于改进的输入成形技术的自抗扰控制方法都具有改善被控系统动态响应快速性的能力，但基于改进的输入成形技术的自抗扰控制方法具有更加广泛的应用范围和更优越的性能鲁棒性。

3.6.7　小结

本节首先阐述了二阶线性自抗扰控制器结构和输入成形技术，并在经典 ZV 输入成形技术的基础上提出了一种改进的输入成形技术；同时还对自抗扰闭环控制器的参数稳定域及整定方法进行了分析。将输入成形技术与自抗扰控制器相结合，并将该方法应用于低阶系统、高阶系统、非最小相位系统、不稳定系统、含积分环节系统等被控对象，通过概率鲁棒实验的方法分析了基于 ZV 输入成形技术的自抗扰控制方法和基于改进的输入成形技术的自抗扰控制方法的性能鲁棒性。仿真结果表明，两种方法都可以改善单变量系统的动态响应速度，相比而言，基于改进的输入成形技术的自抗扰控制方法能够获得较好的动态性能和性能鲁棒性，并具有更广泛的应用空间。

3.7　时滞过程的改进一阶自抗扰控制及定量整定

3.7.1　时滞自抗扰控制结构

考虑热工过程中普遍存在的时滞特性，韩京清研究员[47]提出了几种处理办法。其中，输入时滞法的结构比较简单，如图 3.7.1 所示。相比原始控制结构，其改进之处为在控制输入端到 ESO 入口的通道中添加了一个时滞环节，其中的时滞数值可选取为过程模型的时滞时间，我们称这种方法为时滞自抗扰控制 (time delay ADRC, TD-ADRC)。文献[6]分析了 TD-ADRC 在时滞时间匹配时的稳定性，并通过算例验证了该结构对于时滞过程的有效性。

本节将基于 FOPDT 模型 $G_p(s) = \dfrac{K}{1+Ts}\mathrm{e}^{-Ls}$ 研究 TD-ADRC 的定量整定方法。

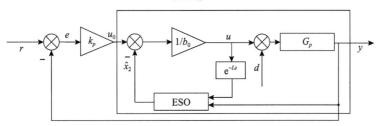

图 3.7.1　针对时滞过程的一阶自抗扰控制改进结构

3.7.2　补偿对象回路近似分析与 ω_o 整定

针对一阶过程($n=1$)，根据 ESO 状态方程式可得其特征方程为

$$s^2 + l_1 s + l_2 = 0 \tag{3.7.1}$$

为便于整定，文献[9]建议将 ESO 的极点配置在 $-\omega_o$ 处，这样 ESO 的增益参数可按式(3.7.2)进行整定：

$$l_1 = 2\omega_o, \quad l_2 = \omega_o^2 \tag{3.7.2}$$

对于一阶自抗扰控制，传统的思路是将对象先补偿为一个简单的积分器(从 u_0 到 y)，然后设计比例反馈控制器。然而对于 FOPDT 对象，由于时滞无法被补偿，因此对象是绝不可能被补偿为积分器的。首先，基于常规逻辑，设计控制器参数 $b_0 = K/T$，然后基于复杂的传递函数变换，计算 TD-ADRC FOPDT 过程的补偿对象模型，即从 u_0 到 y 的强化对象(enhanced plant, EP)的等效传递函数：

$$G_{\mathrm{EP}} = \frac{T(s + \omega_o)^2\,\mathrm{e}^{-Ls}}{T s^3 + (2T\omega_o + 1)s^2 + \left(T\omega_o^2 + 2\omega_o\right)s + \omega_o^2\left(1 - \mathrm{e}^{-Ls}\right)} \tag{3.7.3}$$

值得注意的是，$\lim\limits_{s \to 0} G_{\mathrm{EP}} = \infty$，这意味着强化对象有至少一个极点在原点上，这样可以保证闭环系统稳态无差。考虑到该式比较复杂，难以进行下一步分析，我们考察

$$\lim_{s \to 0} \frac{G_{\mathrm{EP}}}{1/s} = \frac{T(s + \omega_o)^2\,\mathrm{e}^{-Ls}}{T s^2 + (2T\omega_o + 1)s + \left(T\omega_o^2 + 2\omega_o\right) + \omega_o^2\left(1 - \mathrm{e}^{-Ls}\right)/s} \tag{3.7.4}$$

由于

$$\lim_{s \to 0} \frac{1 - \mathrm{e}^{-Ls}}{s} = \frac{1 - (1 - Ls)}{s} = L \tag{3.7.5}$$

因此存在

$$\lim_{s \to 0} \frac{G_{\mathrm{EP}}}{1/s} = \frac{T\omega_o}{(T + L)\omega_o + 2}\,\mathrm{e}^{-Ls} \tag{3.7.6}$$

因此，补偿对象的传递函数式(3.7.3)在低频范围内可以被近似为

$$G_{\mathrm{EP}} \approx \frac{k_e}{s}\,\mathrm{e}^{-Ls} \tag{3.7.7}$$

其中，$k_e = \dfrac{T\omega_o}{(T+L)\omega_o + 2}$。

本节给出一个整定 ω_o 的经验性公式：

$$\omega_o = \frac{k_\omega}{T} \tag{3.7.8}$$

该公式的物理意义在于使 ESO 的观测带宽等于被控对象带宽的 k_ω 倍，k_ω 的选择应该满足：①尽快跟踪进入系统中的扰动；②保证补偿对象对时滞不确定性及阶次不确定性的鲁棒性。第二点是目前 TD-ADRC 设计的必然要求，目前设计的前提是假设对象阶次已知（一阶）以及时滞时间已知。文献[48]初步研究指出，时滞及阶次不匹配会影响 ESO 的工作效率。进一步地，由于补偿对象本身是由 ESO 反馈形成的，因此时滞及阶次不匹配会影响补偿对象本身的稳定性。一种常用的方法是限制其最大灵敏度函数，也就是

$$M_s = \max_\omega |S(\mathrm{i}\omega)| = \max_\omega \left| \frac{1}{1 + G_{EP}^o(\mathrm{i}\omega)} \right| \tag{3.7.9}$$

其中，G_{EP}^o 为补偿对象部分的开环传递函数：

$$G_{EP}^o(s) = \frac{T\omega_o^2 s}{(Ts+1)\left[s^2 + 2\omega_o s + \omega_o^2 \left(1 - \mathrm{e}^{-Ls}\right) \right]} \mathrm{e}^{-Ls} \tag{3.7.10}$$

根据 M_s 的定义及其物理意义，一种限制 M_s 的方法是调整 k_ω 使开环传递函数的 Nyquist 曲线恰好与以 $(-1, \mathrm{i}0)$ 为圆心、$1/M_s$ 为半径的圆相切，文献[49]将这种方法称为"鲁棒回路成形"（robust loop shaping）。为得到合理的鲁棒性（$M_s \leqslant 2.0$），基于大量仿真，本节建议将 k_ω 初值设为 20。

3.7.3　基于预期动态的 k_p 参数整定

基于补偿对象的近似式 (3.7.7)，可以求得 TD-ADRC 的开环传递函数：

$$G_{OP}(s) \approx \frac{k_p k_e}{s} \mathrm{e}^{-Ls} \tag{3.7.11}$$

因此，闭环传递函数可以表示为

$$G_{CL}(s) = \frac{k_p k_e}{s + k_p k_e \mathrm{e}^{-Ls}} \mathrm{e}^{-Ls} \approx \frac{k_p k_e}{s + k_p k_e (1 - Ls)} \mathrm{e}^{-Ls} = \frac{1}{1 + \left(\dfrac{1}{k_p k_e} - L \right) s} \mathrm{e}^{-Ls} \tag{3.7.12}$$

这就是说，闭环系统在低频范围内可以表示为 FOPDT 环节，其惯性时间可以通过比例增益 k_p 来调节。因此，可以将滞后时间 L 作为系统的特征时间，设计系统的预期跟踪响应为

$$G_{CL}^{d}(s) = \frac{1}{1+\lambda Ls} \mathrm{e}^{-Ls} \qquad (3.7.13)$$

值得注意的是，这种基于闭环传递函数预期动态的整定思想与目前基于内模控制的 PI 整定方法[50]非常相似。为达到平衡性能和鲁棒性的目的，文献[50]推荐 $\lambda = 1$。然而当工业过程中存在较大的不确定性时，我们推荐 $\lambda = 3$ 甚至更大。综合式(3.7.12)及式(3.7.13)，可得整定公式为

$$k_p = \frac{1}{k_e(\lambda+1)L} \qquad (3.7.14)$$

综合上文，可以得到 TD-ADRC 的整定公式如下：

$$b_0 = \frac{K}{T}, \quad \omega_o = \frac{k_\omega}{T}, \quad k_p = \frac{1}{k_e(\lambda+1)L} \qquad (3.7.15)$$

这样，就将原来难以整定的 k_p 和 ω_o 转化为易于整定且有明确物理意义的 k_ω 和 λ。推荐设置初值 $k_\omega = 20$，$\lambda = 1 \sim 4$，使用时可根据对控制性能和鲁棒性的权衡来确定。为达到期望的鲁棒性，λ 可以根据整体闭环控制系统的最大灵敏度函数进一步微调。将图 3.7.1 所示的控制系统化为二自由度控制结构，可得其反馈控制器和前置滤波器分别为

$$G_c = \frac{k_p s^2 + \left(\omega_o^2 + 2k_p\omega_o\right)s + k_p\omega_o^2}{b_0 s^2 + \left(2b_0\omega_o\right)s + b_0\omega_o^2\left(1-\mathrm{e}^{-Ls}\right)} \qquad (3.7.16)$$

$$F = \frac{k_p s^2 + \left(2k_p\omega_o\right)s + k_p\omega_o^2}{k_p s^2 + \left(\omega_o^2 + 2k_p\omega_o\right)s + k_p\omega_o^2} \qquad (3.7.17)$$

基于式(3.7.16)和式(3.7.17)，闭环控制系统的 M_s 可根据其定义式计算。需要注意的是，整体闭环控制系统的 M_s 不同于 3.7.2 节提及的补偿对象的 M_s，在使用时应加以区分。通常，为获得较好的补偿对象及整体闭环系统鲁棒性，可适当减小 k_ω 以及增大 λ。

值得注意的是，在推导式(3.7.15)的过程中，使用了一些近似技巧，这是为了

分析上的简便以及整定公式的简洁性。下面将通过一个仿真来说明这些近似的合理性。

3.7.4　仿真研究

本节基于 $G_p(s) = \dfrac{1.895}{3.201s+1}\mathrm{e}^{-0.961s}$ 的 FOPDT 模型，比较本节所提的 TD-ADRC 方法与文献提出的 SIMC 方法[50]在设定值跟踪、扰动抑制及鲁棒性方面的相似和不同之处。

首先，设置初始参数为 $k_\omega = 20$。为检验近似公式(3.7.7)的合理性，图 3.7.2 比较了原始补偿对象式(3.7.3)和近似后对象式(3.7.7)的频域响应曲线。可以看出，二者的近似精度可以保持在相当宽的低频范围内。

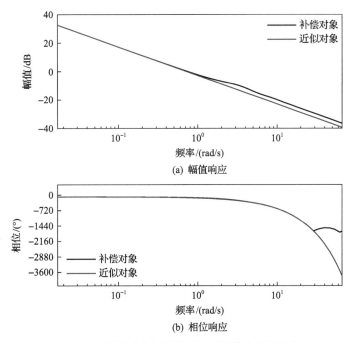

图 3.7.2　补偿对象与近似对象的频率响应对比图

然后，设置预期跟踪响应的动态常数 $\lambda = 1$，比较据此整定的 TD-ADRC 和 SIMC-PI 控制效果，如图 3.7.3 所示。可以看出，尽管存在两次近似处理，TD-ADRC 的跟踪控制效果与预期动态响应吻合良好。而基于 SIMC 整定出的 PI 控制方法跟踪效果与预期动态曲线在响应初期吻合良好，但在响应后期存在一定的超调量。由表 3.7.1 列出的各控制回路的鲁棒性指标可以看出，初始参数得到的鲁棒性指标均在可接受的范围内，且自抗扰闭环控制回路的 M_s 还小于 PI 闭环控制回路的 M_s。

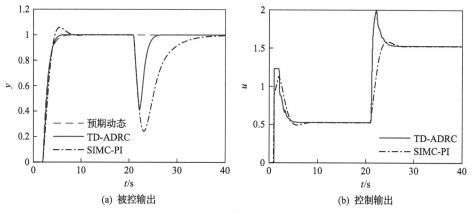

(a) 被控输出　　　　　　　　　　(b) 控制输出

图 3.7.3　控制仿真对比曲线

表 3.7.1　鲁棒性指标对比

参数	最大灵敏度 M_s		
	补偿对象	TD-ADRC 闭环回路	SIMC-PI 闭环回路
$k_\omega = 20, \lambda = 1$	1.84	1.56	1.59
$k_\omega = 6, \lambda = 1$	1.60	1.85	1.59
$k_\omega = 6, \lambda = 2$	1.60	1.44	1.34

　　为进一步降低补偿对象的 M_s 值至 1.5 的水平，将 ESO 参数 k_ω 降低到 6，以使补偿对象的开环 Nyquist 曲线与等 M_s 轨迹相切，如图 3.7.4 所示。但是，由于调整后的 ESO 补偿能力不足，TD-ADRC 的跟踪输出存在一定程度的变形，且使整体闭环控制回路的鲁棒性指标 M_s 增大至 1.85。为提高系统鲁棒性

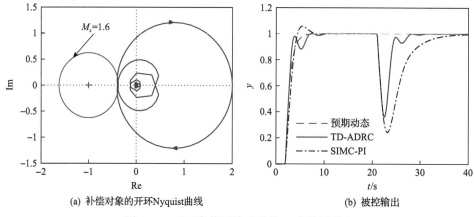

(a) 补偿对象的开环Nyquist曲线　　　(b) 被控输出

图 3.7.4　基于鲁棒回路成形的 k_ω 参数再整定

及减少瞬态过程的振荡，故将跟踪响应的预期动态参数 λ 增大为 2，控制响应如图 3.7.5 所示。此时，SIMC-PI 与 TD-ADRC 的跟踪响应均与预期动态曲线很好地重合，但是 TD-ADRC 的抗扰响应明显优于 SIMC-PI。同时，TD-ADRC 的闭环 M_s 指标也降低到了合理的水平。因此，该组参数为一组合理的 TD-ADRC 参数。

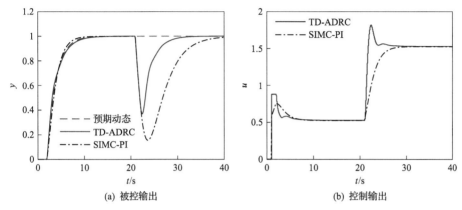

(a) 被控输出　　　　　　　　　　　　　(b) 控制输出

图 3.7.5　基于预期动态的 λ 参数再整定

为对比两种控制方法对于参数不确定性的鲁棒性，假设实际被控对象摄动为

$$G_p(s) = \frac{1.6}{3.0s+1}\mathrm{e}^{-1.2s} \qquad (3.7.18)$$

摄动仿真结果如图 3.7.6 所示，进一步验证了 TD-ADRC 的鲁棒性。

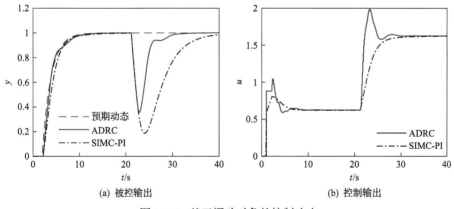

(a) 被控输出　　　　　　　　　　　　　(b) 控制输出

图 3.7.6　基于摄动对象的控制响应

3.7.5　小结

本节针对热工过程中常见的单变量时滞过程，讨论了一阶 TD-ADRC 及定量

整定方法。对时滞过程的控制器设计，放弃了自抗扰控制原始的串联积分器标准型，基于一阶惯性纯滞后模型，推导出一个新的近似标准型，并基于新的标准型给出了 TD-ADRC 的参数整定方法。仿真结果验证了 TD-ADRC 的鲁棒性。

3.8　基于改进 ESO 的非最小相位系统二自由度控制

本节讨论另一类热工过程中常见的对象，即含右半复平面零点的非最小相位(non-minimum phase, NMP)对象。这类对象最显著的特点在于其阶跃响应初期的"反向特性"，如锅炉汽包水位控制中的"虚假水位"现象以及流化床锅炉的风量-床温控制通道。NMP 对象的正零点严重限制了闭环控制系统所能达到的控制带宽[51,52]，并给控制设计带来以下问题。

(1) 在设定值跟踪方面，传统的反馈控制方法难以实现逆向反应幅度受限的最优跟踪性能[53]。

(2) 在扰动抑制方面，需要谨慎设计扰动估计器，否则将极易使闭环系统发散[54]。文献[55]也指出，若按照传统方法设计 ESO，闭环系统将不能稳定。

为解决上述两个问题，本节设计一种二自由度复合控制策略，首先，提出一种改进的 ESO 用于观测补偿系统的模型不确定性及外部扰动；然后，针对补偿后的对象，采用文献[56]提出的基于准确模型的前馈最优控制策略实现理想的设定值跟踪性能。

3.8.1　基于模型信息的改进 ESO 设计

考虑一个不确定对象：

$$Y(s) = G'(s) \times (U(s) + D(s)) = G(s)(1 + \Delta(s)) \times (U(s) + D(s)) \tag{3.8.1}$$

其中，$G(s)$ 为对象模型；$G'(s)$ 为真实对象；$\Delta(s)$ 为模型不确定性；$D(s)$ 为外扰信号。

可将式 (3.8.1) 改写为

$$Y(s) = G(s)(U(s) + D'(s)) \tag{3.8.2}$$

其中，$D'(s) = \Delta(s)U(s) + \Delta(s)D(s) + D(s)$ 可被视为一种总不确定性。

为观测补偿总不确定性，将式 (3.8.2) 改写为"可观规范型"状态空间形式：

$$\begin{aligned} \dot{x} &= A_o x + B_o(u + d') \\ y &= c_o^{\mathrm{T}} x \end{aligned} \tag{3.8.3}$$

其中，d' 是 $D'(s)$ 在时域内的拉普拉斯逆变换。

式 (3.8.3) 中的参数矩阵为

$$A_o = \begin{bmatrix} 0 & 1 & & \\ \vdots & \vdots & \ddots & \\ 0 & 0 & \cdots & 1 \\ -a_0 & -a_1 & \cdots & -a_{n-1} \end{bmatrix}, \quad B_o = \begin{bmatrix} \beta_1 \\ \beta_2 \\ \vdots \\ \beta_n \end{bmatrix}, \quad c_o^{\mathrm{T}} = \begin{bmatrix} 1 & 0 & \cdots & 0 \end{bmatrix} \quad (3.8.4)$$

与原来的串联积分器标准型公式不同的是，"可观规范型"模型式 (3.8.3) 引入了系统的模型信息，这体现在 A_o 和 B_o 矩阵的参数 a_i 和 β_i 上。将 d' 扩张为一个新状态 x_{n+1}，因此可得扩张模型为

$$\begin{aligned} \dot{x} &= A_e x + B_e u + E\dot{d'} \\ y &= c_e^{\mathrm{T}} x \end{aligned} \quad (3.8.5)$$

其中

$$A_e = \begin{bmatrix} A_o & B_o \\ 0 & 0 \end{bmatrix}, \quad B_e = \begin{bmatrix} B_o \\ 0 \end{bmatrix}, \quad c_e^{\mathrm{T}} = \begin{bmatrix} c_o^{\mathrm{T}} & 0 \end{bmatrix} \quad (3.8.6)$$

对扩张模型式 (3.8.5) 设计 ESO:

$$\begin{aligned} \dot{\hat{x}} &= A_e \hat{x} + B_e u + H(y - \hat{y}) \\ \hat{y} &= c_e^{\mathrm{T}} \hat{x} \end{aligned} \quad (3.8.7)$$

这就是本节所要提出的改进扩张状态观测器 (modified ESO, MESO)。基于原始 ESO 的带宽整定法[9]，仍然令 MESO 的特征方程为 $\phi(s) = (s + \omega_o)^{n+1}$，因此参数矩阵 H 可以方便地基于阿克曼公式计算出:

$$H = \phi(A_e) \begin{bmatrix} c_e^{\mathrm{T}} \\ c_e^{\mathrm{T}} A_e \\ \vdots \\ c_e^{\mathrm{T}} A_e^n \end{bmatrix}^{-1} \begin{bmatrix} 0 \\ 0 \\ \vdots \\ 1 \end{bmatrix} \quad (3.8.8)$$

在估计出系统的总不确定性后，设计补偿控制律为

$$u = u_0 - \hat{x}_{n+1} \quad (3.8.9)$$

这样，补偿后的系统将近似表现为标称模型:

$$y = G(s)(u + d') = G(s)(u_0 - \hat{x}_{n+1} + d') \approx G(s)u_0 \quad (3.8.10)$$

基于该补偿后系统,下面将设计外环控制器达到跟踪目标。

3.8.2　反向调节量受限的最优前馈设计

为克服反馈控制用于 NMP 对象的局限性,文献[56]介绍了一种反向调节量受限的最优前馈设计。首先,将含一个正零点的 NMP 对象补偿为如下形式:

$$\frac{Y(s)}{U_1(s)} = P(s) = C(s)G(s) = \frac{1 - s/z}{\left(1 + s/p\right)^{n+1}} \tag{3.8.11}$$

其中,$C(s)$ 为一个最小相位滤波器,它消去了模型 $G(s)$ 所有的左半复平面零极点;z 是右半复平面零点;$-p$ 是离原点充分远的重极点,由 $C(s)$ 的分母引入。

基于式(3.8.11),设计前馈控制律:

$$u_1(t) = \begin{cases} \left(e^{z(t-t_0)} - 1\right)ra_{us}, & t \in [t_0, t_1) \\ r, & t \in [t_1, \infty) \end{cases} \tag{3.8.12}$$

其中,a_{us} 为设定值跟踪过程所允许的最大反向调节量;t_0 为阶跃指令的时间;t_1 可以根据如下公式计算:

$$t_1 = t_0 + \frac{\ln\left(1/a_{us} + 1\right)}{z} \tag{3.8.13}$$

该前馈律可以保证在反向调节量不超过 a_{us} 的前提下实现具有最小过渡时间的跟踪响应。图 3.8.1 示出了综合前馈和 MESO 的二自由度控制方法。

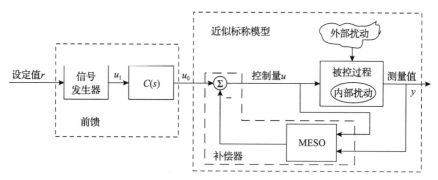

图 3.8.1　综合前馈和 MESO 的二自由度控制

3.8.3　收敛性及参数整定

令 MESO 的观测误差为

$$\varepsilon_i = \hat{x}_i - x_i, \quad i = 1, 2, \cdots, n+1 \tag{3.8.14}$$

进一步地，基于式 (3.8.5) 和式 (3.8.7)，式 (3.8.14) 可以被整理为

$$\dot{\varepsilon} = \dot{\hat{x}} - \dot{x} = \overline{A}\varepsilon - Eq \tag{3.8.15}$$

其中，$\overline{A} = A_e - Hc_e^{\mathrm{T}}$。

对 MESO 的收敛性，存在定理 3.8.1。

定理 3.8.1　假设：① q 有界，$|q(t)| \le \delta$；② $\overline{A}$ 是 Hurwitz 矩阵；③ 存在不等式 $\sum\limits_{i=1}^{n-1} a_i \beta_{i-1} + \beta_n \ne 0$，那么 MESO 的估计误差有界。也就是，存在常数 $\sigma_i > 0$ 以及有限的时间 $T_1 > 0$ 使得

$$|\varepsilon_i(t)| \le \sigma_i, \quad i = 1, 2, \cdots, n+1; \forall t \ge T_1 > 0 \tag{3.8.16}$$

且存在 $\sigma_i = O\left(\dfrac{1}{l_{n+1}}\right)$。

参数 ω_o 的整定应当依据闭环系统的最大灵敏度函数来确定，为此，首先将补偿回路化为图 3.8.2 中的等效回路，图中

$$F_u(s) = q\left[sI - \left(A_e - Hc_e^{\mathrm{T}}\right)\right]^{-1} B_e \tag{3.8.17}$$

$$F_y(s) = q\left[sI - \left(A_e - Hc_e^{\mathrm{T}}\right)\right]^{-1} H \tag{3.8.18}$$

其中，$q = [0 \quad 0 \quad \cdots \quad 1]_{1\times(n+1)}$。

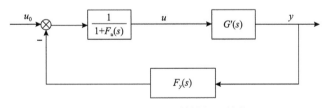

图 3.8.2　MESO 的等效闭环结构

基于等效框图，可得等效补偿结构的开环传递函数为

$$G_{\mathrm{OP}}(s) = \frac{1}{1 + F_u(s)} G'(s) F_y(s) \tag{3.8.19}$$

因此，可以调整 MESO 的带宽 ω_o，使 $G_{\mathrm{OP}}(s)$ 的 Nyquist 曲线与所期望的等 M_s 圆正好相切，即是 3.7 节所述的"鲁棒回路成形法"。

另外，可以很容易地求出等效补偿对象的传递函数：

$$G_{\mathrm{EP}}(s) = \frac{G'(s)}{1 + F_u(s) + G'(s)F_y(s)} \tag{3.8.20}$$

定理 3.8.2　对不确定真实对象 $G'(s)$ 采用 MESO 补偿后所得的等效对象 $G_{\mathrm{EP}}(s)$ 具有和标称模型 $G(s)$ 相同的静态增益。

定理 3.8.2 实际上保证了 3.8.2 节的前馈控制律应用于不确定对象时的稳态误差的性质。接下来通过仿真具体说明这一问题。

3.8.4　仿真研究

考虑一个高阶非最小相位模型[54]：

$$G_p(s) = \frac{123.853 \times 10^4 (-s + 3.5)}{\left(s^2 + 6.5s + 42.25\right)(s + 45)(s + 190)} \tag{3.8.21}$$

为方便设计，文献[54]的基于干扰观测器的控制（disturbance observer-based control, DOBC）设计采用了如下的降阶模型：

$$G(s) = \frac{144.86(-s + 3)}{s^2 + 6.5s + 42.25} \tag{3.8.22}$$

本节的 MESO 设计亦将基于该标称模型。图 3.8.3 给出了基于鲁棒回路成形方法的参数整定结果，为实现鲁棒性 $M_s = 2.0$ 和 $M_t = 1.2$（M_t 为补最大灵敏度）的约束，应整定 $\omega_o = 8$。参数 a_{us} 设计为 0.5。

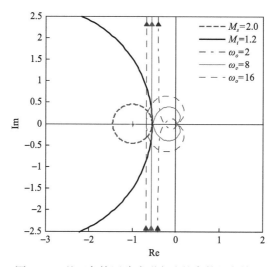

图 3.8.3　基于鲁棒回路成形方法的参数整定结果

为验证鲁棒性,将基于模型式(3.8.22)设计的 DOBC 方法和本节的二自由度控制方法应用于如下摄动对象:

$$G'(s) = \frac{130 \times 10^4 (-s+3)}{(s^2+6.5s+46)(s+40)(s+180)} \qquad (3.8.23)$$

图 3.8.4 分别示出了仿真对比结果。本节提出的方法获得了比 DOBC 方法更为稳定的跟踪和抗扰响应,且反向调节量符合预期要求。

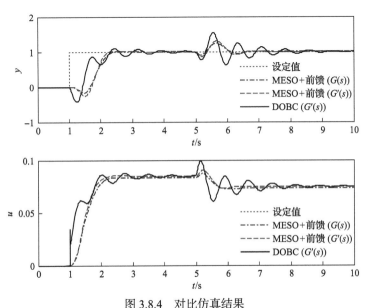

图 3.8.4 对比仿真结果

3.8.5 小结

本节针对含右半复平面零点的非最小相位过程提出了一种 MESO 设计方法。该方法利用模型信息,将对象补偿为一种可观规范型。然后针对补偿后的近似标称对象,设计最优前馈控制律。仿真结果显示了该结构相对于已有方法的优越性。

3.9 基于鲁棒约束的自抗扰控制定量整定

3.9.1 问题描述

1. 对象模型

由于许多涉及传热传质过程的热工过程本质上是分布参数系统,而分布参数系统的传递函数近似通常是高阶系统[57]。大型火电机组中很多回路特性，如过热汽温、主蒸汽压力、燃烧系统等可以被辨识近似成高阶系统[58,59]。在本节中将多个惯性环节串联的高阶对象模型作为研究的被控对象。其传递函数模型为

$$G_p = \frac{K}{(Ts+1)^n}, \quad n \geqslant 3 \tag{3.9.1}$$

需要指出的是，式(3.9.1)所示的被控对象看似仅代表一类特殊的高阶对象，但实际上很多具有振荡环节、非最小相位特性、时滞特性的自平衡热工过程均可近似成 $K/(Ts+1)^n$ 形式。并且，在后续章节的控制研究表明，根据该高阶对象推导的参数整定方法同样适用于低阶对象（$n \leqslant 2$）中。因此，以式(3.9.1)作为被控对象进行自抗扰控制参数整定研究是具有代表性和通用性的。

2. 低阶自抗扰控制

复杂工业热能系统的控制实践中更倾向使用结构简单的控制器，以降低调试的复杂性并增加系统的可靠性。本节采用的控制器是一阶或二阶的低阶线性自抗扰控制器，其结构框图如图 3.9.1 和图 3.9.2 所示。对于低阶自抗扰控制器能否控制高阶对象的问题，本节将被控对象高阶动态整理成总和扰动的一部分，再基于奇异摄动理论，进行低阶自抗扰控制高阶对象的稳定性分析。

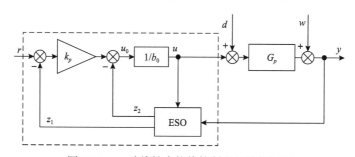

图 3.9.1　一阶线性自抗扰控制器的结构框图

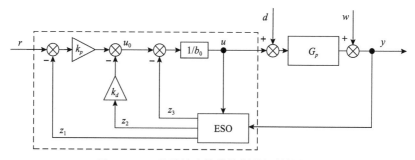

图 3.9.2　二阶线性自抗扰控制器的结构框图

对于二阶自抗扰控制器, 可以将被控对象看成如式 (3.9.2) 所示的双积分器串联的标准型, 并且将外部扰动 d、噪声 w、高阶特性 $x^{(n)}$ 以及未建模特性等当成总和扰动 f:

$$
\begin{cases}
\dot{x}_1 = x_2 \\
\dot{x}_2 = f\left(x_1, x_2, \cdots, x_1^{(n)}, d, w\right) + b_0 u \\
\dot{x}_3 = \dot{f}
\end{cases} \tag{3.9.2}
$$
$$
y = x_1, \quad \dot{y} = x_2, \quad f = x_3
$$

根据上述的双积分串联标准型, 设计三阶 ESO:

$$
\begin{cases}
\dot{z}_1 = z_2 + \beta_1\left(y - z_1\right) \\
\dot{z}_2 = z_3 + \beta_2\left(y - z_1\right) + b_0 u \\
\dot{z}_3 = \beta_3\left(y - z_1\right)
\end{cases} \tag{3.9.3}
$$

其中, β_1、β_2 和 β_3 是 ESO 的观测增益; b_0 是设计的输入增益。

ESO 输出的三个观测状态中, z_1 和 z_2 被用于反馈控制设计:

$$
u_0 = k_p\left(r - z_1\right) - k_d z_2 \tag{3.9.4}
$$

观测状态 z_3 是估计的总和扰动, 并在控制输入量 u 中被实时地补偿抵消:

$$
u = \left(u_0 - z_3\right) / b_0 \tag{3.9.5}
$$

同样地, 对于一阶线性自抗扰控制, 被控对象被看成一个积分器的标准型, 外部扰动、噪声、高阶动态和未建模特性被当成总和扰动 f。其被控对象的标准型形式如式 (3.9.6) 所示:

$$
\begin{cases}
\dot{x}_1 = f\left(x_1, x_2, \cdots, x_1^{(n)}, d, w\right) + b_0 u \\
\dot{x}_2 = \dot{f}
\end{cases} \tag{3.9.6}
$$
$$
y = x_1, \quad f = x_2
$$

ESO、反馈控制律以及总和扰动补偿的数学形式如式 (3.9.7) 所示:

$$
\begin{cases}
\dot{z}_1 = z_2 + \beta_1\left(y - z_1\right) + b_0 u \\
\dot{z}_2 = \beta_2\left(y - z_1\right) \\
u_0 = k_p\left(r - z_1\right) \\
u = \left(u_0 - z_2\right) / b_0
\end{cases} \tag{3.9.7}
$$

由上可知，二阶线性自抗扰控制总共有六个控制器参数，即 k_p、k_d、b_0、β_1、β_2 和 β_3。一阶线性自抗扰控制总有四个控制器参数，即 k_p、b_0、β_1 和 β_2。通过式(3.9.8)和式(3.9.9)，带宽参数化[13]方法可以分别将二阶自抗扰控制的 6 个控制器参数、一阶自抗扰控制的 4 个控制器参数减少至三个：ω_c、ω_o、b_0。

$$k_p = \omega_c^2, \quad k_d = 2\omega_c, \quad \beta_1 = 3\omega_o, \quad \beta_2 = 3\omega_o^2, \quad \beta_3 = \omega_o^3 \tag{3.9.8}$$

$$k_p = \omega_c, \quad \beta_1 = 2\omega_o, \quad \beta_2 = \omega_o^2 \tag{3.9.9}$$

ω_c、ω_o 和 b_0 是带宽参数化后的自抗扰控制参数，分别代表控制器带宽、ESO 带宽和输入增益。虽然这三个参数具有较明确的物理意义，但三个参数对控制性能的影响并不是独立的，整定合适的 ω_c、ω_o 和 b_0 参数仍旧困难。因此，简单定量化的自抗扰控制参数整定方法是应用研究的重要需求。

3. 最大灵敏度约束

由于热能系统具有扰动不确定性的特点，控制设计需要考虑闭环控制系统具有一定的鲁棒性。最大灵敏度 M_s 代表系统对扰动和模型变化的敏感程度，基于最大灵敏度约束的数学表达式如下：

$$M_s = \max_\omega \left| \frac{1}{1 + G_l(i\omega)} \right| \leqslant M_{sc}, \quad \omega \in (-\infty, +\infty) \tag{3.9.10}$$

其中，M_{sc} 为最大灵敏度约束值；$G_l(i\omega)$ 为开环传递函数的频率特性。

$G_l(i\omega)$ 的特性可以用开环 Nyquist 曲线表示，最大灵敏度的定义可以结合图 3.9.3 理解为：最大灵敏度 M_s 等于开环 Nyquist 曲线到以临界点 $(-1, i0)$ 最短距离的倒数。最大灵敏度约束可以等效为：Nyquist 曲线不进入以点 $(-1, i0)$ 为圆心、$1/M_{sc}$ 为半径的灵敏度约束圆，则 Nyquist 曲线与点 $(-1, i0)$ 的最短距离大于等于 $1/M_{sc}$，所以系统的最大灵敏度 M_s 小于等于 M_{sc}。

将自抗扰控制转换成二自由度(two-degree of freedom, 2-DOF)的控制结构，如图 3.9.4 所示，可以获得系统的开环传递函数为

$$G_l(s) = G_c G_p F \tag{3.9.11}$$

对于二阶线性自抗扰控制，传递函数 G_c 和 F 的表达式为

$$G_c = \frac{k_p\left(s^3 + \beta_1 s^2 + \beta_2 s + \beta_3\right)}{b_0\left[s^3 + \left(\beta_1 + k_d\right)s^2 + \left(\beta_2 + k_d\beta_1 + k_p\right)s\right]}$$

$$F = \frac{\left(k_p\beta_1 + k_d\beta_2 + \beta_3\right)s^2 + \left(k_p\beta_2 + k_d\beta_3\right)s + k_p\beta_3}{k_p\left(s^3 + \beta_1 s^2 + \beta_2 s + \beta_3\right)}$$

（3.9.12）

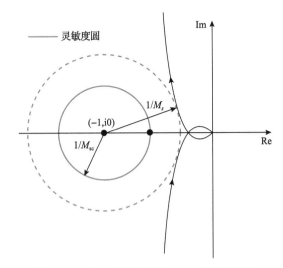

图 3.9.3　最大灵敏度与 Nyquist 曲线的关系

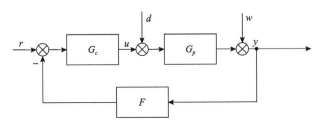

图 3.9.4　线性自抗扰控制的二自由度控制结构

对于一阶线性自抗扰控制，传递函数 G_c 和 F 的表达式为

$$G_c = \frac{k_p\left(s^2 + \beta_1 s + \beta_2\right)}{b_0 s\left(s + \beta_1 + k_p\right)}, \quad F = \frac{(\beta_2 + k_p\beta_1)s + k_p\beta_2}{k_p\left(s^2 + \beta_1 s + \beta_2\right)}$$

（3.9.13）

所以，将式(3.9.13)代入式(3.9.10)，对于二阶自抗扰控制的最大灵敏度 M_s 可以表示为

$$M_s = \max_{\omega} \left| \cfrac{1}{1 + \cfrac{k_p\beta_3 - \left(k_p\beta_1 + k_d\beta_2 + \beta_3\right)\omega^2 + \left(k_p\beta_2 + k_d\beta_3\right)\mathrm{i}\omega}{-\left(\beta_1 + k_d\right)\omega^2 + \mathrm{i}\left[\left(\beta_2 + k_d\beta_1 + k_p\right)\omega - \omega^3\right]} \cdot \cfrac{K}{b_0\left(\mathrm{i}\omega T + 1\right)^n}} \right|$$
(3.9.14)

同理，一阶自抗扰控制的最大灵敏度 M_s 表示为

$$M_s = \max_{\omega} \left| \cfrac{1}{1 + \cfrac{k_p\beta_2 + \left(\beta_2 + k_p\beta_1\right)\mathrm{i}\omega}{-\omega^2 + \left(\beta_1 + k_p\right)\mathrm{i}\omega} \cdot \cfrac{K}{b_0\left(\mathrm{i}\omega T + 1\right)^n}} \right|$$
(3.9.15)

在式(3.9.14)和式(3.9.15)的基础上，本节将在最大灵敏度的鲁棒性约束下，推导二阶和一阶自抗扰控制参数整定公式。

3.9.2 二阶自抗扰控制的定量参数整定公式

1. 渐近线约束

要推导在最大灵敏度约束下的一阶或二阶线性自抗扰控制的参数整定公式，最直接的思路是求解最大灵敏度约束的不等式。关于 PID 控制的最大灵敏度约束已有一些研究：Åström 等[60]利用非凸优化求解了 PI 控制在最大灵敏度约束下的参数公式；Yaniv 等[61]给出了在最大灵敏度约束下的 PID 控制参数求解流程。但通过分析可以发现，对于自抗扰控制的最大灵敏度约束，求得式(3.9.10)、式(3.9.14)或式(3.9.15)在数学上的解析解非常困难。首先，最大灵敏度 M_s 的表达式是强非线性的，包含倒数、取绝对值等运算。其次，对于一阶自抗扰控制，最大灵敏度 M_s 的表达式阶次 $\geqslant 5$，二阶自抗扰控制的 M_s 表达式阶次 $\geqslant 6$，根据 Abel-Ruffini 定理[62]，这就意味着直接求解无法获得显式的解析表达式，而这与参数整定定量化的目标在一定程度上矛盾。因此，需要从其他角度来间接求解自抗扰控制系统的最大灵敏度约束。

通过大量对高阶对象自抗扰控制仿真实验和分析总结，发现对于自抗扰控制系统控制高阶对象的 Nyquist 曲线存在一条垂直于实轴的渐近线，如图 3.9.5 中竖直虚线所示。在最大灵敏度约束的基础上，首次提出渐近线约束。

若系统开环 Nyquist 曲线的垂直渐近线位于灵敏度圆的右侧，Nyquist 曲线不进入以点 $(-1, \mathrm{i}0)$ 为圆心、$1/M_{sc}$ 为半径的灵敏度约束圆，则控制系统实际的最大

灵敏度 M_s 小于或等于 M_{sc}。

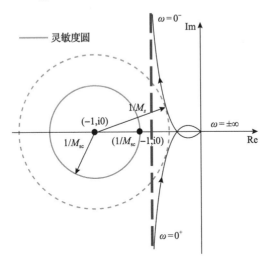

图 3.9.5 最大灵敏度约束与 Nyquist 曲线渐近线

2. 基于渐近线约束的参数整定公式

利用渐近线约束求解自抗扰控制参数的关键在于，求解与自抗扰控制参数相关的 Nyquist 渐近线的表达式。下面，首先将开环频率特性 $G_l(\mathrm{i}\omega)$ 进行简化。

Chen 等[63]认为反馈控制带宽 ω_c 影响预期动态特性，推荐反馈控制带宽 ω_c 取值为 $\omega_c = 10/t_s^*$，其中 t_s^* 是预期调节时间。对于高阶对象 $K/(Ts+1)^n$，可以看成 n 个一阶惯性过程 $1/(Ts+1)$ 的串联，其动态时间取决于 n 和 T。自然地，本节中假设预期调节时间正比于 nT。所以， ω_c 可以取值为

$$\omega_c = \frac{10}{knT} \tag{3.9.16}$$

其中， k 是预期调节时间系数，是本节提出的参数整定方法中唯一的可调参数。

观测器带宽 ω_o 实质上是通过观测器增益配置在 ESO 的三重极点。观测器带宽越大，ESO 估计误差收敛也越快，对总扰动的估计和消除也会更迅速，所以通常来说，观测器带宽 ω_o 的值越大越好。另外，在实际应用中，系统的采样步长和噪声的影响限制了 ω_o 的值不能取无限大。根据文献[9]推荐， ω_o 取值为

$$\omega_o = 10\omega_c \tag{3.9.17}$$

将式 (3.9.16)、式 (3.9.17)、式 (3.9.8) 和式 (3.9.12) 代入开环传递函数表达式 (3.9.11) 中，可以获得二阶自抗扰控制高阶系统的开环频率特性：

$$G_l(i\omega) = \frac{\left(\omega_c^2/\omega - 1.63\omega\right) + 2.3i\omega_c}{-32\omega_c\omega + i\left(361\omega_c^2 - \omega^2\right)} \times \frac{1}{\left(1 + i\omega T\right)^n} \frac{10^3\omega_c^3 K}{b_0} \tag{3.9.18}$$

假设用 x、y 分别表示 Nyquist 曲线的实轴和虚轴坐标,开环频率特性可以表示为 $G_l(i\omega) = x(\omega) + iy(\omega)$。如果存在 $\omega = \omega^*$ 使得

$$\begin{cases} \lim_{\omega=\omega^*} x(\omega) = \lim_{\omega=\omega^*} \mathrm{Re}\left[G_l(i\omega)\right] = a \\ \lim_{\omega=\omega^*} y(\omega) = \lim_{\omega=\omega^*} \mathrm{Im}\left[G_l(i\omega)\right] = \pm\infty \end{cases} \tag{3.9.19}$$

那么,$x = a$ 是 Nyquist 曲线的垂直渐近线。

从图 3.9.5 可以看出,当频率 ω 趋于 ± 0 时,Nyquist 曲线的虚部趋于 $\pm\infty$。所以开环频率特性 $G_l(i\omega)$ 的极限值可以通过在 $\omega = \pm 0$ 处求得。令

$$\left(1 + i\omega T\right)^n = p_1 + ip_2 \tag{3.9.20}$$

则

$$\begin{aligned} p_1 &= 1 + C_n^2(T\omega)^2(-1)^1 + C_n^4(T\omega)^4(-1)^2 + \cdots \\ p_2 &= nT\omega + C_n^3(T\omega)^3(-1)^1 + C_n^5(T\omega)^5(-1)^2 + \cdots \end{aligned} \tag{3.9.21}$$

将式(3.9.21)代入式(3.9.18)可得

$$G_l(i\omega) = \frac{\left(798.3\omega_c^3 + 49.86\omega_c\omega^2\right) - i\left(361\omega_c^4/\omega - 515.83\omega_c^2\omega + 1.63\omega^3\right)}{\left[\left(-32\omega_c\omega\right)^2 + \left(361\omega_c^2 - \omega^2\right)^2\right]} \frac{\left(p_1 - ip_2\right)10^3\omega_c^3 K}{\left(p_1^2 + p_2^2\right)b_0}$$

$$\tag{3.9.22}$$

那么,开环频率特性的实部和虚部的表达式分别为

$$\mathrm{Re}\left[G_l(i\omega)\right] = \frac{\left(798.3\omega_c^3 + 49.86\omega_c\omega^2\right)p_1 - \left(361\omega_c^4/\omega - 515.83\omega_c^2\omega + 1.63\omega^3\right)p_2}{\left(-32\omega_c\omega\right)^2 + \left(361\omega_c^2 - \omega^2\right)^2} \frac{10^3\omega_c^3 K}{\left(p_1^2 + p_2^2\right)b_0}$$

$$\tag{3.9.23}$$

$$\mathrm{Im}\left[G_l(i\omega)\right] = \frac{-\left(798.3\omega_c^3 + 49.86\omega_c\omega^2\right)p_2 - \left(361\dfrac{\omega_c^4}{\omega} - 515.83\omega_c^2\omega + 1.63\omega^3\right)p_1}{\left(-32\omega_c\omega\right)^2 + \left(361\omega_c^2 - \omega^2\right)^2} \frac{10^3\omega_c^3 K}{\left(p_1^2 + p_2^2\right)b_0}$$

$$\tag{3.9.24}$$

当频率 $\omega \to 0^-$ 时，$p_1 \to 1$，$p_2 \to nT\omega$，$p_1^2 + p_2^2 = \left| 1/(1+\mathrm{i}\omega T)^n \right|^2 \to 1$。并且，在开环频率特性实部 $\mathrm{Re}\left[G_l(\mathrm{i}\omega) \right]$ 和虚部 $\mathrm{Im}\left[G_l(\mathrm{i}\omega) \right]$ 的表达式中，与 ω 相乘的项趋于 0，除以 ω 的项则趋于 ∞。所以，可以计算得

$$
\begin{cases}
\displaystyle \lim_{\omega \to 0^-} \mathrm{Re}\left[G_l(\mathrm{i}\omega) \right] = \frac{\left(798.3\omega_c^3 \right) - \left(361nT\omega_c^4 \right)}{361^2 \omega_c^4} \frac{10^3 \omega_c^3 K}{b_0} \\[2mm]
\qquad\qquad\qquad = \left(6.1256\omega_c^2 - 2.77\omega_c^3 nT \right) K/b_0 \\[2mm]
\displaystyle \lim_{\omega \to 0^-} \mathrm{Im}\left[G_l(\mathrm{i}\omega) \right] = +\infty
\end{cases}
\tag{3.9.25}
$$

同理可得，当频率 $\omega \to 0^+$ 时，有

$$
\begin{cases}
\displaystyle \lim_{\omega \to 0^+} \mathrm{Re}\left[G_l(\mathrm{i}\omega) \right] = \left(6.1256\omega_c^2 - 2.77\omega_c^3 nT \right) K/b_0 \\[2mm]
\displaystyle \lim_{\omega \to 0^+} \mathrm{Im}\left[G_l(\mathrm{i}\omega) \right] = -\infty
\end{cases}
\tag{3.9.26}
$$

由式 (3.9.26) 可得，存在 $\omega^* = 0$，使得满足式 (3.9.19) 中垂直渐近线的定义。所以，二阶线性自抗扰控制高阶对象 Nyquist 曲线的渐近线方程为

$$
x = \left(6.1256\omega_c^2 - 2.77\omega_c^3 nT \right) K/b_0
\tag{3.9.27}
$$

由图 3.9.5 可计算出灵敏度约束圆的最右端点是 $(1/M_{\mathrm{sc}} - 1,\ \mathrm{i}0)$。根据 3.9.2 节第 1 部分中提出的渐近线约束，Nyquist 曲线的渐近线位于灵敏度约束圆的右侧，可得

$$
\left(6.1256\omega_c^2 - 2.77\omega_c^3 nT \right) K/b_0 > 1/M_{\mathrm{sc}} - 1
\tag{3.9.28}
$$

从式 (3.9.28) 中解出 b_0 为

$$
b_0 > \left(2.77\omega_c nT - 6.1256 \right) \omega_c^2 K M_{\mathrm{sc}} / \left(M_{\mathrm{sc}} - 1 \right)
\tag{3.9.29}
$$

根据最大灵敏度 M_s 的表达式 (3.9.14) 和式 (3.9.15)，增大 b_0 会减小最大灵敏度 M_s。出于保守设计，增大鲁棒性的考虑，令 b_0 取下限值的 m 倍 $(m > 1)$，得

$$
b_0 = m\left(2.77\omega_c nT - 6.1256 \right) \omega_c^2 K M_{\mathrm{sc}} / \left(M_{\mathrm{sc}} - 1 \right)
\tag{3.9.30}
$$

根据仿真和工程应用经验，式 (3.9.30) 中的系数 m 取 1.4，最大灵敏度约束值取最大灵敏度 M_s 范围的最大值，即 $M_{\mathrm{sc}} = 2.5$。所以，式 (3.9.30) 简化为

$$
b_0 = \left(6.4541\omega_c nT - 14.2726 \right) \omega_c^2 K
\tag{3.9.31}
$$

综合上述基于渐近线约束的自抗扰控制参数推导过程，二阶自抗扰控制的参数整定公式为

$$\begin{cases} \omega_c = 10/(knT) \\ \omega_o = 10\omega_c \\ b_0 = (6.4541\omega_c nT - 14.2726)\omega_c^2 K \end{cases} \tag{3.9.32}$$

在上述二阶自抗扰控制参数整定公式的推导过程中，可以进一步得到以下两个推论。

推论 3.9.1　采用式 (3.9.32) 来计算二阶自抗扰控制高阶对象的控制器参数，使得开环 Nyquist 曲线的渐近线相同。

将式 (3.9.31) 代入渐近线方程式 (3.9.27)，可得 $x = -0.429$，渐近线方程等于常数。这点可以从图 3.9.5 中得到验证，不同参数下 Nyquist 曲线都趋近于同一条渐进线。

推论 3.9.2　补最大灵敏度 $M_t \leqslant 1$。补最大灵敏度 M_t 也是衡量系统鲁棒性水平的重要指标之一。它反映了控制系统对较大被控过程变化和扰动的灵敏程度。其定义如下：

$$M_t = \max_{\omega} \left| \frac{G_l(i\omega)}{1 + G_l(i\omega)} \right|, \quad \omega \in (-\infty, +\infty) \tag{3.9.33}$$

由于 $G_l(i\omega) = x(\omega) + iy(\omega)$，所以

$$M_t = \max_{\omega} \sqrt{\frac{x^2(\omega) + y^2(\omega)}{1 + 2x(\omega) + x^2(\omega) + y^2(\omega)}} \tag{3.9.34}$$

如果 $x(\omega) \geqslant -0.5$，$M_t \leqslant 1$。根据推论 3.9.1，在渐近线约束下，$x = -0.429$，所以补最大灵敏度 M_t 将小于或等于 1。而补最大灵敏度 M_t 通常期望其值小于 2.5，这意味着在渐近线约束下推导的参数整定公式，不仅能保证最大灵敏度 M_s 满足约束，补最大灵敏度 M_t 也自动满足要求。

3. 可调参数

在二阶自抗扰控制参数整定公式 (3.9.32) 中，预期调节时间系数 k 是唯一可调参数。可调参数 k 的大小影响整体的控制性能和鲁棒性，可以作为平衡性能和鲁棒性之间的调节手段。根据文献 [64] 对阶次不确定性对象的自抗扰控制的理论分析，闭环系统稳定的必要条件是自抗扰控制参数 b_0 与被控对象的稳态增益 K 同号。式 (3.9.31) 右边括号内表达式应为正数，同时预期调节时间系数 k 应为正数，

结合式(3.9.16)可得

$$\begin{cases} 6.4541\omega_c nT - 14.2726 > 0 \\ \omega_c = \dfrac{10}{knT} \\ k > 0 \end{cases} \Rightarrow 0 < k < 4.5 \qquad (3.9.35)$$

为了防止在上下限附近取值，接近稳定的临界边界，进一步缩小可调参数 k 的范围。根据在各类对象上的使用经验，预期调节时间系数 k 推荐的取值范围为

$$1 < k < 4 \qquad (3.9.36)$$

接下来用一个仿真示例来说明参数 k 的变化对系统控制性能和鲁棒性的影响规律。考虑一个 5 阶的高阶对象：

$$G_p = \frac{1}{(8s+1)^5} \qquad (3.9.37)$$

可以直接获得模型参数 $n=5$、$T=8$ 以及 $K=1$。让预期时间调节系数 k 分别等于 2.3、2.5、2.7 和 2.9，应用参数整定公式(3.9.32)分别计算 4 组二阶自抗扰控制参数，并用于 G_p 的设定值跟踪和扰动抑制。仿真的设定值输入为 $r=1$，在 $t=200\text{s}$ 加入输入扰动 $d=-1$。控制输出响应曲线和系统的 Nyquist 曲线如图 3.9.6 所示。

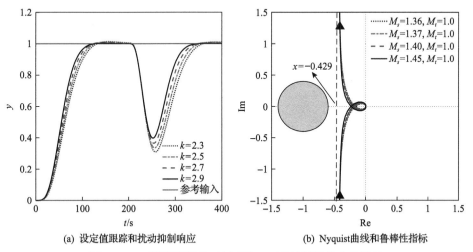

(a) 设定值跟踪和扰动抑制响应　　　　(b) Nyquist曲线和鲁棒性指标

图 3.9.6　不同预期调节时间系数 k 下的控制性能和鲁棒性

从图 3.9.6 可以看出，增大预期调节时间系数 k 可以加快设定值跟踪速度和提高扰动抑制效果，但同时增大了系统的最大灵敏度 M_s，这意味着系统的鲁棒性下降。总体来说，k 的选取需要考虑控制性能和鲁棒性之间的平衡，若被控对象

和环境不确定性大,控制系统对鲁棒性要求更高,可选择较小的 k ;若被控对象的数学模型较明确,来自内部和外部的不确定性小,则可考虑较大的 k 以获得更好的响应性能。

4. 仿真算例

本节将通过一些仿真算例来说明本节提出的自抗扰控制参数整定方法的有效性。虽然本节提出的自抗扰控制整定方法基于 $K/(Ts+1)^n$ 类型的高阶对象,但该方法也可以推广应用至其他类型的被控对象。

将该方法推广应用时首先需要将其他类型对象近似或辨识成 $K/(Ts+1)^n$ 类型的对象。对于开环实验得到的阶跃数据,或者原对象的阶跃响应曲线,可以采用两点法的经验公式[65]近似或辨识成高阶对象,如式(3.9.38)所示:

$$\begin{cases} K = y(\infty)/u \\ n = \left[1.075t_1/(t_2 - t_1) + 0.5\right]^2 \\ T = (t_1 + t_2)/(2.16n) \end{cases} \qquad (3.9.38)$$

在阶跃输入 u 的开环响应上,记录稳态增量值 $y(\infty)$ 、达到稳态增量值 40% 和 80%所需时间 t_1 和 t_2 ,采用式(3.9.38)分别计算近似成高阶对象的模型参数 n 、 T 和 K 。然后,同样运用提出的参数整定公式来计算自抗扰控制参数。需要注意的是,以上两点法的经验公式适用于自平衡的对象。近似高阶对象的两点法见图 3.9.7。

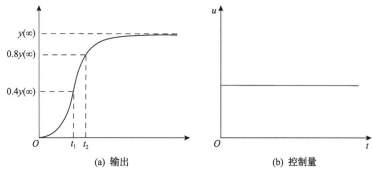

图 3.9.7 近似高阶对象的两点法

接下来,分别展示本节提出的二阶自抗扰控制参数整定方法在高阶对象、含振荡环节对象、含时滞加非最小相位对象上的应用效果。

例 3.9.1 考虑一个 100 阶对象:

$$G_{p1} = \frac{1}{(s+1)^{100}} \tag{3.9.39}$$

G_{p1} 是 $K/(Ts+1)^n$ 类型高阶对象的极端算例，本节提出方法仍适用。将 $n=100$、$T=1$ 和 $K=1$ 代入二阶自抗扰控制参数整定公式可直接计算自抗扰控制参数。同时 Skogestad 提出的 SIMC-PID 方法和 Åström 提出的 M_s 约束下的积分增益优化（M_s-constrained integral gain optimization, MIGO）方法[60]也被应用于该算例以进行比较。将三种方法的最大灵敏度 M_s 调整至相同大小，在相同的鲁棒性水平下，比较各方法的时域响应性能更具有代表性和公平性。G_{p1} 在三种控制方法下的响应如图 3.9.8 所示。在仿真中，设定值在 $t=0\mathrm{s}$ 时阶跃至 1，在 $t=800\mathrm{s}$ 时加入单位 1 的阶跃输入扰动，仿真步长 $h=0.01$。仿真时间的后 1/3 时长里，在控制输出上加入方差为 0.005 的白噪声，以观察三种方法对噪声的敏感程度。

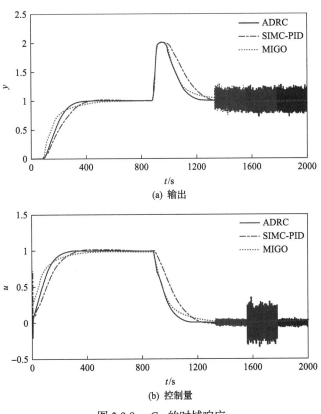

图 3.9.8　G_{p1} 的时域响应

为定量评价控制效果，也计算了部分时域性能指标以进行比较，如调节时间 T_s、超调量 σ、控制输入量上的噪声方差 σ_n、ITAE 和控制输入量的总变化量（total variation, TV）。三种控制方法的参数设置及性能指标可见表 3.9.1。

表 3.9.1 仿真算例的参数设置以及性能指标

模型	控制方法	可调参数	控制器参数	M_s	M_t	设定值跟踪		扰动抑制		ITAE	TV	σ_n
						T_s/s	$\sigma/\%$	T_s/s	$\sigma/\%$			
$G_{p1}(s)$	ADRC	$k=1.5$	$\omega_c=0.067, \omega_o=0.667, b_0=0.128$	1.51	1.00	349	0.24	415	98.6	206306	1.98	0.0003
	SIMC-PID	$\tau_c=1.2\theta$	$k_F=0.833, k_i=0.333, k_d=0.500$	1.51	1.00	413	1.23	520	101.4	302058	3.45	0.0076
	MIGO	$M_{sd}=1.5$	$K=0.2406, k_i=0.204, b=1$	1.51	1.00	496	0.25	578	99.9	239575	1.76	0.0003
$G_{p2}(s)$	ADRC	$k=3.34$	$\omega_c=2.717, \omega_o=27.17, b_0=37.34$	1.86	1.08	4.41	3.38	4.65	47.5	13.8	2.64	0.0021
	SIMC-PID	$\tau_c=1.35\theta$	$k_F=1.069, k_i=1.242, k_d=0.124$	1.86	1.03	5.83	6.43	4.88	53.3	15.5	15.0	1.0052
	MIGO	$M_{sd}=1.86$	$K=0.456, k_i=1.414, b=0$	1.86	1.29	6.13	22.0	5.16	64.5	19.9	3.58	0.0008
$G_{p3}(s)$	ADRC	$k=2.55$	$\omega_c=0.509, \omega_o=5.088, b_0=2.86$	1.80	1.00	19.3	0.11	21.6	90.2	651	2.12	0.0016
	SIMC-PID	$\tau_c=0.6\theta$	$k_p=0.284, k_i=0.114, k_d=0.171$	1.80	1.11	31.6	14.0	39.3	92.6	951	36.5	4.7022
	MIGO	$M_{sd}=1.8$	$K=0.304, K_i=0, b=0$	1.80	1.04	31.6	6.87	36.8	93.4	926	2.43	0.0005

　　三种方法中，MIGO 方法以最大灵敏度 M_s 直接作为可调参数，使被控系统获得期望的 M_s。对于 G_{p1} 对象，MIGO 方法将最大灵敏度设计为 $M_{sd}=1.5$，实际的最大灵敏度 $M_s=1.51$。因此，调整自抗扰控制算法中的可调参数 $k=1.5$，调整 SIMC-PID 中 τ_c 与 θ 之间的比例 $\tau_c=1.2\theta$，最终使三种控制方法获得相同的最大灵敏度。从图 3.9.8 看出，三种方法均能获得无超调的设定值跟踪响应，但自抗扰控制在跟踪和抗扰上所需的时间更少。此外，自抗扰控制在没有额外设计滤波器的情况下，控制输入量能够抑制由噪声引起的振颤幅度。由于该 100 阶高阶对象表现出大时滞的特性，因此本节针对高阶对象提出的自抗扰控制参数整定方法也适用于大时滞对象。

例 3.9.2　含振荡环节的对象

$$G_{p2}=\frac{9}{(s+1)\left(s^2+2s+9\right)}\approx\frac{1}{(0.2755s+1)^4} \tag{3.9.40}$$

　　根据 G_p 的阶跃响应曲线，采用两点法经验公式，可以将此含振荡环节的对象近似成一个四阶对象。近似的四阶对象不能体现原对象的动态振荡过程，但由于自抗扰控制方法不依赖被控对象的精确模型，将未建模动态当成总和扰动进行估计和抵消，所以本节提出方法在含振荡环节的对象上也能适用。同样地，SIMC-PID 和 MIGO 方法也被应用于该对象上。在达到相同的最大灵敏度下，三种方法的控制效果和性能指标比较如图 3.9.9 和表 3.9.1 所示。

　　从图 3.9.9 可以看出自抗扰控制能够在设定跟踪和抗扰阶段达到最小的振荡程度，并且将噪声抑制在可接受的范围内。

例 3.9.3　含时滞的非最小相位对象：

$$G_{p3}=\frac{(-s+1)\mathrm{e}^{-2s}}{(s+1)^5}\approx\frac{1}{(0.5929s+1)^{13}} \tag{3.9.41}$$

(a) 输出

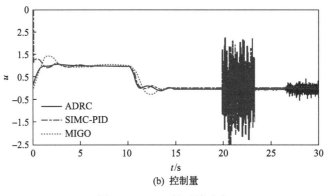

(b) 控制量

图 3.9.9　G_{p2} 的时域响应

　　同例 3.9.2，G_{p3} 同样被近似成一个 13 阶的高阶对象。尽管 G_{p3} 是非最小相位系统，二阶自抗扰控制参数整定公式，以及 SIMC-PID 和 MIGO 等控制方法对其同样的适用。三种方法控制效果的比较请参考图 3.9.10 和表 3.9.1。可以看出，

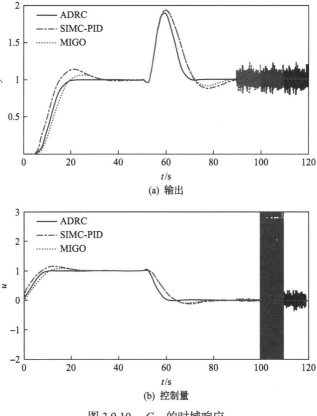

(a) 输出

(b) 控制量

图 3.9.10　G_{p3} 的时域响应

本节提出的自抗扰控制方法可以达到快速无超调的设定值跟踪和扰动消除,并且相比于 SIMC-PID,对噪声有更好的抑制效果。

讨论 3.9.1 从上面三个仿真算例可以看出,在没有添加滤波器的情况下,自抗扰控制方法具有一定抑制噪声的作用。接下来将具体讨论自抗扰控制滤波作用的原理。根据图 3.9.4,可以推导从噪声 w 到控制输入 u 的传递函数 $G_{uw}(s)$:

$$G_{uw}(s) = \frac{G_c F}{1 + G_c F G_p} = \frac{\left(B_2 s^2 + B_1 s + B_0\right)(Ts+1)^n}{b_0\left(s^3 + A_1 s^2 + A_0 s\right)(Ts+1)^n + \left(B_2 s^2 + B_1 s + B_0\right)K} \quad (3.9.42)$$

其中

$$\begin{aligned} B_0 &= k_p \beta_3, \quad B_1 = k_p \beta_2 + k_d \beta_3, \quad B_2 = k_p \beta_1 + k_d \beta_2 + \beta_3 \\ A_0 &= \beta_2 + k_d \beta_1 + k_p, \quad A_1 = \beta_1 + k_d \end{aligned} \quad (3.9.43)$$

由于 $G_{uw}(s)$ 分子阶次为 $n+2$,分母阶次为 $n+3$,所以 $G_{uw}(s)$ 是严格真的,可以推出结论:

$$\lim_{\omega \to \infty} \left| G_{uw}(i\omega) \right| = 0 \quad (3.9.44)$$

这也就是说噪声中的高频部分会被衰减,所以噪声在控制输入量 u 上的影响被减弱。这就是自抗扰控制具有噪声滤波作用的原因。

对比 PID 控制,从噪声 w 到控制输入 u 的传递函数 $G_{uw,\mathrm{PID}}(s)$ 为

$$G_{uw,\mathrm{PID}} = \frac{\left(k_i + k_p s + k_d s^2\right)(Ts+1)^n}{s(Ts+1)^n + \left(k_i + k_p s + k_d s^2\right)} \quad (3.9.45)$$

$G_{uw}(s)$ 的分子阶次为 $n+2$,分母阶次为 $n+1$,是非严格真的,$\lim\limits_{\omega \to \infty} \left| G_{uw,\mathrm{PID}}(i\omega) \right| = \infty$,所以 PID 控制对于高频噪声具有放大作用。这点在上述三个算例中 SIMC-PID 的控制输入量噪声放大上可以印证。

而 MIGO 方法采用的是含前馈的 PI 控制,没有微分环节,不会存在微分放大作用,所以在仿真中控制输入量上噪声程度保持较小。

讨论 3.9.2 本节针对 $K/(Ts+1)^n$ 类型提出的二阶自抗扰控制参数整定方法,可以应用于其他类型对象上。根据大量的仿真和工程经验,可以简单总结本节提出方法的适用范围。

总体来说,可以近似成 $K/(Ts+1)^n$ 类型的被控过程或对象均可适用本节提出的自抗扰控制参数整定方法。这就要求被控对象一定是自平衡的,对于非自平衡

对象，如积分对象、不稳定对象，该方法不再适用。而含时滞、振荡、非最小相位特性的自平衡对象可以采用该方法。具体来说，该方法对时滞主导对象(时滞-惯性比 $\tau/T>1$)的效果更好，因为时滞主导对象更接近高阶对象特性；含振荡环节的对象，阻尼比不小于0.3推荐使用；非最小相位对象阶跃响应的反向调节量不超过稳态增益的30%推荐使用。

由于工业上热工过程大部分是自平衡的系统，所以本节提出的自抗扰控制参数整定方法具有一定的通用性和较大的实用性。

3.9.3 一阶自抗扰控制的定量参数整定公式

在实际的工程实践中，越简单的先进控制方法意味着越简单的算法、越少的待整定参数，以及越高的系统可靠性，也越容易被现场工程师接纳。所以，一阶自抗扰控制在实际工程中比二阶自抗扰控制应用更多，因此，研究一阶自抗扰控制的参数整定公式同样重要。

1. 基于渐近线约束的一阶自抗扰控制参数整定公式

3.9.2 节中推导二阶自抗扰控制的思路和方法，可以用于一阶自抗扰控制的推导。一阶自抗扰控制的 ω_c、ω_o 采用与二阶自抗扰控制相同的计算公式：$\omega_c=10/(knT)$，$\omega_o=10\omega_c$。因此一阶自抗扰控制高阶对象的开环频率特性为

$$G_l(\mathrm{i}\omega)=\frac{120\omega_c^2\mathrm{i}\omega+100\omega_c^3}{b_0\mathrm{i}\omega(\mathrm{i}\omega+21\omega_c)}\frac{K}{(1+\mathrm{i}\omega T)^n} \tag{3.9.46}$$

同样地，一阶自抗扰控制高阶系统的 Nyquist 曲线，也存在一条垂直于实轴的渐近线。通过 ω 在 ±0 点求极限，获得渐近线的方程：

$$x=\left(5.4875\omega_c-4.7619nT\omega_c^2\right)K/b_0 \tag{3.9.47}$$

再利用渐近线约束，使渐近线位于最大灵敏度圆右边，并同样使 b_0 取下限值 1.4，M_{sc} 取 2.5，得到 b_0 的计算公式：

$$b_0=(11.1111nT\omega_c-12.8042)\omega_c K \tag{3.9.48}$$

综上，基于渐近线约束的一阶自抗扰控制参数整定公式为

$$\begin{cases}\omega_c=10/(knT)\\\omega_o=10\omega_c\\b_0=(11.1111nT\omega_c-12.8042)\omega_c K\end{cases} \tag{3.9.49}$$

2. 改进的一阶自抗扰控制参数整定公式

与二阶自抗扰控制参数整定公式一样，一阶自抗扰控制参数整定公式 (3.9.49) 也有相同的可调参数 k。为了使系统的实际最大灵敏度 M_s 达到预期值，需要手动调节参数 k。那么是否有参数整定方法，可以直接指定预期的最大灵敏度 M_{sd}，使被控系统实际最大灵敏度达到预期值。接下来，将确定最大灵敏度 M_s 与调节参数 k 之间的关系，使最大灵敏度 M_s 替代参数 k 作为可调参数，并用于平衡被控系统的响应性能和鲁棒性。

将式 (3.9.46)、式 (3.9.49) 代入式 (3.9.10) 中，最大灵敏度 M_s 的表达式变为

$$M_s = \max_{\omega} \left| \frac{1}{1 + \dfrac{1200kni\omega T + 10000}{(111.111/k - 12.8042)\left[(knT\omega)^2 + 210kni\omega T \right](i\omega T + 1)^n}} \right| \quad (3.9.50)$$

观察式 (3.9.50) 可得，被控对象稳态增益 K 与 M_s 无关，而对象阶次 n、时间常数 T 及可调参数 k 与 M_s 相关。所以，接下来研究 n、T 和 k 的变化对 M_s 的影响规律。在常见的高阶对象阶次范围内，选择 n 的范围为 3～20；T 的变化范围用 T 与 n 之比表示，这样 T 的变化可以覆盖更大的范围，设 $T/n = 0.01$～100；采用 3.9.2 节中方法，确定一阶自抗扰控制可调参数 k 的范围为 1～7。在上述 n、T 和 k 的变化范围内，其对 M_s 的影响规律如图 3.9.11 所示。

从图 3.9.11 (a) 中可以看到，不同的 T 曲线重合，说明 T 的大小不影响最大灵敏度 M_s 的大小。原因在于，在式 (3.9.50) 中，T 与 ω 成对出现，T 可以看成 ω 的比例因子。在 Nyquist 曲线中，ω 从 0 到 $\pm\infty$ 变化，所以 T 的大小不影响 Nyquist 曲线的形状，因而也不影响 M_s 的大小。

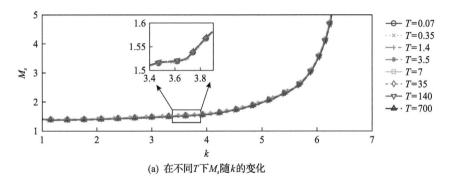

(a) 在不同 T 下 M_s 随 k 的变化

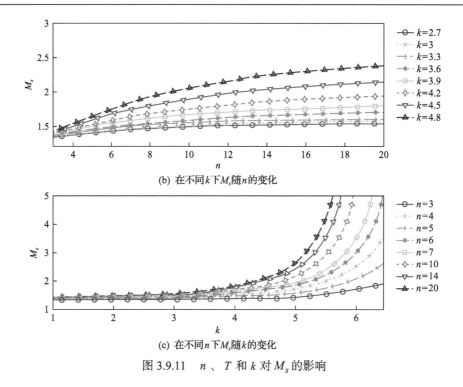

(b) 在不同k下M_s随n的变化

(c) 在不同n下M_s随k的变化

图 3.9.11　n、T 和 k 对 M_s 的影响

从图 3.9.11(b)、(c)中可以看到 M_s 随着 n 呈对数变化，随着 k 呈指数变化，所以 M_s 与 n、k 的关系可以用如下关系式表达：

$$M_s = f(n,k) = a_2 \mathrm{e}^k \ln(n-a_3) + a_1 \qquad (3.9.51)$$

其中，a_1、a_2 和 a_3 是需要确定的系数。

从式(3.9.51)中求解出 k，可得

$$k = \ln\left[\frac{M_s - a_1}{a_2 \ln(n-a_3)}\right] \qquad (3.9.52)$$

通过式(3.9.52)可以指定 M_s，计算可调参数 k，使实际的最大灵敏度达到指定值。如果利用 n、M_s 和 k 相对应的一组数据，通过非线性拟合，确定式(3.9.52)中的系数。在 $n = 3 \sim 20$ 范围内，寻找满足 $M_s = 1.4 \sim 2.0$ 的 k 值，采用以绝对偏差积分（integral absolute error, IAE）最小化为目标的优化方法：

$$\min_k (\mathrm{IAE}), \quad M_s = \mathrm{const}, \quad n = \mathrm{const} \qquad (3.9.53)$$

最终计算出来的关于 k 的数据集如图 3.9.12 中黑点所示。

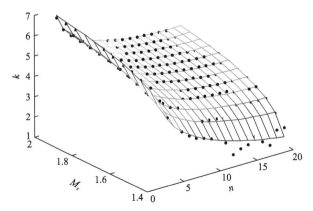

图 3.9.12　k 的非线性拟合(黑点：数据；网格：拟合结果)

根据式 (3.9.52) 中的拟合模型、式 (3.9.53) 所得数据，通过非线性拟合得到：$a_1 = 1.3966$、$a_2 = 0.0026$ 和 $a_3 = 1.6980$，M_s 平均的拟合误差为 $E = 0.165$，方差是 $S = 0.0252$，这意味着实际的最大灵敏度与预期值之间的平均误差是大于 0.1 的。为了进一步提高拟合精度，对拟合模型式 (3.9.52) 进行改进：

$$k = \ln\left[\frac{M_s - a_1 n^{a_4}}{a_2 n^{a_5} \ln\left(n - a_3 n^{a_6}\right)}\right] \qquad (3.9.54)$$

重新进行非线性拟合，得到各系数为

$$a_1 = 1.312, \quad a_2 = 0.002, \quad a_3 = 0.452, \quad a_4 = 0.026, \quad a_5 = 0.48, \quad a_6 = 1.22 \quad (3.9.55)$$

M_s 平均的拟合误差为 $E = 0.047$，方差是 $S = 0.0055$。从拟合结果图 3.9.12 中所示的网格可以看出，大部分数据点都位于网格曲面上，说明拟合结果较准确。

综上所述，一阶自抗扰控制的改进参数整定公式为

$$\begin{cases} k = \ln\left[\dfrac{M_{\mathrm{sd}} - 1.312 n^{0.026}}{0.002 n^{0.48} \ln\left(n - 0.452 n^{1.22}\right)}\right] \\ \omega_c = 10/(knT) \\ \omega_o = 10\omega_c \\ b_0 = \left(11.1111 nT\omega_c - 12.8042\right)\omega_c K \end{cases} \qquad (3.9.56)$$

对于高阶对象 $K/(Ts+1)^n$，若想要控制系统达到指定的最大灵敏度 M_{sd}，通过式 (3.9.56) 计算的一阶自抗扰控制参数可以实现预期的最大灵敏度。

3. 仿真算例

本节将通过一个仿真算例,来说明如何以预期最大灵敏度 M_{sd} 作为可调参数来平衡控制系统的时域响应性能和鲁棒性,并且通过仿真证明,改进的一阶自抗扰控制参数整定公式能够以较高精度实现预期的最大灵敏度。

考虑高阶对象:

$$G_{p4} = \frac{1}{(10s+1)^5} \tag{3.9.57}$$

预期的最大灵敏度 M_{sd} 分别设为 1.4、1.5、1.6、1.7 和 1.8,模型参数 $n=5$,$T=10$,$K=1$,将其一并代入式(3.9.56),计算出五组不同鲁棒性水平的自抗扰控制参数。五组不同参数下的控制结果如图 3.9.13 所示。在仿真实验中,当 $t=20\text{s}$ 时,参考信号从 0 阶跃到 1;当 $t=250\text{s}$ 时,控制输入处加入一个单位阶跃扰动。另外,控制系统的开环 Nyquist 曲线如图 3.9.13 所示,一阶自抗扰控制参数和控制性能指标见表 3.9.2。

由图 3.9.13 可见,预期最大灵敏度 M_{sd} 越大,设定值跟踪和扰动抑制也更快,这点从表 3.9.2 中的性能指标 T_s、σ 和 IAE 上也可以得到验证。但同时,随着 M_{sd} 增大,鲁棒性下降开始体现,输出响应出现轻微振荡,并且总输入变化量 TV 开

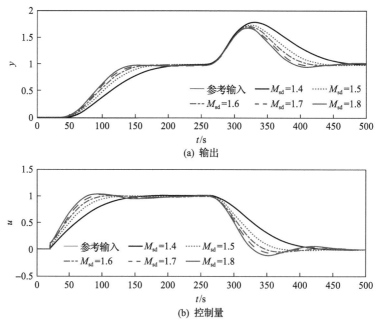

(a) 输出

(b) 控制量

图 3.9.13　G_{p4} 在不同 M_{sd} 下的设定值跟踪和抗扰响应

表 3.9.2　一阶自抗扰控制参数及性能指标

M_{sd}	控制器参数	M_s	跟踪		抗扰		IAE	TV
			T_s / s	σ /%	T_s / s	σ /%		
1.4	$\omega_c = 0.0790, \omega_o = 0.7903, b_0 = 2.4574$	1.40	189	0.73	300	75.4	181.7	2.02
1.5	$\omega_c = 0.0503, \omega_o = 0.5034, b_0 = 0.7629$	1.51	155	0.26	182	74.6	146.8	2.00
1.6	$\omega_c = 0.0440, \omega_o = 0.4405, b_0 = 0.5137$	1.61	138	0.74	159	71.5	134.6	2.10
1.7	$\omega_c = 0.0408, \omega_o = 0.4081, b_0 = 0.4027$	1.71	127	1.25	191	68.7	127.6	2.25
1.8	$\omega_c = 0.0387, \omega_o = 0.3873, b_0 = 0.3372$	1.80	200	1.53	188	66.5	122.9	2.43

始增加。所以，对于预期最大灵敏度 M_{sd} 的选取并不是越大越好，需要在性能和鲁棒性之间合理平衡。

另外，从图 3.9.14 中右图可以看到，预期的灵敏度约束圆和 Nyquist 曲线大致相切，实际的最大灵敏度 M_s 与预期最大灵敏度 M_{sd} 的误差在 0.01 之内，说明改进的一阶自抗扰控制参数整定方法能以较高精度达到预期最大灵敏度。

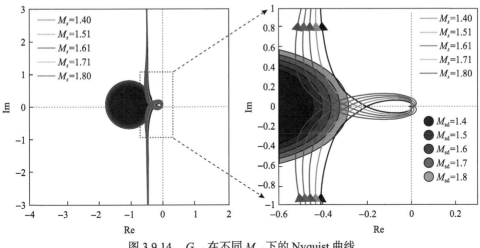

图 3.9.14　G_{p4} 在不同 M_{sd} 下的 Nyquist 曲线

与二阶自抗扰控制参数整定公式相同，式(3.9.49)和式(3.9.56)中提出的一阶自抗扰控制参数整定公式也可通过近似被控对象的方法应用于非 $K / (Ts + 1)^n$ 类型的对象上。但因为被控对象公式非 $K / (Ts + 1)^n$ 类型，不能保证实际的最大灵敏度 M_s 以较高精度达到预期值。

简单总结改进一阶自抗扰控制参数整定方法的优点：①显式公式计算简单；②可调参数为预期最大灵敏度 M_{sd}，物理意义明确，无需反复繁杂的手动调整过程；③该方法以较高精度达到预期最大灵敏度，可以获得预期的鲁棒性水平。

3.9.4 小结

本节在单变量系统的框架下，研究自抗扰控制的参数整定问题。首先针对高阶对象，采取低阶自抗扰控制，将高阶特性当成总和扰动的一部分，采用奇异摄动理论分析低阶自抗扰控制高阶对象的稳定性。设置最大灵敏度为鲁棒性约束，通过将最大灵敏度约束转化成渐近线约束，推导得到二阶自抗扰控制参数整定公式。通过将其他类型对象近似成 $K/(Ts+1)^n$ 形式，将所提出的参数整定方法推广至其他类型的自平衡对象上。仿真算例初步验证了参数整定方法的有效性。

3.10　基于概率鲁棒的自抗扰控制

未建模动态、参数摄动以及外部扰动等不确定性在实际工业系统中是客观存在的，特别是在热工系统中。例如，煤质的波动或者负荷指令变化都会对燃煤机组过热汽温产生比较大的影响。Brockett[66]曾指出如果没有不确定性，反馈控制很大程度上是没有必要的。为抑制系统不确定性带来的不利影响，本节基于不确定系统的随机分析方法，借助 Monte Carlo 实验方法和优化算法，提出了基于概率鲁棒(probabilistic robustness, PR)的自抗扰控制设计方法。将该方法在单变量系统、多变量系统以及非线性系统上进行仿真验证，在 Peltier 温度控制平台上进行验证，最后成功地应用在燃煤机组二次风回路中，显示了很好的控制效果。

3.10.1　问题描述

针对如热工、机械、电气等实际工业系统，其动态特性可以借助基于物理规律的微分方程进行描述。针对一般系统，考虑时变、时滞、非线性以及外部扰动，其动态特性可以描述为

$$\begin{cases} \dot{x} = g(x,u,t-\tau,d) \\ y = h(x,u,t) \end{cases} \tag{3.10.1}$$

其中，x、u、τ、d 和 y 分别为状态变量、系统输入、时滞时间、外部扰动和系统输出。

在工业系统中进行控制器设计时，一般是将式(3.10.1)在设计工况点附近线性化，得到系统的传递函数模型。在实际建模中，一些内部的物理属性如非线性、分布参数等特性会被简化。此外，系统的工况也会变化，所以得到的传递函数模型不应该是固定值而应该是一个区间范围，那么考虑参数不确定、建模简化、非线性以及工况变化产生等因素后的传递函数族可以描述为

$$G_p(s) = \frac{c_m s^m + c_{m-1} s^{m-1} + \cdots + c_0}{a_n s^n + a_{n-1} s^{n-1} + \cdots + a_0} \mathrm{e}^{-\tau s} \tag{3.10.2}$$

其中，$a_i(i = 0,1,2,\cdots,n)$ 和 $c_j(j = 0,1,2,\cdots,m)$ 分别为不确定性系统的分母和分子，并且有 $n \geqslant m$；$\tau \geqslant 0$ 是不确定性系统的时滞时间。

定义 $q = \{a_i, c_j, \tau\}$ 为参数空间 Q 内的不确定性参数向量，其概率分布分数函数为 p_r。可以得到不确定性系统的参数空间 Q 为

$$Q = \left\{ \left[a_{i_-}, a_i^+ \right] \cup \left[c_{j_-}, c_j^+ \right] \cup \left[\tau_-, \tau^+ \right] \right\} \tag{3.10.3}$$

其中，上标 "+" 和下标 "–" 分别是参数空间 Q 内元素的上界和下界。

针对不确定性系统和参数空间 Q 的控制器设计目标应该是控制器能够保证不确定性系统内的所有系统均可以满足控制要求，该设计的方法可以描述为

$$\begin{aligned} &\max\{\text{在参数空间内满足控制要求的可能性}\} \\ &\text{s.t.}\ \text{控制要求约束} \end{aligned} \tag{3.10.4}$$

其中，控制要求可以是调节时间 (T_s)、误差绝对值的时间积分 (ITAE) 以及超调量 (σ) 等。然而，基于标称模型自抗扰控制参数整定可以描述为

$$\begin{aligned} &\max\{\text{标称系统的控制性能指标}\} \\ &\text{s.t.}\ \text{鲁棒性约束} \end{aligned} \tag{3.10.5}$$

其中，控制性能指标可以为 ITAE、误差绝对值的积分 (integral of absolute error, IAE) 等。

需要说明的是，采用式 (3.10.5) 所示设计方法，当系统偏离设计工况时，控制性能可能会变差很多。为了最大可能地保证参数空间 Q 内的不确定性系统均能满足控制要求又不增加自抗扰控制设计的复杂度和计算量，本节提出基于概率鲁棒的自抗扰控制设计方法，其具有计算高效、满足设计目标等特点。

3.10.2　设计思路和流程

由于低阶自抗扰控制在工程实现、参数整定等方面具有明显的优势，本节主要讨论一阶、二阶自抗扰控制的概率鲁棒设计，该设计方法也可以推广至更高阶次的自抗扰控制设计。此外，将文献[9]所示的带宽法进行改进，即 ESO 增益设计为

$$\begin{cases} \beta_j = \dfrac{(n+1)!}{j!(n+1-j)!}\omega_o^j, \quad j=1,2,\cdots,n \\[3mm] \beta_{n+1} = \xi\omega_o^{n+1} \end{cases} \tag{3.10.6}$$

其中，ξ 为 β_{n+1} 的可调系数，推荐范围为[0.05,10]。

一阶、二阶自抗扰控制需要整定的参数为系统增益的估计值 b_0、控制器带宽 ω_c、观测器带宽 ω_o 和可调系数 ξ。

需要说明的是，该改进方法是为了增加 ESO 参数的自由度但不增加参数整定的难度，并能够进一步挖掘自抗扰控制的应用潜力。ξ 的推荐范围是根据大量仿真结果得到的合理范围，该范围的合理性在后续仿真中也可以得到验证。

此时，根据 D-分割法的基本原理，自抗扰控制的参数稳定域边界由 $\omega \in (0,-\infty) \bigcup (0,+\infty)$ 时的非奇异边界 ∂D_ω，$\omega=0$、$\omega=\pm\infty$ 时的奇异边界 ∂D_0 和 ∂D_∞ 组成。根据文献[67]中的结果，结合需要整定的参数 $\{b_0,\omega_c,\omega_o,\xi\}$，可以得到一阶、二阶自抗扰控制的稳定域分别由下列边界组成：

$$\begin{cases} \partial D_0 : \omega_c = 0 \\[2mm] \partial D_\omega : \begin{cases} \omega_c\left(\xi\omega_o^2 - \omega^2\right)G_a(\omega) - \left(\xi\omega_o^2 + 2\omega_c\omega_o\right)G_b(\omega)\omega - b_0\omega^2 = 0 \\[2mm] \omega_c\left(\xi\omega_o^2 - \omega^2\right)G_b(\omega) + \left(\xi\omega_o^2 + 2\omega_c\omega_o\right)G_a(\omega)\omega + 2b_0\omega_o\omega = 0 \end{cases} \\[2mm] \omega_o = 0 \end{cases} \tag{3.10.7}$$

和

$$\begin{cases} \partial D_0 : \omega_c = 0 \\[2mm] \partial D_\omega : \begin{cases} \left[\omega_c^2\xi\omega_o^3 - \left(\xi\omega_o^3 + 6\omega_c\omega_o^2 + 3\omega_c^2\omega_o\right)\omega^2\right]G_a(\omega) \\[2mm] -\left[-\omega_c^2\omega^2 + \left(2\omega_c\omega_o^3 + 3\omega_c^2\omega_o^2\right)\right]G_b(\omega)\omega - (3\omega_o + 2\omega_c)b_0\omega^2 = 0 \\[2mm] \left[\omega_c^2\xi\omega_o^3 - \left(\xi\omega_o^3 + 6\omega_c\omega_o^2 + 3\omega_c^2\omega_o\right)\omega^2\right]G_b(\omega) \\[2mm] +\left[-\omega_c^2\omega^2 + \left(2\omega_c\omega_o^3 + 3\omega_c^2\omega_o^2\right)\right]G_a(\omega)\omega + \left(-\omega^2 + 3\omega_o^2 + 3\omega_c^2\omega_o\right)b_0\omega = 0 \end{cases} \\[2mm] \omega_o = 0 \end{cases}$$

$$\tag{3.10.8}$$

其中，$G_a(\omega)$ 和 $G_b(\omega)$ 分别为被控对象的实部和虚部。

由于 b_0 是系统增益 b 的估计值，因此在整定自抗扰控制参数时，需要先确定 b_0 的值，然后计算 $\{\omega_c,\omega_o,\xi\}$ 的值。接下来通过仿真说明不同 b_0 或者 ξ 对自抗扰

控制参数稳定域的影响。考虑一个简单系统:

$$G_p(s) = \frac{1}{s+1}e^{-0.1s} \qquad (3.10.9)$$

通过式(3.10.7)可以得到 ξ 或 b_0 固定时的一阶自抗扰控制参数分布如图 3.10.1 和图 3.10.2 所示, b_0 值对于参数域具有一定影响, b_0 越大得到的参数域越大,反之亦然。由图 3.10.2 可知,较大的 ξ 会使参数集合 $\{\omega_c, \omega_o\}$ 的范围变小,反之亦然。

基于上述关于自抗扰控制参数稳定域的分析,接下来讨论基于概率鲁棒的自抗扰控制设计方法。当 b_0 值固定时,需要整定的自抗扰控制参数向量为

$$\chi = \{\omega_c, \omega_o, \xi\} \qquad (3.10.10)$$

当自抗扰控制参数和参数空间 Q 内不确定性系统固定时,可以得到闭环系统的控制性能指标,并可以检验该指标是否满足预期的设计要求。为了能够定量地衡量该闭环系统的控制性能,定义一个二元指标函数 I 为

$$I_i = \begin{cases} 0, & 设计要求没有得到满足 \\ 1, & 设计要求得到满足 \end{cases} \qquad (3.10.11)$$

其中,下标 i 表示第 i 个设计要求的指标函数。

由参数确定的自抗扰控制和参数空间 Q 内不确定性系统组成的闭环系统满足第 i 个设计要求的概率 P 可以通过式(3.10.12)得到

$$P_i(\chi) = \int_Q I_i \left(G_p(q), G_c(\chi) \right) p_r(q)\mathrm{d}q \qquad (3.10.12)$$

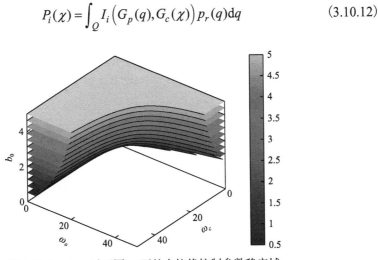

图 3.10.1 $\xi = 1$ 时不同 b_0 下的自抗扰控制参数稳定域

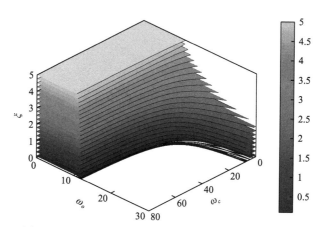

图 3.10.2　$b_0 = 2$ 时不同 ξ 下的自抗扰控制参数稳定域

考虑到实际系统可能有多个设计要求，基于概率意义的概率鲁棒评价指标可以定义为

$$J(\chi) = \text{fcn}\left(P_1(\chi), P_2(\chi), \cdots\right) \tag{3.10.13}$$

其中，fcn 为不同设计要求的组合函数，该函数可以是基于权值的线性加和，也可以是其他类型的非线性函数。

基于概率鲁棒的自抗扰控制设计的目标是找到位于自抗扰控制参数稳定域内的最优参数向量 χ^*，χ^* 可以保证位于参数空间 Q 内的不确定性系统能够最大概率满足设计要求，即 χ^* 可以保证得到最大的 $J(\chi)$。然而，在实际计算中是没有办法计算参数空间 Q 内全部不确定性系统的 $J(\chi)$，并且 $J(\chi)$ 在大部分情况下是很难解析求解的。考虑到 Monte Carlo 实验法逐步成为一种实用和有效的估计概率的方法，并且被控对象具有参数不确定性和随机性，本节应用 Monte Carlo 实验法估计 $J(\chi)$ 和 $P_i(\chi)$。进行 N 次 Monte Carlo 实验，$J(\chi)$ 和 $P_i(\chi)$ 的估计值表达式为

$$\hat{J}(\chi) = \text{fcn}\left(\hat{P}_1(\chi), \hat{P}_2(\chi), \cdots\right) \tag{3.10.14}$$

$$\hat{P}_i(\chi) = \frac{1}{N}\sum_{k=1}^{N} I_i\left(G_p(q), G_c(\chi)\right) \tag{3.10.15}$$

当 $N \to \infty$ 时，$\hat{J}(\chi)$ 和 $\hat{P}_i(\chi)$ 可以收敛到 $J(\chi)$ 和 $P_i(\chi)$。实际上 N 是不能无穷大的，这会使得估计值($\hat{J}(\chi)$ 和 $\hat{P}_i(\chi)$)和真实值($J(\chi)$ 和 $P_i(\chi)$)存在一定的估计误差。

基于给定风险参数 ε 和置信水平 $1-\delta$ 的 Massart 不等式，可以得到能保证一定置信区间的最小 N：

$$N > \frac{2\left(1-\varepsilon+\dfrac{\alpha\varepsilon}{3}\right)\left(1-\dfrac{\alpha}{3}\right)\ln\dfrac{2}{\sigma}}{\alpha^2\varepsilon} \tag{3.10.16}$$

其中，$\alpha \in (0,1)$。

由式 (3.10.16) 决定的 N 可以保证 $P\{|P_x - K/N| < \alpha\varepsilon\} > 1-\delta$，其中 P_x、N、K 和 K/N 分别表示不确性系统满足设计要求的概率真实值、Monte Carlo 实验次数、N 次 Monte Carlo 实验中满足设计要求的次数和满足设计要求的估计值（概率估计值）。则置信区间为 $[K/N - \alpha\varepsilon, K/N + \alpha\varepsilon]$。

本节中选取 $\varepsilon = 0.01$、$1-\delta = 0.99$ 和 $\alpha = 0.2$，可以得到 N 的最小值为 24495。考虑到将遗传算法 (genetic algorithm, GA) 作为启发式算法具有很好的全局收敛性，采用 GA 对 $\hat{J}(\chi)$ 指标进行优化，从而得到满足要求的最优参数向量 χ^*。然而在优化过程中每个个体在一次进化中进行 $N \geqslant 24495$ 次 Monte Carlo 实验，GA 所需时间非常长。为提高 GA 的效率和计算的可行性，在 GA 中采用一个适当小的 $N = 500$，然后基于优化得到的 χ' 和参数空间 Q 内的不确定性系统进行 N 次 Monte Carlo 实验，检验 χ' 是否以置信度 $1-\delta$ 满足系统的设计要求。

通过上述讨论，基于概率鲁棒的自抗扰控制设计流程可以整理如下。

(1) 定义不确定性系统式 (3.10.2) 的参数空间 Q 和式 (3.10.14) 中的鲁棒评价指标 $\hat{J}(\chi)$。

(2) 根据不确定性系统式 (3.10.2)，选择系统增益的估计值 b_0 并计算标称模型下的参数稳定域。

(3) 在稳定域内生成 GA 的初始种群。

(4) 通过 GA 对鲁棒评价指标 $\hat{J}(\chi)$ 进行优化，得到参数向量 χ'。

(5) 基于参数向量 χ' 的控制器和参数空间 Q 的不确定性系统进行 $N \geqslant 24495$ 次 Monte Carlo 实验。

(6) 检验 χ' 是否以置信度 $1-\delta$ 满足系统的设计要求，如果满足则有 $\chi^* = \chi'$，否则返回步骤 (2)。

基于概率鲁棒的自抗扰控制设计流程也可以通过图 3.10.3 表示。通过该设计流程计算的自抗扰控制参数能够保证位于参数空间 Q 内的不确定性系统能够最大概率满足设计要求。

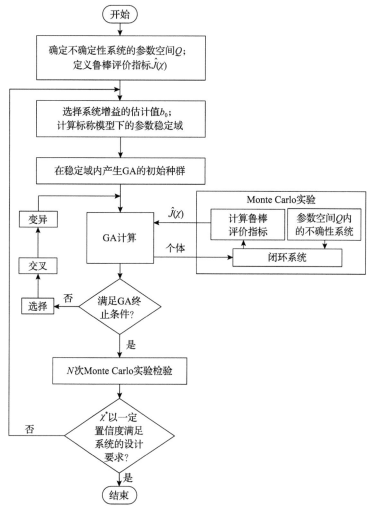

图 3.10.3　基于概率鲁棒的自抗扰控制设计流程

3.10.3　仿真研究

根据 3.10.2 节基于概率鲁棒的自抗扰控制设计流程,本节针对 SISO 系统、MIMO 系统和非线性系统展开仿真研究。

在选取二元指标函数时,需要考虑如下几个因素。

(1)控制要求的指标需要能够反映闭环系统的控制性能,如 T_s、ITAE、IAE 及 σ 等。此外频域指标也可以作为控制要求的指标,如剪切频率 ω_{gc}、相位裕度等指标。

(2)指标之间的关系也需要考虑,例如,一个较小的 T_s 往往意味着一个较大的

σ，如果同时选择 T_s 和 σ 作为指标，则能够很好地平衡闭环系统调节时间和超调量之间的矛盾。

(3)实际系统的物理约束也是需要考虑的因素，如执行器饱和等。

(4)对于 MIMO 系统，回路之间的耦合作用也是需要考虑的因素。

需要说明的是，闭环系统的超调量 σ 是根据控制要求给定的，与开环对象参数无关；而闭环系统的 T_s 与开环对象参数存在正相关的定性关系，即以 FOPDT 系统为例，随着时间常数 T 的增加闭环系统的 T_s 也应该增加，并且根据经验有 $T_s = (3 \sim 10)T$ 的关系，倍数关系过大会得到过于保守的控制器参数，反之可能无法得到满足要求的控制器参数。

基于上述因素，选择 T_s 和 σ 作为 SISO 系统的控制要求指标。针对 MIMO 系统，还需要考虑其他回路设定值变化对该回路产生扰动的恢复时间 T_{ry}。

式(3.10.14)中的 fcn 可以是线性权值组合或者非线性权值组合，为简化处理，SISO 系统的 fcn 采用式(3.10.17)进行计算：

$$\hat{J}(\chi) = 0.8\hat{P}_{T_s}(\chi) + 0.2\hat{P}_\sigma(\chi) \tag{3.10.17}$$

需要说明的是，式(3.10.17)中权值系数是根据闭环系统对于超调量和调节时间的权值选择，在这里是根据文献[68]中建议进行的选择。

对于一个 $n \times n$ 的 MIMO 系统，fcn 函数采用式(3.10.18)进行计算：

$$\hat{J}(\chi) = \frac{\sum_{i=1}^{n}\hat{J}_i(\chi)}{1.8n} \tag{3.10.18}$$

其中，$\hat{J}_i(\chi) = \hat{P}_{i,T_s}(\chi) + 0.5\hat{P}_{i,\sigma}(\chi) + 0.3\hat{P}_{i,T_{ry}}(\chi)$，$i$ 表示第 i 个回路。

式(3.10.18)中的分母 1.8 是为了保证在所有性能指标均满足时 $\hat{J}(\chi)$ 的值为 1。需要说明的是，分母 1.8 并不影响概率鲁棒设计中的参数选择。

此外，当使用 GA 对 $\hat{J}(\chi)$ 进行优化时，相关的参数设置如下：种群的个体数为 200，进化代数为 20，其他参数选用默认设置。

1. 单变量系统仿真研究和分析

为比较基于概率鲁棒的自抗扰控制(PR-ADRC)器的性能,选取基于 IAE 指标通过 GA 优化的自抗扰控制(GA-ADRC)器、基于 SIMC 整定的 PI/PID 控制器[50]和基于 DDE 整定的 PI/PID 控制器[69]作为对比控制器。

由文献[67]和[70]的分析可知，一阶、二阶自抗扰控制器可以分别类似于 PI、

PID 控制器。为比较的公平性,如果针对某一对象设计 PI 控制器,那么对应地去设计一阶自抗扰控制器。基于 SIMC 整定的 PI/PID 控制器形式如下:

$$\begin{cases} G_{PI} = k_p \left(1 + \dfrac{1}{T_i s} \right) \\ G_{PID} = k_p \left(1 + \dfrac{1}{T_i s} + T_d s \right) \end{cases} \tag{3.10.19}$$

其中,需要整定参数为 $\{k_p, T_i\}/\{k_p, T_i, T_d\}$,其整定公式可以参考文献[50],该公式也适用于 FOPDT 对象、SOPDT 对象以及积分对象等。

基于 DDE 整定的 PI/PID 控制器形式如下:

$$\begin{cases} G_{PI} = k_p + \dfrac{k_i}{s} \\ G_{PID} = k_p + \dfrac{k_i}{s} + k_d s \end{cases} \tag{3.10.20}$$

DDE 是典型的二自由度 PID 控制结构,如图 3.10.4 所示,可知 PI/PID 控制器需要整定参数为 $\{b, k_p, k_i\}$ 和 $\{b, k_p, k_i, k_d\}$,其整定规则可以参考文献[71]。需要说明的是 DDE 中的 b 为前馈系数。

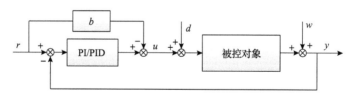

图 3.10.4   基于 DDE 的 PI/PID 结构

针对文献[69]中所研究的 FOPDT 系统、SOPDT 系统、高阶系统、非最小相位系统和积分系统等 15 个典型系统,分别设计基于概率鲁棒的自抗扰控制,为表征不确性系统的参数空间,SISO 系统的 Q 定义为 $[-15\%q, +15\%q]$,控制要求设置为 $\sigma \leqslant 5\%$,T_s 则根据闭环系统的预期动态来设定。此外,也设计了 GA-ADRC,文献[69]和[72]分别针对上述系统设计了基于 SIMC 和 DDE 整定的 PI/PID 控制方法。PR-ADRC、GA-ADRC、SIMC-PI/PID 和 DDE-PI/PID 的参数见表 3.10.1,此外各个对象的 T_s 也在表 3.10.1 中给出。上述典型系统的标称模型如下:

$$G_1 = \frac{1}{(s+1)(0.2s+1)} \tag{3.10.21}$$

$$G_2 = \frac{(-0.3s+1)(0.08s+1)}{(2s+1)(1s+1)(0.4s+1)(0.2s+1)(0.05s+1)^3} \quad (3.10.22)$$

$$G_3 = \frac{2(15s+1)}{(20s+1)(s+1)(0.1s+1)^2} \quad (3.10.23)$$

$$G_4 = \frac{1}{(s+1)^4} \quad (3.10.24)$$

$$G_5 = \frac{1}{(s+1)(0.2s+1)(0.04s+1)(0.0008s+1)} \quad (3.10.25)$$

$$G_6 = \frac{(0.17s+1)^2}{s(s+1)^2(0.028s+1)} \quad (3.10.26)$$

$$G_7 = \frac{-2s+1}{(s+1)^3} \quad (3.10.27)$$

$$G_8 = \frac{1}{s(s+1)^2} \quad (3.10.28)$$

$$G_9 = \frac{e^{-s}}{(s+1)^2} \quad (3.10.29)$$

$$G_{10} = \frac{1}{(20s+1)(2s+1)}e^{-s} \quad (3.10.30)$$

$$G_{11} = \frac{-s+1}{(6s+1)(2s+1)^2}e^{-s} \quad (3.10.31)$$

$$G_{12} = \frac{(6s+1)(3s+1)}{(10s+1)(8s+1)(s+1)}e^{-0.3s} \quad (3.10.32)$$

$$G_{13} = \frac{2s+1}{(10s+1)(0.5s+1)}e^{-s} \quad (3.10.33)$$

$$G_{14} = \frac{-s+1}{s} \quad (3.10.34)$$

$$G_{15} = \frac{-s+1}{s+1} \quad (3.10.35)$$

表 3.10.1 控制器参数和预期调节时间 T_s

标称模型	控制器[a]	T_s/s	PR-ADRC $\{b_0,\omega_c,\omega_o,\xi\}$	GA-ADRC $\{b_0,\omega_c,\omega_o,\xi\}$	SIMC-PI/PID[b] $\{k_p,T_i,T_d\}$	DDE-PI/PID[c] $\{b,k_p,k_i,k_d\}$
$G_1(s)$	$\{1^{st},\text{PI}\}$	3	$\{2,2.333,8.302,0.997\}$	$\{2,7.612,20.014,0.145\}$	$\{5.5,0.8\}$	$\{3.33,4.12,7.83\}$
$G_2(s)$	$\{1^{st},\text{PI}\}$	15	$\{2,1.329,1.443,0.842\}$	$\{2,2.250,9.208,0.080\}$	$\{0.85,2.5\}$	$\{0.77,0.80,0.35\}$
	$\{2^{nd},\text{PID}\}$		$\{1,0.966,3.831,0.503\}$	$\{1,3.000,2.132,0.534\}$	$\{1.30,2,1.2\}$	$\{1.94,2.02,0.86,1.44\}$
$G_3(s)$	$\{1^{st},\text{PI}\}$	3	$\{2,3.560,6.461,1.318\}$	$\{2,10.500,13.500,0.337\}$	$\{2.33,1.05\}$	$\{0.43,1.71,2086\}$
	$\{2^{nd},\text{PID}\}$		$\{2,2.327,13.311,0.612\}$	$\{2,4.055,16.665,0.554\}$	$\{6.67,0.4,0.15\}$	$\{20,24,40,4.5\}$
$G_4(s)$	$\{1^{st},\text{PI}\}$	23	$\{2,0.605,5.450,1.701\}$	$\{2,1.800,11.505,0.065\}$	$\{0.3,1.5\}$	$\{0.63,0.65,0.28\}$
	$\{2^{nd},\text{PID}\}$		$\{2,2.034,1.236,1.218\}$	$\{2,2.737,3.788,0.290\}$	$\{0.5,1.5,1\}$	$\{1.28,1.33,0.49,0.96\}$
$G_5(s)$	$\{1^{st},\text{PI}\}$	3	$\{2,2.844,9.000,0.493\}$	$\{2,10.500,13.500,0.158\}$	$\{3.72,1.1\}$	$\{2,2.4,4\}$
	$\{2^{nd},\text{PID}\}$		$\{2,2.406,13.889,0.727\}$	$\{2,5.000,27.020,0.623\}$	$\{17.9,0.224,0.22\}$	$\{80,96,160,18\}$
$G_6(s)$	$\{1^{st},\text{PI}\}$	25	$\{3,0.151,8.273,0.226\}$	$\{3,2.414,22.922,0.002\}$	$\{0.296,13.5\}$	$\{0.32,0.33,0.045\}$
	$\{2^{nd},\text{PID}\}$		$\{3,0.234,11.541,1.892\}$	$\{3,1.682,20.000,2.000\}$	$\{1.40,2.86,1.33\}$	$\{9.23,9.66,4.26,5.92\}$
$G_7(s)$	$\{1^{st},\text{PI}\}$	28	$\{2,0.561,9.488,0.135\}$	$\{2,1.161,1.080,0.909\}$	$\{0.214,1.5\}$	$\{0.33,0.35,0.18\}$
	$\{2^{nd},\text{PID}\}$		$\{2,1.009,1.483,1.852\}$	$\{2,1.276,2.065,1.285\}$	$\{0.3,1.5,1\}$	$\{0.55,0.57,0.23,0.38\}$

续表

标称模型	控制器[a]	T_s/s	PR-ADRC $\{b_0,\omega_c,\omega_o,\xi\}$	GA-ADRC $\{b_0,\omega_c,\omega_o,\xi\}$	SIMC-PI/PID[b] $\{k_p,T_i,T_d\}$	DDE-PI/PID[c] $\{b,k_p,k_i,k_d\}$
$G_8(s)$	$\{1^{st}, \text{PI}\}$	30	$\{2,0.118,4.014,0.272\}$	$\{2,0.938,15.288,0.001\}$	$\{0.33,12\}$	$\{0.29,0.30,0.036\}$
	$\{2^{nd}, \text{PID}\}$		$\{2,0.579,8.786,1.174\}$	$\{2,0.881,25.607,0.450\}$	$\{1.5,4,1.5\}$	$\{1.42,1.46,0.40,1.39\}$
$G_9(s)$	$\{1^{st}, \text{PI}\}$	30	$\{2,1.108,7.276,0.122\}$	$\{2,1.514,11.088,0.108\}$	$\{0.5,1.5\}$	$\{0.67,0.71,0.42\}$
	$\{2^{nd}, \text{PID}\}$		$\{2,1.229,2.340,2.000\}$	$\{2,2.012,3.334,0.819\}$	$\{0.5,1,1\}$	$\{1.11,1.17,0.56,0.67\}$
$G_{10}(s)$	$\{1^{st}, \text{PI}\}$	35	$\{0.5,0.121,5.155,1.124\}$	$\{0.5,1.531,18.036,0.009\}$	$\{2.25,16\}$	$\{3.33,3.37,0.35\}$
	$\{2^{nd}, \text{PID}\}$		$\{0.5,0.282,24.235,1.767\}$	$\{0.5,1.531,36.072,2.856\}$	$\{10,8,2\}$	$\{3.64,3.67,0.33,10.4\}$
$G_{11}(s)$	$\{1^{st}, \text{PI}\}$	50	$\{0.5,0.168,15.485,0.051\}$	$\{0.5,0.593,16.990,0.015\}$	$\{0.7,7\}$	$\{1.11,1.13,0.16\}$
	$\{2^{nd}, \text{PID}\}$		$\{0.5,1.179,0.757,0.585\}$	$\{0.5,3.000,0.798,0.500\}$	$\{1,6,3\}$	$\{1.78,1.80,0.24,3.51\}$
$G_{12}(s)$	$\{1^{st}, \text{PI}\}$	15	$\{0.5,0.502,1.193,8.246\}$	$\{0.5,2.998,5.953,0.565\}$	$\{7.41,1\}$	$\{9.09,10.3,12.1\}$
$G_{13}(s)$	$\{1^{st}, \text{PI}\}$	15	$\{0.5,0.268,6.018,0.557\}$	$\{0.5,1.595,3.428,0.455\}$	$\{2.88,4.50\}$	$\{3.33,3.50,1.67\}$
$G_{14}(s)$	$\{1^{st}, \text{PI}\}$	8	$\{2,0.423,7.779,0.260\}$	$\{2,0.611,8.188,0.236\}$	$\{0.5,8\}$	$\{0.67,0.69,0.27\}$
$G_{15}(s)$	$\{1^{st}, \text{PI}\}$	10	$\{3,1.504,1.013,3.435\}$	$\{3,2.813,1.443,2.150\}$	$\{0.5,1\}$	$\{0.59,0.64,0.76\}$

a 1st 和 2nd 分别表示一阶和二阶自抗扰控制; b 基于 SIMC 整定的 PI 参数为 $\{k_p,T_i\}$, 基于 SIMC 整定的 PID 参数为 $\{k_p,T_i,T_d\}$; c 基于 DDE 整定的 PI 参数为 $\{b,k_p,k_i\}$, 基于 DDE 整定的 PID 参数为 $\{b,k_p,k_i,k_d\}$。

　　基于表 3.10.1 中给出的参数，可以得到上述对象在标称工况下的跟踪和抗干扰性能。在这里仅给出一阶 ADRC-PI 和二阶 ADRC-PID 的部分结果，如图 3.10.5～图 3.10.8 所示。设定值是在 1s 时进行幅值为 1 的阶跃变化，输入扰动的变化时间和系统的动态相关。由图 3.10.5 可知，PR-ADRC 具有一个适中的跟踪性能，抗干扰能力比 DDE 和 SIMC 强，尽管 PR-ADRC 设计是基于跟踪的性能要求指标，设计的自抗扰控制器也可以达到满意的抗干扰效果。图 3.10.6～图 3.10.8 也有类似的结论，这里不再赘述。

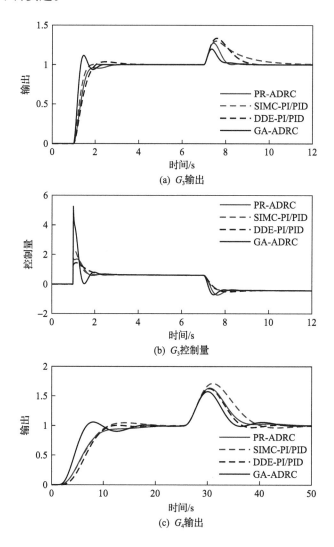

(a) G_3输出

(b) G_3控制量

(c) G_4输出

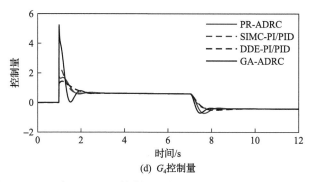

(d) G_4控制量

图 3.10.5 一阶 ADRC-PI 控制器在标称模型 G_3、G_4 时的控制响应

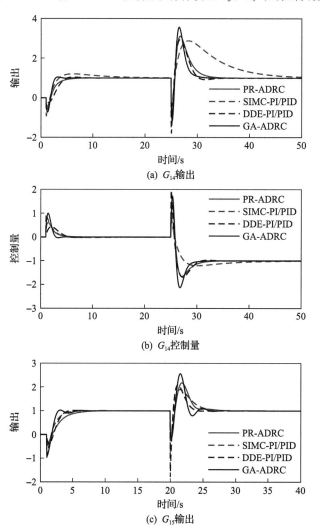

(a) G_{14}输出

(b) G_{14}控制量

(c) G_{15}输出

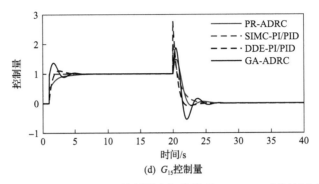

(d) G_{15}控制量

图 3.10.6 一阶 ADRC-PI 控制器在标称模型 G_{14}、G_{15} 时的控制响应

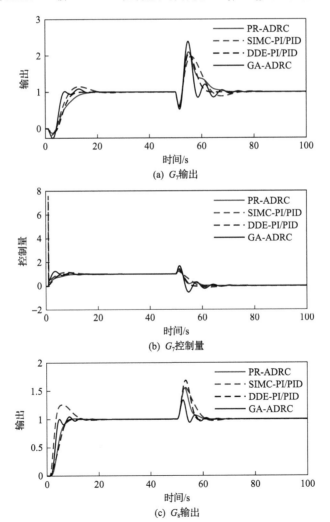

(a) G_7输出

(b) G_7控制量

(c) G_8输出

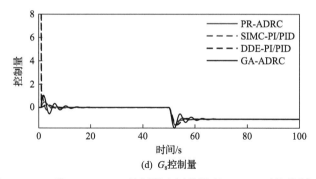

(d) G_8控制量

图 3.10.7　二阶 ADRC-PID 控制器在标称模型 G_7、G_8 时的控制响应

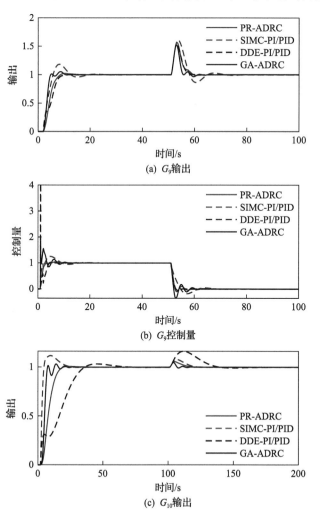

(a) G_9输出

(b) G_9控制量

(c) G_{10}输出

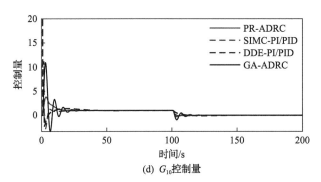

(d) G_{10}控制量

图 3.10.8　二阶 ADRC-PID 控制器在标称模型 G_9、G_{10} 时的控制响应

如图 3.10.5～图 3.10.8 给出的是标称工况下的响应，为比较上述四种控制器对参数空间 Q 内不确定性系统的控制效果，针对参数空间 Q 内不确定性系统进行 $N = 24495$ 次 Monte Carlo 实验，统计相应的控制指标 $\{T_s, \sigma, \text{IAE}\}$ 和计算概率估计值 K/N，并在表 3.10.2 和表 3.10.3 中分别给出了一阶 ADRC-PI 和二阶 ADRC-PID 的 $\{T_s, \sigma, \text{IAE}\}$ 三维视图和概率估计值 (K/N)。

表 3.10.2　一阶 ADRC-PI 控制器的 $\{T_s, \sigma, \text{IAE}\}$ 三维视图和概率估计值

对象	G_1	G_2	G_3
三维视图			
K/N	$\{1, 0.8257, 0.800, 0.9901\}$	$\{1, 0.9966, 0.9007, 0.9999\}$	$\{0.9998, 0.8002, 0.9996, 0.9364\}$
对象	G_4	G_5	G_6
三维视图			
K/N	$\{1, 0.8796, 0.8911, 0.9620\}$	$\{0.9898, 0.7419, 0.8000, 0.9372\}$	$\{1, 0.6949, 0, 0.9538\}$

续表

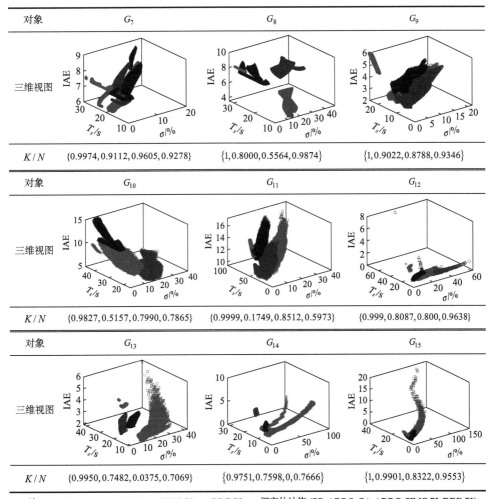

对象	G_7	G_8	G_9
三维视图			
K/N	{0.9974, 0.9112, 0.9605, 0.9278}	{1, 0.8000, 0.5564, 0.9874}	{1, 0.9022, 0.8788, 0.9346}
对象	G_{10}	G_{11}	G_{12}
三维视图			
K/N	{0.9827, 0.5157, 0.7990, 0.7865}	{0.9999, 0.1749, 0.8512, 0.5973}	{0.999, 0.8087, 0.800, 0.9638}
对象	G_{13}	G_{14}	G_{15}
三维视图			
K/N	{0.9950, 0.7482, 0.0375, 0.7069}	{0.9751, 0.7598, 0, 0.7666}	{1, 0.9901, 0.8322, 0.9553}

注：PR-ADRC：*；GA-ADRC：□；SIMC-PI：○；DDE-PI：△；概率估计值：{PR-ADRC, GA-ADRC, SIMC-PI, DDE-PI}。

表 3.10.3　二阶 ADRC-PID 控制器的 $\{T_s, \sigma, \mathrm{IAE}\}$ 三维视图和概率估计值

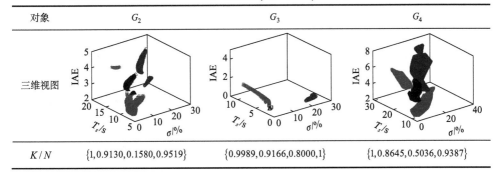

对象	G_2	G_3	G_4
三维视图			
K/N	{1, 0.9130, 0.1580, 0.9519}	{0.9989, 0.9166, 0.8000, 1}	{1, 0.8645, 0.5036, 0.9387}

续表

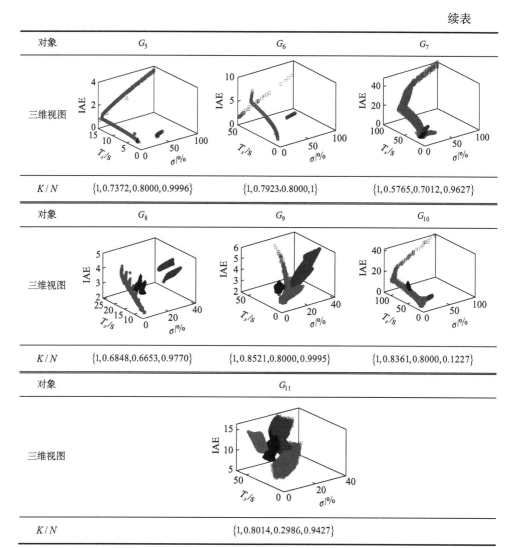

对象	G_5	G_6	G_7
三维视图			
K/N	$\{1, 0.7372, 0.8000, 0.9996\}$	$\{1, 0.7923, 0.8000, 1\}$	$\{1, 0.5765, 0.7012, 0.9627\}$
对象	G_8	G_9	G_{10}
三维视图			
K/N	$\{1, 0.6848, 0.6653, 0.9770\}$	$\{1, 0.8521, 0.8000, 0.9995\}$	$\{1, 0.8361, 0.8000, 0.1227\}$

对象	G_{11}
三维视图	
K/N	$\{1, 0.8014, 0.2986, 0.9427\}$

注：PR-ADRC：*；GA-ADRC：□；SIMC-PID：○；DDE-PID：△；概率估计值：{PR-ADRC, GA-ADRC, SIMC-PID, DDE-PID}。

由表 3.10.2 和表 3.10.3 可知，PR-ADRC 总是具有最大的计算概率估计值（G_3 的二阶 PR-ADRC 除外），这意味着 PR-ADRC 能够使得参数空间 Q 内全部不确定性系统具有最大的概率满足控制要求。由于上述 15 个对象几乎包含了工业系统中常见的类型，这也说明了本节提出的基于概率鲁棒的自抗扰控制设计方法具有广泛的适用性，不仅能够适用于常见的 FOPDT 系统和 SOPDT 系统，也适用于工业系统中常见的高阶系统、非最小相位系统，即使是积分系统和不稳定系统也能够保证满意的控制效果。

一阶 GA-ADRC 控制 G_2 时具有较大的 K/N 值，控制其他系统时的 K/N 值较小，此外，二阶 GA-ADRC 在控制参数空间 Q 内 G_4、G_5、G_6、G_7 和 G_{10} 会出现闭环系统不收敛的情况，这意味着二阶 GA-ADRC 在应用时具有很大的风险。这是由于 IAE 指标往往对应暂态系统具有比较大的超调量[73]，基于 IAE 优化的控制器参数会使得鲁棒性较差。相似地，DDE 和 SIMC 也不能保证所有系统都具有较大的 K/N 值，在被控系统存在不确定性时，DDE 和 SIMC 在应用时也会存在一定的风险。

总体来说，基于概率鲁棒设计的自抗扰控制不仅能保证闭环系统在标称工况下具有满意的控制效果，而且能以尽可能大的概率使参数空间 Q 内全部不确定性系统满足控制要求。由于热工系统存在的强非线性、工况变化频繁的特点，热工系统具有很强的不确定性，所以该设计方法十分适合热工系统的控制器设计。

2. 多变量系统仿真研究和分析

WB（Wood-Berry）和 VL（Vinante-Luyben）系统是基于实际物理过程建立的 2×2 的 MIMO 系统，作为检验基准模型已经广泛应用于控制器设计。标称工况时的 WB 和 VL 系统传递函数如下所示：

$$G_{\text{WB}} = \begin{bmatrix} \dfrac{12.8\mathrm{e}^{-s}}{16.7s+1} & \dfrac{-18.9\mathrm{e}^{-3s}}{21s+1} \\ \dfrac{6.6\mathrm{e}^{-7s}}{10.9s+1} & \dfrac{-19.4\mathrm{e}^{-3s}}{14.4s+1} \end{bmatrix} \tag{3.10.36}$$

和

$$G_{\text{VL}} = \begin{bmatrix} \dfrac{-2.2\mathrm{e}^{-s}}{7s+1} & \dfrac{1.3\mathrm{e}^{-0.3s}}{7s+1} \\ \dfrac{-2.8\mathrm{e}^{-1.8s}}{9.5s+1} & \dfrac{4.3\mathrm{e}^{-0.35s}}{9.2s+1} \end{bmatrix} \tag{3.10.37}$$

本节针对 WB 和 VL 系统设计了一阶基于概率鲁棒的自抗扰控制（PR-ADRC），为表征不确性系统的参数空间，WB 和 VL 系统的参数空间 Q 定义为 $[-10\%q, +10\%q]$，控制要求的指标 $\{\sigma, T_s\}$ 在表 3.10.4 中给出。此外，基于 GA 优化的分散 PI（GA-PI）控制器和二阶分散自抗扰控制（ADRC-2）也分别在文献[74]和[71]中设计。PR-ADRC、GA-PI 和 ADRC-2 的参数在表 3.10.5 中给出，需要说明的是 ADRC-2 的参数没有采用带宽法，而是所有参数独立进行整定。

表 3.10.4 WB 和 VL 系统的控制要求指标

系统	回路	控制要求指标
WB	回路一	$\sigma \leqslant 5\%$, $T_s \leqslant 30\mathrm{s}$, $T_{ry} \leqslant 50\mathrm{s}$
	回路二	$\sigma \leqslant 5\%$, $T_s \leqslant 40\mathrm{s}$, $T_{ry} \leqslant 60\mathrm{s}$
VL	回路一	$\sigma \leqslant 5\%$, $T_s \leqslant 15\mathrm{s}$, $T_{ry} \leqslant 15\mathrm{s}$
	回路二	$\sigma \leqslant 5\%$, $T_s \leqslant 15\mathrm{s}$, $T_{ry} \leqslant 15\mathrm{s}$

表 3.10.5 WB 和 VL 系统的三种控制器参数

系统	回路	PR-ADRC $\{b_0,\omega_c,\omega_o,\xi\}$	GA-PI $\{k_p,k_i\}$	ADRC-2 $\{b_0,k_1,k_2,\beta_1,\beta_2,\beta_3\}$
WB	回路一	$\{4,0.1528,$ $1.4427,0.1855\}$	$\{0.702,0.0559\}$	$\{1.8,1.3689,1.6148,$ $43.8000, 639.4800, 102.3168\}$
	回路二	$\{-4,0.2341,$ $2.8537,0.1320\}$	$\{-0.091,-0.0144\}$	$\{-5.6,0.7921,1.2284,$ $173.4000, 1\times10^4, 1.8\times10^3\}$
VL	回路一	$\{-0.8,0.2858,$ $4.3583,0.4767\}$	$\{-2.208,-0.349\}$	$\{-10,36.0000,8.2812,$ $81.0000,2187.0000, 349.9200\}$
	回路二	$\{1,0.4201,$ $5.4322,1.7989\}$	$\{3.402,0.478\}$	$\{9.2,81.0000,12.4218,$ $120.0000,4800.0000, 672.0000\}$

　　基于表 3.10.5 中的控制器参数，可以得到 WB 和 VL 系统在标称工况时的控制响应如图 3.10.9 和图 3.10.10 所示。需要说明的是，WB 和 VL 系统的第一个回路设定值在 2s 时进行阶跃变化，第二个回路分别在100s 和 50s 时进行阶跃变化。

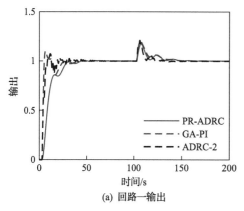

(a) 回路一输出

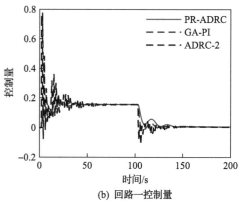

(b) 回路一控制量

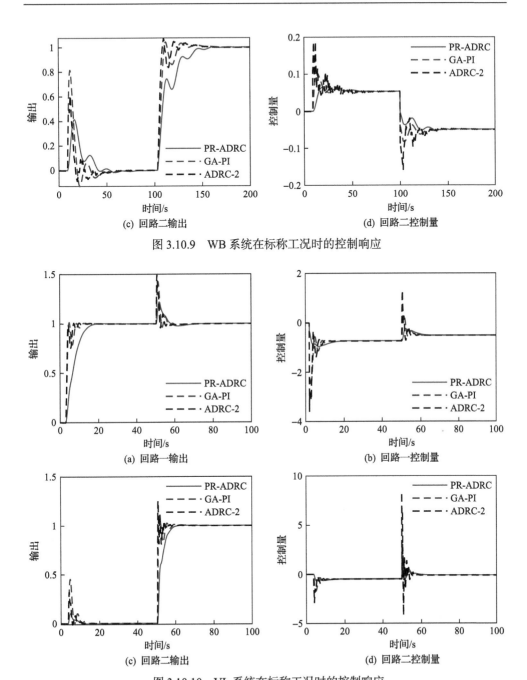

(c) 回路二输出

(d) 回路二控制量

图 3.10.9　WB 系统在标称工况时的控制响应

(a) 回路一输出

(b) 回路一控制量

(c) 回路二输出

(d) 回路二控制量

图 3.10.10　VL 系统在标称工况时的控制响应

　　尽管 PR-ADRC 在标称工况时的跟踪性能较慢(仍满足调节时间的控制要求)，PR-ADRC 能够很好地抑制回路之间的耦合。此外如图 3.10.9 (b) 和 (d) 与图 3.10.10 (b)

和(d)所示，GA-PI 和 ADRC-2 的控制量具有很严重的抖动，这会对执行器产生不可逆的损害，对系统长期的安全运行产生不利的影响。相反地，PR-ADRC 具有很平坦的控制量，有利于系统的长期安全运行。

与 SISO 系统类似，针对参数空间 Q 内不确定性系统进行 $N = 24495$ 次 Monte Carlo 实验，统计各个回路的控制指标 $\{T_s, \sigma, \text{IAE}\}$ 以及由回路之间耦合作用产生的 IAE 值(第 i 回路记为 IAE_{di})，如图 3.10.11 和图 3.10.12 所示，此外也得到了概率估计值 K / N，见表 3.10.6。

由表 3.10.6、图 3.10.11 和图 3.10.12 可知，PR-ADRC 在控制不确定性 WB 和 VL 系统时具有最大概率估计值 K / N，意味着 PR-ADRC 能够将对参数空间 Q 内全部不确定性系统具有最大的概率满足控制要求。GA-PI 和 ADRC-2 具有较小的概率估计值 K / N，使得系统在偏离标称工况时的控制效果变差，甚至出现不收敛的情况，例如，GA-PI 在控制不确定性 WB 系统时会出现闭环系统不收敛的情况。因此在被控对象存在不确定性时，PR-ADRC 具有更大的应用价值。

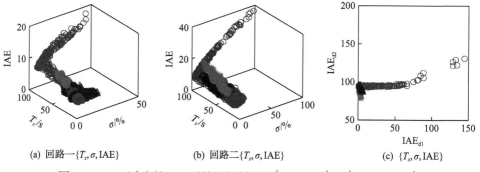

(a) 回路一$\{T_s, \sigma, \text{IAE}\}$　　　　(b) 回路二$\{T_s, \sigma, \text{IAE}\}$　　　　(c) $\{T_s, \sigma, \text{IAE}\}$

图 3.10.11　不确定性 WB 系统的控制性能 $\{T_s, \sigma, \text{IAE}\}$ 和 $\{\text{IAE}_{d1}, \text{IAE}_{d2}\}$
PR-ADRC: *；GA-PI: ○；ADRC-2: △

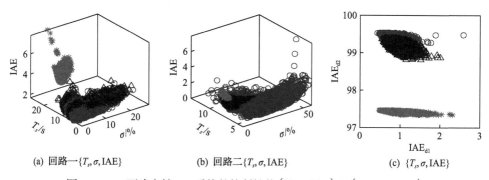

(a) 回路一$\{T_s, \sigma, \text{IAE}\}$　　　　(b) 回路二$\{T_s, \sigma, \text{IAE}\}$　　　　(c) $\{T_s, \sigma, \text{IAE}\}$

图 3.10.12　不确定性 VL 系统的控制性能 $\{T_s, \sigma, \text{IAE}\}$ 和 $\{\text{IAE}_{d1}, \text{IAE}_{d2}\}$
PR-ADRC: *；GA-PI: ○；ADRC-2: △

表 3.10.6　WB 和 VL 系统的概率估计值 K/N

系统	PR-ADRC	GA-PI	ADRC-2
WB	0.9816	0.6949	0.7631
VL	0.9992	0.8254	0.8251

需要说明的是，本节中仿真是针对两个典型的主对角占优的系统展开的，针对一般多变量系统，首先需要通过相对增益等方法进行变量配对或者根据实际系统的物理过程进行变量配对，从而确定主控通道对。如果被控系统是没有明显主导输入输出特性的系统，则需要借助解耦设计的思路，如静态解耦、逆解耦、伴随解耦等解耦方法，或者设计前馈补偿的方法，在确定的控制解耦，基于概率鲁棒的自抗扰设计方法依然有效，能够在含有解耦或者前馈补偿的控制结构中应用。

3. 非线性系统仿真研究和分析

本节研究将基于概率鲁棒设计方法的自抗扰控制设计方法应用在实际系统时的效果。耦合水箱系统是一个典型的非线性系统，其结构如图 3.10.13 所示。第一个水箱的水是通过水泵输入的，第二个水箱的水由两部分组成，即由第一个水箱流入和出口流出。耦合水箱系统的动态描述为

$$\frac{\mathrm{d}h_1}{\mathrm{d}t} = \frac{1}{A}\left(q_i - q_1\right) \tag{3.10.38}$$

$$\frac{\mathrm{d}h_2}{\mathrm{d}t} = \frac{1}{A}\left(q_1 - q_2\right) \tag{3.10.39}$$

其中，q_i、q_1 和 q_2 分别表示第一个水箱入口流量、第一个水箱流入第二个水箱的流量和第二个水箱出口流量；h_1、h_2 和 A 分别表示第一个水箱和第二个水箱的水位高度、水箱的横截面积。q_1 和 q_2 定义如下：

$$q_1 = \vartheta_{12}\sqrt{2g\left(h_1 - h_2\right)}, \quad h_1 > h_2 \tag{3.10.40}$$

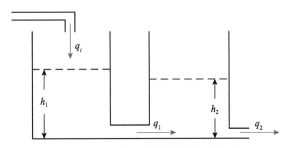

图 3.10.13　耦合水箱系统的示意图

$$q_2 = \vartheta_2 \sqrt{2gh_2} \tag{3.10.41}$$

其中，ϑ_2、ϑ_3 和 g 分别表示两个水箱连通部分的横截面积、第二个水箱出口的横截面积和重力加速度。

耦合水箱系统可以看成一个 SISO 系统，其中第一个水箱入口流量 q_i、第二个水箱的水位高度 h_2 分别作为系统的输入和输出。定义 $x_1 = h_2 > 0$，$x_2 = h_1 - h_2 > 0$，$\ell_1 = \vartheta_2 \sqrt{2g} / A$ 和 $\ell_2 = \vartheta_{12} \sqrt{2g} / A$，式(3.10.40)和式(3.10.41)组成的系统可以整理为

$$\begin{cases} \dot{x}_1 = -\ell_1 \sqrt{x_1} + \ell_2 \sqrt{x_2} \\ \dot{x}_2 = \ell_1 \sqrt{x_1} - 2\ell_2 \sqrt{x_2} + q_i / A \\ y = x_1 \end{cases} \tag{3.10.42}$$

耦合水箱系统的参数设置为 $A=208\mathrm{cm}^2$、$\vartheta_2 =0.24\mathrm{cm}^2$、$\vartheta_{12}=0.58\mathrm{cm}^2$ 和 $g=981\mathrm{cm/s}^2$。第一个水箱入口流量约束为 $0 \leqslant q_i \leqslant 50\mathrm{cm}^3/\mathrm{s}$，第二个水箱的标称工况设置为 $h_{2d} =7\mathrm{cm}$。可以得到标称工况附近的近似传递函数为

$$G_p(s) = \frac{0.50}{1.84 \times 10^3 s^2 + 224.89s + 1} \tag{3.10.43}$$

耦合水箱系统的工作范围为 $h_2 \in [5,9]\mathrm{cm}$，可以得到系统的 Q 定义为 $[-15\%q, +15\%q]$。基于式(3.10.43)中的标称系统，可以设计 SIMC-PI、DDE-PI 和一阶 GA-ADRC；基于参数空间 Q 内的不确定性系统设计了一阶 PR-ADRC。其中 PR-ADRC 的设计要求指标为 $\sigma \leqslant 5\%$ 和 $T_s \leqslant 30\mathrm{s}$；SIMC-PI 的设计是基于将式(3.10.43)中的系统近似降阶后得到的系统 $G_{\mathrm{FOPDT}}(s) = 0.50\mathrm{e}^{-8.17s}/(216.83s+1)$。耦合水箱系统的四种控制器参数在表 3.10.7 中给出。

表 3.10.7　耦合水箱系统的控制器参数

控制器	PR-ADRC $\{b_0, \omega_c, \omega_o, \xi\}$	GA-ADRC $\{b_0, \omega_c, \omega_o, \xi\}$	DDE-PI $\{b, k_p, k_i\}$	SIMC-PI $\{k_p, T_i\}$
参数	{0.2, 0.0332, 21.0810, 0.9561}	{0.2, 0.0273, 20.5983, 0.7735}	{0.1, 71.5286, 0.25}	{17.77, 0.18}

此外，针对参数空间 Q 内不确定性系统进行 $N = 24495$ 次 Monte Carlo 实验得到 PR-ADRC 的概率估计值 K / N 为 0.9999，其他三种控制器的概率估计值 K / N 均小于 0.9。这意味着 PR-ADRC 能够使得参数空间 Q 内全部不确定性系统具有最大的概率满足控制要求。

为比较上述四种控制器的控制性能，将四种控制器应用在式(3.10.43)所示的

系统，第二个水箱的水位设定值在[5,9]cm 内变化，并伴随有幅值为 10cm³/s 的输入扰动，可以得到图 3.10.14 所示的结果。可知 GA-ADRC 在 [6,8]cm 内具有最好的控制跟踪效果和抗干扰效果，但是大范围工况变化时有12.6% 的超调量，如图 3.10.14(b) 虚线矩形框内所示。SIMC-PI 和 DDE-PI 在存在扰动时需要更长的 T_{ry}。尽管 PR-ADRC 的跟踪速度较慢，但是能保证闭环系统在整个工况 [5,9]cm 范围内都能满足控制要求指标（$\sigma \leqslant 5\%$ 和 $T_s \leqslant 30s$）。

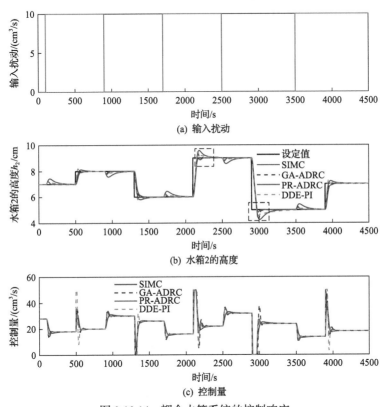

图 3.10.14　耦合水箱系统的控制响应

通过本节对 SISO 系统、MIMO 系统和非线性系统的仿真可知，基于概率鲁棒的自抗扰控制设计的有效性得到验证。PR-ADRC 不仅能够保证标称对象具有满意的控制效果，还可以保证参数空间 Q 内全部不确定性系统具有最大的概率满足控制要求。

3.10.4　实验台验证和现场应用

本节首先将提出的基于概率鲁棒的自抗扰控制设计方法在 Peltier 温度控制平台上进行实验验证，然后将其应用在燃煤机组二次风系统中。

1. 实验台验证

Peltier 温度控制平台主要包括作为被控对象的 Peltier 热电模块、温度传感器、作为控制器的 MATLAB/Simulink，以及作为辅助设备的风扇（保证 Peltier 热电模块正常工作），其结构示意图如图 3.10.15 所示，图中 k_{gc} 是为了调整系统的增益而人为增加的（$k_{gc}=1$ 为标称工况）。被控量为 Peltier 热电模块的温度，控制量为通过 MOSFET H 桥的电压，其值为 9V，分辨率为 2^8，代表占空比为 $0\sim100\%$ 的双向脉冲宽度调制信号。此外，为保护系统，控制量的幅值设置在 $[-255, 255]$。

基于该系统，通过开环辨识可以得到系统标称工况下的传递函数：

$$G_p(s) = \frac{0.119}{39.467s + 1} \tag{3.10.44}$$

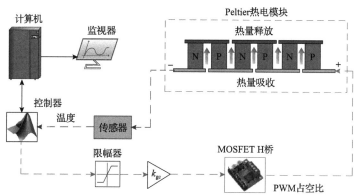

图 3.10.15　Peltier 温度控制平台结构示意图

针对式 (3.10.44) 所示的传递函数，分别设计一阶 PR-ADRC、一阶 GA-ADRC 和 DDE-PI 控制器。考虑平台的全工况范围，系统的参数空间 Q 定义为 $[-20\%q, +20\%q]$，设计要求指标为 $\sigma \leqslant 5\%$ 和 $T_s \leqslant 50s$。得到上述控制器的参数如表 3.10.8 所示。针对参数空间 Q 内不确定性系统进行 $N = 24495$ 次 Monte Carlo 实验，统计系统的控制指标 $\{T_s, \sigma, \text{IAE}\}$ 如图 3.10.16 所示，此外得到 PR-ADRC、GA-ADRC 和 DDE-PI 的概率估计值 K / N 分别是 0.9980、0.9263 和 0.9962。可知 PR-ADRC 具有最大的概率估计值，这意味着 PR-ADRC 能够使得参数空间 Q 内全部不确定性系统具有最大的概率满足控制要求。

表 3.10.8　Peltier 温度控制系统的控制器参数

控制器	PR-ADRC $\{b_0, \omega_c, \omega_o, \xi\}$	GA-ADRC $\{b_0, \omega_c, \omega_o, \xi\}$	DDE-PI $\{b, k_p, k_i\}$
参数	$\{0.2, 0.1023, 5.5890, 4.8722\}$	$\{0.2, 0.2340, 20.0010, 10\}$	$\{100, 101.4286, 14.2857\}$

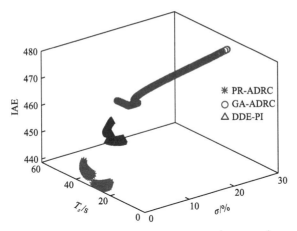

图 3.10.16　不确定性系统的控制性能 $\{T_s, \sigma, \text{IAE}\}$

基于表 3.10.8 中的控制器参数，并通过调整 k_{gc} 来进一步增加系统的不确定性，得到实验结果如图 3.10.17~图 3.10.19 所示。其中图 3.10.17、图 3.10.18 和图 3.10.19 是系统在 [21,29]℃ 范围内变化时，$k_{gc}=1$、$k_{gc}=1.2$ 和 $k_{gc}=0.8$ 的结果。

由图 3.10.17 可知，GA-ADRC 虽然跟踪速度最快，但超调量也是最大的，GA-ADRC 的控制量振荡严重并且多次出现执行器饱和，这对执行器会产生比较大的负担。PR-ADRC 在温度设定值变化过程中的超调量很小，并且控制量平滑。

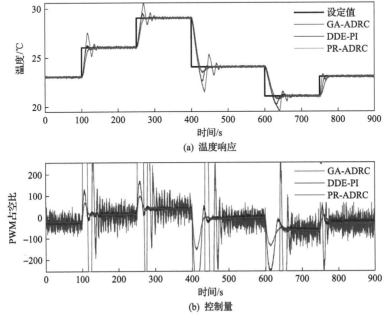

图 3.10.17　$k_{gc}=1$ 时实验台的温度控制响应

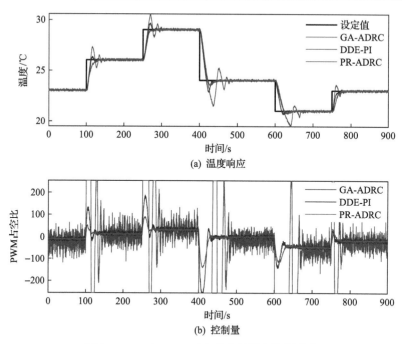

(a) 温度响应

(b) 控制量

图 3.10.18 $k_{gc} = 1.2$ 时实验台的温度控制响应

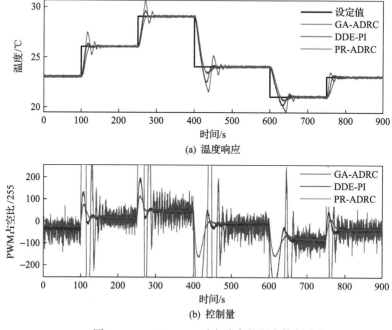

(a) 温度响应

(b) 控制量

图 3.10.19 $k_{gc} = 0.8$ 时实验台的温度控制响应

当系统增益出现偏移时（$k_{gc} = 1.2$ 和 $k_{gc} = 0.8$），由图 3.10.18 和图 3.10.19 可知，PR-ADRC 在温度设定值变化过程中保持很小的超调量和平滑的控制量。

通过基于 Peltier 温度控制平台的实验验证可知，基于概率鲁棒的自抗扰控制设计方法不仅能够保证系统在标称工况下具有满意的控制效果，在系统存在不确定性也具有很好的控制效果，这意味着本节提出的方法具有很好的工程应用潜力。

2. 二次风回路的现场应用

风烟系统是燃煤机组中重要的子系统，包含一次风系统、二次风系统、流化风系统等。二次风通过二次风机推动经过空气预热器后进入炉膛。二次风系统通过改变二次风机频率调节进入炉膛的二次风量，从而调节炉膛内燃烧状态和温度分布。二次风对锅炉的经济性和环保性有重要影响，它影响燃烧效率和燃烧过程中产生的氮氧化物含量。由于床温的变化以及一次风量的变化，二次风系统不得不工作在大范围变化的工况下。

为提高二次风系统在大范围变工况下的控制品质，将提出的基于概率鲁棒的一阶自抗扰控制应用在晋控电力同达热电山西有限公司 300MW 循环流化床机组的二次风系统中。二次风系统的输出为二次风量占额定二次风量的比例（%），执行器为两台二次风机（MV1 和 MV2），二次风机通过调节的风机频率占额定频率的比例（%）来调节二次风量。为得到二次风系统的模型，在 200MW 负荷左右进行开环阶跃实验：

$$G_p(s) = \frac{k_1}{(T_1 s + 1)^2} e^{-\tau_1 s} = \frac{1.967}{(14s + 1)^2} e^{-6s} \tag{3.10.45}$$

根据二次风系统的工作范围（机组负荷在 50%～100%），选取系统的 Q 定义为 $k_1 \in [1.5, 2.5]$、$T_1 \in [11, 17]$ 和 $\tau_1 \in [3, 9]$。定义 PR-ADRC 的设计要求指标为 $\sigma \leq 5\%$ 和 $T_s \leq 160s$。可以得到 PR-ADRC 的参数为 $\{b_0, \omega_c, \omega_o, \xi\} = \{1, 0.2504, 0.3458, 0.3596\}$。针对参数空间 Q 内不确定性系统进行 $N = 24495$ 次 Monte Carlo 实验，得到不确定性系统的输出响应和控制指标 $\{T_s, \sigma, \text{ITAE}\}$ 如图 3.10.20 所示。由图中可知，PR-ADRC 能够保证不确定性系统具有满意的控制效果，概率估计值 K / N 为 0.9912，满足设计要求。基于在中控技术股份有限公司的 DCS 平台实现的自抗扰控制组态、跟踪和无扰切换的逻辑，将 PR-ADRC 方法投入现场与原来的控制方法（PI 控制器，参数为：$k_p = 1/3$，$k_i = 1/120$）比较，运行结果如图 3.10.21 和图 3.10.22 所示。

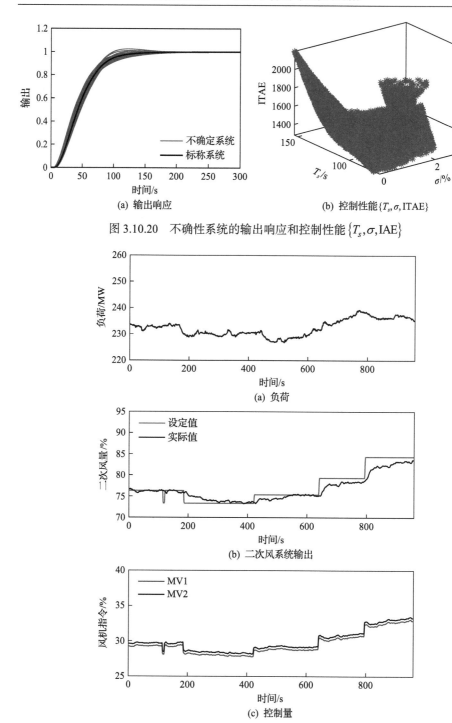

(a) 输出响应　　　　　　　(b) 控制性能 $\{T_s, \sigma, \mathrm{ITAE}\}$

图 3.10.20　不确性系统的输出响应和控制性能 $\{T_s, \sigma, \mathrm{IAE}\}$

(a) 负荷

(b) 二次风系统输出

(c) 控制量

图 3.10.21　PI 控制的实际运行结果(时间尺度：16min)

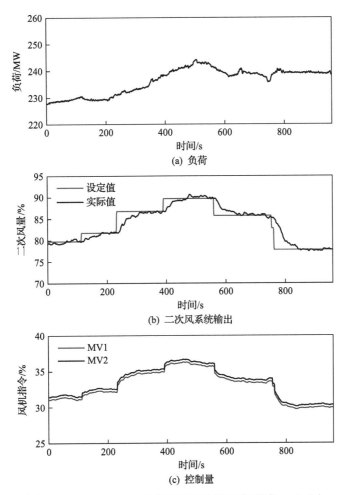

(a) 负荷

(b) 二次风系统输出

(c) 控制量

图 3.10.22　PR-ADRC 的实际运行结果(时间尺度：16min)

此外，计算 16min 内二次风设定值变化的幅值和系统的调节时间，如表 3.10.9 所示。由图 3.10.21 和图 3.10.22 可知，虽然 PR-ADRC 控制比 PI 控制经历更大的负荷范围(PR-ADRC: 228～245MW; PI: 230～240MW)，PR-ADRC 控制能够很好

表 3.10.9　PR-ADRC 和 PI 控制投入后的调节时间比较

PR-ADRC		PI	
设定值变化幅值	调节时间/s	设定值变化幅值	调节时间/s
$\Delta r = 2$	77	$\Delta r = 3$	161
$\Delta r = 5$	87	$\Delta r = 2$	130
$\Delta r = 3$	103	$\Delta r = 4$	>164

续表

PR-ADRC		PI	
设定值变化幅值	调节时间/s	设定值变化幅值	调节时间/s
$\Delta r = 4$	95	$\Delta r = 5$	>149
$\Delta r = 8$	94	—	—
平均调节时间：91.2s		平均调节时间：>151.0s	

注：不等号出现的原因是设定值下一次阶跃变化时系统没有达到稳态。

地跟踪二次风的设定值，而 PI 控制跟踪的速度较慢并且会在某些时刻出现静态偏差。由表3.10.9可知，PR-ADRC 控制将二次风系统的平均调节时间由原来的大于 151.0s 缩短为 91.2s。由图 3.10.21(c) 和图 3.10.22(c) 可知，PR-ADRC 的 MV1 和 MV2 变化平缓，有利于风机的长期安全运行。

3.10.5 小结

本节针对不确定性系统，特别是热工系统中的不确性系统，借助 Monte Carlo 实验方法和优化算法，提出了基于概率鲁棒的自抗扰控制设计方法，并给出了设计的步骤和流程。通过针对 SISO 系统、MIMO 系统和非线性系统的仿真研究，验证了该设计方法的有效性。为进一步验证基于概率鲁棒的自抗扰控制设计方法的控制效果，在 Peltier 温度控制平台上进行了实验验证，显示了很好的控制效果。为了提高燃煤机组二次风系统的控制品质，将基于概率鲁棒整定的自抗扰控制设计方法应用在现场，运行数据表明本节所提方法能够有效提高二次风系统在工况大变化过程中的跟踪速度并减少静态偏差。

参 考 文 献

[1] Madoński R, Gao Z Q, Łakomy K. Towards a turnkey solution of industrial control under the active disturbance rejection paradigm[C]. The 54th Annual Conference of the Society of Instrument and Control Engineers of Japan(SICE), Hangzhou, 2015: 616-621.

[2] Zhong Q C. Robust stability analysis of simple systems controlled over communication networks[J]. Automatica, 2003, 39(7): 1309-1312.

[3] Zhong Q C. Control of integral processes with dead-time Part 3: Deadbeat disturbance response[J]. IEEE Transactions on Automatic Control, 2003, 48(1): 153-159.

[4] He T, Wu Z L, Li D H, et al. A tuning method of active disturbance rejection control for a class of high-order processes[J]. IEEE Transactions on Industrial Electronics, 2019, 67(4): 3191-3201.

[5] Wu Z L, Li D H, Liu Y H, et al. Performance analysis of improved ADRCs for a class of high-order processes with verification on main steam pressure control[J]. IEEE Transactions on

Industrial Electronics, 2023, 70(6): 6180-6190.

[6] Zhao S, Gao Z Q. Modified active disturbance rejection control for time-delay systems[J]. ISA Transactions, 2014, 53(4): 882-888.

[7] Zheng Q L, Gao Z Q. Predictive active disturbance rejection control for processes with time delay[J]. ISA Transactions, 2014, 53(4): 873-881.

[8] Gao Z Q. Scaling and bandwidth-parameterization based controller tuning[C]. Proceedings of the American Control Conference, Denver, 2003: 4989-4996.

[9] Zheng Q, Gao L Q, Gao Z Q. On stability analysis of active disturbance rejection control for nonlinear time-varying plants with unknown dynamics[C]. The 46th IEEE Conference on Decision and Control, New Orleans, 2007: 3501-3506.

[10] 吴振龙, 何婷, 王灵梅, 等. 基于多目标遗传算法的过热汽温建模与仿真[J]. 系统仿真学报, 2017, 29(9): 2081-2086.

[11] Wu Z L, Li D H, Xue Y L, et al. Modified active disturbance rejection control for fluidized bed combustor[J]. ISA Transactions, 2020, 102: 135-153.

[12] Mazalan N A, Malek A A, Wahid M A, et al. Review of control strategies employing neural network for main steam temperature control in thermal power plant[J]. Jurnal Teknologi, 2014, 66(2): 73-76.

[13] Ezal K, Kokotovic P V, Tao G. Optimal control of tracking systems with backlash and flexibility[C]. Proceedings of the 36th IEEE Conference on Decision and Control, San Diego, 1997: 1749-1754.

[14] Tornambe A, Valigi P. A decentralized controller for the robust stabilization of a class of MIMO dynamical systems[J]. Journal of Dynamic Systems, Measurement, and Control, 1994, 116: 293-304.

[15] 左哲. 非线性主动状态补偿控制研究与应用[D]. 北京: 北京理工大学, 2008.

[16] 解学书, 钟宜生. H_∞控制理论[M]. 北京: 清华大学出版社, 1994.

[17] Tao G, Kokotovic P V. Adaptive control of system with unknown output backlash[J]. IEEE Transactions on Automatic Control, 1995, 40(2): 326-330.

[18] Tao G, Kokotovic P V. Adaptive Control of Systems with Actuator and Sensor Nonliearities[M]. Hoboken: John Wiely & Sons, 1996.

[19] Jang J O, Lee P G, Chung H T, et al. Output backlash compensation of systems using fuzzy logic[C]. Proceedings of the American Control Conference, Denver, 2003: 2489-2490.

[20] Tao C W. Fuzzy control for linear plants with uncertain output backlashes[J]. IEEE Transactions on Systems, Man and Cybernetics-Part B: Cybernetics, 2002, 32(3): 373-380.

[21] Huang S J, Lin Y W. Application of grey predictor and fuzzy speed regulator in controlling a retrofitted machining table[J]. International Journal of Machine Tools and Manufacture, 1996,

36(4): 477-489.

[22] 赵建周, 何超, 张宇河. 伺服系统间隙非线性补偿算法的研究[J]. 北京理工大学学报, 2000, 20(3): 317-321.

[23] He C, Zhang Y H, Meng M. Backlash compensation by neural-network online learning[C]. Proceedings of IEEE International Symposium on Computational Intelligence in Robotics and Automation, Banff, 2001: 161-165.

[24] Qian C J, Lin W. Nonsmooth output feedback stabilization of a class of genuinely nonlinear systems in the plane[J]. IEEE Transactions on Automatic Control, 2003, 48(10): 1824-1829.

[25] Lin W, Pongvuthithum R. Nonsmooth adaptive stabilization of cascade systems with nonlinear parameterization via partial-state feedback[J]. IEEE Transactions on Automatic Control, 2003, 48(10): 1809-1816.

[26] Lin J L, Tho B C. Analysis and μ-based controller design for an electromagnetic suspension system[J]. IEEE Transactions on Education, 1998, 41(2): 116-129.

[27] Jung B J, Kong J S, Lee B H, et al. Backlash compensation for a humanoid robot using disturbance observer[C]. The 30th Annual Conference of the IEEE Industrial Electronics Society, Busan, 2004: 2142-2147.

[28] Smith O J M. Posicast control of damped oscillatory systems[J]. Proceedings of the IRE, 1957, 45(9): 1249-1255.

[29] Singer N C, Seering W P. Preshaping command inputs to reduce system vibration[J]. Journal of Dynamic Systems, Measurement, and Control, 1990, 112(1): 76-82.

[30] Smith S C, Messner W. Loop shaping with closed-loop magnitude contours on the bode plot[C]. Proceedings of the American Control Conference, Anchorage, 2002, 4: 2747-2752.

[31] Sorensen K L, Singhose W, Dickerson S. A controller enabling precise positioning and sway reduction in bridge and gantry cranes[J]. Control Engineering Practice, 2007, 15(7): 825-837.

[32] Kong X R, Yang Z X, Ye D, et al. Feedback control in conjunction with input shaping for flexible spacecraft vibration suppression[J]. Journal of Vibration and Shock, 2010, 29(3): 72-76.

[33] Luo B, Huang H, Shan J J, et al. Active vibration control of flexible manipulator using auto disturbance rejection and input shaping[J]. Proceedings of the Institution of Mechanical Engineers, Part G: Journal of Aerospace Engineering, 2014, 228(10): 1909-1922.

[34] Singhose W. Command shaping for flexible systems: A review of the first 50 years[J]. International Journal of Precision Engineering and Manufacturing, 2009, 10(4): 153-168.

[35] Smith O J M. Feedback Control Systems[M]. New York: McGraw-Hill, 1958: 331-345.

[36] Lau M A, Pao L Y. Input shaping and time-optimal control of flexible structures[J]. Automatica, 2003, 39(5): 893-900.

[37] Wie B, Sinha R, Sunkel J, et al. Robust fuel- and time-optimal control of uncertain flexible space structures[C]. The First IEEE Regional Conference on Aerospace Control Systems, Westlake Village, 1993: 85-89.

[38] Pao L Y, Singhose W E. On the equivalence of minimum time input shaping with traditional time-optimal control[C]. Proceedings of the 4th IEEE Conference on Control Applications, Albany, 1995: 1120-1125.

[39] Beichl I, Sullivan F. Monte Carlo methods[J]. Computing in Science and Engineering, 2006, 8(2): 7-8.

[40] 老大中, 刘艳芬, 李东海, 等. 基于 Monte-Carlo 方法的自抗扰控制系统优化设计[J]. 北京理工大学学报, 2004, 24(3): 226-229.

[41] 陈星. 自抗扰控制器参数整定方法及其在热工过程中的应用[D]. 北京: 清华大学, 2008.

[42] Singhose W E, Pao L Y, Seering W P. Time-optimal rest-to-rest slewing of multi-mode flexible spacecraft using ZVD robustness constraints[J]. Guidance, Navigation, and Control Conference, San Diego, 1996: 1-9.

[43] Singhose W E, Derezinski S, Singer N C. Extra-insensitive input shapers for controlling flexible spacecraft[J]. Journal of Guidance, Control, and Dynamics, 1996, 19(2): 385-391.

[44] John R. Huey. The intelligent combination of input shaping and PID feedback control[D]. Atlanta: School of Mechanical Engineering Georgia Institute of Technology, 2006.

[45] Chen X J, Zhou K M, Aravena J L. Fast universal algorithms for robustness analysis[C]. Proceedings of the 42nd IEEE Conference on Decision and Control, Maui, 2003: 1926-1931.

[46] 徐峰, 李东海, 薛亚丽. 基于 ITAE 指标的 PID 参数整定方法比较研究[J]. 中国电机工程学报, 2003, 23(8): 206-210.

[47] 韩京清. 自抗扰控制技术: 估计补偿不确定因素的控制技术[M]. 北京: 国防工业出版社, 2008.

[48] 张玉琼. 大型火电机组热力过程低阶自抗扰控制[D]. 北京: 清华大学, 2016.

[49] Åström K J, Hägglund T. Advanced PID Control[M]. Sweden: ISA-The Instrumentation, Systems, and Automation Society, 2006.

[50] Skogestad S. Simple analytic rules for model reduction and PID controller tuning[J]. Journal of Process Control, 2003, 13(4): 291-309.

[51] Qiu L, Davison E J. Performance limitations of non-minimum phase systems in the servomechanism problem[J]. Automatica, 1993, 29(2): 337-349.

[52] Havre K, Skogestad S. Achievable performance of multivariable systems with unstable zeros and poles[J]. International Journal of Control, 2001, 74(11): 1131-1139.

[53] Morari M, Zafiriou E. Robust Process Control[M]. Hemel Hempstead: Prentice-Hall International, 1989.

[54] Wang L, Su J B. Disturbance rejection control for non-minimum phase systems with optimal disturbance observer[J]. ISA Transactions, 2015, 57: 1-9.

[55] Zhao S, Gao Z Q. Active disturbance rejection control for non-minimum phase systems[C]. Proceedings of Chinese Control Conference, Beijing, 2010: 6066-6070.

[56] Zhao S, Xue W C, Gao Z Q. Achieving minimum settling time subject to undershoot constraint in systems with one or two real right half plane zeros[J]. Journal of Dynamic Systems, Measurement and Control, 2013, 135(3): 034505.

[57] Curtain R, Morris K. Transfer functions of distributed parameter systems: A tutorial[J]. Automatica, 2009, 45(5): 1101-1116.

[58] Hýl R, Wagnerová R. Design and implementation of cascade control structure for superheated steam temperature control[C]. The 17th International Carpathian Control Conference, High Tatras, 2016: 253-258.

[59] Sun L, Li D H, Lee K Y, et al. Control-oriented modeling and analysis of direct energy balance in coal-fired boiler-turbine unit[J]. Control Engineering Practice, 2016, 55: 38-55.

[60] Åström K J, Panagopoulos H, Hägglund T. Design of PI controllers based on non-convex optimization[J]. Automatica, 1998, 34(5): 585-601.

[61] Yaniv O, Nagurka M. Design of PID controllers satisfying gain margin and sensitivity constraints on a set of plants[J]. Automatica, 2004, 40(1): 111-116.

[62] Ayoub R G. Paolo Ruffini's contributions to the quintic[J]. Archive for History of Exact Sciences, 1980, 23(3): 253-277.

[63] Chen X, Li D H, Gao Z Q, et al. Tuning method for second-order active disturbance rejection control[C]. The 30th Chinese Control Conference, Yantai, 2011: 6322-6327.

[64] Zhao C Z, Huang Y. ADRC based input disturbance rejection for minimum-phase plants with unknown orders and/or uncertain relative degrees[J]. Journal of Systems Science and Complexity, 2012, 25(4): 625-640.

[65] 杨献勇. 热工过程自动控制[M]. 2 版. 北京: 清华大学出版社, 2008.

[66] Brockett R. New Issues in The Mathematics of Control[M]. Berlin: Springer, 2001.

[67] 吴振龙, 何婷, 李东海, 等. 自抗扰控制器稳定域与鲁棒稳定域计算及工程应用[J]. 控制理论与应用, 2019, 35(11): 1635-1647.

[68] 王传峰, 李东海, 姜学智, 等. 基于概率鲁棒性的锅炉过热汽温串级 PID 控制器[J]. 清华大学学报: 自然科学版, 2009, 49(2): 249-252.

[69] 王维杰, 李东海, 高琪瑞, 等. 一种二自由度 PID 控制器参数整定方法[J]. 清华大学学报(自然科学版), 2008, 48(11): 1962-1966.

[70] Zhao C Z, Li D H. Control design for the SISO system with the unknown order and the unknown relative degree[J]. ISA Transactions, 2014, 53(4): 858-872.

[71] Tian L L, Li D H, Huang C E. Decentralized controller design based on 3-order active-disturbance-rejection-control[C]. Proceedings of the 10th World Congress on Intelligent Control and Automation, Beijing, 2012: 2746-2751.

[72] Zhang M, Wang J, Li D H. Simulation analysis of PID control system based on desired dynamic equation[C]. Proceedings of the 8th World Congress on Intelligent Control and Automation, Jinan, 2010: 3638-3644.

[73] Huba M. Comparing 2DOF PI and predictive disturbance observer based filtered PI control[J]. Journal of Process Control, 2013, 23 (10): 1379-1400.

[74] Li D H, Gao F R, Xue Y L, et al. Optimization of decentralized PI/PID controllers based on genetic algorithm[J]. Asian Journal of Control, 2007, 9 (3): 306-316.

第4章　多变量系统的自抗扰控制

多变量系统广泛存在于各种工业过程系统,如化工过程中的二元精馏塔过程、火力发电过程中的燃烧控制系统、锅炉与汽机负荷协调系统、分布式能源系统的热电冷负荷控制。多变量系统相对于单变量系统的特点在于不同回路之间存在耦合。一个回路输入量的变化,会使其他回路的输出量产生不同程度的扰动,如果控制系统不能将由耦合造成的扰动及时有效地消除,将会给工业生产过程的安全性和经济性带来负面影响。自抗扰控制方法在单变量系统中的有效性已在大量仿真算例、实验台和大型工业过程中得到验证,因此研究自抗扰控制是否能解决工业多变量系统的问题也具有重要意义。

多变量系统的控制方法主要有三类:分散式控制、集中控制和解耦控制。本章将从自抗扰控制律设计、基于输入成形的方法,以及解耦能力理论分析等角度研究分散式自抗扰多变量控制的研究;将从逆解耦自抗扰控制方法实现、逆解耦矩阵物理可实现性分析,以及在球磨机制粉系统中的应用等方面介绍逆解耦自抗扰多变量控制研究的研究结果;同时介绍基于简单解耦、等效开环传递函数的多变量自抗扰设计方法。

4.1　多变量逆解耦自抗扰控制

4.1.1　问题描述

研究一类不含有右半复平面极点的 N 维线性多变量时滞对象,设其传递函数矩阵为

$$G(s) = \begin{bmatrix} g_{11}(s) & g_{12}(s) & \cdots & g_{1n}(s) \\ g_{21}(s) & g_{22}(s) & \cdots & g_{2n}(s) \\ \vdots & \vdots & & \vdots \\ g_{n1}(s) & g_{n2}(s) & \cdots & g_{nn}(s) \end{bmatrix} \tag{4.1.1}$$

其中,

$$g_{ij}(s) = \frac{c_{(m,ij)}s^m + c_{(m-1,ij)}s^{m-1} + \cdots + c_{(0,ij)}}{a_{(n,ij)}s^n + a_{(n-1,ij)}s^{n-1} + \cdots + a_{(0,ij)}}e^{-\tau_{ij}s}, \quad i,j = 1,2,\cdots,n \tag{4.1.2}$$

$$a_{(n,ij)}(n=1,2,\cdots)\in \mathbf{R}^{+},\quad c_{(m,ij)}(m=1,2,\cdots)\in \mathbf{R},\quad n\geqslant m$$

记 $q_{ij}=\begin{bmatrix} a_{(n,ij)} & \cdots & a_{(0,ij)} & c_{(m,ij)} & \cdots & c_{(0,ij)} & \tau_{ij} \end{bmatrix}$，则 $Q=\{q_{ij}\}(i,j=1,2,\cdots,n)$ 为多变量对象 $G(s)$ 的模型参数集。

(1)多变量解耦器设计前提：多变量对象 $G(s)$ 在某一工况下的模型参数集 Q 可以通过机理建模或利用现场阶跃扰动实验数据辨识得到。

(2)多变量解耦控制系统约束条件如下。

①解耦器各元素物理可实现，不存在超前、预测或不稳定环节；

②控制量满足实际现场限幅限速要求；

③各回路控制器及解耦器实现无扰切换功能。

(3)多变量解耦控制系统定量评价指标如下。

解耦能力越强，广义对象越接近对角阵，即

$$q_{ij}(s)\to 0,\quad \forall i\neq j;i,j=1,2,\cdots,n \tag{4.1.3}$$

IAE 指标越小，多变量解耦控制系统性能越好，IAE 表达式为

$$\mathrm{IAE}=\int_{0}^{T}\left(\sum_{i=1}^{N}|e_i(t)|\right)\mathrm{d}t\to \min \tag{4.1.4}$$

其中，$e_i(t)$ 为系统第 i 回路输出值与设定值之间的误差；T 为仿真时间。

(4)多变量解耦控制系统定性评价标准如下。

①系统具有较强的设定值跟踪能力，输出能快速准确地跟踪设定值的变化，且对其他回路造成的影响尽可能小；

②当系统处于稳定工作点时，控制器能够有效地抑制系统中的各种扰动；

③对于可能存在的建模误差或一定范围内的模型失配，控制器有足够强的鲁棒性维持系统稳定。

4.1.2　多变量逆解耦自抗扰控制方法设计

为多变量对象设计逆解耦器，如图 4.1.1 所示。

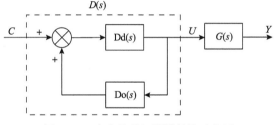

图 4.1.1　多变量逆解耦器结构示意图

图 4.1.1 中 $D(s)$ 可由如下矩阵运算得到:

$$D(s) = \mathrm{Dd}(s)(I - \mathrm{Do}(s)\mathrm{Dd}(s))^{-1} \tag{4.1.5}$$

对式 (4.1.5) 两端进行求逆运算得

$$D^{-1}(s) = (I - \mathrm{Do}(s)\mathrm{Dd}(s))\mathrm{Dd}^{-1}(s) = \mathrm{Dd}^{-1}(s) - \mathrm{Do}(s) \tag{4.1.6}$$

将 $D^{-1}(s) = Q^{-1}(s)G(s)$ 代入式 (4.1.6) 可得

$$\mathrm{Do}(s) = \mathrm{Dd}^{-1}(s) - Q^{-1}(s)G(s) \tag{4.1.7}$$

设定 $\mathrm{Dd}(s) = I$,以使广义对象和被控过程的对角元素相等,即

$$Q(s) = \mathrm{diag}(g_{11}, g_{22}, \cdots, g_{nn}) \tag{4.1.8}$$

将式 (4.1.8) 代入式 (4.1.7) 得

$$\mathrm{Do}(s) = \begin{bmatrix} 0 & -\dfrac{g_{12}}{g_{11}} & \cdots & -\dfrac{g_{1n}}{g_{11}} \\ -\dfrac{g_{21}}{g_{22}} & 0 & \cdots & -\dfrac{g_{2n}}{g_{22}} \\ \vdots & \vdots & & \vdots \\ -\dfrac{g_{n1}}{g_{nn}} & -\dfrac{g_{n2}}{g_{nn}} & \cdots & 0 \end{bmatrix} \tag{4.1.9}$$

以加性不确定性为例,考虑模型失配带来的影响。假设由于建模误差、扰动等,被控对象存在不确定性 $\Delta G(s)$,即

$$\hat{G}(s) = G(s) + \Delta G(s) = \begin{bmatrix} g_{11}(s) + \varDelta_1(s) & g_{12}(s) + \varDelta_1(s) & \cdots & g_{1n}(s) + \varDelta_1(s) \\ g_{21}(s) + \varDelta_2(s) & g_{22}(s) + \varDelta_2(s) & \cdots & g_{2n}(s) + \varDelta_2(s) \\ \vdots & \vdots & & \vdots \\ g_{n1}(s) + \varDelta_n(s) & g_{n2}(s) + \varDelta_n(s) & \cdots & g_{nn}(s) + \varDelta_n(s) \end{bmatrix} \tag{4.1.10}$$

当存在加性不确定性时,系统的广义对象为

$$\hat{Q}(s) = \hat{G}(s)D(s) = \begin{bmatrix} g_{11}(s) + \varDelta_1(s) & & & \\ & g_{22}(s) + \varDelta_2(s) & & \\ & & \ddots & \\ & & & g_{nn}(s) + \varDelta_n(s) \end{bmatrix} \tag{4.1.11}$$

即多变量系统每个回路的广义对象变为

$$\hat{g}_{ii}(s) = g_{ii}(s) + \Delta_i(s) \tag{4.1.12}$$

可知，由建模误差等不确定性引起的模型失配最终导致解耦控制系统的广义对象发生改变。为了保证解耦控制系统的稳定，本节采用自抗扰控制器对该模型失配进行估计和补偿。

由式 (4.1.2) 可知

$$\hat{g}_{ii}(s) = \frac{c_m s^m + c_{m-1} s^{m-1} + \cdots + c_0}{a_n s^n + a_{n-1} s^{n-1} + \cdots + a_0} + \Delta_i(s) \tag{4.1.13}$$

对式 (4.1.13) 进行拉普拉斯逆变换得

$$a_n y_i^{(n)}(t) + a_{n-1} y_i^{(n-1)}(t) + \cdots + a_0 y_i(t) = c_m u_i^{(m)}(t) + c_{m-1} u_i^{(m-1)}(t) + \cdots + c_0 u_i(t) + \Delta_i(s) u_i(t) \tag{4.1.14}$$

对于任意正整数 $k \geqslant 1$，定义 k 重积分

$$\int_{[0,t]}^{(k)} f(t) = \underbrace{\int_0^t \int_0^{\tau_k} \cdots \int_0^{\tau_2}}_{k} f(\tau_1) d\tau_1 \cdots d\tau_k \tag{4.1.15}$$

对式 (4.1.14) 中等号两端进行 $n-1$ 重积分得

$$\begin{aligned}
\dot{y}_i(t) &= \frac{1}{a_n}\left[-\left(a_{n-1} y_i(t) + \cdots + a_0 \int_{[0,t]}^{(n-1)} y_i(t) dt \right) \right. \\
&\quad \left. + \left(c_m \int_{[0,t]}^{(n-m-1)} u_i(t) dt + \cdots + (c_0 + \Delta_i(s)) \int_{[0,t]}^{(n-1)} u_i(t) dt - a_n b_0 u_i(t) \right) \right] + b_0 u_i(t) \\
&= \tilde{g}_i(t) + b_0 u_i(t)
\end{aligned} \tag{4.1.16}$$

其中，$\tilde{g}_i(t)$ 包含系统内部的未知动态及不确定性 $\Delta(s)$。

考虑被控对象第 i 回路存在未知形式的扰动 u_{di}，令 $y_{di}(s) = g_{di}(s) u_{di}(s)$，并对该式进行拉普拉斯逆变换。在自抗扰控制框架下，我们不需要知道干扰的具体时域形式，只给出其表达式：

$$\dot{y}_{di}(t) = d_i\left(t, y_{di}(t), \cdots, \int_{[0,t]}^{(n-1)} y_{di}(t) dt, u_{di}(t), \cdots, \int_{[0,t]}^{(n-1)} u_{di}(t) dt \right) \tag{4.1.17}$$

将式 (4.1.17) 简记为

$$\dot{y}_{di}(t) = \tilde{d}_i(t) \tag{4.1.18}$$

由线性叠加性原理可得

$$\hat{y}_i(t) = \dot{y}_i(t) + \dot{y}_{di}(t) = \tilde{g}_i(t) + \tilde{d}_i(t) + b_0 u_i(t) = f_i(t) + b_0 u_i(t) \qquad (4.1.19)$$

将 $f_i(t) = \tilde{g}_i(t) + \tilde{d}_i(t)$ 称为系统的扩张状态,其包含系统内部的未知动态、不确定性及扰动的信息。易知,扩张状态 $f_i(t)$ 为未知量。

设计 ESO 对 $f_i(t)$ 进行估计:

$$\begin{cases} \dot{z}_1(t) = z_2(t) + \beta_1(y_i(t) - z_1(t)) + b_0 u_i(t) \\ \dot{z}_2(t) = \beta_2(y_i(t) - z_1(t)) \end{cases} \qquad (4.1.20)$$

当 ESO 准确整定时, $z_1(t)$ 、 $z_2(t)$ 将分别跟踪 $y_i(t)$ 和 $f_i(t)$ 。为了补偿 $f_i(t)$,令

$$u_i(t) = \frac{u_0(t) - z_2(t)}{b_0} \qquad (4.1.21)$$

联立式(4.1.19)和式(4.1.21)得

$$\dot{y}_i(t) = f_i(t) + b_0 u_i(t) \approx z_2(t) + b_0 \frac{u_0(t) - z_2(t)}{b_0} = u_0(t) \qquad (4.1.22)$$

至此,包含系统内部未知动态、不确定性及扰动信息的未知状态被近似补偿,被控对象转换为一个积分环节 $\dot{y}_i(t) \approx u_0(t)$,为该积分环节设计比例控制器 $u_0(t) = k_p(r(t) - y_i(t))$,合理调整参数 k_p 即可获得满意的控制性能。

综上,得到多变量逆解耦自抗扰控制方法的结构示意图如图 4.1.2 所示。

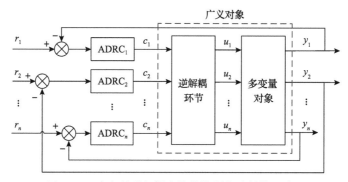

图 4.1.2   多变量逆解耦自抗扰控制方法结构示意图

4.1.3   自抗扰控制器参数整定方法

给出一阶自抗扰控制器结构如图 4.1.3 所示。

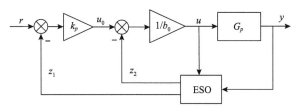

图 4.1.3　一阶自抗扰控制器结构图

图 4.1.3 中，G_p 表示被控对象。对于高阶对象或大惯性大时滞对象，亦可选用二阶自抗扰控制器作为控制器。类似地，对式 (4.1.14) 中等号两端进行 $n-2$ 重积分并重复上述推导过程，可得二阶自抗扰控制器结构如图 4.1.4 所示。

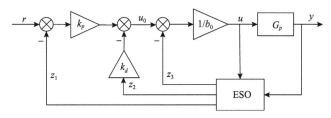

图 4.1.4　二阶自抗扰控制器结构图

文献[1]引入带宽的概念，将自抗扰控制器的控制律和观测器参数分别转换为控制带宽 ω_c 和观测带宽 ω_o 的函数，如表 4.1.1 所示。

表 4.1.1　控制器参数（一）

控制器	参数
一阶自抗扰控制器	$k_p = \omega_c,\ \beta_1 = 2\omega_o,\ \beta_2 = \omega_o^2$
二阶自抗扰控制器	$k_p = \omega_c^2,\ k_d = 2\xi\omega_c,\ \beta_1 = 3\omega_o,\ \beta_2 = 3\omega_o^2,\ \beta_3 = \omega_o^3$

可知，一阶自抗扰控制器有 3 个参数需要整定，分别是 ω_o、ω_c、b_0。二阶自抗扰控制器增加了参数 ξ。上述参数在整定过程中遵循如下规律。

（1）ω_o 越大，ESO 的观测能力越强，但这会增加观测器对噪声的敏感性。因此，ω_o 应从一个较小的值逐渐增大，直至观测精度满足要求[2]。

（2）ω_c 越大，b_0 越小，控制作用越强，系统输出响应越快，但超调量和振荡会越严重。ξ 一般取 1，当 ω_o、ω_c、b_0 的整定不能满足控制要求时，再对 ξ 进行调整，以使系统的动静态性能达到最优。

4.1.4　仿真研究

本节基于 6 个经典多变量对象展开算例仿真，包括 4 个 2×2 模型、1 个 3×3

模型和 1 个 4×4 模型。将逆解耦自抗扰控制方法的仿真结果与分散自抗扰控制方法[3]、逆解耦 PI 方法[4,5]及模型引文中方法的仿真结果进行对比,说明所设计方法在解耦、抗扰和鲁棒性方面的优势。

1. 两输入两输出对象

1)WB 模型

Wood 和 Berry 针对分离甲醇-水混合物的二元蒸馏塔系统,给出下述经验模型(即 WB 模型)[6]:

$$\begin{bmatrix} y_1(s) \\ y_2(s) \end{bmatrix} = \begin{bmatrix} \dfrac{12.8e^{-s}}{16.7s+1} & \dfrac{-18.9e^{-3s}}{21s+1} \\ \dfrac{6.6e^{-7s}}{10.9s+1} & \dfrac{-19.4e^{-3s}}{14.4s+1} \end{bmatrix} \begin{bmatrix} u_1(s) \\ u_2(s) \end{bmatrix} \tag{4.1.23}$$

对 WB 模型进行设定值跟踪、抗扰及鲁棒性仿真,对比分散自抗扰控制方法[3](ADRC)、伴随矩阵解耦 PID 方法[6](AD-PID)、逆解耦 PI 方法(ID-PI)及逆解耦自抗扰控制方法(ID-ADRC)的仿真结果。上述方法中解耦矩阵及控制器参数如表 4.1.2 所示。

表 4.1.2 解耦矩阵及控制器参数(一)

方法	解耦矩阵	控制器参数
ADRC	—	$b_{01}=1.8, b_{02}=-5.6$ $\omega_{c1}=1.17, \omega_{c2}=0.89$ $\omega_{o1}=14.6, \omega_{o2}=57.8$
AD-PID	$\begin{bmatrix} \dfrac{-19.4}{14.4s+1} & \dfrac{18.9e^{-2s}}{21s+1} \\ \dfrac{6.6e^{-4s}}{10.9s+1} & \dfrac{12.8}{16.7s+1} \end{bmatrix}$	$k_{p1}=-0.06187, k_{p2}=-0.02062$ $k_{i1}=-0.002542, k_{i2}=-0.000850$ $k_{d1}=-0.3421, k_{d2}=-0.1141$
ID-PI	$Dd(s)=\mathrm{diag}(1,1),$ $Do(s)=\begin{bmatrix} & \dfrac{1.48(16.7s+1)e^{-2s}}{21s+1} \\ \dfrac{0.34(14.4s+1)e^{-4s}}{10.9s+1} & \end{bmatrix}$	$k_{p1}=0.50, k_{p2}=-0.11$ $k_{i1}=0.045, k_{i2}=-0.009$
ID-ADRC	同 ID-PI 方法	$b_{01}=1.5, b_{02}=-3.2$ $\omega_{c1}=0.75, \omega_{c2}=0.48$ $\omega_{o1}=0.20, \omega_{o2}=0.15$

在 t 为 0s、100s 时分别为回路 1 和回路 2 加入单位阶跃的设定值 $r=1$,上述四种方法下系统输出响应及控制量曲线如图 4.1.5 所示。

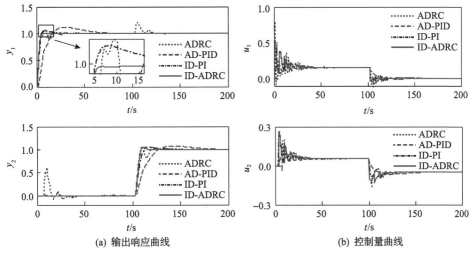

(a) 输出响应曲线   (b) 控制量曲线

图 4.1.5 四种方法下系统输出响应及控制量曲线(一)

计算不同方法下系统各回路输出响应的 IAE 指标并进行加和,如表 4.1.3 所示。

表 4.1.3 输出响应 IAE 指标比较(一)

控制方法	IAE_1	IAE_2	总和
ADRC	5.00	10.97	15.97
AD-PID	11.09	14.81	25.90
ID-PI	3.21	7.51	10.72
ID-ADRC	2.38	5.98	8.36

图 4.1.5 中, AD-PID 方法、ID-PI 方法和 ID-ADRC 方法达到完全解耦的效果, 某一回路设定值的变化不影响另一回路的输出; 与之相比, 在 ADRC 方法下, 系统输出存在严重耦合。

就输出响应的动态特性而言, AD-PID 方法输出响应最慢, 其余三种方法的快速性相当, 但 ID-ADRC 方法输出超调量小, 调节时间短, 能最快达到稳定。因此, ID-ADRC 方法控制效果最优, 表现为 IAE 指标最小。对比了解耦能力后, 选用 ID-PI 方法和 ID-ADRC 方法研究 PI 控制器和自抗扰控制器的抗扰能力及鲁棒性。

假设系统处于稳定状态, $t = 50s$ 时为输入加入单位方波扰动, 持续时间为 100s, 用 ID-PI 方法和 ID-ADRC 方法系统输出响应及控制量曲线如图 4.1.6 所示。可知, 当输入存在扰动时, ID-ADRC 可以使输出更快回到稳定状态, 因而具有更强的抑制输入扰动的能力。

根据 Monte Carlo 原理[7], 使 WB 模型的模型参数相对于标称值发生±10%的随机摄动, 产生样本数量为 1000 的被控对象族 $\{G_M(s)\}$, 模拟可能存在的建模误差和参数不确定性等。对 $\{G_M(s)\}$ 中各被控对象的回路 1 加入正向单位阶跃的设

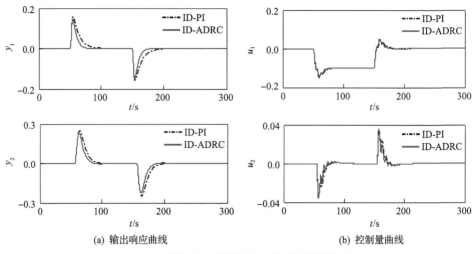

(a) 输出响应曲线　　　　　　　(b) 控制量曲线

图 4.1.6　两种方法下系统输出响应及控制量曲线(一)

定值,将表 4.1.2 中相应控制器参数作用于 $\{G_M(s)\}$ 进行仿真,通过该组随机实验下控制指标的离散程度衡量控制器在对象存在不确定性时的鲁棒性。

统计摄动系统的调节时间 T_s 及对应 IAE 指标,其分布如图 4.1.7 所示,相应的统计数据见表 4.1.4。

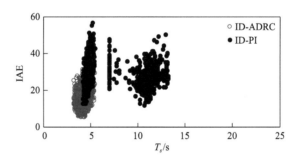

图 4.1.7　摄动系统性能指标分布(一)

表 4.1.4　摄动系统性能指标统计

控制方法	调节时间 T_s/s			IAE		
	变化范围	均值	标准差	变化范围	均值	标准差
ID-ADRC	3.2~5.5	4.27	0.51	5.2~43.5	15.91	6.12
ID-PI	4.2~13.2	8.08	3.15	12.0~56.8	27.69	7.58

图 4.1.7 中,点集离原点越近,表明系统性能越好,点越密集,表明系统鲁棒性越强。与之相对应,表 4.1.4 给出了系统两个性能指标的变化范围、均值及标准差。均值表示标称模型发生随机摄动时系统的平均性能水平,均值越小,系统的

性能越好；标准差则表征 Monte Carlo 实验结果的离散程度，是系统鲁棒性的定量衡量，标准差越小，鲁棒性越强。综上，ID-ADRC 方法具有更强的性能鲁棒性。

2）WW 模型

WW（Wardle-Wood）模型如下：

$$
\begin{bmatrix} y_1(s) \\ y_2(s) \end{bmatrix} = \begin{bmatrix} \dfrac{0.126\mathrm{e}^{-6s}}{60s+1} & \dfrac{-0.101\mathrm{e}^{-12s}}{(45s+1)(48s+1)} \\ \dfrac{0.094\mathrm{e}^{-8s}}{38s+1} & \dfrac{-0.12\mathrm{e}^{-8s}}{35s+1} \end{bmatrix} \begin{bmatrix} u_1(s) \\ u_2(s) \end{bmatrix} \tag{4.1.24}
$$

WW 模型是典型的化工过程对象模型，对该模型进行设定值跟踪、抗扰及鲁棒性仿真，对比分散自抗扰控制方法（ADRC）、简化解耦 PI 方法（SD-PI）、逆解耦 PI 方法（ID-PI）及逆解耦自抗扰控制方法（ID-ADRC）的仿真结果。上述方法中解耦矩阵及控制器参数如表 4.1.5 所示。

表 4.1.5　解耦矩阵及控制器参数（二）

方法	解耦矩阵	控制器参数
ADRC	—	$b_{01}=0.0012,\ \omega_{c1}=0.1,\ \omega_{o1}=1.35$ $b_{02}=-0.021,\ \omega_{c2}=0.13,\ \omega_{o2}=0.82$
SD-PI	$\begin{bmatrix} 1 & \dfrac{0.101(60s+1)\mathrm{e}^{-6s}}{0.126(45s+1)(48s+1)} \\ \dfrac{0.094(35s+1)}{0.12(38s+1)} & 1 \end{bmatrix}$	$k_{p1}=25.61,\ k_{i1}=1.4$ $k_{p2}=-18.20,\ k_{i2}=-1.0$
ID-PI	$Dd(s)=\mathrm{diag}(1,1),$ $Do(s)=\begin{bmatrix} & \dfrac{0.101(60s+1)\mathrm{e}^{-6s}}{0.126(45s+1)(48s+1)} \\ \dfrac{0.094(35s+1)}{0.12(38s+1)} & \end{bmatrix}$	$k_{p1}=34,\ k_{i1}=0.9$ $k_{p2}=-17,\ k_{i2}=-0.6$
ID-ADRC	同 ID-PI 方法	$b_{01}=0.0035,\ \omega_{c1}=0.15,\ \omega_{o1}=0.08$ $b_{02}=-0.007,\ \omega_{c2}=0.15,\ \omega_{o2}=0.08$

在 t 为 0s、300s 时分别为回路 1 和回路 2 加入单位阶跃的设定值 $r=1$，上述四种方法下系统输出响应及控制量曲线如图 4.1.8 所示。

计算不同方法下系统各回路输出响应的 IAE 指标并进行加和，如表 4.1.6 所示。

图 4.1.8 中，SD-PI 方法、ID-PI 方法和 ID-ADRC 方法达到完全解耦的效果，某一回路设定值的变化不影响另一回路的输出；与之相比，ADRC 方法下，系统输出则耦合严重。就输出响应的动态特性而言，四种方法的快速性相当，但 ID-ADRC 方法输出超调量小，调节时间短，能最快达到稳定。因此，ID-ADRC 方法控制效果最优，表现为 IAE 指标最小。对比了解耦能力之后，选用 ID-PI 方法和 ID-ADRC

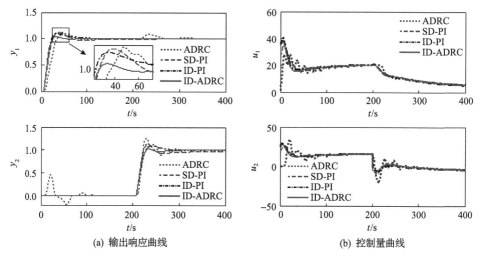

(a) 输出响应曲线　　　　　　　　　(b) 控制量曲线

图 4.1.8　四种方法下系统输出响应及控制量曲线(二)

表 4.1.6　输出响应 IAE 指标值比较(二)

控制方法	IAE$_1$	IAE$_2$	总和
ADRC	28.14	33.89	62.03
SD-PI	20.87	23.94	44.81
ID-PI	18.03	19.94	37.97
ID-ADRC	13.61	17.56	31.17

方法研究 PI 控制器和自抗扰控制器的抗扰能力及鲁棒性。

假设系统处于稳定状态，$t = 50$s 时为输入 u_1 加入单位方波扰动，持续时间为 100s，用 ID-PI 方法和 ID-ADRC 方法系统输出响应及控制量曲线如图 4.1.9 所示。

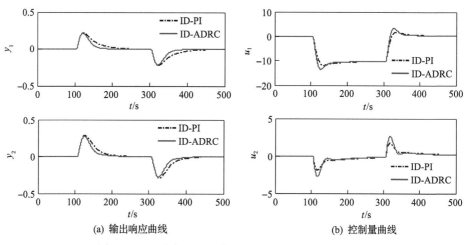

(a) 输出响应曲线　　　　　　　　　(b) 控制量曲线

图 4.1.9　两种方法下系统输出响应及控制量曲线(二)

由图 4.1.9 可知，当输入存在扰动时，ID-ADRC 方法可以使输出较快回到稳定状态，因而具有更强的抑制输入扰动的能力。

使 WW 模型的模型参数相对于标称值发生±10%的随机摄动，产生样本数量为 500 的被控对象族 $\{G_M(s)\}$，对 $\{G_M(s)\}$ 中各被控对象的第二回路加入正向单位阶跃的设定值。统计摄动系统的调节时间 T_s 和 IAE 指标，其分布如图 4.1.10 所示。

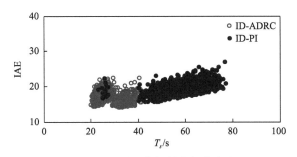

图 4.1.10　摄动系统性能指标分布(二)

图 4.1.10 中点集离原点越近，表明系统性能越好，点越密集，表明系统鲁棒性越强。综上，ID-ADRC 方法具有更强的性能鲁棒性。

3) XC 模型

XC(Xiong-Cai)模型如下所示：

$$\begin{bmatrix} y_1(s) \\ y_2(s) \end{bmatrix} = \begin{bmatrix} \dfrac{5e^{-3s}}{4s+1} & \dfrac{2.5e^{-5s}}{15s+1} \\ \dfrac{-4e^{-6s}}{20s+1} & \dfrac{e^{-4s}}{5s+1} \end{bmatrix} \begin{bmatrix} u_1(s) \\ u_2(s) \end{bmatrix} \tag{4.1.25}$$

对式 (4.1.25) 表述模型进行设定值跟踪、抗扰及鲁棒性仿真，对比分散自抗扰控制方法(ADRC)、分散 PI 方法[8](PI)、逆解耦 PI 方法(ID-PI)及逆解耦自抗扰控制方法(ID-ADRC)的仿真结果。上述方法中解耦矩阵及控制器参数如表 4.1.7 所示。

表 4.1.7　解耦矩阵及控制器参数(三)

方法	解耦矩阵	控制器参数
ADRC	—	$b_{01}=2, \omega_{c1}=0.1, \omega_{o1}=1.35$ $b_{02}=2, \omega_{c2}=0.1, \omega_{o2}=0.82$
PI	—	$k_{p1}=0.0233, k_{i1}=0.0058$ $k_{p2}=0.01094, k_{i2}=0.0022$

续表

方法	解耦矩阵	控制器参数
ID-PI	$Dd(s) = \mathrm{diag}(1,1),$ $Do(s) = \begin{bmatrix} & -\dfrac{0.5(4s+1)\mathrm{e}^{-2s}}{15s+1} \\ \dfrac{4(5s+1)\mathrm{e}^{-2s}}{20s+1} & \end{bmatrix}$	$k_{p1} = 25.61, k_{i1} = 1.4$ $k_{p2} = -18.20, k_{i2} = -1.0$
ID-ADRC	同 ID-PI 方法	$b_{01} = 3.5, \omega_{c1} = 0.45, \omega_{o1} = 0.45$ $b_{02} = 1.3, \omega_{c2} = 0.50, \omega_{o2} = 0.60$

在 t 为 0s、300s 时分别为回路 1 和回路 2 加入单位阶跃的设定值 $r = 1$，上述四种方法下系统输出响应及控制量曲线如图 4.1.11 所示。

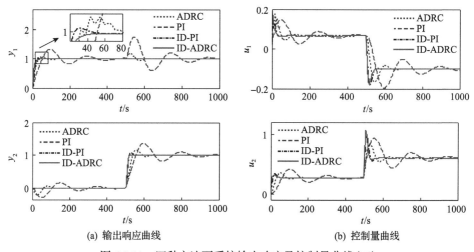

(a) 输出响应曲线　　　　　　　　　　(b) 控制量曲线

图 4.1.11　四种方法下系统输出响应及控制量曲线(三)

计算不同方法下系统各回路输出响应的 IAE 指标并进行加和，如表 4.1.8 所示。

表 4.1.8　输出响应 IAE 指标值比较(三)

控制方法	IAE_1	IAE_2	总和
ADRC	24.94	39.87	64.81
PI	159.74	111.49	271.23
ID-PI	11.88	13.52	25.40
ID-ADRC	9.15	10.93	20.08

图 4.1.11 中，ID-PI 方法和 ID-ADRC 方法达到完全解耦的效果，某一回路设定值的变化不影响另一回路的输出；与之相比，ADRC 和 PI 方法系统输出则耦合严重。

就输出响应的动态特性而言，PI 方法输出响应最慢，且波动较大。其余三种方法的快速性相当，但 ID-ADRC 方法输出超调量小，调节时间短，能最快达到稳定。因此，ID-ADRC 方法控制效果最优，表现为 IAE 指标最小。对比了解耦能力之后，选用 ID-PI 方法和 ID-ADRC 方法研究 PI 控制器和自抗扰控制器的抗扰能力及鲁棒性。

假设系统处于稳定状态，$t = 50s$ 时为输入加入单位方波扰动，持续时间为 100s，用 ID-PI 方法和 ID-ADRC 方法系统输出响应及控制量曲线如图 4.1.12 所示。

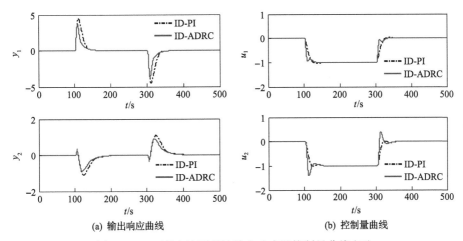

　(a) 输出响应曲线　　　　　　　　　　(b) 控制量曲线

图 4.1.12　两种方法下系统输出响应及控制量曲线 (三)

由图 4.1.12 可知，当输入存在扰动时，ID-ADRC 可以使输出较快回到稳定状态，因而具有更强的抑制输入扰动的能力。

使 XC 模型的模型参数相对于标称值发生 ±10% 的随机摄动，产生样本数量为 500 的被控对象族 $\{G_M(s)\}$，以模拟可能存在的建模误差和参数不确定性等。对 $\{G_M(s)\}$ 中各被控对象的第二回路加入正向单位阶跃的设定值，将表 4.1.7 中相应控制器参数作用于 $\{G_M(s)\}$ 进行仿真。统计摄动系统的调节时间 T_s 和 IAE 指标，其分布如图 4.1.13 所示。

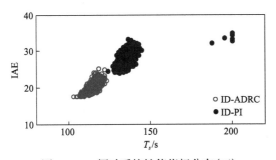

图 4.1.13　摄动系统性能指标分布 (三)

图 4.1.13 中，点集离原点越近，表明系统性能越好，点越密集，表明系统鲁棒性越强。综上，ID-ADRC 方法具有更强的性能鲁棒性。

4)高阶模型

高阶对象广泛存在于工业过程中，文献[9]给出了一个典型的四阶两输入两输出模型：

$$\begin{bmatrix} y_1(s) \\ y_2(s) \end{bmatrix} = \frac{1}{(1+s)(1+2s)^2(1+0.5s)} \begin{bmatrix} (1.5s+1) & 0.2(0.75s+1) \\ 0.6(0.75s+1) & 0.8(1.2s+1) \end{bmatrix} \begin{bmatrix} u_1(s) \\ u_2(s) \end{bmatrix} \quad (4.1.26)$$

对式(4.1.26)所描述模型进行设定值跟踪、抗扰及鲁棒性仿真，对比分散自抗扰控制方法(ADRC)、分散 PI 方法[9](PI)、逆解耦 PI 方法(ID-PI)及逆解耦自抗扰控制方法(ID-ADRC)的仿真结果。上述方法中解耦矩阵及控制器参数如表 4.1.9 所示。

表 4.1.9　解耦矩阵及控制器参数(四)

方法	解耦矩阵	控制器参数
ADRC	—	$b_{01}=0.0012, \omega_{c1}=0.1, \omega_{o1}=1.35$ $b_{02}=-0.021, \omega_{c2}=0.13, \omega_{o2}=0.82$
PI	—	$k_{p1}=25.61, k_{i1}=1.4$ $k_{p2}=-18.20, k_{i2}=-1.0$
ID-PI	$Dd(s)=\text{diag}(1,1),$ $Do(s)=\begin{bmatrix} & -\dfrac{0.2(0.75s+1)\mathrm{e}^{-6s}}{1.5s+1} \\ -\dfrac{3(0.75s+1)}{4(1.2s+1)} & \end{bmatrix}$	$k_{p1}=34, k_{i1}=0.9$ $k_{p2}=-17, k_{i2}=-0.6$
ID-ADRC	同 ID-PI 方法	$b_{01}=0.0035, \omega_{c1}=0.15, \omega_{o1}=0.08$ $b_{02}=-0.007, \omega_{c2}=0.15, \omega_{o2}=0.08$

在 t 为 0s、300s 时分别为回路 1 和回路 2 加入单位阶跃的设定值 $r=1$，上述四种方法下系统输出响应及控制量曲线如图 4.1.14 所示。

计算不同方法下系统各回路输出响应的 IAE 指标并进行加和，如表 4.1.10 所示。

图 4.1.14 中，ID-PI 方法和 ID-ADRC 方法达到完全解耦的效果，某一回路设定值的变化不影响另一回路的输出；与之相比，分散 PI 方法下系统输出耦合严重。

就输出响应的动态特性而言，四种方法的快速性相当，但 ID-ADRC 方法输出超调量小，调节时间短，能最快达到稳定。因此，ID-ADRC 方法控制效果最优，表现为 IAE 指标最小。对比了解耦能力之后，选用 ID-PI 方法和 ID-ADRC 方法

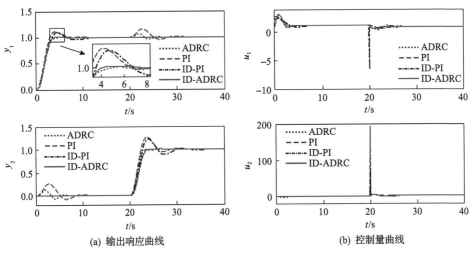

(a) 输出响应曲线　　　　　　　　　(b) 控制量曲线

图 4.1.14　四种方法下系统输出响应及控制量曲线(四)

表 4.1.10　输出响应 IAE 指标值比较(四)

控制方法	IAE$_1$	IAE$_2$	总和
ADRC	2.12	2.19	4.31
PI	2.62	3.16	5.78
ID-PI	2.36	2.47	4.83
ID-ADRC	2.03	2.02	4.05

研究 PI 控制器和自抗扰控制器的抗扰能力及鲁棒性。

假设系统处于稳定状态，$t = 50s$ 时为输入 u_1 加入单位方波扰动，持续时间为 $50s$，用 ID-PI 方法和 ID-ADRC 方法系统输出响应及控制量曲线如图 4.1.15 所示。

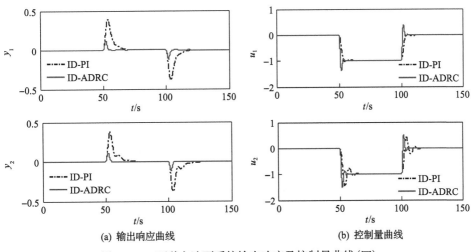

(a) 输出响应曲线　　　　　　　　　(b) 控制量曲线

图 4.1.15　两种方法下系统输出响应及控制量曲线(四)

由图 4.1.15 可知，当输入存在扰动时，ID-ADRC 可以使输出较快回到稳定状态，因而具有更强的抑制输入扰动的能力。

使高阶模型的模型参数相对于标称值发生±10%的随机摄动，产生样本数量为500 的被控对象族 $\{G_M(s)\}$，对 $\{G_M(s)\}$ 中各被控对象的第二回路加入正向单位阶跃的设定值。统计摄动系统的调节时间 T_s 和 IAE 指标，其分布如图 4.1.16 所示。

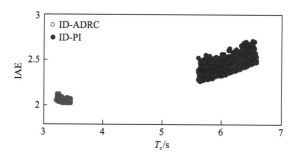

图 4.1.16　摄动系统性能指标分布(四)

图 4.1.16 中，点集离原点越近，表明系统性能越好，点越密集，表明系统鲁棒性越强。综上，ID-ADRC 方法具有更强的性能鲁棒性。

2. 三输入三输出对象

VL(Vinante-Luyben)模型是研究高维多变量对象控制的典型模型之一，其传递函数矩阵为[8]

$$G_3(s) = \begin{bmatrix} \dfrac{119\mathrm{e}^{-5s}}{21.7s+1} & \dfrac{153\mathrm{e}^{-5s}}{337s+1} & \dfrac{-2.1\mathrm{e}^{-5s}}{10s+1} \\[3mm] \dfrac{37\mathrm{e}^{-5s}}{500s+1} & \dfrac{76.7\mathrm{e}^{-5s}}{28s+1} & \dfrac{-5\mathrm{e}^{-5s}}{10s+1} \\[3mm] \dfrac{93\mathrm{e}^{-5s}}{500s+1} & \dfrac{-66.7\mathrm{e}^{-5s}}{166s+1} & \dfrac{-103.3\mathrm{e}^{-5s}}{23s+1} \end{bmatrix} \tag{4.1.27}$$

对 VL 模型进行设定值跟踪、抗扰及鲁棒性仿真，对比分散自抗扰控制方法(ADRC)、分散 PI 方法[8](PI)、逆解耦 PI 方法(ID-PI)及逆解耦自抗扰控制方法(ID-ADRC)的仿真结果。上述方法中解耦矩阵及控制器参数如表 4.1.11 所示。

在 t 为 0s、100s、200s 时分别为 3 个回路加入单位阶跃的设定值 $r=1$，上述四种方法下系统输出响应及控制量曲线如图 4.1.17 所示。

表 4.1.11　解耦矩阵及控制器参数（五）

方法	解耦矩阵	控制器参数
ADRC	—	$b_{01}=30,\ \omega_{c1}=0.75,\ \omega_{o1}=0.09$ $b_{02}=6,\ \omega_{c2}=0.27,\ \omega_{o2}=0.10$ $b_{03}=-14,\ \omega_{c3}=0.35,\ \omega_{o3}=0.10$
PI	—	$k_{p1}=0.0191,\ k_{i1}=8.80\times10^{-4}$ $k_{p2}=0.0382,\ k_{i2}=0.00136$ $k_{p3}=-0.0182,\ k_{i3}=-7.91\times10^{-4}$
ID-PI	$Dd(s)=\mathrm{diag}(1,1,1),$ $$Do(s)=\begin{bmatrix} 0 & -\dfrac{153(21.7s+1)}{119(337s+1)} & \dfrac{2.1(21.7s+1)}{119(10s+1)} \\[2mm] -\dfrac{37(28s+1)}{76.7(500s+1)} & 0 & \dfrac{5(28s+1)}{76.7(10s+1)} \\[2mm] \dfrac{93(166s+1)}{66.7(500s+1)} & 0 & \dfrac{103(166s+1)}{66.7(23s+1)} \end{bmatrix}$$	$k_{p1}=0.0191,\ k_{i1}=8.80\times10^{-4}$ $k_{p2}=0.0382,\ k_{i2}=0.00136$ $k_{p3}=-0.0182,\ k_{i3}=-7.91\times10^{-4}$
ID-ADRC	同 ID-PI 方法	$b_{01}=30,\ \omega_{c1}=0.75,\ \omega_{o1}=0.09$ $b_{02}=6,\ \omega_{c2}=0.27,\ \omega_{o2}=0.10$ $b_{03}=-14,\ \omega_{c3}=0.35,\ \omega_{o3}=0.10$

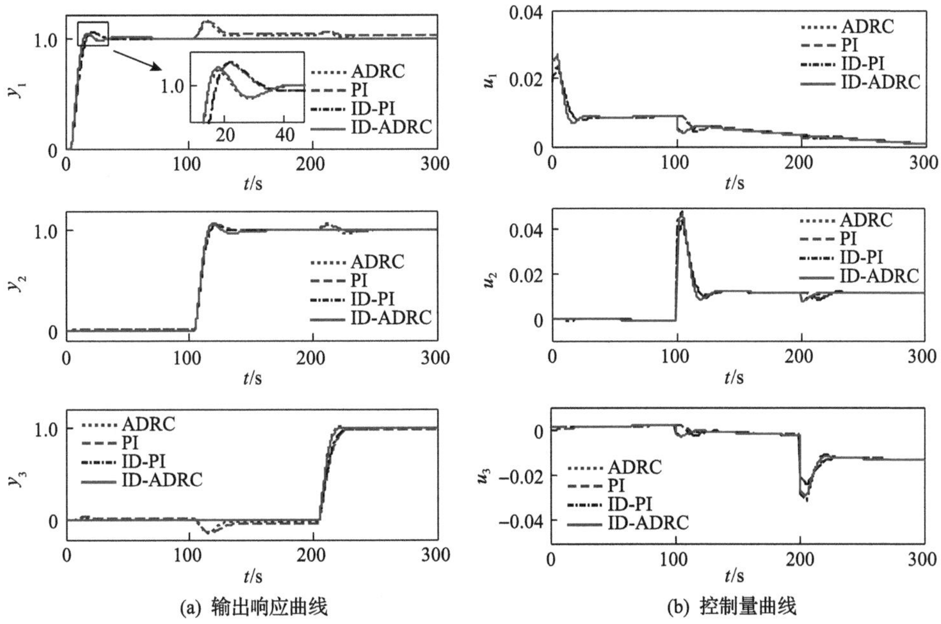

(a) 输出响应曲线　　　　　　　　　(b) 控制量曲线

图 4.1.17　四种方法下系统输出响应及控制量曲线（五）

　　计算不同方法下系统各回路输出响应的 IAE 指标并进行加和，如表 4.1.12
所示。

表 4.1.12　输出响应 IAE 指标值比较(五)

控制方法	IAE_1	IAE_2	IAE_3	总和
ADRC	16.42	11.90	15.43	43.75
PI	19.12	12.27	20.53	51.92
ID-PI	10.69	10.69	12.28	33.66
ID-ADRC	9.76	10.46	10.60	30.82

图 4.1.17 中，ID-PI 和 ID-ADRC 方法达到完全解耦的效果，某一回路设定值的变化不影响另一回路的输出；与之相比，ADRC 和 PI 方法下，系统输出则耦合严重。就输出响应的动态特性而言，四种方法的快速性相当，但 ID-ADRC 方法输出超调量小，调节时间短，能最快达到稳定。因此，ID-ADRC 方法控制效果最优，表现为 IAE 指标最小。对比了解耦能力之后，选用 ID-PI 方法和 ID-ADRC 方法研究 PI 控制器和自抗扰控制器的抗扰能力及鲁棒性。

假设系统处于稳定状态，t 为 50s 时为输入加入单位方波扰动，持续时间为 100s，在 ID-PI 方法和 ID-ADRC 方法下系统输出响应及控制量曲线如图 4.1.18 所示。

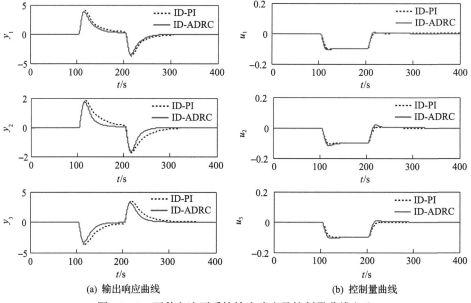

(a) 输出响应曲线　　　　　　　　　　　(b) 控制量曲线

图 4.1.18　两种方法下系统输出响应及控制量曲线(五)

由图 4.1.18 可知，当输入存在扰动时，ID-ADRC 可以使输出较快回到稳定状态，因而具有更强的抑制输入扰动的能力。

使 VL 模型的模型参数相对于标称值发生±10%的随机摄动，产生样本数量为 500 的被控对象族 $\{G_M(s)\}$。对 $\{G_M(s)\}$ 中各被控对象的回路 1 加入正向单位阶跃的设定值，统计摄动系统的调节时间 T_s 和 IAE 指标，其分布如图 4.1.19 所示。

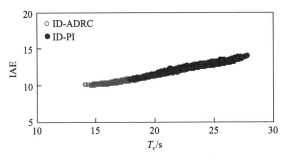

图 4.1.19　摄动系统性能指标分布（五）

图 4.1.19 中，点集离原点越近，表明系统性能越好，点越密集，表明系统鲁棒性越强。综上，ID-ADRC 方法具有更强的性能鲁棒性。

3. 四输入四输出对象

文献[10]通过闭环辨识方法得到四室暖通空调（heating, ventilating and air conditioning, HVAC）系统的温度控制模型：

$$
G_4(s) = \begin{bmatrix}
\dfrac{-0.098\mathrm{e}^{-17s}}{122s+1} & \dfrac{-0.036\mathrm{e}^{-27s}}{(23.7s+1)^2} & \dfrac{-0.014\mathrm{e}^{-32s}}{158s+1} & \dfrac{-0.017\mathrm{e}^{-30s}}{155s+1} \\[3mm]
\dfrac{-0.043\mathrm{e}^{-25s}}{147s+1} & \dfrac{-0.092\mathrm{e}^{-16s}}{130s+1} & \dfrac{-0.011\mathrm{e}^{-33s}}{156s+1} & \dfrac{-0.012\mathrm{e}^{-34s}}{157s+1} \\[3mm]
\dfrac{-0.012\mathrm{e}^{-31s}}{153s+1} & \dfrac{-0.016\mathrm{e}^{-34s}}{151s+1} & \dfrac{-0.102\mathrm{e}^{-16s}}{118s+1} & \dfrac{-0.033\mathrm{e}^{-26s}}{146s+1} \\[3mm]
\dfrac{-0.013\mathrm{e}^{-32s}}{156s+1} & \dfrac{-0.015\mathrm{e}^{-31s}}{159s+1} & \dfrac{-0.029\mathrm{e}^{-25s}}{144s+1} & \dfrac{-0.108\mathrm{e}^{-18s}}{128s+1}
\end{bmatrix} \tag{4.1.28}
$$

对于 HVAC 模型进行设定值跟踪、抗扰及鲁棒性仿真，对比分散自抗扰控制方法（ADRC）、正规解耦 PI 方法[10]（ND-PI）、逆解耦 PI 方法[4]（ID-PI）及逆解耦自抗扰控制方法（ID-ADRC）的仿真结果。其中，文献[10]设计的正规解耦矩阵为

$$
\begin{bmatrix}
-12.45\mathrm{e}^{-5.97s} & \dfrac{423.33s+4.53}{121.37s+1}\mathrm{e}^{-5.413s} & \dfrac{73.08s+0.88}{113.90s+1}\mathrm{e}^{-5.45s} & \dfrac{112.70s+1.19}{123.55s+1}\mathrm{e}^{-3.67s} \\[3mm]
\dfrac{532.68s+5.70}{113.83s+1}\mathrm{e}^{-4.89s} & -13.263\mathrm{e}^{-6.38s} & \dfrac{52.28s+0.53}{113.90s+1} & \dfrac{49.15s+0.41}{123.55s+1}\mathrm{e}^{-3.67s} \\[3mm]
\dfrac{40.44s+0.38}{113.83s+1} & \dfrac{110.42s+1.24}{121.37s+1}\mathrm{e}^{-2.40s} & -10.88\mathrm{e}^{-6.76s} & \dfrac{296.11s+3.13}{123.55s+1}\mathrm{e}^{-3.67s} \\[3mm]
\dfrac{60.81s+0.61}{113.83s+1}\mathrm{e}^{-2.45s} & \dfrac{94.98s+0.97}{121.37s+1} & \dfrac{264.31s+2.74}{113.90s+1}\mathrm{e}^{-5.45s} & -10.30\mathrm{e}^{-5.75s}
\end{bmatrix}
$$

文献[4]设计的逆解耦矩阵为

$$Dd(s) = \mathrm{diag}\left(\frac{-(122s+1)e^{-4.818s}}{0.098(113.8s+1)}, \frac{-(130s+1)e^{-5.316s}}{0.092(121.4s+1)}, \frac{-(118s+1)e^{-6.208s}}{0.102(113.9s+1)}, \frac{-(118s+1)e^{-5.125s}}{0.108(123.6s+1)}\right),$$

$$Do(s) = \begin{bmatrix}
0 & \dfrac{0.036(113.8s+1)}{(23.7s+1)^2}e^{-5.18s} \\[2mm]
\dfrac{0.043(121.4s+1)}{147s+1}e^{-3.68s} & 0 \\[2mm]
\dfrac{0.012(113.9s+1)}{153s+1}e^{-8.79s} & \dfrac{0.016(113.9s+1)}{151s+1}e^{-11.79s} \\[2mm]
\dfrac{0.013(123.6s+1)}{156s+1}e^{-8.88s} & \dfrac{0.015(123.6s+1)}{159s+1}e^{-7.88s}
\end{bmatrix}$$

$$\begin{bmatrix}
\dfrac{0.014(113.8s+1)}{158s+1}e^{-10.18s} & \dfrac{0.017(113.8s+1)}{155s+1}e^{-8.18s} \\[2mm]
\dfrac{0.011(121.4s+1)}{156s+1}e^{-11.68s} & \dfrac{0.012(121.4s+1)}{157s+1}e^{-12.68s} \\[2mm]
0 & \dfrac{0.033(113.9s+1)}{146s+1}e^{-3.79s} \\[2mm]
\dfrac{0.029(123.6s+1)}{144s+1}e^{-1.88s} & 0
\end{bmatrix}$$

本节所设计逆解耦矩阵为

$$Dd(s) = \mathrm{diag}(1,1,1,1),$$

$$Do(s) = \begin{bmatrix}
0 & \dfrac{0.367(122s+1)e^{-10s}}{(23.7s+1)^2} \\[2mm]
\dfrac{0.467(130s+1)e^{-9s}}{147s+1} & 0 \\[2mm]
\dfrac{0.118(118s+1)e^{-15s}}{153s+1} & \dfrac{0.157(118s+1)e^{-18s}}{151s+1} \\[2mm]
\dfrac{0.120(128s+1)e^{-14s}}{156s+1} & \dfrac{0.139(128s+1)e^{-13s}}{159s+1}
\end{bmatrix}$$

$$\begin{bmatrix}
\dfrac{0.143(122s+1)e^{-15s}}{158s+1} & \dfrac{0.174(122s+1)e^{-13s}}{155s+1} \\[2mm]
\dfrac{0.120(130s+1)e^{-17s}}{156s+1} & \dfrac{0.130(130s+1)e^{-18s}}{157s+1} \\[2mm]
0 & \dfrac{0.324(118s+1)e^{-10s}}{146s+1} \\[2mm]
\dfrac{0.269(128s+1)e^{-7s}}{144s+1} & 0
\end{bmatrix}$$

上述方法的控制器参数如表 4.1.13 所示。其中，ND-PI 和 ID-PI 使用同一组控制器参数[4,10]，类似地，ADRC 和 ID-ADRC 使用同一组控制器参数。

表 4.1.13　控制器参数(二)

回路	PI 参数	ADRC 参数
回路 1	$k_{p1}=1.639, k_{i1}=0.0144$	$b_{01}=-0.075, \omega_{c1}=0.020, \omega_{o1}=7.5$
回路 2	$k_{p2}=1.789, k_{i2}=0.01474$	$b_{02}=-0.065, \omega_{c2}=0.022, \omega_{o2}=7.5$
回路 3	$k_{p3}=1.611, k_{i3}=0.01415$	$b_{03}=-0.075, \omega_{c3}=0.022, \omega_{o3}=7.5$
回路 4	$k_{p4}=1.6784, k_{i4}=0.0136$	$b_{04}=-0.075, \omega_{c4}=0.020, \omega_{o4}=7.2$

在 t 为 0s、500s、1000s、1500s 时分别为回路 1 至回路 4 加入单位阶跃的设定值 $r=1$，上述四种方法下系统输出响应及控制量曲线如图 4.1.20 所示。

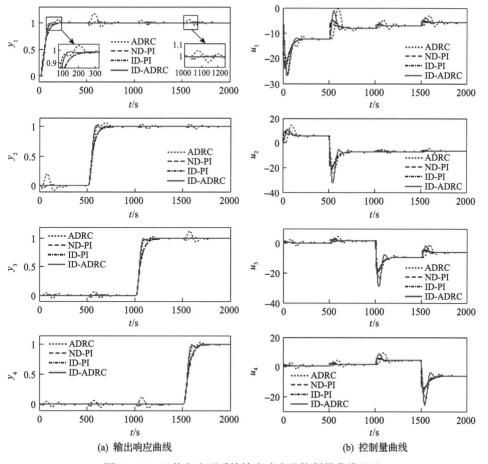

(a) 输出响应曲线　　　　　　　　　　　　　(b) 控制量曲线

图 4.1.20　四种方法下系统输出响应及控制量曲线(六)

计算不同方法下系统各回路输出响应的 IAE 指标并进行加和,如表 4.1.14 所示。

表 4.1.14 输出响应 IAE 指标值比较(六)

控制方法	IAE$_1$	IAE$_2$	IAE$_3$	IAE$_4$	总和
ADRC	93.92	93.54	85.86	90.77	364.09
ND-PI	76.03	73.67	76.86	78.98	305.54
ID-PI	69.44	67.85	70.67	79.96	287.92
ID-ADRC	63.79	68.10	60.23	64.02	256.14

图 4.1.20 中,ID-PI 方法和 ID-ADRC 方法达到完全解耦的效果,某一回路的设定值变化不影响其他回路的输出;与之相比,ND-PI 方法实现近似解耦,分散 ADRC 方法系统输出存在明显耦合严重现象。

就输出响应的动态特性而言,ID-ADRC 作为控制器时,四个回路的快速性优于 PI 方法,且调节时间短,最快达到稳定。因此,ID-ADRC 方法取得了最优的控制效果,表现为 IAE 指标最小。对比了解耦能力后,选用 ID-PI 方法和 ID-ADRC 方法研究 PI 控制器和自抗扰控制器的抗扰能力及鲁棒性。

假设系统处于稳定状态,在 t 为 100s 时为输入 u_1 加入单位方波扰动,持续时间为 900s,在 ID-PI 方法和 ID-ADRC 方法下系统输出响应及控制量曲线如图 4.1.21 所示。

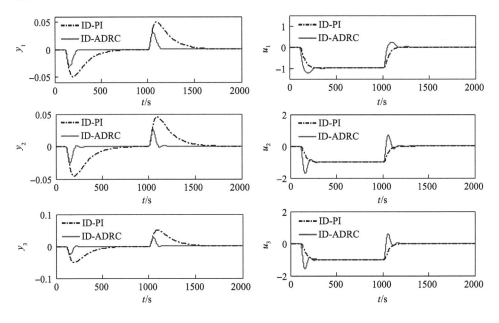

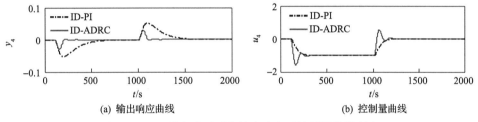

(a) 输出响应曲线　　　　　　　　　(b) 控制量曲线

图 4.1.21　两种方法下系统输出响应及控制量曲线(六)

由图 4.1.21 可知,当输入存在扰动时,ID-ADRC 可以使输出产生的波动较小,且能较快回到稳定状态,因而具有更强的抑制输入扰动的能力。

使 HVAC 模型的模型参数相对于标称值发生±10%的随机摄动,产生样本数量为 500 的被控对象族 $\{G_M(s)\}$。对 $\{G_M(s)\}$ 中各被控对象的回路 1 加入正向单位阶跃的设定值,将表 4.1.13 中相应控制器参数作用于 $\{G_M(s)\}$ 进行仿真。统计摄动系统的调节时间 T_s 和 IAE 指标,其分布如图 4.1.22 所示。

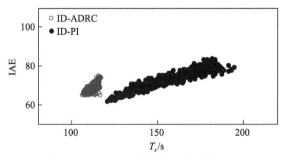

图 4.1.22　摄动系统性能指标分布(六)

图 4.1.22 中,点集离原点越近,表明系统性能越好,点越密集,表明系统鲁棒性越强。综上,ID-ADRC 方法具有更强的性能鲁棒性。

4.1.5　逆解耦矩阵物理可实现性分析

研究一类不含有右半复平面极点的 N 维多变量对象,设其传递函数矩阵为

$$G(s) = \begin{bmatrix} g_{11}(s) & g_{12}(s) & \cdots & g_{1n}(s) \\ g_{21}(s) & g_{22}(s) & \cdots & g_{2n}(s) \\ \vdots & \vdots & & \vdots \\ g_{n1}(s) & g_{n2}(s) & \cdots & g_{nn}(s) \end{bmatrix} \qquad (4.1.29)$$

其中,

$$g_{ij}(s) = \frac{c_m s^m + c_{m-1} s^{m-1} + \cdots + c_0}{a_n s^n + a_{n-1} s^{n-1} + \cdots + a_0} \mathrm{e}^{-\tau_{ij} s}, \quad i,j = 1,2,\cdots,n \tag{4.1.30}$$

$$a_n(n=1,2,\cdots) \in \mathbf{R}^+, \quad c_m(m=1,2,\cdots) \in \mathbf{R}, \quad n \geqslant m$$

为 $G(s)$ 设计逆解耦器，本节统一设定逆解耦器前向通道为 $\mathrm{Dd}(s) = I$，由 4.1.2 节可知，反向通道 $\mathrm{Do}(s)$ 的表达式为

$$\mathrm{do}_{ii} = 0, \quad \mathrm{do}_{ij} = \frac{g_{ij}}{g_{ii}}, \quad i,j = 1,2,\cdots,n; j \neq i \tag{4.1.31}$$

令 r_{ij}、τ_{ij}、$\alpha_{ij}(i,j=1,2,\cdots,n)$ 分别表示被控对象 $g_{ij}(s)$ 的相对阶次、滞后时间和非最小相位零点个数；Δr_{ij}、$\Delta \tau_{ij}$、$\sigma_{ij}(i,j=1,2,\cdots,n; j \neq i)$ 分别表示反向通道元素 $\mathrm{do}_{ij}(s)$ 的相对阶次、滞后时间和非最小相位极点个数。由式 (4.1.31) 可知：

若 $r_{ij} < r_{ii}$，则有 $\Delta r_{ij} = r_{ij} - r_{ii} < 0(i,j=1,2,\cdots,n; j \neq i)$，即 $\mathrm{do}_{ij}(s)$ 的相对阶次为负，称相对阶次为负的传递函数为超前环节；

若 $\tau_{ij} < \tau_{ii}$，则 $\Delta \tau_{ij} = \tau_{ij} - \tau_{ii} < 0(i,j=1,2,\cdots,n; j \neq i)$，即 $\mathrm{do}_{ij}(s)$ 的滞后时间为正，称滞后时间为正的传递函数为预测环节；

若 $\alpha_{ii} > 0(i=1,2,\cdots,n)$ 且 $\sigma_{ij} > 0(i,j=1,2,\cdots,n; j \neq i)$，即 $\mathrm{do}_{ij}(s)$ 包含非最小相位极点，导致系统不稳定。

若 $\mathrm{Do}(s)$ 中包含物理不可实现环节或不稳定环节，则需在设计逆解耦器前对被控对象 $G(s)$ 进行补偿。需要注意的是，部分多变量对象（特别是高维多变量对象）存在不可补偿的环节。文献 [4] 提出通过更改变量配对方式避免不可补偿的环节，但该方法只适用于部分对象，具有较大的局限性。针对时滞不可补偿环节，文献 [6] 提出帕德 (Pade) 近似方法，将被控对象的滞后时间转换为惯性环节。本节对文献 [6] 的时滞近似进行改进，仅将被控对象滞后时间中不可补偿的部分进行 Pade 近似，以提高近似精度。此外，本节对相对阶不可补偿环节及非最小相位零点分别提出了相对阶近似降阶和麦克劳林 (Maclaurin) 近似的方法，并给出规范化的设计流程。已有的关于补偿矩阵设计的研究中，未出现类似工作。

1. 相对阶补偿

如上所述，对于逆解耦矩阵的反向通道元素 $\mathrm{do}_{ij}(s)(i,j=1,2,\cdots,n; j \neq i)$，若存在

$$\Delta r_{ij} = r_{ij} - r_{ii} < 0, \quad i,j = 1,2,\cdots,n; j \neq i \tag{4.1.32}$$

则需对多变量对象 $G(s)$ 设计相对阶补偿矩阵 $\mathrm{Nr}(s)$，设计流程图如图 4.1.23 所示。

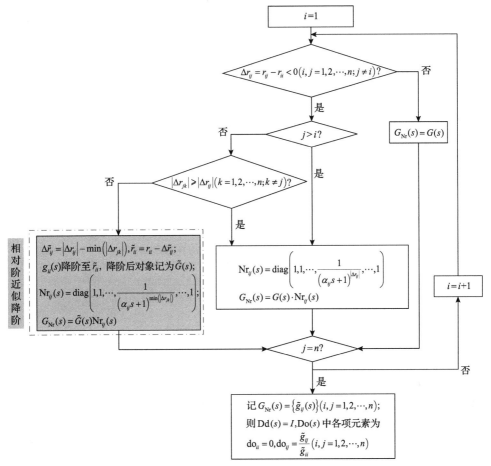

图 4.1.23　相对阶补偿矩阵设计流程图

在设计 $\mathrm{Nr}(s)$ 时，若需要降低 $G(s)$ 中某一元素的相对阶次，常用的公式如下。

降阶公式 1：

$$\frac{K_1 s + 1}{T_1 s + 1} \approx \frac{1}{(T_1 - K_1)s + 1} \qquad (4.1.33)$$

降阶公式 2：

$$\frac{K_1 s + 1}{(T_1 s + 1)(T_2 s + 1)} \approx \frac{1}{(T_1 s + 1)\left[(T_2 - K_1)s + 1\right]} \qquad (4.1.34)$$

降阶公式 3：

$$\frac{1}{(T_1s+1)(T_2s+1)} \approx \frac{1}{(T_1+T_2)s+1} \tag{4.1.35}$$

以式(4.1.36)为例，介绍相对阶补偿矩阵的设计方法。

$$G(s) = \begin{bmatrix} \dfrac{1.986}{(16.7s+1)^2} & \dfrac{0.94}{25s+1} \\ \dfrac{1.204}{(17.14s+1)^2} & \dfrac{0.83}{10.38s+1} \end{bmatrix} \tag{4.1.36}$$

考虑 $G(s)$ 的第 1 行元素，有 $\Delta r_{12}=-1$，设计补偿矩阵 $\mathrm{Nr}_{12}(s)=\mathrm{diag}\left(1,\dfrac{1}{16.7s+1}\right)$，补偿后的对象为

$$G_{\mathrm{Nr}}(s) = \begin{bmatrix} \dfrac{1.986}{(16.7s+1)^2} & \dfrac{0.74}{(25s+1)(16.7s+1)} \\ \dfrac{1.204}{(17.14s+1)^2} & \dfrac{0.83}{(10.38s+1)(16.7s+1)} \end{bmatrix} \tag{4.1.37}$$

考虑 $G_{\mathrm{Nr}}(s)$ 的第 2 行元素，$\Delta r_{21}=0$ 为非负，因此式(4.1.37)表示的 $G_{\mathrm{Nr}}(s)$ 即为最终的补偿对象，对其设计逆解耦器：

$$\mathrm{Dd}(s)=\mathrm{diag}(1,1),$$

$$\mathrm{Do}(s) = \begin{bmatrix} 0 & \dfrac{0.74(16.7s+1)}{1.986(25s+1)} \\ \dfrac{1.204(10.38s+1)(16.7s+1)}{0.83(17.14s+1)^2} & 0 \end{bmatrix} \tag{4.1.38}$$

对式(4.1.36)描述的对象进行设定值跟踪仿真，对比逆解耦和未解耦的方法。表 4.1.15 给出了两种方法的控制器参数。

表 4.1.15　控制器参数(三)

控制方法	控制器参数
逆解耦	$b_{01}=1.0, \omega_{c1}=0.045, \omega_{o1}=1.7$
未解耦	$\tilde{b}_{01}=1.0, \tilde{\omega}_{c1}=0.056, \tilde{\omega}_{o1}=2.0$

当 t 为 0s、600s 时分别为回路 1 和回路 2 加入单位阶跃的设定值 $r=1$，上述两种方法下系统输出响应及控制量曲线如图 4.1.24 所示。

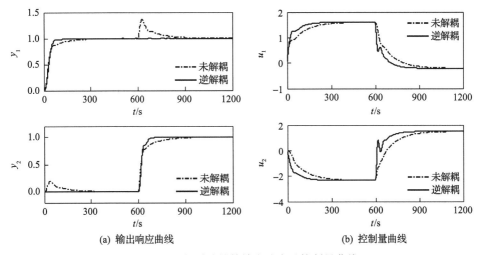

(a) 输出响应曲线   (b) 控制量曲线

图 4.1.24 相对阶补偿输出响应及控制量曲线

由图 4.1.24 可知，对 $G(s)$ 进行相对阶补偿后设计逆解耦器，可使两路输出获得完全解耦的效果。

2. 时滞补偿

对于逆解耦矩阵的反向通道元素 $\mathrm{do}_{ij}(s)(i,j=1,2,\cdots,n; j\neq i)$，若存在

$$\Delta\tau_{ij}=\tau_{ij}-\tau_{ii}<0, \quad i,j=1,2,\cdots,n; j\neq i \tag{4.1.39}$$

则需对多变量对象 $G(s)$ 设计时滞补偿矩阵 $\mathrm{N}\tau(s)$，流程图如图 4.1.25 所示。以式 (4.1.40) 为例，介绍时滞补偿矩阵的设计方法。

$$G(s)=\begin{bmatrix} \dfrac{1.986}{16.7s+1}\mathrm{e}^{-15s} & \dfrac{0.94}{(25s+1)^2}\mathrm{e}^{-5s} \\[4mm] -\dfrac{1.204}{(17.14s+1)^2}\mathrm{e}^{-12s} & \dfrac{0.83}{10.38s+1}\mathrm{e}^{-7s} \end{bmatrix} \tag{4.1.40}$$

考虑 $G(s)$ 的第 1 行元素，$\Delta\tau_{12}=-10<0$，设计时滞补偿矩阵 $\mathrm{N}\tau_1(s)=\mathrm{diag}\left(1,\mathrm{e}^{-10s}\right)$，并令 $G_{\mathrm{N}\tau}(s)=G(s)\mathrm{N}\tau_1(s)$。

考虑 $G_{\mathrm{N}\tau}(s)$ 的第 2 行元素，$\Delta\tau_{21}=-5$，由于第 1 行已满足时滞可补偿条件，且没有冗余度进行再次补偿，因此需对 g_{22} 的滞后时间 $\mathrm{e}^{-\tau_{22}s}$ 进行近似变换：

$$g_{22}=\dfrac{0.83}{10.38s+1}\mathrm{e}^{-17s}\approx\dfrac{0.83}{(10.38s+1)(5s+1)}\mathrm{e}^{-12s} \tag{4.1.41}$$

对近似变换后的对象设计逆解耦器：

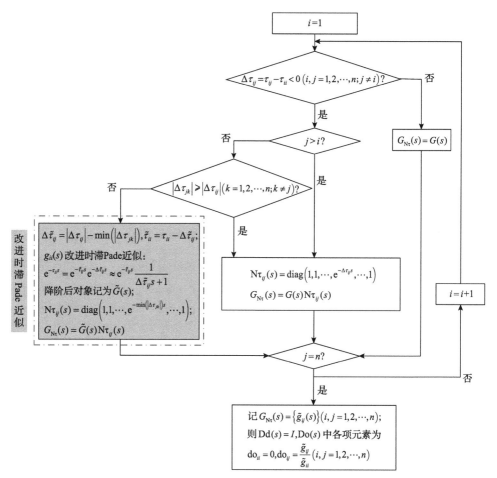

图 4.1.25　时滞补偿矩阵设计流程图

$$\text{Dd}(s) = \text{diag}(1, 1),$$

$$\text{Do}(s) = \begin{bmatrix} 0 & -\dfrac{0.94(16.7s+1)}{1.986(25s+1)^2} \\ \dfrac{1.204(10.38s+1)(5s+1)}{0.83(17.14s+1)^2} & 0 \end{bmatrix} \quad (4.1.42)$$

对式(4.1.40)描述的对象进行设定值跟踪仿真，对比逆解耦和未解耦的方法。表 4.1.16 给出了两种方法的控制器参数。

在 t 为 0s、600s 时分别为回路 1 和回路 2 加入单位阶跃的设定值 $r = 1$，上述两种方法下系统输出响应曲线及控制量曲线如图 4.1.26 所示。

表 4.1.16　控制器参数(四)

控制方法	控制器参数
逆解耦	$b_{01} = 1.0, \omega_{c1} = 0.045, \omega_{o1} = 1.7,\ b_{02} = 0.2, \omega_{c2} = 0.050, \omega_{o2} = 2.0$
未解耦	$\tilde{b}_{01} = 1.0, \tilde{\omega}_{c1} = 0.056, \tilde{\omega}_{o1} = 2.0,\ \tilde{b}_{02} = 1.0, \tilde{\omega}_{c2} = 0.120, \tilde{\omega}_{o2} = 2.0$

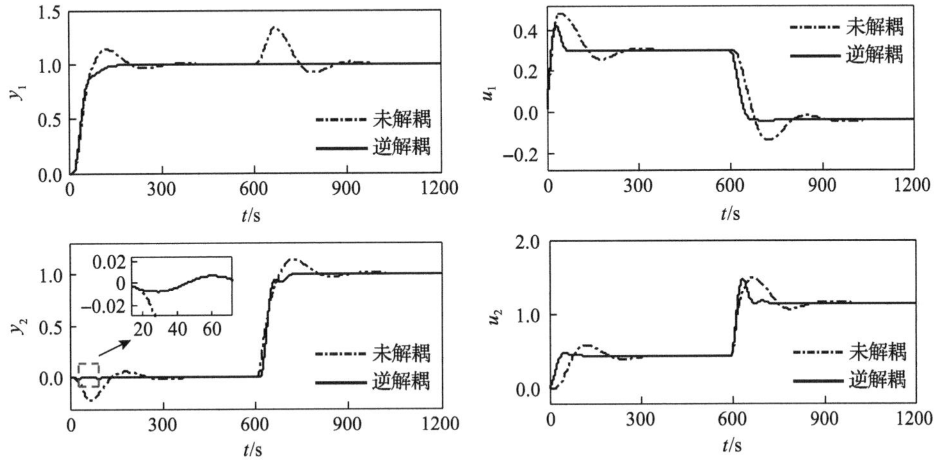

(a) 输出响应曲线　　　　　　　　(b) 控制量曲线

图 4.1.26　时滞补偿输出响应及控制量曲线

由于设计逆解耦器时,对 $g_{22}(s)$ 的滞后时间进行了 Pade 近似,回路 1 设定值的改变对回路 2 造成微弱的影响,即本例中逆解耦方法获得了近似完全解耦的效果。但该方法控制效果依然远优于不加解耦器的方法。

3. 非最小相位补偿

若被控过程对角元素包含右半复平面(RHP)零点,则 Do(s) 会出现 RHP 极点,导致系统不稳定。但非对角元素中的 RHP 零点对系统稳定性不造成影响。因此,本节中主要讨论被控过程对角元素包含 RHP 零点的情况。

根据麦克劳林展开

$$e^{-\tau s} = 1 - \tau s + \frac{(-\tau s)^2}{2!} + \frac{(-\tau s)^3}{3!} + \cdots + \frac{(-\tau s)^n}{(n)!} + R_n(s) \tag{4.1.43}$$

对式(4.1.43)右端保留前两项,则有

$$e^{-\tau s} \approx 1 - \tau s \tag{4.1.44}$$

由式(4.1.44)可知,RHP 零点 $1/\tau$ 可近似转换为滞后时间 $e^{-\tau s}$。类似地,若 $G(s)$ 第 i 行对角元 $g_{ii}(s)$ 包含 RHP 零点 $1/\tilde{\theta}_i$,则可将其近似转换为时滞项 $e^{-\tilde{\theta}_i s}$。若转

换后 $g_{ii}(s)$ 的总滞后时间不大于非对角元素，则可直接通过式(4.4.31)计算 $\mathrm{Do}(s)$；否则，则可根据第 2 部分设计时滞补偿矩阵来处理。

以式(4.1.45)为例，介绍 $G(s)$ 对角元素包含 RHP 零点时的处理方法：

$$G(s) = \begin{bmatrix} \dfrac{\mathrm{e}^{-12s}}{50s+1} & \dfrac{2\mathrm{e}^{-16s}}{(30s+1)^2} \\[3mm] \dfrac{\mathrm{e}^{-28s}}{(50s+1)^2} & -\dfrac{3(10s-1)\mathrm{e}^{-13s}}{(20s+1)^2} \end{bmatrix} \tag{4.1.45}$$

根据式(4.1.44)将 $g_{22}(s)$ 中的 RHP 零点近似转换为滞后时间，得到近似对象：

$$\hat{g}_{22}(s) = -\dfrac{3(10s-1)\mathrm{e}^{-13s}}{(20s+1)^2} \approx \dfrac{3\mathrm{e}^{-23s}}{(20s+1)^2} \tag{4.1.46}$$

给出 $g_{22}(s)$ 与 $\hat{g}_{22}(s)$ 的阶跃响应对比曲线如图 4.1.27 所示。

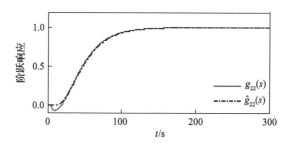

图 4.1.27　阶跃响应对比曲线

基于近似后的传递函数矩阵设计逆解耦器：

$$\mathrm{Dd}(s) = \begin{bmatrix} 1 & 0 \\ 0 & 1 \end{bmatrix}, \quad \mathrm{Do}(s) = \begin{bmatrix} 0 & -\dfrac{2(50s+1)}{(30s+1)^2}\mathrm{e}^{-4s} \\[3mm] -\dfrac{(20s+1)^2}{3(50s+1)^2}\mathrm{e}^{-5s} & 0 \end{bmatrix} \tag{4.1.47}$$

对式(4.1.45)描述的模型进行设定值跟踪实验，对比逆解耦和未解耦的方法。表 4.1.17 给出了两种方法的控制器参数。

表 4.1.17　控制器参数(五)

控制方法	控制器参数
逆解耦	$b_{01}=1.5$, $\omega_{c1}=0.040$, $\omega_{o1}=1.7$, $b_{02}=1.1$, $\omega_{c2}=0.023$, $\omega_{o2}=0.6$
未解耦	$\tilde{b}_{01}=1.0$, $\tilde{\omega}_{c1}=0.040$, $\tilde{\omega}_{o1}=1.2$, $\tilde{b}_{02}=2.6$, $\tilde{\omega}_{c2}=0.026$, $\tilde{\omega}_{o2}=1.5$

在 t 为 0s、1000s 时分别为回路 1 和回路 2 加入单位阶跃的设定值 $r = 1$，上述两种方法下系统输出响应及控制量曲线如图 4.1.28 所示。

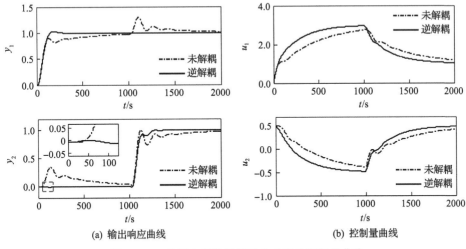

(a) 输出响应曲线　　　　　　　　(b) 控制量曲线

图 4.1.28　非最小相位补偿输出响应及控制量曲线

由于设计逆解耦器时，对 $g_{22}(s)$ 的 RHP 零点进行了近似，回路 1 设定值的改变会对回路 2 造成微弱的影响，即本例中逆解耦方法获得了近似完全解耦的效果。但该方法控制效果依然远优于不加解耦器的方法。

4. 补偿矩阵综合设计及仿真研究

本节分别介绍了相对阶、时滞及非最小相位的补偿方法。对于维数较高的多变量对象，其各个回路动态特性差别较大，常常需要对相对阶或者时滞项等进行同时补偿。结合前述分析，给出补偿矩阵综合设计流程图如图 4.1.29 所示。

研究的 4×4 化工 Alatiqi case1（A1）模型：

$$G(s) = \begin{bmatrix} \dfrac{2.22\mathrm{e}^{-2.5s}}{(36s+1)(25s+1)} & \dfrac{-2.94(7.9s+1)\mathrm{e}^{-0.05s}}{(23.7s+1)^2} & \dfrac{0.017\mathrm{e}^{-0.2s}}{(31.6s+1)(7s+1)} & \dfrac{-0.64\mathrm{e}^{-20s}}{(29s+1)^2} \\[3mm] \dfrac{-2.33\mathrm{e}^{-5s}}{(35s+1)^2} & \dfrac{3.46\mathrm{e}^{-1.01s}}{32s+1} & \dfrac{-0.51\mathrm{e}^{-7.5s}}{(32s+1)^2} & \dfrac{1.68\mathrm{e}^{-2s}}{(28s+1)^2} \\[3mm] \dfrac{-1.06\mathrm{e}^{-22s}}{(17s+1)^2} & \dfrac{3.511\mathrm{e}^{-13s}}{(12s+1)^2} & \dfrac{4.41\mathrm{e}^{-1.01s}}{16.2s+1} & \dfrac{-5.38\mathrm{e}^{-0.5s}}{17s+1} \\[3mm] \dfrac{-5.73\mathrm{e}^{-2.5s}}{(8s+1)(50s+1)} & \dfrac{4.32(25s+1)\mathrm{e}^{-0.01s}}{(50s+s)(5s+1)} & \dfrac{-1.25\mathrm{e}^{-2.8s}}{(43.6s+1)(9s+1)} & \dfrac{4.78\mathrm{e}^{-1.15s}}{(48s+1)(5s+1)} \end{bmatrix}$$

$$(4.1.48)$$

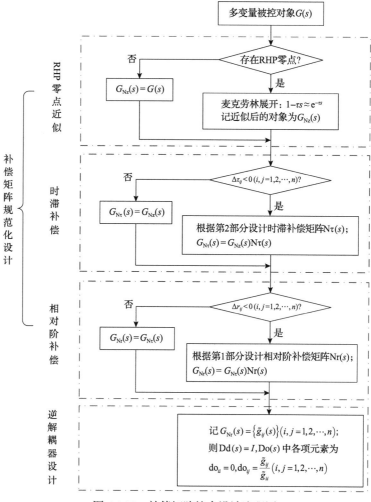

图 4.1.29　补偿矩阵综合设计流程图

对于 A1 系统[3,5,11]分别设计简化解耦 PI 方法(SD-PI)、分散自抗扰控制方法(ADRC)及逆解耦 PI 方法(ID-PI)。其中，文献[5]设计的简化解耦矩阵为

$$
\begin{bmatrix}
\dfrac{1}{\dfrac{-23.5s^2-50.5s+1.13}{10000s^2+366.6s+4.91}e^{-2.5s}} & \dfrac{1}{\dfrac{33s^3+531s^2+79.5s+1.5}{10000s^3+1892s^2+194.1s+2.7}e^{-2.5s}} \\[4ex]
\dfrac{1094s^2+116.1s+1.19}{1000s^2+42.78s+0.64}e^{-1.0s} & \dfrac{13460s^3+950s^2+42s+0.37}{10000s^3+871.7s^2+35.7s+0.39}e^{-2.3s} \\[4ex]
\dfrac{8300s^3+3550s^2+233s+2.45}{1000s^3+2880s^2+118.6s+1.67}e^{-1.5s} & \dfrac{11300s^3+1715s^2+86.5s+0.91}{10000s^3+1762s^2+80.9s+0.96}e^{-2.8s}
\end{bmatrix}
$$

$$\begin{bmatrix} \dfrac{-60.59s+2.87}{1000s+12.98} & 1 \\[3mm] \dfrac{-363s+5.9}{10000s+80.9}\mathrm{e}^{-2.5s} & \dfrac{12.65s+3.46}{100s+3.03}\mathrm{e}^{-3.8s} \\[3mm] \mathrm{e}^{-2.3s} & \dfrac{-1290s^3-2180s^2-352s-3.96}{1000s^3+1317s^2+173.8s+1.35}\mathrm{e}^{-2.3s} \\[3mm] \dfrac{9.76s+1.17}{100s+2.54}\mathrm{e}^{-1.5s} & \dfrac{-9700s^3-3135s^2-588s-4.8}{1000s^3+1335s^2+400s+2.6}\mathrm{e}^{-2.8s} \end{bmatrix}$$

文献[6]设计的逆解耦器为

$$N(s)=\mathrm{diag}\left(\dfrac{2.22\mathrm{e}^{-2.5s}}{(36s+1)(25s+1)},\dfrac{3.46\mathrm{e}^{-3.46s}}{(7.9s+1)(32s+1)},\dfrac{4.41\mathrm{e}^{-3.31s}}{16.2s+1},\dfrac{4.78\mathrm{e}^{-3.96s}}{(48s+1)(5s+1)}\right),$$

$$\mathrm{Dd}(s)=\begin{bmatrix} 1 & & & \\ & 1 & & \\ & & 1 & \\ & & & 1 \end{bmatrix},$$

$$\mathrm{Do}(s)=\left[\begin{array}{cc} 0 & \dfrac{-2.94(36s+1)(25s+1)}{2.22(23.7s+1)^2} \\[3mm] \dfrac{(7.9s+1)(32s+1)\mathrm{e}^{-1.54s}}{-1.485(35s+1)^2} & 0 \\[3mm] \dfrac{1.06(16.2s+1)\mathrm{e}^{-18.69s}}{-4.41(17s+1)^2} & \dfrac{3.511(16.2s+1)\mathrm{e}^{-12.14s}}{4.41(7.9s+1)(12s+1)^2} \\[3mm] \dfrac{5.73(48s+1)(5s+1)(3.96s+1)}{-4.78(8s+1)(50s+1)(2.5s+1)} & \dfrac{4.32(25s+1)(48s+1)(3.96s+1)}{4.78(7.9s+1)(50s+s)(2.46s+1)} \end{array}\right.$$

$$\left.\begin{array}{cc} \dfrac{0.017(36s+1)(25s+1)}{2.22(31.6s+1)(7s+1)} & \dfrac{(36s+1)(25s+1)\mathrm{e}^{-20.31s}}{-3.469(29s+1)^2} \\[3mm] \dfrac{(7.9s+1)(32s+1)\mathrm{e}^{-6.34s}}{-6.784(32s+1)^2} & \dfrac{(7.9s+1)(32s+1)\mathrm{e}^{-1.34s}}{2.059(28s+1)^2} \\[3mm] -\dfrac{5.38(16.2s+1)}{4.41(17s+1)} & \dfrac{(16.2s+1)}{0.82(17s+1)} \\[3mm] \dfrac{1.25(48s+1)(5s+1)\mathrm{e}^{-1.14s}}{-4.78(43.6s+1)(9s+1)} & 0 \end{array}\right]$$

本节采用逆解耦 ADRC(ID-ADRC)方法。由于 $G(s)$ 中不存在 RHP 零点，不需要进行非最小相位补偿，但 $\Delta\tau_{ij}$、$\Delta r_{ij}\,(i,j=1,2,3,4)$ 中存在负数项，分别设计时滞补偿矩阵和相对阶补偿矩阵，流程如下。

考虑 $G(s)$ 第 1～3 行，依次设计时滞补偿矩阵，补偿后的对象记为

$$G_{N\tau}(s)=\begin{bmatrix} \dfrac{2.22\mathrm{e}^{-2.5s}}{(36s+1)(25s+1)} & \dfrac{-2.94(7.9s+1)\mathrm{e}^{-2.5s}}{(23.7s+1)^2} & \dfrac{0.017\mathrm{e}^{-2.5s}}{(31.6s+1)(7s+1)} & \dfrac{-0.64\mathrm{e}^{-22.81s}}{(29s+1)^2} \\[3mm] \dfrac{-2.33\mathrm{e}^{-5s}}{(35s+1)^2} & \dfrac{3.46\mathrm{e}^{-3.46s}}{32s+1} & \dfrac{-0.51\mathrm{e}^{-9.8s}}{(32s+1)^2} & \dfrac{1.68\mathrm{e}^{-4.81s}}{(28s+1)^2} \\[3mm] \dfrac{-1.06\mathrm{e}^{-22s}}{(17s+1)^2} & \dfrac{3.511\mathrm{e}^{-15.45s}}{(12s+1)^2} & \dfrac{4.41\mathrm{e}^{-3.31s}}{16.2s+1} & \dfrac{-5.38\mathrm{e}^{-3.31s}}{17s+1} \\[3mm] \dfrac{-5.73\mathrm{e}^{-2.5s}}{(8s+1)(50s+1)} & \dfrac{4.32(25s+1)\mathrm{e}^{-2.46s}}{(50s+s)(5s+1)} & \dfrac{-1.25\mathrm{e}^{-5.1s}}{(43.6s+1)(9s+1)} & \dfrac{4.78\mathrm{e}^{-3.96s}}{(48s+1)(5s+1)} \end{bmatrix}$$

考虑 $G_{N\tau}(s)$ 第 4 行，$\Delta\tau_{41}<0,\Delta\tau_{42}<0$，由于第 1、2 行已满足时滞可补偿条件，且第 1 行没有裕度进行再次补偿，因此需对 g_{44} 进行时滞近似变换：

$$g_{44}=\frac{4.78\mathrm{e}^{-3.96s}}{(48s+1)(5s+1)}\approx\frac{4.78\mathrm{e}^{-2.5s}}{(48s+1)(5s+1)(1.46s+1)} \tag{4.1.49}$$

近似后的对象存在 $\Delta\tau_{42}<0$，又 $\left|\Delta\tau_{2j}\right|\geqslant\left|\Delta\tau_{42}\right|(j=1,3,4)$，对第 2 列进行补偿：

$$G_{N\tau}(s)=$$
$$\begin{bmatrix} \dfrac{2.22\mathrm{e}^{-2.5s}}{(36s+1)(25s+1)} & \dfrac{-2.94(7.9s+1)\mathrm{e}^{-2.54s}}{(23.7s+1)^2} & \dfrac{0.017\mathrm{e}^{-2.5s}}{(31.6s+1)(7s+1)} & \dfrac{-0.64\mathrm{e}^{-22.81s}}{(29s+1)^2} \\[3mm] \dfrac{-2.33\mathrm{e}^{-5s}}{(35s+1)^2} & \dfrac{3.46\mathrm{e}^{-3.5s}}{32s+1} & \dfrac{-0.51\mathrm{e}^{-9.8s}}{(32s+1)^2} & \dfrac{1.68\mathrm{e}^{-4.81s}}{(28s+1)^2} \\[3mm] \dfrac{-1.06\mathrm{e}^{-22s}}{(17s+1)^2} & \dfrac{3.511\mathrm{e}^{-15.49s}}{(12s+1)^2} & \dfrac{4.41\mathrm{e}^{-3.31s}}{16.2s+1} & \dfrac{-5.38\mathrm{e}^{-3.31s}}{17s+1} \\[3mm] \dfrac{-5.73\mathrm{e}^{-2.5s}}{(8s+1)(50s+1)} & \dfrac{4.32(25s+1)\mathrm{e}^{-2.5s}}{(50s+s)(5s+1)} & \dfrac{-1.25\mathrm{e}^{-5.1s}}{(43.6s+1)(9s+1)} & \dfrac{4.78\mathrm{e}^{-2.5s}}{(48s+1)(5s+1)(1.46s+1)} \end{bmatrix}$$

此时 $G_{N\tau}(s)$ 各行均满足时滞可实现条件，对其设计相对阶补偿矩阵：

(1) 考虑 $G_{N\tau}(s)$ 的第 1 行，有 $\Delta r_{12}=-1<0$，故 $\mathrm{Nr}_{12}(s)=\mathrm{diag}\left(1,\dfrac{1}{7.9s+1},1,1\right)$；

(2) 记 $G_{Nr}(s)=G_{N\tau}(s)\mathrm{Nr}_{12}(s)$，考虑 $G_{Nr}(s)$ 的第 2～4 行，有 $\Delta r_{41}=\Delta r_{42}=\Delta r_{43}<0$。

又 $G_{Nr}(s)$ 的 1～3 行已满足相对阶可实现条件且没有补偿裕度，需降低 $g_{44}(s)$

的相对阶次，降阶后的对象

$$\tilde{G}_{\mathrm{Nr}}(s)=\begin{bmatrix}\dfrac{2.22\mathrm{e}^{-2.5s}}{(36s+1)(25s+1)} & \dfrac{-2.94\mathrm{e}^{-2.54s}}{(23.7s+1)^2} & \dfrac{0.017\mathrm{e}^{-2.5s}}{(31.6s+1)(7s+1)} & \dfrac{-0.64\mathrm{e}^{-22.81s}}{(29s+1)^2}\\[2mm] \dfrac{-2.33\mathrm{e}^{-5s}}{(35s+1)^2} & \dfrac{3.46\mathrm{e}^{-3.5s}}{(32s+1)(7.9s+1)} & \dfrac{-0.51\mathrm{e}^{-9.8s}}{(32s+1)^2} & \dfrac{1.68\mathrm{e}^{-4.81s}}{(28s+1)^2}\\[2mm] \dfrac{-1.06\mathrm{e}^{-22s}}{(17s+1)^2} & \dfrac{3.511\mathrm{e}^{-15.49s}}{(12s+1)^2(7.9s+1)} & \dfrac{4.41\mathrm{e}^{-3.31s}}{16.2s+1} & \dfrac{-5.38\mathrm{e}^{-3.31s}}{17s+1}\\[2mm] \dfrac{-5.73\mathrm{e}^{-2.5s}}{(8s+1)(50s+1)} & \dfrac{4.32(25s+1)\mathrm{e}^{-2.5s}}{(50s+s)(5s+1)(7.9s+1)} & \dfrac{-1.25\mathrm{e}^{-5.1s}}{(43.6s+1)(9s+1)} & \dfrac{4.78\mathrm{e}^{-2.5s}}{(49.46s+1)(5s+1)}\end{bmatrix}$$

至此，$\tilde{G}_{\mathrm{Nr}}(s)$ 各行均满足时滞可实现条件，为其设计逆解耦器：

$$\mathrm{Dd}(s)=\begin{bmatrix}1 & & & \\ & 1 & & \\ & & 1 & \\ & & & 1\end{bmatrix},$$

$$\mathrm{Do}(s)=\begin{bmatrix}0 & \dfrac{-(36s+1)(25s+1)\mathrm{e}^{-0.4s}}{0.755(23.7s+1)^2}\\[2mm] \dfrac{-(32s+1)(7.9s+1)\mathrm{e}^{-1.5s}}{1.48(35s+1)^2} & 0\\[2mm] \dfrac{-(16.2s+1)\mathrm{e}^{-18.69s}}{4.16(17s+1)^2} & \dfrac{(16.2s+1)\mathrm{e}^{-12.18s}}{1.256(12s+1)^2(7.9s+1)}\\[2mm] \dfrac{-(49.46s+1)(5s+1)}{0.83(8s+1)(50s+1)} & \dfrac{(25s+1)(49.46s+1)(5s+1)}{1.11(50s+s)(5s+1)(7.9s+1)}\\[3mm] \dfrac{(36s+1)(25s+1)}{130.59(31.6s+1)(7s+1)} & \dfrac{-(36s+1)(25s+1)\mathrm{e}^{-20.31s}}{3.47(29s+1)^2}\\[2mm] \dfrac{-(32s+1)(7.9s+1)\mathrm{e}^{-8.3s}}{6.78(32s+1)^2} & \dfrac{(32s+1)(7.9s+1)\mathrm{e}^{-3.51s}}{2.06(28s+1)^2}\\[2mm] 0 & \dfrac{-(16.2s+1)}{0.82(17s+1)}\\[2mm] \dfrac{-(49.46s+1)(5s+1)\mathrm{e}^{-2.6s}}{3.824(43.6s+1)(9s+1)} & 0\end{bmatrix}$$

上述四种方法控制器参数见表 4.1.18。

表 4.1.18　控制器参数(六)

控制方法	SD-PI	ID-PI	ADRC	ID-ADRC
回路 1	$k_{p1}=1.643, k_{i1}=0.0469$	$k_{p1}=1.50, k_{i1}=0.0375$	$b_{01}=0.17, \omega_{c1}=0.08$ $\omega_{o1}=52, k_1=6.5$	$b_{01}=0.1, \omega_{c1}=0.075$ $\omega_{o1}=10, \xi_1=1$
回路 2	$k_{p2}=0.65, k_{i2}=0.031$	$k_{p2}=1.45, k_{i2}=0.0547$	$b_{02}=0.88, \omega_{c2}=0.18$ $\omega_{o2}=88, k_2=3.5$	$b_{02}=0.3, \omega_{c2}=0.10$ $\omega_{o2}=8, \xi_2=1$
回路 3	$k_{p3}=0.76, k_{i3}=0.0628$	$k_{p3}=0.76, k_{i3}=0.0628$	$b_{03}=0.85, \omega_{c3}=0.66$ $\omega_{o3}=2, k_3=4.0$	$b_{03}=1.0, \omega_{c3}=0.23$ $\omega_{o3}=7, \xi_3=1$
回路 4	$k_{p4}=2.654, k_{i4}=0.068$	$k_{p4}=-0.104, k_{i4}=-0.0068$	$b_{04}=0.14, \omega_{c4}=0.3$ $\omega_{o4}=60, k_4=6.0$	$b_{04}=0.37, \omega_{c4}=0.12$ $\omega_{o4}=6, \xi_4=1$

对 A1 控制系统进行设定值跟踪仿真、抗干扰仿真和 Monte Carlo 仿真,并对比上述方法的仿真结果。

(1)设定值跟踪仿真。

当 t 为 0s、400s、800s、1200s 时分别为回路 1 至回路 4 加入单位阶跃的设定值 $r=1$,上述四种方法下系统输出响应及控制量曲线如图 4.1.30 所示。

计算不同方法下系统各回路输出响应的 IAE 指标并进行加和,如表 4.1.19 所示。

表 4.1.19　输出响应 IAE 指标值比较(七)

控制方法	IAE₁	IAE₂	IAE₃	IAE₄	总和
ADRC	46.79	33.25	32.95	12.33	125.32
SD-PI	47.96	31.46	20.61	122.34	222.37
ID-PI	117.65	27.83	7.87	65.60	218.95
ID-ADRC	27.74	21.74	10.76	35.41	95.65

易知,分散 ADRC 方法下各回路间耦合严重;SD-PI 方法解耦器复杂,取得了近似解耦的效果,但其回路 2 和回路 4 的耦合依旧严重;ID-PI 方法和 ID-ADRC 方法解耦效果最佳。

就输出响应的动态特性而言,分散 ADRC 方法下系统输出响应最快,但其超调量大;ID-ADRC 方法的快速性次之,且调节时间短,最快达到稳定。因此,ID-ADRC 方法取得了最优的控制效果,表现为 IAE 指标最小。对比了解耦能力后,选用 ID-PI 方法和 ID-ADRC 方法研究 PI 控制器和自抗扰控制器的抗扰能力及鲁棒性。

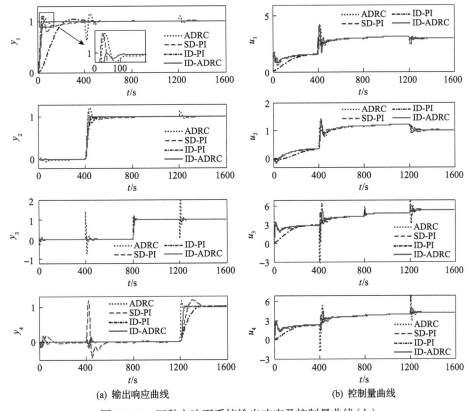

(a) 输出响应曲线　　　　　　　　(b) 控制量曲线

图 4.1.30　四种方法下系统输出响应及控制量曲线(七)

(2)抗干扰仿真。

假设系统处于稳定状态，在 t 为 100s 时为输入 u_1 加入单位方波扰动，持续时间为 700s。两种方法下系统输出响应及控制量曲线如图 4.1.31 所示。

由图 4.1.31 可知，当输入存在扰动时，ID-ADRC 方法可以使输出产生的波动较小，且能较快回到稳定状态，因而具有更强的抑制输入扰动的能力。

(3)Monte Carlo 仿真。

根据 Monte Carlo 原理，使 A1 模型的模型参数相对于标称值发生±10%的随机摄动，产生样本数量为 500 的被控对象族 $\{G_M(s)\}$。以回路 1 为例，对 $\{G_M(s)\}$ 中各被控对象的回路 1 加入正向单位阶跃的设定值 $r=1$。将表 4.1.18 中相应控制器参数作用于 $\{G_M(s)\}$ 进行仿真，通过该组随机实验下控制指标的离散程度衡量控制器在对象存在不确定性时的鲁棒性。统计摄动系统的调节时间 T_s 和 ITAE 指标，其分布如图 4.1.32 所示。

图 4.1.32 中，点集离原点越近，表明系统性能越好，点越密集，表明系统鲁棒性越强。易知，ID-ADRC 方法具有更强的性能鲁棒性。

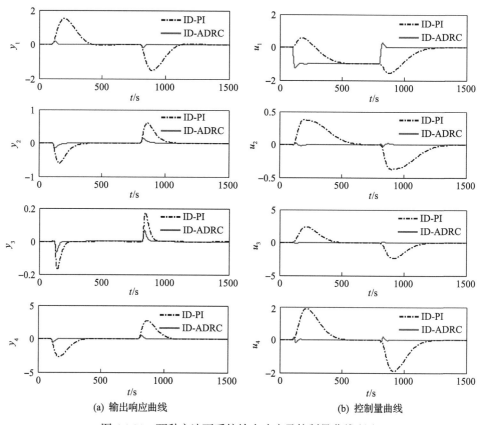

(a) 输出响应曲线　　　　　　　　　　　(b) 控制量曲线

图 4.1.31　两种方法下系统输出响应及控制量曲线(七)

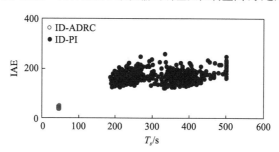

图 4.1.32　摄动系统性能指标分布(七)

4.1.6　球磨机制粉系统逆解耦自抗扰控制

1. 球磨机制粉系统介绍

球磨机制粉(ball mill coal-pulverizing, BMCP)系统是一个包含热量平衡和物料平衡的复杂热工过程,其控制系统为一个典型的三输入三输出系统。文献[11]

给出了某国产 DPM320/580 BMCP 系统在稳定工作点下归一化的传递函数矩阵：

$$G(s) = \begin{bmatrix} \dfrac{0.1\mathrm{e}^{-90s}}{(20s+1)^2} & 0 & 0 \\[3mm] \dfrac{-1.05\mathrm{e}^{-20s}}{180s+1} & \dfrac{3.5}{(80s+1)^3} & \dfrac{-0.14}{(60s+1)^2} \\[3mm] \dfrac{-0.37\mathrm{e}^{-15s}}{100s+1} & \dfrac{-2.0}{8s+1} & \dfrac{-0.18}{10s+1} \end{bmatrix} \tag{4.1.50}$$

BMCP 系统为三输入三输出对象，输出分别为球磨机存煤量 H、磨出口温度 T、磨入口负压 P；输入分别为给煤机转速 u_1、热风门开度 u_2、再循环风门开度 u_3[12]。

多变量耦合是 BMCP 系统的主要特点。耦合作用的存在使得 BMCP 系统控制难度大，控制精度低。因此，本节在设计控制器前对 BMCP 系统进行解耦，相应的解耦控制方法示意图如图 4.1.33 所示。

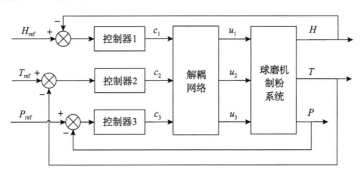

图 4.1.33　BMCP 系统解耦控制方法结构图

BMCP 系统的控制目标是满足以下要求：

(1)通过调整给煤量使 BMCP 系统维持最佳的存煤量，通过调节热风门开度和再热风门开度使球磨机出口温度和入口负压在合理的范围内。

(2)控制器能有效抑制系统中的各种扰动，如给煤机转速扰动等。

(3)对于建模误差等一定程度内的模型失配，控制器有足够强的鲁棒性维持系统稳定。

2. BMCP 系统解耦控制方法设计

为 BMCP 系统设计逆解耦器。式(4.1.50)中 $G(s)$ 不满足相对阶可实现条件，根据 4.1.5 节流程图设计相对阶补偿矩阵 $\mathrm{Nr} = \mathrm{diag}\left(\dfrac{1}{(2s+1)^2}, 1, \dfrac{1}{s+1}\right)$，为补偿后的

对象设计逆解耦器:

$$Dd = \begin{bmatrix} 1 & & \\ & 1 & \\ & & 1 \end{bmatrix}, \quad Do = \begin{bmatrix} 0 & 0 & 0 \\ \dfrac{0.3(80s+1)^3 e^{-20s}}{(180s+1)(2s+1)^2} & 0 & \dfrac{0.04(80s+1)^3}{(60s+1)^2(s+1)} \\ \dfrac{-2.056(11s+1)e^{-15s}}{(100s+1)(2s+1)^2} & \dfrac{-2.0(11s+1)}{0.18(8s+1)} & 0 \end{bmatrix}$$

$$(4.1.51)$$

简化解耦 PI 方法是多变量系统常用的控制方法。根据文献[13]中方法为 BMCP 系统补偿动态矩阵 $Nr = \mathrm{diag}\left(1,1,\dfrac{1}{80s+1}\right)$，并设计简化解耦器:

$$D(s) = \begin{bmatrix} 1 \\ \left(\dfrac{0.208\mathrm{e}^{-20s}}{(180s+1)(10s+1)} - \dfrac{0.057\mathrm{e}^{-15s}}{(100s+1)(60s+1)^2}\right)(13000s^2+210s+1) \\ -\left(\dfrac{1.423\mathrm{e}^{-20s}}{(80s+1)^3(100s+1)} + \dfrac{2.308\mathrm{e}^{-15s}}{(180s+1)(8s+1)}\right)(13000s^2+210s+1) \end{bmatrix}$$

$$(4.1.52)$$

$$\begin{matrix} 0 & 0 \\ 1 & \dfrac{0.14(80s+1)^2}{3.5(60s+1)^2} \\ \dfrac{-2.0(10s+1)}{0.18(8s+1)} & \dfrac{1}{80s+1} \end{matrix}$$

3. 仿真结果

调节控制器参数使存煤量回路、出口温度回路和入口负压回路的调节时间分别约为 400s、300s 和 100s，得到 ID-ADRC 方法和 SD-PI 方法下参数如表 4.1.20 所示。下面分别对 BMCP 系统进行设定值跟踪仿真、输入扰动和鲁棒性仿真、解耦方法投切仿真。

假设系统处于额定工况下，分别在 t 为 0s、1500s、3000s 时为存煤量回路、出口温度回路及入口负压回路加入单位阶跃的设定值 $r=1$。为了对比解耦效果，同时给出分散 ADRC 方法(ADRC)的仿真结果。三种控制方法下系统动态响应曲线如图 4.1.34 所示。

表 4.1.20　控制器参数（七）

控制回路	ID-ADRC 参数	SD-PI 参数
存煤量回路	$b_{01}=0.1, \omega_{c1}=0.085, \omega_{o1}=3.0, \xi_1=2.5$	$k_{p1}=0.9, k_{i1}=0.045$
出口温度回路	$b_{02}=0.03, \omega_{c2}=0.013, \omega_{o2}=7, \xi_2=0.9$	$k_{p2}=0.2, k_{i2}=0.002$
入口负压回路	$b_{03}=-1.2, \omega_{c3}=0.6, \omega_{o3}=4.0, \xi_3=1.0$	$k_{p3}=-1, k_{i3}=-0.12$

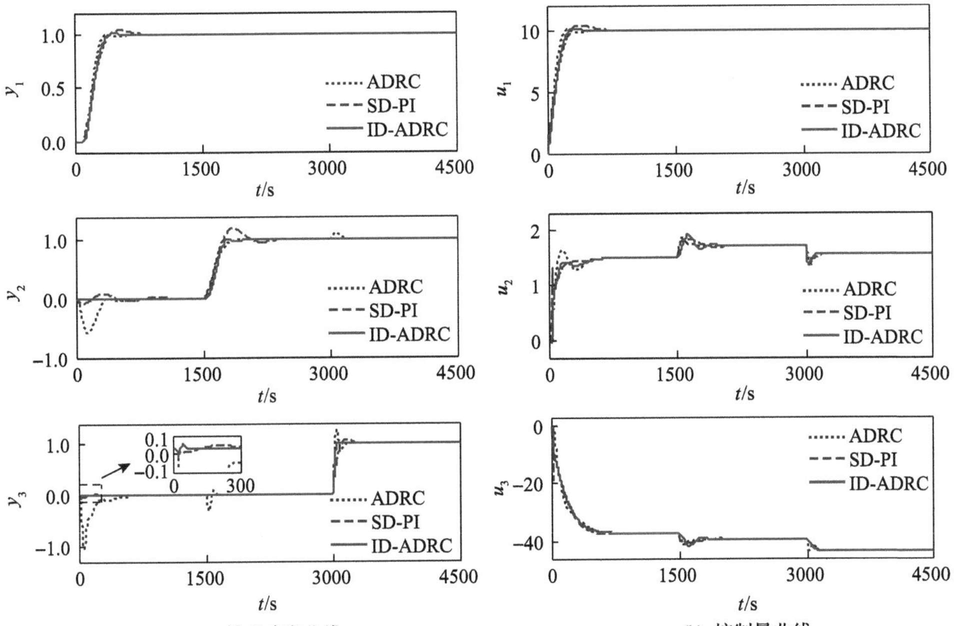

(a) 输出响应曲线　　　　　　　　(b) 控制量曲线

图 4.1.34　三种方法下系统输出响应及控制量曲线

图 4.1.34 中，ADRC 方法下各回路耦合严重；SD-PI 方法解耦器复杂，取得了近似解耦的效果；ID-ADRC 方法解耦器易实现，解耦效果最佳。三种方法输出响应的快速性及所需控制能量相当，但 ID-ADRC 方法可使输出超调量小、调节时间短。因此，ID-ADRC 方法取得了最优的控制效果。

对比了解耦能力之后，选择 SD-PI 方法和 ID-ADRC 方法研究 PI 控制器和自抗扰控制器的抗扰能力及鲁棒性。

假设系统处于额定工况，在 t 为 100s 时为输入 u_1 加入单位方波扰动，持续时间为 1000s，以模拟可能存在的给煤机转速的扰动。两种方法下系统输出响应及控制量曲线如图 4.1.35 所示。

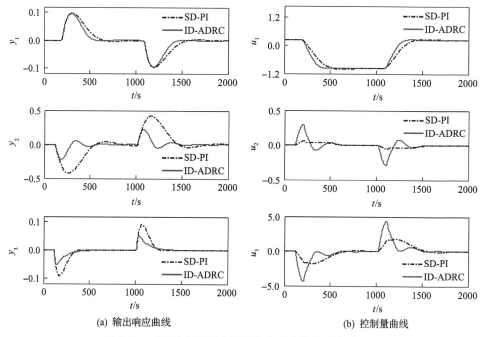

(a) 输出响应曲线　　　　　　　　　　(b) 控制量曲线

图 4.1.35　两种方法下系统输出响应及控制量曲线(八)

由图 4.1.35 可知,当输入存在扰动时,ID-ADRC 可以使输出产生的波动较小,且能较快回到稳定状态,因而具有更强的抑制输入扰动的能力。

使 BMCP 模型的模型参数相对于标称值发生±10%的随机摄动,产生样本数量为 500 的被控对象族$\{G_M(s)\}$,以模拟可能存在的建模误差和未建模动态。对$\{G_M(s)\}$中各被控对象的存煤量回路加入正向单位阶跃的设定值,统计摄动系统的调节时间 T_s 和 IAE 指标,其分布如图 4.1.36 所示。

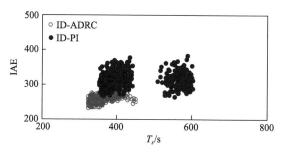

图 4.1.36　摄动系统性能指标分布(八)

图 4.1.36 中,点集离原点越近,表明系统性能越好,点越密集,表明系统鲁棒性越强。综上,ID-ADRC 方法具有更强的性能鲁棒性。

文献[4]以简化解耦和逆解耦为例,对解耦方法的投切进行仿真研究,介绍了无扰切换模块的搭建原理，同时指出逆解耦框架下，某一解耦回路或控制器的投切对其他回路输出的动态特性不产生影响。

以两输入两输出系统为例，对于逆解耦方法，若回路 1 切除解耦，则解耦器反向通道变为

$$\widehat{\mathrm{Do}}(s) = \begin{bmatrix} 0 & 0 \\ -\dfrac{g_{21}}{g_{22}} & 0 \end{bmatrix} \tag{4.1.53}$$

根据 4.1.2 节逆解耦器的统一矩阵表达，易得此时解耦器和广义对象分别为

$$\hat{D}(s) = \mathrm{Dd}(s)(I - \widehat{\mathrm{Do}}(s)\mathrm{Dd}(s))^{-1} = \begin{bmatrix} 1 & 0 \\ \dfrac{g_{21}}{g_{22}} & 1 \end{bmatrix}^{-1} = \begin{bmatrix} 1 & 0 \\ -\dfrac{g_{21}}{g_{22}} & 1 \end{bmatrix} \tag{4.1.54}$$

$$\hat{Q}(s) = G(s)\hat{D}(s) = \begin{bmatrix} g_{11} & g_{12} \\ g_{21} & g_{22} \end{bmatrix}\begin{bmatrix} 1 & 0 \\ -\dfrac{g_{21}}{g_{22}} & 1 \end{bmatrix} = \begin{bmatrix} g_{11} - \dfrac{g_{12}g_{21}}{g_{22}} & g_{12} \\ 0 & g_{22} \end{bmatrix} \tag{4.1.55}$$

与回路 1 切除解耦前的广义对象

$$Q(s) = \begin{bmatrix} g_{11} & 0 \\ 0 & g_{22} \end{bmatrix} \tag{4.1.56}$$

相比，易知回路 2 的广义对象保持不变，即回路 1 切除解耦对回路 2 不造成影响。因此不需要再次调整控制器参数即可保证回路 2 输出响应的动态特性相同。

类似地，对于简化解耦方法，若回路 1 切除解耦，则简化解耦器变为

$$\widehat{\mathrm{Do}}(s) = \begin{bmatrix} 1 & 0 \\ -\dfrac{g_{21}}{g_{22}} & 1 \end{bmatrix} \tag{4.1.57}$$

此时广义对象为

$$\hat{Q}(s) = G(s)\hat{D}(s) = \begin{bmatrix} g_{11} & g_{12} \\ g_{21} & g_{22} \end{bmatrix}\begin{bmatrix} 1 & 0 \\ -\dfrac{g_{21}}{g_{22}} & 1 \end{bmatrix} = \begin{bmatrix} g_{11} - \dfrac{g_{12}g_{21}}{g_{22}} & g_{12} \\ 0 & g_{22} \end{bmatrix} \tag{4.1.58}$$

与回路 1 切除解耦前的广义对象

$$Q(s) = g_{11}(s)g_{22}(s) - g_{12}(s)g_{21}(s)\begin{bmatrix} \dfrac{1}{g_{22}(s)} & 0 \\[3mm] 0 & \dfrac{1}{g_{11}(s)} \end{bmatrix} \qquad (4.1.59)$$

相比，易知简化解耦方法下，回路 1 切除解耦前后，回路 2 的广义对象发生明显变化。相应地，回路 2 输出响应的动态特性会有显著差别。

在 BMCP 系统中，磨出口温度及入口负压回路彼此耦合，但对存煤量回路没有影响，可将这两个回路看成一个两输入两输出系统。以该两输入两输出系统为例，对 ID-ADRC 方法在投切时的优势进行分析说明。

图 4.1.37 给出了解耦方法的投切示意图。图中，回路 2 始终处于自动控制和解耦模式；开关 s_1 接向触点 c_1 时，回路 1 投入解耦，否则切除解耦；开关 s_2 接向

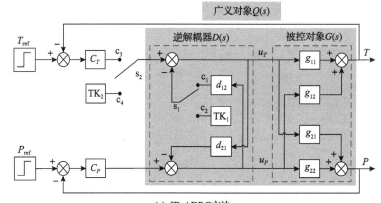

(a) ID-ADRC方法

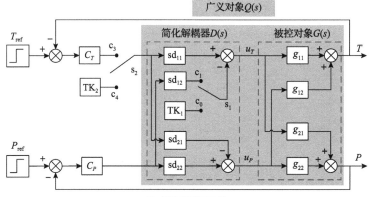

(b) 简化解耦PI方法

图 4.1.37　解耦方法投切示意图

触点 c_3 时，控制器投入自动控制，否则切入手动控制。

首先，令磨出口温度及入口负压回路都处于自动控制和解耦模式，$t=0s$ 时为回路 2 加入单位阶跃的设定值 $r_2=1$，系统输出达到稳定后在 $t=500s$ 时将开关 s_1 接向 c_2，使回路 1 切除解耦，$t=1000s$ 时将开关 s_2 接向 c_4，使控制器 C_T 切至手动控制。$t=1500s$ 时再次为回路 2 加入单位阶跃的设定值 $r_2=1$。对比 SD-PI 和 ID-ADRC 方法下系统输出响应及控制量曲线，如图 4.1.38 所示。

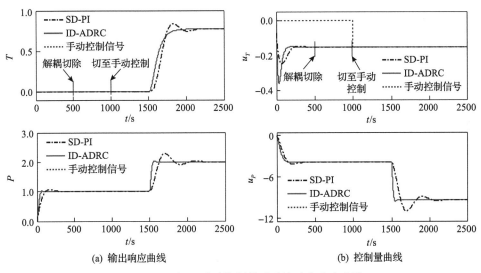

(a) 输出响应曲线　　　　　　　　　　(b) 控制量曲线

图 4.1.38　切至手动控制前后系统动态响应曲线

图 4.1.38 中，回路 1 切除解耦并切至手动控制前后，ID-ADRC 方法下回路 2 的动态响应不变。与之相对比，SD-PI 方法下回路 2 的动态特性明显变差，输出响应速度慢、超调量大、调节时间长。类似地，回路 1 切至自动控制和解耦模式前后，逆解耦方法可使回路 2 的动态响应不变，简化解耦方法则无法达到此要求。

4.1.7　小结

在本节中，针对 N 维线性多变量对象，提出了基于逆解耦的自抗扰控制设计方法，并给出了自抗扰控制参数的整定方法，讨论了逆解耦矩阵的可实现性。最后通过仿真算例研究以及 BMCP 系统验证了逆解耦自抗扰控制的有效性。

4.2　基于等效开环传递函数的自抗扰控制

4.2.1　问题描述

考虑一类典型的线性且不含右半复平面零极点的多输入多输出系统，且具有一定不确定性，假设模型参数可在有界区域内摄动，因此对象模型实质为一个传递函数族 $\{G(s)\}$。先进行如下设定：

参考输入向量 $r = [r_1, r_2, \cdots, r_i], i = 1, 2, \cdots, n$；

控制量向量 $u = [u_1, u_2, \cdots, u_i], i = 1, 2, \cdots, n$；

输出量向量 $y = [y_1, y_2, \cdots, y_i], i = 1, 2, \cdots, n$。

则该多变量系统的传递函数矩阵为

$$
\begin{bmatrix} y_1(s) \\ y_2(s) \\ \vdots \\ y_n(s) \end{bmatrix} = \begin{bmatrix} g_{11}(s) & g_{12}(s) & \cdots & g_{1n}(s) \\ g_{21}(s) & g_{22}(s) & \cdots & g_{2n}(s) \\ \vdots & \vdots & & \vdots \\ g_{n1}(s) & g_{n2}(s) & \cdots & g_{nn}(s) \end{bmatrix} \begin{bmatrix} u_1(s) \\ u_2(s) \\ \vdots \\ u_n(s) \end{bmatrix} \tag{4.2.1}
$$

其中，

$$
g_{ij}(s) = \frac{b_{(m,ij)}s^m + b_{(m-1,ij)}s^{m-1} + \cdots + b_{(0,ij)}}{a_{(n,ij)}s^n + a_{(n-1,ij)}s^{n-1} + \cdots + a_{(0,ij)}} e^{-\tau_{ij}s}, \quad i, j = 1, 2, \cdots, n
$$

$$
a_{(n,ij)}(n = 1, 2, \cdots) \in \mathbf{R}^+, \quad b_{(m,ij)}(m = 1, 2, \cdots) \in \mathbf{R}, \quad n \geqslant m
$$

对象具有一定不确定性，假设模型参数可在有界区域内摄动，因此对象模型实质为一个传递函数族 $\{G(s)\}$。

将式(4.2.1)展开可得

$$
\begin{aligned}
y_1(s) &= g_{11}(s)u_1(s) + g_{12}(s)u_2(s) + \cdots + g_{1n}(s)u_n(s) \\
y_2(s) &= g_{21}(s)u_1(s) + g_{22}(s)u_2(s) + \cdots + g_{2n}(s)u_n(s) \\
&\vdots \\
y_n(s) &= g_{n1}(s)u_1(s) + g_{n2}(s)u_2(s) + \cdots + g_{nn}(s)u_n(s)
\end{aligned} \tag{4.2.2}
$$

从式(4.2.2)可看出，每一个回路的输出量不仅只受该回路的控制信号影响，其他回路的控制信号也都会通过传递函数矩阵中的非对角元素加到该回路中，这就是回路间的耦合影响。为了更好地设计多变量控制系统和描述回路间的耦合影响，本章引入等效开环传递函数的概念。

目前，多变量分散自抗扰控制系统如图 4.2.1 所示。图中，$\mathrm{ADRC}_i(i = 1, 2, \cdots, n)$ 是拟设计的各个回路控制器，且 $G_c(s) = \mathrm{diag}\{\mathrm{ADRC}_i\}$。

多变量自抗扰控制器设计的难点在于，如何使独立设计的 n 个单回路自抗扰控制器应用于多变量系统时满足如下要求：

(1) 给定设定值 r，调节时间 t_s 和超调量 σ 较小；

(2) 当模型参数发生摄动时，系统始终稳定，具有较好的鲁棒性。

(3) 简易快捷的调参过程，避免反复试凑方法。

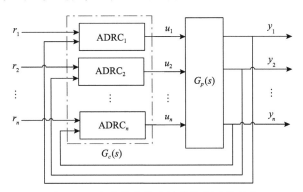

图 4.2.1 多变量分散自抗扰控制系统结构

4.2.2 多变量系统的等效开环传递函数

1. 等效开环传递函数定义

如图 4.2.2 所示 n 维过程，回路 i 开环，其他回路闭合。虚线代表其他回路对第 i 回路的耦合影响。

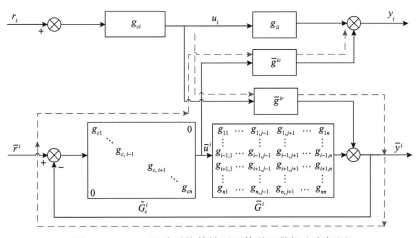

图 4.2.2 $n \times n$ 回路系统等效开环传递函数概念方框图

图 4.2.2 中，r_i、u_i、y_i 分别为回路 i 的设定值、控制量和输出量矩阵，$\bar{r}^i$、$\bar{u}^i$、$\bar{y}^i$ 是不包含 r_i、u_i、y_i 的矩阵。当回路 i 保持开环，其他回路引入闭环控制时，r_i 除了通过 g_{ii} 影响输出量 y_i 外，还要通过其他回路(图中虚线所示过程)间接

影响它。此时，回路 i 从输入端 r_i 到输出端 y_i 的开环传递函数即称为等效开环传递函数，记 g_{ii}^{eff}。

定义 4.2.1 g_{ii}^{eff} 定义为传递函数 $g_{ij}(s)$ 在其他回路（除去 j-i 回路之外的回路）闭合时的开环传递函数，简称 EOTF（effective open-loop transfer function，等效开环传递函数）。

EOTF 的推导过程如下。

令 $\bar{r}^i = 0$，可得

$$\bar{u}^i = -\tilde{G}_c^i \bar{y}^i = -\tilde{G}_c^i(\bar{g}^{ic}u_i + \bar{G}^i\bar{u}^i) \tag{4.2.3}$$

其中，$\tilde{G}_c^i$ 是控制器传递函数矩阵；$\bar{G}^i$ 是去除被控对象 G 的第 i 行与第 i 列所得。y_i 与 u_i 的关系式如下：

$$y_i = g_{ii}u_i + \bar{g}^{ir}\bar{u}^i = [g_{ii} - \bar{g}^{ir}\tilde{G}_c^i(I + \bar{G}^i\tilde{G}_c^i)^{-1}\bar{g}^{ic}]u_i \tag{4.2.4}$$

其中，$\bar{g}^{ir}$ 和 $\bar{g}^{ic}$ 分别为 G 中第 i 行和第 i 列向量（去除 g_{ii}）。

由式(4.2.4)可看出，不同回路间的控制器也存在着耦合，因而，单回路控制器设计方法不能简单地推广到多变量系统中。

为了简化式(4.2.4)，引入一个假设条件：除了回路 i，其他回路的控制器 $\tilde{G}_c^i$ 对 $\bar{G}^i$ 为完美控制[1]，即假设 $\bar{G}^i\tilde{G}_c^i(I + \bar{G}^i\tilde{G}_c^i)^{-1} = I$，则式(4.2.4)变为

$$\begin{aligned}y_i &= [g_{ii} - \bar{g}^{ir}\tilde{G}_c^i(I + \bar{G}^i\tilde{G}_c^i)^{-1}\bar{g}^{ic}]u_i \\ &= (g_{ii} - \bar{g}^{ir}(\bar{G}^i)^{-1}\bar{g}^{ic})u_i\end{aligned} \tag{4.2.5}$$

回路 i 的 EOTF 为

$$g_{ii}^{\text{eff}} = g_{ii} - \bar{g}^{ir}(\bar{G}^i)^{-1}\bar{g}^{ic} \tag{4.2.6}$$

在进一步推导 EOTF 公式前，引入相对增益矩阵（relative gain array，RGA）的定义。

定义 4.2.2 Λ 为传递函数矩阵 $G(s)$ 的相对增益矩阵，表达式如下：

$$\Lambda = \begin{bmatrix} \lambda_{11} & \lambda_{12} & \cdots & \lambda_{1n} \\ \lambda_{21} & \lambda_{22} & \cdots & \lambda_{2n} \\ \vdots & \vdots & & \vdots \\ \lambda_{n1} & \lambda_{n2} & \cdots & \lambda_{nn} \end{bmatrix} \tag{4.2.7}$$

其中，λ_{ij} 为 u_j 到 y_i 这个通道的相对增益，计算公式为

$$\lambda_{ij} = \frac{\left.\dfrac{\partial y_i}{\partial u_j}\right|_{u_r}}{\left.\dfrac{\partial y_i}{\partial u_j}\right|_{y_r}} \qquad (4.2.8)$$

相对增益矩阵根据稳态增益计算而来，因而，实际中直接采用如下计算公式：

$$\Lambda = G(0) \otimes (G^{-1}(0))^{\mathrm{T}} \qquad (4.2.9)$$

上述相对增益矩阵是在获得稳态增益后计算所得，因而不包括动态信息，因此在描述和分析系统耦合时存在较多不足。此后，一些学者提出了动态相对增益矩阵(dynamic relative gain array, DRGA)的概念，利用对象的传递函数代替了稳态增益。结合动态相对增益矩阵[14,15]的定义，有 $\Lambda_{ii} = [G(s) \otimes (G^{-1}(s))^{\mathrm{T}}]_{ii}$，代入式(4.2.6)可得 EOTF 方程：

$$g_{ii}^{\mathrm{eff}} = \frac{g_{ii}}{\Lambda_{ii}} \qquad (4.2.10)$$

图 4.2.2 所示的第 i 回路闭环控制系统可简化为图 4.2.3 形式，即原多变量系统可以化为 n 个如图 4.2.3 所示的单回路系统。

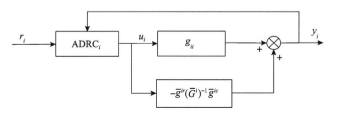

图 4.2.3　简化图 4.2.2 的闭环等效方框图

此时,基于主对角元的分散自抗扰控制器设计问题 $G_c(s) = \mathrm{diag}\{g_{ci}(s)\}$ 即转化为 n 个单回路控制器 $g_{ii}^{\mathrm{eff}}(s)(i = 1, 2, \cdots, n)$ 的设计。

2. 模型降阶

模型降阶的目的是将模型在要求的误差范围内简化成 FOPDT、SOPDT 或更为高阶的标准模型。通过模型简化，最大限度地减少对计算资源的占有，也为控制器设计及仿真降低了难度。为便于控制器设计与分析，此时需要对已知 EOTF 进行模型简化。本节采用系数匹配的方法，由麦克劳林公式展开 g_{ii}^{eff} 得

$$g_{ii}^{\text{eff}}(s) = a_{ii} + b_{ii}s + c_{ii}s^2 + d_{ii}s^3 + e_{ii}s^4 + o(s^5) \tag{4.2.11}$$

其中,

$$a_{ii} = g_{ii}^{\text{eff}}(0), \quad b_{ii} = \left.\frac{\mathrm{d}g_{ii}^{\text{eff}}(s)}{\mathrm{d}s}\right|_{s=0}, \quad c_{ii} = \left.\frac{1}{2}\frac{\mathrm{d}^2 g_{ii}^{\text{eff}}(s)}{\mathrm{d}s^2}\right|_{s=0}$$

$$d_{ii} = \left.\frac{1}{6}\frac{\mathrm{d}^3 g_{ii}^{\text{eff}}(s)}{\mathrm{d}s^3}\right|_{s=0}, \quad e_{ii} = \left.\frac{1}{24}\frac{\mathrm{d}^4 g_{ii}^{\text{eff}}(s)}{\mathrm{d}s^4}\right|_{s=0}$$

考虑一阶动态模型,假设已知简化 EOTF 的模型如下:

$$g^{r\text{-eff}} = \frac{Ke^{-\theta s}}{\tau s + 1} \tag{4.2.12}$$

由麦克劳林公式展开式(4.2.12)得

$$g^{r\text{-eff}} = K - K(\theta + \tau)s + K\left[\frac{1}{2}\theta^2 + (\theta + \tau)\tau\right]s^2 + o(s^3) \tag{4.2.13}$$

对比式(4.2.11)与式(4.2.13),可得各个系数为

$$K = a_{ii}$$

$$\tau = \sqrt{\frac{2c_{ii}}{a_{ii}} - \left(\frac{b_{ii}}{a_{ii}}\right)^2} \tag{4.2.14}$$

$$\theta = -\frac{b_{ii}}{a_{ii}} - \sqrt{\frac{2c_{ii}}{a_{ii}} - \left(\frac{b_{ii}}{a_{ii}}\right)^2}$$

由式(4.2.14)可看出,FOPDT 模型必须保证 τ 和 θ 均为正值,即满足如下条件:

$$\sqrt{\frac{2c_{ii}}{a_{ii}}} > -\frac{b_{ii}}{a_{ii}} > \sqrt{\frac{2c_{ii}}{a_{ii}} - \left(\frac{b_{ii}}{a_{ii}}\right)^2}$$

如果不能保证获得的时间常数 τ 或延迟 θ 为正数,则此时 EOTF 动态性能过于复杂,需要尝试 SOPDF 模型对 EOTF 进行拟合。

至此,图 4.2.1 所示的分散自抗扰控制结构就完全转化为图 4.2.4 所示结构。

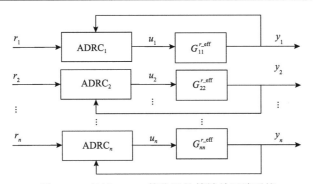

图 4.2.4　经过 EOTF 简化后的等效单回路系统

4.2.3　自抗扰控制器

1. 自抗扰控制器的结构

以二阶线性自抗扰控制器为例，其结构形式如图 4.2.5 所示。

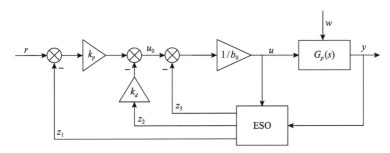

图 4.2.5　线性自抗扰控制器结构示意图

图 4.2.5 中，k_p、k_d 与 b_0 是控制器参数，ESO 实时估计外部扰动(w)及系统内部不确定性(如参数摄动等)，控制信号 u 和系统输出 y 是 ESO 的两个输入，z_1、z_2 和 z_3 为 ESO 输出，其表达式为

$$\begin{cases} \dot{z}_1 = z_2 - \beta_1(z_1 - y) \\ \dot{z}_2 = z_3 - \beta_2(z_1 - y) + b_0 u \\ \dot{z}_3 = \beta_3(z_1 - y) \end{cases} \tag{4.2.15}$$

其中，β_1、β_2、β_3 是待调的观测器参数。

通过选择适当的 β 及 b_0，ESO 可快速准确地跟踪对象状态及估计系统扰动。

假设被控对象 G_p 为二阶系统：

$$\ddot{y} = g(t, y, \dot{y}, w) + bu \tag{4.2.16}$$

其中，b 为一个对象参数；g 为内部动态和外部扰动(w)的综合特性。

定义 G_p 的扩张状态:

$$f = g + (b - b_0)u \tag{4.2.17}$$

则式(4.2.16)可以写为

$$\ddot{y} = f + b_0 u \tag{4.2.18}$$

由图 4.2.5 可知,控制律为

$$u_0 = k_p(r - z_1) - k_d z_2 \tag{4.2.19}$$

$$u = (u_0 - z_3)/b_0 \tag{4.2.20}$$

在 ESO 被正确整定时,z_1、z_2 和 z_3 可分别跟踪 y、$\dot{y}$ 和 f,将式(4.2.20)代入式(4.2.18),控制系统被转换为两个积分串联环节,即

$$\ddot{y} = f + u_0 - z_3 \approx u_0 \tag{4.2.21}$$

2. 自抗扰控制器参数整定

针对线性自抗扰控制器,文献[1]引入了带宽的概念,定义 ω_c 为控制器带宽,ω_o 为观测器带宽,将控制器参数 k_p、k_d 和观测器参数 β_1、β_2、β_3 转化为如下形式:

$$k_p = \omega_c^2, \quad k_d = 2\xi\omega_c$$

$$\beta_1 = 3\omega_o, \quad \beta_2 = 3\omega_o^2, \quad \beta_3 = \omega_o^3$$

因此,对于一个二阶自抗扰控制器,待整定的参数包括 ω_c、ω_o、b_0、ξ。其中 ξ 是预期动态方程的衰减比,一般取 1。若整定 ω_c、ω_o、b_0 不能满足性能要求,则可以对 ξ 继续调整。在这四个参数整定过程中,可以整理如下一些规律。

(1)在正确整定 ESO 参数时,ω_o 的取值很重要。一般情况下:ω_o 越大,ESO 反应速度越快,观测能力越强,但是 ESO 对噪声的敏感性也随之增大。因此,ω_o 需要从一个较小值逐渐增加,直到可以达到满意的观测精度。

(2)参数 ω_c、b_0 的调节需要根据具体的控制要求调整。通常 ω_c 越大,b_0 越小,控制器控制作用越强,系统响应越快,但是系统超调量和振荡就会变大。

4.2.4　基于 EOTF 的多变量自抗扰控制设计流程

EOTF 的引入可以有效地利用多回路系统之间的耦合信息,将多变量系统转化为多个独立的单回路系统,同时,可以较为明显地体现出系统性能和不同回路间的相互作用,如系统稳定性、右半复平面零极点数等[16]。常用的多回路自抗扰

控制方法一般采取分散控制结构，将耦合视为扰动影响，针对对角模型设计控制器，然后利用自抗扰控制器有效的跟踪抗扰能力和实时估计补偿模型误差的特点实现系统的闭环性能。自抗扰控制器天然的解耦能力对于这样一类耦合系统的确能获得较好的控制性能。但是，通过前面耦合性分析知道，闭合系统不同回路的控制器之间耦合影响严重，那么针对对角模型设计分散控制器可能会面临的一个新难题就是，在获得多变量系统最优控制器之前，需要反复调整各个回路间的控制器，直至所有回路达到满意的控制性能，因此这个设计过程将会变得比较烦琐。

本节基于 EOTF 这样一种新的描述系统耦合的方法，结合自抗扰控制器不基于精确模型并能实现误差的实时在线估计和补偿的优势，指导设计多回路的自抗扰控制器。

基于上述分析，总结基于 EOTF 的多回路自抗扰控制器设计过程如下。

(1)计算对象相对增益矩阵以确定对象输入输出适当匹配；

(2)计算 EOTF 方程 g_{ii}^{eff}；

(3)采用模型降阶技术对所得 EOTF 近似化处理成 FOPDT 或 SOPDT 模型，将原多变量系统分解为多个等效的单回路系统；

(4)采用单回路自抗扰控制器的设计方法，对步骤(3)所得的单回路模型分别设计自抗扰控制器；

(5)将步骤(4)所得分散控制器应用到原闭环多回路控制系统，检验其是否能满足期望要求，可在此基础上继续细调。

4.2.5　仿真研究

本节基于四个经典的多变量对象展开算例仿真，包括三个两输入两输出(two-input and two-output, TITO)模型与一个三输入三输出模型。将基于 EOTF 所设计的自抗扰控制器(EOTF-ADRC)应用到这些对象上，与常规分散自抗扰控制(Tian-ADRC)方法[3]和 PID 控制方法[16]进行对比，并从时域响应、鲁棒分析和频域分析进行说明。

1. 2×2 系统模型仿真分析

工业过程中具有时滞的 TITO 系统较为普遍，如精馏塔分离模型、循环流化床燃烧系统模型等。

1) WB 模型

$$G(s) = \begin{bmatrix} \dfrac{12.8\mathrm{e}^{-s}}{16.7s+1} & \dfrac{-18.9\mathrm{e}^{-3s}}{21s+1} \\[3mm] \dfrac{6.6\mathrm{e}^{-7s}}{10.9s+1} & \dfrac{-19.4\mathrm{e}^{-3s}}{14.4s+1} \end{bmatrix}$$

每个回路的相对增益为

$$\Lambda_{11}(s) = \Lambda_{22}(s) = \frac{g_{11}(s)g_{22}(s)}{g_{11}(s)g_{22}(s) - g_{12}(s)g_{21}(s)} \tag{4.2.22}$$

将式(4.2.22)代入式(4.2.10)得两个回路的 EOTF：

$$\begin{aligned} g_{11}^{\text{eff}}(s) &= g_{11}(s) - \frac{g_{12}(s)g_{21}(s)}{g_{22}(s)} \\ &= \frac{12.8\mathrm{e}^{-s}}{16.7s+1} - \frac{6.63(14.4s+1)\mathrm{e}^{-7s}}{(21s+1)(10.9s+1)} \end{aligned} \tag{4.2.23}$$

$$\begin{aligned} g_{22}^{\text{eff}}(s) &= g_{22}(s) - \frac{g_{12}(s)g_{21}(s)}{g_{11}(s)} \\ &= \frac{-19.4\mathrm{e}^{-3s}}{14.4s+1} + \frac{9.75(16.7s+1)\mathrm{e}^{-9s}}{(21s+1)(10.9s+1)} \end{aligned} \tag{4.2.24}$$

根据式(4.2.22)对式(4.2.23)和式(4.2.24)模型降阶，得到最后的简化模型：

$$\begin{aligned} g_{11}^{r\_\text{eff}}(s) &= \frac{6.37\mathrm{e}^{-0.308s}}{10.529s+1} \\ g_{22}^{r\_\text{eff}}(s) &= \frac{-9.655\mathrm{e}^{-4.265s}}{6.271s+1} \end{aligned} \tag{4.2.25}$$

由简化的 EOTF 模型(4.2.25)，单回路自抗扰控制器设计的方法可以应用于该 2×2 系统。微调之后得到控制器参数如表 4.2.1 所示。

表 4.2.1 自抗扰控制器参数（WB 模型）

模型	回路	ξ	ω_o	ω_c	b_0
WB 模型	1	1.83	13	1.1	10
	2	2.2	2	1.68	−14

为了检验所计算的简化 EOTF 与实际对象模型的关系，将所得自抗扰控制器代入原闭环控制系统中，绘制了伯德(Bode)图如图 4.2.6 所示。图中虚线代表以实际 WB 模型为被控对象的闭环系统 Bode 图，实线代表本节简化以后的 EOTF 为被控对象的闭环系统 Bode 图。从图中幅值曲线可以发现，实际对象与简化 EOTF 对象在频域范围内偏差较小，进一步验证了 EOTF 方法的合理性。

在 t 为 0s、80s 时分别为回路 1 和回路 2 加入单位阶跃设定值 $r = 1$，上述三种方法系统输出响应曲线如图 4.2.7 所示。图 4.2.7 中，本节所提的 EOTF-ADRC

方法控制效果要明显优于 PID 控制,其超调量小,且解耦效果好。与 Tian-ADRC
方法相比,快速性相当,但输出量波动得到了明显抑制,有利于设备的可靠性和
安全性,进而延长使用寿命。

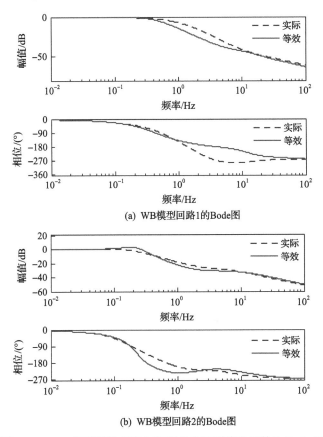

(a) WB模型回路1的Bode图

(b) WB模型回路2的Bode图

图 4.2.6　WB 模型等效对象与实际对象闭环传递函数的 Bode 图

　　Monte Carlo 方法作为一种以概率和统计理论方法为基础的随机模拟计算方
法,可以使用随机数来解决很多计算问题。本节采用该方法分析多回路自抗扰控
制系统的鲁棒性。假设系统模型所有参数都在标称值附近发生±10%的随机摄动,
进行 500 次 Monte Carlo 实验,并统计 Monte Carlo 实验中摄动模型的超调量 σ 和
调节时间 T_s,根据性能指标集合 $\{\sigma, T_s\}$ 绘制散点分布图,并对所提的三种方法进
行对比。

　　图 4.2.8 中,点集越集中,表明鲁棒性能越好,越靠近原点,系统性能越好。
对所提三种方法每个回路的散点图进行对比,可以看出本节所提的 EOTF-ADRC
方法的散点分布要更集中,更靠近原点,因而也验证了该方法良好的系统性能和
更强的性能鲁棒性。

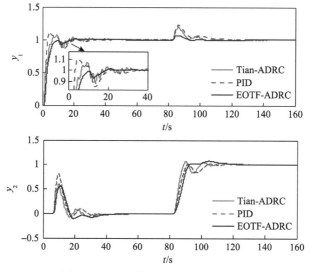

图 4.2.7　WB 模型的设定值跟踪实验

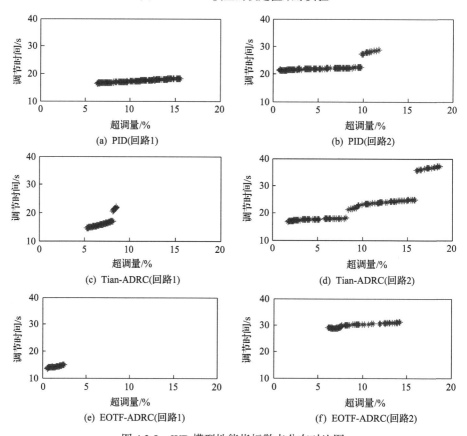

图 4.2.8　WB 模型性能指标散点分布对比图

2) OR$_2$ 模型

OR$_2$（Ogunnaike-Ray）模型如下：

$$G(s) = \begin{bmatrix} \dfrac{22.89\mathrm{e}^{-0.2s}}{4.572s+1} & \dfrac{-11.64\mathrm{e}^{-0.4s}}{1.807s+1} \\[3mm] \dfrac{4.689\mathrm{e}^{-0.2s}}{2.174s+1} & \dfrac{5.8\mathrm{e}^{-0.4s}}{1.801s+1} \end{bmatrix}$$

两个回路的 EOTF 如下：

$$g_{11}^{\mathrm{eff}}(s) = \frac{22.89\mathrm{e}^{-0.2s}}{4.572s+1} + \frac{9.41(1.801s+1)\mathrm{e}^{-0.2s}}{(1.807s+1)(2.174s+1)} \tag{4.2.26}$$

$$g_{22}^{\mathrm{eff}}(s) = \frac{5.8\mathrm{e}^{-0.45s}}{1.801s+1} + \frac{2.384(4.572s+1)\mathrm{e}^{-0.4s}}{(1.807s+1)(2.174s+1)} \tag{4.2.27}$$

对该模型分别采用模型降阶的方法降阶为如下 FOPDT 模型：

$$g_{11}^{r-\mathrm{eff}}(s) = \frac{32.3\mathrm{e}^{-0.0935s}}{4.1687s+1}$$
$$g_{22}^{r-\mathrm{eff}}(s) = \frac{8.184\mathrm{e}^{-0.53s}}{1.59s+1} \tag{4.2.28}$$

由简化的 EOTF 模型（4.2.28），单回路自抗扰控制器设计的方法可以应用于该 OR$_2$ 模型。得到最终自抗扰控制器参数如表 4.2.2 所示。

表 4.2.2　自抗扰控制器参数（OR$_2$ 模型）

模型	回路	ξ	ω_o	ω_c	b_0
OR$_2$ 模型	1	1.1	9	5	53
	2	1.3	10	4.2	56

同样地，将所得自抗扰控制器代入原闭环控制系统中，绘制 Bode 图比较其中低频段的拟合程度。图 4.2.9 中虚线代表以实际 OR$_2$ 模型为被控对象的闭环系统 Bode 图，实线代表简化以后的 EOTF 为被控对象的闭环系统 Bode 图。

在 t 为 0s、15s 时分别为回路 1 和回路 2 加入单位阶跃设定值 $r = 1$，上述三种方法的系统输出响应曲线如图 4.2.10 所示。其中 Tian-ADRC 方法响应速度较快，但从局部放大图可以看出，该方法过渡过程抖动比较严重，EOTF-ADRC 方法过渡过程平滑，相比于 PID 控制，超调量小，解耦效果也要好很多，而且其控制器参数整定过程简洁，避免了反复试凑。

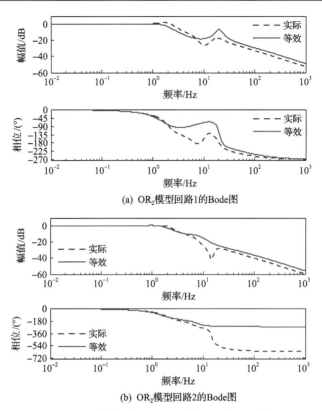

(a) OR$_2$模型回路1的Bode图

(b) OR$_2$模型回路2的Bode图

图 4.2.9　OR$_2$ 模型等效对象与实际对象闭环传递函数的 Bode 图

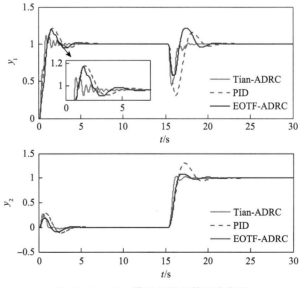

图 4.2.10　OR$_2$ 模型的设定值跟踪实验

为了检验系统鲁棒性能，使 OR_2 模型参数相对于标称值发生±10%的随机摄动，生成样本数量为 500 的被控对象族$\{G(s)\}$，分别对回路 1 与回路 2 加入单位阶跃设定值 $r=1$，统计系统超调量与调节时间，并绘制指标分布图如图 4.2.11 所示。

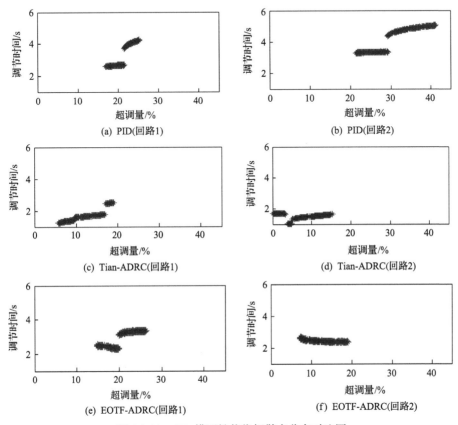

图 4.2.11　OR_2 模型性能指标散点分布对比图

3）WW 模型

WW 模型如下：

$$G(s)=\begin{bmatrix}\dfrac{0.126\mathrm{e}^{-6s}}{60s+1} & \dfrac{-0.101\mathrm{e}^{-12s}}{(45s+1)(48s+1)}\\[3mm] \dfrac{0.094\mathrm{e}^{-8s}}{38s+1} & \dfrac{-0.12\mathrm{e}^{-8s}}{35s+1}\end{bmatrix} \tag{4.2.29}$$

两回路 EOTF 为

$$g_{11}^{r-\text{eff}} = \frac{0.051(81.91s+1)\text{e}^{-6.224s}}{1763.42s^2+67.87s+1}$$

$$g_{22}^{r-\text{eff}} = \frac{-0.047(101.36s+1)\text{e}^{-8.153s}}{1261.05s^2+60.05s+1}$$

(4.2.30)

基于该等效单变量对象设计自抗扰控制器，并获得最终的多变量控制器参数如表 4.2.3 所示。

表 4.2.3　自抗扰控制器参数（WW 模型）

模型	回路	ξ	ω_o	ω_c	b_0
WW 模型	1	2	3.85	0.2	0.02
	2	8.5	2	0.85	−0.04

图 4.2.12 分别展示了系统以实际 WW 模型和等效 WW 模型为被控对象的闭环系统 Bode 图，图中两者曲线几乎重合，表现了该等效过程较高的拟合程度。

在 t 为 0s、600s 时分别为回路 1 和回路 2 加入单位阶跃设定值 $r=1$，上述三种方法的系统输出响应曲线如图 4.2.13 所示。从图中可以明显看出 EOTF-ADRC 方法的控制效果要优于另外两种方法，其超调量要小很多，也具备较好的解耦效果，Tian-ADRC 方法响应速度要快，但是该方法在过渡过程超调量过大，且有一定抖动，不利于系统稳定性。

使 WW 模型参数相对于标称值发生±10%的随机摄动，生成样本数量为 500 的被控对象族$\{G(s)\}$，分别对回路 1 与回路 2 加入单位阶跃设定值 $r=1$，统计系统超调量与调节时间，并绘制指标分布图如图 4.2.14 所示。

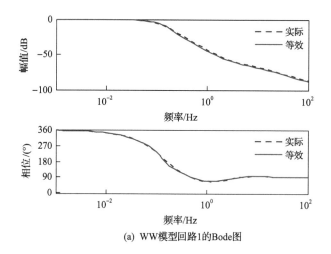

(a) WW模型回路1的Bode图

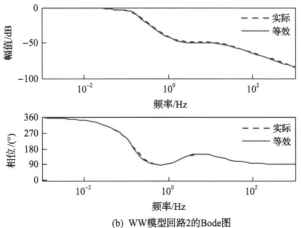

(b) WW模型回路2的Bode图

图 4.2.12　WW 模型等效对象与实际对象闭环传递函数的 Bode 图

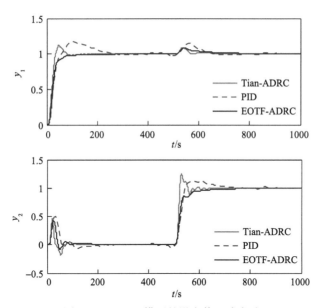

图 4.2.13　WW 模型的设定值跟踪实验

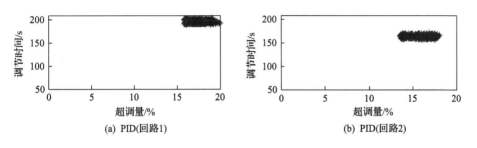

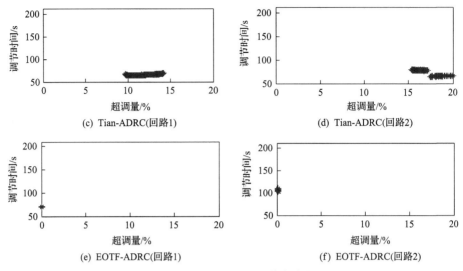

(c) Tian-ADRC(回路1)　　　　　　　　　(d) Tian-ADRC(回路2)

(e) EOTF-ADRC(回路1)　　　　　　　　　(f) EOTF-ADRC(回路2)

图 4.2.14　WW 模型性能指标散点分布对比图

由图 4.2.14 可知，EOTF-ADRC 方法是所有方法中散点最集中也是分布范围最小、最靠近原点的，很好地体现了该方法的良好鲁棒性能。

2. 3×3 系统模型仿真分析

OR_3 模型如下：

$$
\begin{aligned}
G_{y2r2} &= \frac{F_2C_2P_{22} + F_2C_1C_2P_{11}P_{22} - F_2C_1C_2P_{21}P_{12}}{1 + C_1P_{11} + C_2P_{22} - C_1P_{21}C_2P_{12} + C_1P_{11}C_2P_{22}} \\
&= \left(D_2B_1m_{11}n_{22}m_{21}m_{12} + A_1D_2n_{11}n_{22}m_{21}m_{12} - A_1D_2m_{11}m_{22}n_{21}n_{12} \right) / \left(B_1B_2m_{11}m_{22}m_{21}m_{12} \right. \\
&\quad \left. + A_1B_2n_{11}m_{22}m_{21}m_{12} + B_1A_2m_{11}n_{22}m_{21}m_{12} - A_1A_2m_{11}m_{22}n_{21}n_{12} + A_1A_2n_{11}n_{22}m_{21}m_{12} \right) \\
&= \left(D_2B_1m_{11}n_{22}m_{21}m_{12} + A_1D_2n_{11}n_{22}m_{21}m_{12} - A_1D_2m_{11}m_{22}n_{21}n_{12} \right) / C_{\mathrm{cl}}(s)
\end{aligned}
$$

此时，FOPDT 模型已不能再描述该系统，因此将该 OR_3 模型简化为如下 SOPDT 模型：

$$
g_{11}^{r\text{-eff}}(s) = \frac{0.34(13.83s+1)\mathrm{e}^{-2.1s}}{(12.62s+1)(3.73s+1)}
$$

$$
g_{22}^{r\text{-eff}}(s) = \frac{-1.25(17.28s+1)\mathrm{e}^{-2.62s}}{(14.89s+1)(2.84s+1)}
$$

$$
g_{33}^{r\text{-eff}}(s) = \frac{0.57(17.46s+1)\mathrm{e}^{-1.08s}}{(10.51s+1)(3.8s+1)}
$$

对上述等效模型分别设计自抗扰控制器，得到各回路控制器参数如表 4.2.4 所示。

表 4.2.4　自抗扰控制器参数（OR$_3$ 模型）

模型	回路	ξ	ω_o	ω_c	b_0
	1	1	0.8	0.9	0.25
OR$_3$ 模型	2	1.4	5	0.93	-10
	3	3	7	2.5	3

同样地，从频域角度，绘制了实际 OR$_3$ 模型闭环传递函数以及简化模型的闭环传递函数的 Bode 图。可以看到，在图 4.2.15 中频段等效过程与实际对象具有较高的近似度，能很好地逼近各个回路之间的相互作用。

分别在 t 为 0s、300s、600s 时给三个回路加设定值 $r=1$，进行三个回路设定值跟踪实验，并与所提两种参考方法对比。图 4.2.16 可看出 EOTF-ADRC 方法相比于另外两种方法具有更加优越的控制效果和解耦抗扰能力，也验证了所提方法的有效性。

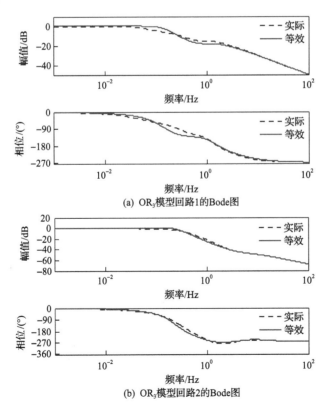

(a) OR$_3$ 模型回路1的Bode图

(b) OR$_3$ 模型回路2的Bode图

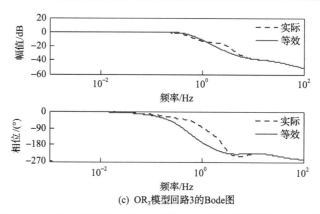

(c) OR₃模型回路3的Bode图

图 4.2.15　OR₃模型等效对象与实际对象闭环传递函数的 Bode 图

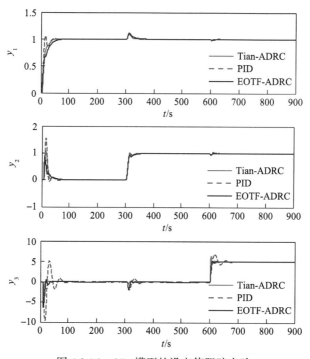

图 4.2.16　OR₃模型的设定值跟踪实验

　　让 OR₃ 模型参数相对于标称值发生±10%的随机摄动,进行 500 次 Monte Carlo 实验,绘制散点分布图如图 4.2.17 所示。

　　对比每个回路的散点分布图,EOTF-ADRC 方法的散点更集中,分布范围小且更靠近原点,能明显地体现所提方法良好的鲁棒性。

　　综上分析,基于 EOTF 的自抗扰解耦控制设计方法能达到较好的解耦效果,所设计控制器具有很好的跟踪抗扰性能,并且鲁棒性强。由频域 Bode 图对比

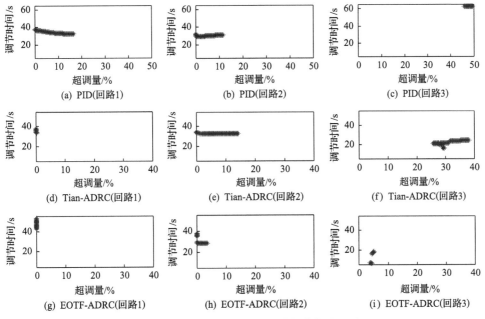

图 4.2.17 OR$_3$ 模型性能指标散点分布对比图

分析可知，EOTF-ADRC 过程近似程度高，因而分开独立设计的多个单变量自抗扰控制器组成的多变量控制器更容易满足控制目标，减少了被控对象闭环后反复调参的次数，也证明本节所提方法在大多数对象上具有适用性。

4.2.6 小结

在本节中，针对线性多变量对象，提出了基于 EOTF 的自抗扰控制设计方法，并在设计流程中给出了自抗扰参数的整定方法。最后通过 TITO 模型，以及三输入三输出模型进行仿真验证了所提出基于 EOTF 方法的有效性。

4.3 基于简单解耦的多变量系统自抗扰控制

4.3.1 问题描述

研究一类稳定的多变量系统，其传递函数如下：

$$G(s) = \begin{bmatrix} g_{11}(s) & g_{12}(s) & \cdots & g_{1n}(s) \\ g_{21}(s) & g_{22}(s) & \cdots & g_{2n}(s) \\ \vdots & \vdots & & \vdots \\ g_{n1}(s) & g_{n2}(s) & \cdots & g_{nn}(s) \end{bmatrix} \tag{4.3.1}$$

其中,

$$g_{ij}(s) = \frac{b_{(m,ij)}s^m + b_{(m-1,ij)}s^{m-1} + \cdots + b_{(0,ij)}}{a_{(n,ij)}s^n + a_{(n-1,ij)}s^{n-1} + \cdots + a_{(0,ij)}}e^{-\tau_{ij}s}, \quad i,j=1,2,\cdots,n$$

$$a_{(n,ij)}(n=1,2,\cdots) \in \mathbf{R}^+, \quad b_{(m,ij)}(m=1,2,\cdots) \in \mathbf{R}, \quad n \geqslant m$$

若式(4.3.1)中非对角元素不为 0,同一输出将受不同输入的影响。当这种交互作用较大时,将会严重影响系统的控制性能。为了提高控制精度,有必要对对象先进行解耦,将多变量对象转化成多个单回路系统后再进行分散控制。

解耦器在物理上应是能够实现的,即解耦器各元素应是正则、稳定和有因果关系的。解耦器好坏衡量标准如下:

(1)广义对象相对静态增益矩阵非主对角元越接近 1,表明系统解耦效果越好;

(2)解耦后广义对象应易于控制;

(3)解耦器结构应简单,适用于工程实现。

基于上述要求,本节选择简单解耦。首先简单解耦是一种完全解耦,因此,条件(1)满足;广义简单解耦[13]可以通过选择不同的结构得到不同控制难度的广义对象,条件(2)满足;本节中采用频率降阶的方法简化解耦器元素,以便工程实现。

基于简单解耦的多变量分散自抗扰控制系统结构如图 4.3.1 所示,采用 n 个自抗扰控制器对解耦后的广义对象进行分散控制。控制要求如下:

(1)系统输出要快速、准确地跟踪设定值;

(2)对于外部扰动,闭环系统要有良好的抑制能力;

(3)在模型参数摄动的情况下,系统应具有较好的性能鲁棒性。

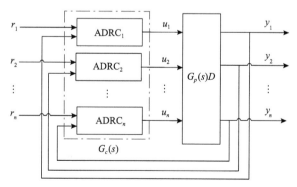

图 4.3.1 基于简单解耦的多变量分散自抗扰控制系统结构

时域上,要求系统调节时间、超调量、IAE 小。采用 Monte Carlo 实验验证系统性能鲁棒性并采用鲁棒性度量[17,18]的方法来说明系统鲁棒稳定性。相关指标定义如下。

调节时间 T_s 指响应达到并保持在终值 ±2% 内所需的最短时间。

超调量 σ 指响应的最大偏离量 $h(t_p)$ 与终值 $h(\infty)$ 的差值与终值之比的百分数，即

$$\sigma = \frac{h(t_p) - h(\infty)}{h(\infty)} \times 100\% \qquad (4.3.2)$$

IAE 指标表示为

$$\text{IAE} := \int_0^\infty |e(t)| \, \mathrm{d}t \qquad (4.3.3)$$

4.3.2　简单解耦

1. 定义

给定对象传递函数如式(4.3.1)所示，则一般解耦器为

$$D = \frac{\mathrm{adj}\,G}{|G|} Q = \frac{\begin{bmatrix} \mathrm{adj}\,G_{11}q_1 & \mathrm{adj}\,G_{12}q_2 & \cdots & \mathrm{adj}\,G_{1n}q_n \\ \mathrm{adj}\,G_{21}q_1 & \mathrm{adj}\,G_{22}q_2 & \cdots & \mathrm{adj}\,G_{2n}q_n \\ \vdots & \vdots & & \vdots \\ \mathrm{adj}\,G_{n1}q_1 & \mathrm{adj}\,G_{n2}q_2 & \cdots & \mathrm{adj}\,G_{nn}q_n \end{bmatrix}}{|G|} \qquad (4.3.4)$$

为了使 D 对角元均为 1，此时广义对象 Q 应取

$$Q = \begin{bmatrix} \dfrac{|G|}{\mathrm{adj}\,G_{11}} & 0 & \cdots & 0 \\ 0 & \dfrac{|G|}{\mathrm{adj}\,G_{22}} & \cdots & 0 \\ \vdots & \vdots & & \vdots \\ 0 & 0 & \cdots & \dfrac{|G|}{\mathrm{adj}\,G_{nn}} \end{bmatrix} \qquad (4.3.5)$$

此时，对应的解耦器 D 为

$$D = \begin{bmatrix} 1 & \dfrac{\text{adj}G_{12}}{\text{adj}G_{22}} & \cdots & \dfrac{\text{adj}G_{1n}}{\text{adj}G_{nn}} \\[2mm] \dfrac{\text{adj}G_{21}}{\text{adj}G_{11}} & 1 & \cdots & \dfrac{\text{adj}G_{2n}}{\text{adj}G_{nn}} \\[2mm] \vdots & \vdots & & \vdots \\[2mm] \dfrac{\text{adj}G_{n1}}{\text{adj}G_{11}} & \dfrac{\text{adj}G_{n2}}{\text{adj}G_{22}} & \cdots & 1 \end{bmatrix} \qquad (4.3.6)$$

然而，这只是其中的一种解耦器结构。式(4.3.4)矩阵中每一列(i)都乘以相同的元素 q_i，因此通过选择不同的 q_i 决定式(4.3.4)中矩阵每一列会有哪一个位置元素为1。不同的解耦器结构对应不同的广义对象。

一般情况下广义简单解耦器元素和广义对象元素如下：

$$d_{nij}(s) = \frac{\text{adj}G_{ij}}{\text{adj}G_{kj}}, \quad \forall i,j; k = p_j \qquad (4.3.7)$$

$$q_{nj}(s) = \frac{|G|}{\text{adj}G_{kj}}, \quad \forall j; k = p_j \qquad (4.3.8)$$

对于 n 输入 n 输出对象，解耦器有 n^n 种结构(每列为1的元素的选法有 n 种，一共 n 列)。相应广义对象 Q 有 n^n 种。不同的动态 $q_i(s)$ 有 $n \times n$ 种。n^n 种 Q 由 $n \times n$ 种 $q_i(s)$ 组合而成。不同结构解耦器定义为 $p_1 - p_2 - \cdots - p_n$，表示解耦器第 i 列第 p_i 个元素为1。

2. 广义简单解耦的实现

解耦器能实现是指它是正则、稳定、有因果关系的。直接计算解耦器时，对象的迟延、右半复平面零点、相对阶会使得解耦器出现预测、不稳定极点、超前等。由式(4.3.4)可知，解耦器每一列的元素为对象伴随矩阵中某两个元素的比。因此，可以通过考虑伴随矩阵的各元素中的迟延、不稳定零点、相对阶等来判断解耦器的可实现性[16]。

对于一个给定的解耦器结构 $p_1 - p_2 - \cdots - p_n$，若它是能实现的，则每一列 j 必须满足以下三个条件：

$$\begin{aligned} \theta_{kj} &\leqslant \theta_{ij}, \quad \forall i; k = p_j \\ r_{kj} &\leqslant r_{ij}, \quad \forall i; k = p_j \\ n_{kj} &\leqslant n_{ij}, \quad \forall i; k = p_j \end{aligned} \qquad (4.3.9)$$

其中，θ_{ij}、r_{ij}、n_{ij} 是 $\mathrm{adj}G_{ij}$ 迟延、相对阶以及右半复平面零点重数。

当选定的某种结构某一列不满足这三个条件时，解耦器不能实现。这时可以重新选取一种结构，也可以对出问题的那一列乘以尽可能小的额外的动态来进行补偿，从而使得解耦器能够实现，即 $D_N(s) = D(s)N(s)$。其中 $N(s)$ 为对角矩阵，对角元为需要加入的最小动态。加入额外动态后，对应解耦器的列和对应广义对象为

$$d_{nij}(s) = \frac{\mathrm{adj}G_{ij}}{\mathrm{adj}G_{kj}}n_j, \quad \forall i,j; k = p_j$$

$$q_{nij}(s) = \frac{|G|}{\mathrm{adj}G_{kj}}n_j, \quad \forall j; k = p_j$$

(4.3.10)

3. 解耦器的近似

由式(4.3.7)和式(4.3.8)可知，计算解耦器和广义对象时会涉及行列式和伴随矩阵的计算。本节处理的对象大多是多输入多输出带迟延对象，尤其是当输入输出大于等于 3 时，计算将变得非常复杂。如果要精确求解，解耦器将带有复杂的内部迟延。复杂的解耦器结构将不利于仿真及工程实现。因此，有必要对解耦器进行近似降阶。

传统降阶方法有 Pade 降阶、劳斯降阶、次最优降阶、Levy 降阶、最小二乘降阶、状态空间的截断、奇异值摄动和均衡实现等。MATLAB 自带的 invfreqs 函数以及近似工具箱等都可以用于降阶。本节主要采用频域的方法进行降阶。

4. 选取解耦器结构

解耦器结构的选取除了考虑广义对象动态以外，还要考虑解耦器实现复杂程度。其选取方法如下：

(1)计算每列对应的 n 种不同广义对象元素 $q_{nj}(s)$。

(2)确定每列对应 n 种不同广义对象元素 $q_{nj}(s)$ 的超调量、负调量、调节时间，选取超调量、负调量、调节时间小的动态。舍掉超调量、负调量超过 30%的广义对象元素。若超调量、负调量都相近，则选调节时间小的。如果调节时间差不多，则选额外动态少的。

(3)当每列广义对象确定好后，同时解耦器结构也确定了。

(4)若解耦器复杂，对其进行降阶；若解耦器无法实现，按式(4.3.10)引入额外动态。

(5)检查经过降阶或补偿后的解耦效果，若效果不好，则返回步骤(2)重新

选取动态。

4.3.3　线性自抗扰控制器

非线性自抗扰控制器由三个基本部分组成：微分跟踪器(TD)、ESO、非线性状态反馈。本节采用线性自抗扰控制器。图 4.3.2 为二阶自抗扰控制系统控制结构。

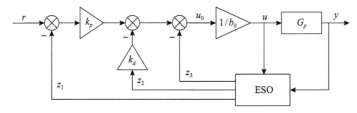

图 4.3.2　二阶自抗扰控制系统控制结构

1. ESO

考虑一个 n 阶对象：

$$y^{(n)} = f(y, \dot{y}, \cdots, y^{(n-1)}, u, \dot{u}, \cdots, u^{(n-1)}, w) + bu \qquad (4.3.11)$$

其中，u、y、w、b、f 分别是输入、输出、不可测外部扰动、输入增益、内外部扰动组成的总扰动。

令 $x_1 = y, x_2 = \dot{y}, \cdots, x_n = y^{(n-1)}, x_{n+1} = f + bu - b_0 u = h$，则对象状态方程可写为

$$\begin{cases} \dot{x}_1 = x_2 \\ \dot{x}_2 = x_3 \\ \quad \vdots \\ \dot{x}_n = x_{n+1} + b_0 u \\ \dot{x}_{n+1} = h \\ y = x_1 \end{cases} \qquad (4.3.12)$$

ESO 结构如下：

$$\begin{cases} \dot{z}_1 = z_2 + \beta_1(y - z_1) \\ \dot{z}_2 = z_3 + \beta_2(y - z_1) \\ \quad \vdots \\ \dot{z}_n = z_{n+1} + \beta_n(y - z_1) + b_0 u \\ \dot{z}_{n+1} = \beta_{n+1}(y - z_1) \end{cases} \qquad (4.3.13)$$

其中，$\beta_1, \beta_2, \cdots, \beta_{n+1}, b_0$ 分别为待定的观测器增益参数；$z_i(i=1,2,\cdots,n+1)$ 为 $x_i(i=1,2,\cdots,n)$ 估计值，若各参数整定合适，ESO 输出 z_i 将紧紧跟踪 x_i。

2. 线性状态反馈律

自抗扰控制器的控制律为

$$u = (u_0 - z_{n+1})/b_0 \tag{4.3.14}$$

假设 ESO 能够准确估计总扰动，则式 (4.3.11) 可以写成

$$y^{(n)} = u_0 \tag{4.3.15}$$

$$u_0 = \frac{k_1(r-z_1) + k_2(\dot{r}-z_2) + \cdots + k_n(r^{(n-1)}-z_n) + r^{(n)}}{b_0} \tag{4.3.16}$$

其中，r、$k_i(i=1,2,\cdots,n)$ 分别为期望轨迹和控制器增益参数。

这样，闭环系统为

$$y^{(n)} = k_1(r-z_1) + k_2(\dot{r}-z_2) + \cdots + k_n(r^{(n-1)}-z_n) + r^{(n)} \tag{4.3.17}$$

3. 控制器整定

令观测器增益选择如下：

$$[\beta_1, \beta_2, \cdots, \beta_n, \beta_{n+1}]^{\mathrm{T}} = [\omega_o \alpha_1, \omega_o^2 \alpha_2, \cdots, \omega_o^{n+1} \alpha_{n+1}]^{\mathrm{T}} \tag{4.3.18}$$

其中，$\alpha_i = (n+1)!/(i!(n+1-i)!)$。

为减少整定参数，将控制器极点配置到 $-\omega_c$，则近似闭环特征多项式成为

$$p(s) = s^n + k_n s^{n-1} + \cdots + k_1 = (s+\omega_c)^n \tag{4.3.19}$$

其中，$k_i = (n!/((i-1)!(n+1-i)!))\omega_c^{n+1-j}$。

一阶、二阶自抗扰控制器参数如表 4.3.1 所示。

表 4.3.1　一阶、二阶自抗扰控制器参数

控制器阶次	观测器增益	控制器增益
1	$[\beta_1, \beta_2]^{\mathrm{T}} = [2\omega_o, \omega_o^2]^{\mathrm{T}}$	$k_p = \omega_c$
2	$[\beta_1, \beta_2, \beta_3]^{\mathrm{T}} = [3\omega_o, 3\omega_o^2, \omega_o^3]^{\mathrm{T}}$	$[k_p, k_d]^{\mathrm{T}} = [\omega_c^2, 2\omega_c, \xi]^{\mathrm{T}}$

注：ω_o、ω_c 和 ξ 分别为观测器、控制器带宽和期望动态阻尼系数。

4. 多变量自抗扰控制系统闭环传递函数

对于单变量系统,使用一个自抗扰控制进行控制。图 4.3.2 中自抗扰控制系统可转换成图 4.3.3 所示结构。

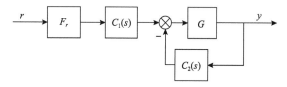

图 4.3.3   等效单变量系统 ADRC 反馈控制结构图

图中

$$C_1(s) = 1 - K_o(sI - A_e + B_e K_o + L_o C_e)^{-1} B_e \qquad (4.3.20)$$

$$C_2(s) = K_o(sI - A_e + B_e K_o + L_o C_e)^{-1} L_o \qquad (4.3.21)$$

$$F_r = K_o[1 \quad s \quad s^2 \quad \cdots \quad s^{p-2} \quad 0] \qquad (4.3.22)$$

对多变量系统进行简单解耦,再采用自抗扰控制器控制。当解耦器引入额外动态或有降阶时,不能完全解耦,推导出多变量自抗扰控制系统的闭环传递函数是有必要的。将图 4.3.3 推广到多变量系统,等效多变量自抗扰控制结构如图 4.3.4 所示。

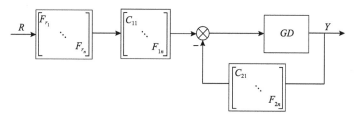

图 4.3.4   等效多变量自抗扰控制结构图

此时,闭环传递函数为

$$H = (I + GDC_2)^{-1}GDC_1 F_r \qquad (4.3.23)$$

输出扰动到输出的传递函数为

$$S = (I + GDC_2)^{-1} \qquad (4.3.24)$$

4.3.4　基于广义简单解耦的多变量系统自抗扰控制设计

本节将广义简单解耦与自抗扰控制器相结合，考虑多变量系统的耦合特性，又兼顾解耦方法依赖模型的特点。基于广义简单解耦的自抗扰分散控制结构图如图 4.3.5 所示。

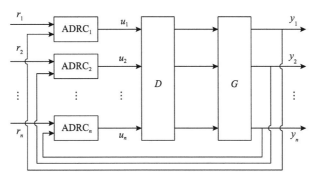

图 4.3.5　基于广义简单解耦的自抗扰分散控制结构图

本节控制设计思路如下：

(1)计算对象相对静态增益矩阵，选择合适的输入输出配对；

(2)通过选择合适的广义对象动态，确定解耦器结构；

(3)采用模型降阶、近似手段对解耦器元素进行简化；

(4)通过解耦器和模型获得实际的广义对象；

(5)对广义对象对角元素设计自抗扰控制器；

(6)将步骤(5)中自抗扰控制器和解耦器应用到原对象中验证是否可行，同时可以微调控制器参数，直到满足要求。

4.3.5　仿真研究

本节基于 5 个(4 个 2×2 模型、1 个 3×3 模型)算例进行仿真。本节所提方法(SD-ADRC)与基于简单解耦的 PI(SD-PI)控制、基于等效开环传递函数的自抗扰控制(EOTF-ADRC)[19]、基于伴随矩阵的 PID(AD-PID)控制[10]、PI 控制等从跟踪、抗扰、鲁棒性能[20]、鲁棒稳定性等方面进行比较。

1. 两输入两输出模型

1)WB 模型

Wood 和 Berry 针对分离甲醇-水混合物的二元蒸馏塔系统，给出下述经验模型：

$$\begin{bmatrix} y_1(s) \\ y_2(s) \end{bmatrix} = \begin{bmatrix} \dfrac{12.8\mathrm{e}^{-s}}{16.7s+1} & \dfrac{-18.9\mathrm{e}^{-3s}}{21s+1} \\ \dfrac{6.6\mathrm{e}^{-7s}}{10.9s+1} & \dfrac{-19.4\mathrm{e}^{-3s}}{14.4s+1} \end{bmatrix} \begin{bmatrix} u_1(s) \\ u_2(s) \end{bmatrix} \tag{4.3.25}$$

对模型进行跟踪、输入输出扰动等方面仿真研究。将 SD-ADRC 与 SD-PI、EOTF-ADRC[19]、AD-PID[10]方法进行对比，控制器参数如表 4.3.2 所示。

表 4.3.2 控制器参数(一)

控制器类型	解耦器	控制器参数
SD-ADRC	$\begin{bmatrix} 1 & \mathrm{e}^{-2s} \\ \dfrac{6.6(14.4s+1)\mathrm{e}^{-4s}}{19.4(10.9s+1)} & \dfrac{12.8(21s+1)}{18.9(16.7s+1)} \end{bmatrix}$	$\omega_{c1}=1.5,\ \omega_{o1}=7,\ \xi_1=3,\ b_1=25$ $\omega_{c2}=0.6,\ \omega_{o2}=8,\ \xi_2=1,\ b_2=-30$
SD-PI	同 SD-ADRC	$k_{p1}=0.12,\ k_{p2}=-0.03$ $k_{i1}=0.032,\ k_{i2}=-0.019$
AD-PID	$\begin{bmatrix} \dfrac{-19.4}{14.4s+1} & \dfrac{18.9\mathrm{e}^{-2s}}{21s+1} \\ \dfrac{6.6\mathrm{e}^{-4s}}{10.9s+1} & \dfrac{12.8}{16.7s+1} \end{bmatrix}$	$D_{o1}=-\dfrac{0.2416(22.9s+1)(3.2s+1)}{(11.84s+1)(0.64s+1)}$ $D_{o2}=-\dfrac{0.2308(8.63s+1)(0.4s+1)}{(2.67s+1)(0.059s+1)}$
EOTF-ADRC	—	$k_{p1}=0.3207,\ k_{i1}=0.0140,\ k_{d1}=0$ $k_{p2}=0.2943,\ k_{i2}=0.0341,\ k_{d2}=0$

在 t 为 1s 和 100s 时分别给回路 1 和回路 2 一个单位阶跃以检验其跟踪性能。输出响应及控制量曲线如图 4.3.6 所示。

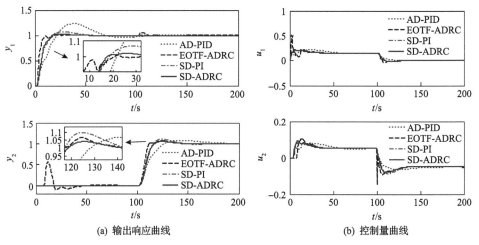

(a) 输出响应曲线   (b) 控制量曲线

图 4.3.6 输出响应及控制量曲线(一)

AD-PID 可完全解耦,但跟踪缓慢、超调量较大;EOTF-ADRC 上升速度较快,但回路间耦合存在;采用 SD-PI 和 SD-ADRC 后,耦合完全消除,超调量较小,上升速度快。相比 SD-PI,SD-ADRC 超调量较小,系统能够更快、更稳地达到设定值。

对跟踪性能比较相近的 SD-PI 和 SD-ADRC,检验其抗扰能力。在 t 为 1s 和 100s 时分别给两个通道施加幅值为 0.1 的输入扰动和输出扰动,抗扰动曲线如图 4.3.7 所示。

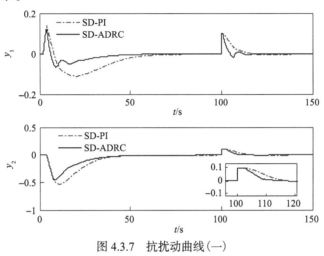

图 4.3.7　抗扰动曲线(一)

图 4.3.7 表明,SD-ADRC 的抗扰性能明显优于 SD-PI。这主要表现在系统出现输入、输出扰动时能较快地回到设定值。

采用 Monte Carlo 实验[20]对控制器在调节时间、IAE 指标和超调量三方面进行性能鲁棒性测试。参数摄动范围为±10%,实验次数为 500。各性能指标见表 4.3.3,Monte Carlo 实验图见图 4.3.8。

表 4.3.3　性能指标(一)

控制器	回路	IAE 指标			超调量/%			调节时间/s		
		最大值	最小值	平均值	最大值	最小值	平均值	最大值	最小值	平均值
SD-ADRC	1	9.3	6.3	7	4.7	0.9	2.68	16.5	12.4	14
	2	16.3	9.7	11.5	12.7	0	5.3	48.6	12.4	24.3
SD-PI	1	14.4	7	9.15	12.3	1.5	7.2	54	13.6	34.3
	2	17.7	10.7	13.1	25.4	0	11	54	14.7	34.3

由表 4.3.3 可见,采用 SD-ADRC 后,调节时间、IAE、超调量等指标在最大值、最小值、平均值方面都小于 SD-PI 控制。图 4.3.8 表明,采用 SD-ADRC 后散点更靠近原点且更集中,和表 4.3.3 数据相符合,即在模型摄动下,采用 SD-ADRC

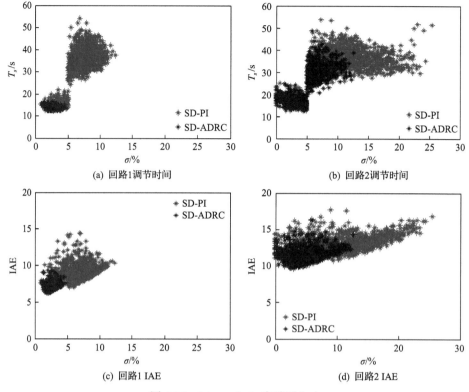

(a) 回路1调节时间　　　　　　　　　　　(b) 回路2调节时间

(c) 回路1 IAE　　　　　　　　　　　　(d) 回路2 IAE

图 4.3.8　Monte Carlo 实验图(一)

能保持较好的跟踪性能。

　　综上所述,采用 SD-ADRC 后系统拥有较好的跟踪性能,且在参数有±10%摄动的情况下,系统更能够保持原来的动态性能,即系统有更好的性能鲁棒性。

　　采用鲁棒性度量 ε 来分析系统的鲁棒稳定性[17],结构奇异值曲线如图 4.3.9 所示。

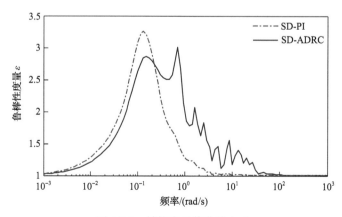

图 4.3.9　结构奇异值曲线(一)

鲁棒性度量 ε(SD-ADRC) 等于 3, ε(SD-PI) 等于 3.27。鲁棒性度量越小表明能够承受的不确定性的界越大,即采用 SD-ADRC 比采用 SD-PI 有更好的鲁棒稳定性。

2) WW 模型

WW 模型如下所示:

$$\begin{bmatrix} y_1(s) \\ y_2(s) \end{bmatrix} = \begin{bmatrix} \dfrac{0.126\mathrm{e}^{-6s}}{60s+1} & \dfrac{-0.101\mathrm{e}^{-12s}}{(45s+1)(48s+1)} \\ \dfrac{0.094\mathrm{e}^{-8s}}{38s+1} & \dfrac{-0.12\mathrm{e}^{-8s}}{35s+1} \end{bmatrix} \begin{bmatrix} u_1(s) \\ u_2(s) \end{bmatrix} \qquad (4.3.26)$$

对此模型进行跟踪、输入输出扰动、性能鲁棒性等方面仿真研究。将 SD-ADRC 与 SD-PI、EOTF-ADRC[19] 方法进行对比。控制器参数如表 4.3.4 所示。

表 4.3.4　控制器参数(二)

控制器类型	解耦器	控制器参数
SD-ADRC	$\begin{bmatrix} 1 & \dfrac{0.101(60s+1)\mathrm{e}^{-6s}}{0.126(45s+1)(48s+1)} \\ \dfrac{0.094(35s+1)}{0.12(38s+1)} & 1 \end{bmatrix}$	$\omega_{c1}=1,\ \omega_{o1}=1.6,\ \xi_1=7,\ b_1=0.014$ $\omega_{c2}=0.43,\ \omega_{o2}=1.4,\ \xi_2=3,\ b_2=-0.02$
SD-PI	同 SD-ADRC	$k_{p1}=25,\ k_{i1}=1$ $k_{p2}=-10,\ k_{i2}=-0.7$
EOTF-ADRC	—	$\omega_{c1}=0.2,\ \omega_{o1}=3.85,\ \xi_1=2,\ b_1=0.02$ $\omega_{c2}=0.85,\ \omega_{o2}=2,\ \xi_2=8.5,\ b_2=-0.04$

在 t 为 1s 和 200s 时分别给两个回路一个单位阶跃进行跟踪性能测试。输出响应及控制量曲线如图 4.3.10 所示。

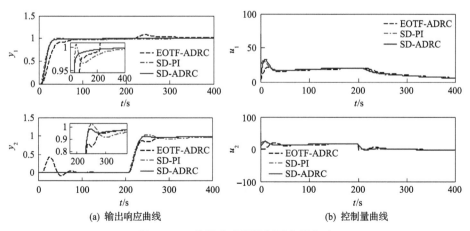

(a) 输出响应曲线　　　　　　　(b) 控制量曲线

图 4.3.10　输出响应及控制量曲线(二)

　　EOTF-ADRC 上升速度慢、调节时间大，存在较大耦合；SD-PI 完全解耦且上升速度较快，但曲线前端有抖动，使得调节时间稍大；SD-ADRC 完全解耦，回路 1 输出曲线能快速平滑地达到设定值，调节时间小，无超调量；回路 2 超调量较小。

　　在 t 为 1s 和 200s 时分别给两回路幅值为 0.1 的输入和输出扰动，抗扰动曲线如图 4.3.11 所示。

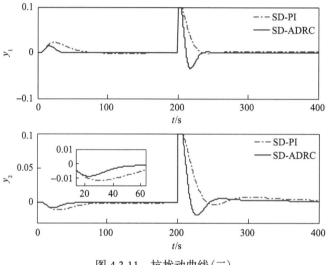

图 4.3.11　抗扰动曲线(二)

　　图 4.3.11 表明，采用 SD-ADRC 时，对于输入、输出扰动，系统输出均能较快地恢复原稳定值，即 SD-ADRC 方法具有较好的扰动抑制能力。

　　采用 Monte Carlo 实验对调节时间、IAE 和超调量进行性能鲁棒性测试。参数摄动范围为 ±10%，实验次数为 500 次。各性能指标数据见表 4.3.5，Monte Carlo 实验图见图 4.3.12。

表 4.3.5　性能指标(二)

控制器	回路	IAE 指标			超调量/%			调节时间/s		
		最大值	最小值	平均值	最大值	最小值	平均值	最大值	最小值	平均值
SD-ADRC	1	24.8	18.9	20	1.6	0	0.02	46	26.8	32.3
	2	38.4	26.6	30	3.8	0	0.31	125	33	48.6
SD-PI	1	37	19	22.9	8	0	1.5	200	23.7	45
	2	52	28	34	13	0	3.7	200	112	152

　　由表 4.3.5 可见，SD-ADRC 在 IAE、超调量、调节时间方面几乎均小于 SD-PI，说明采用 SD-ADRC 在系统摄动下能保持较好的控制性能。

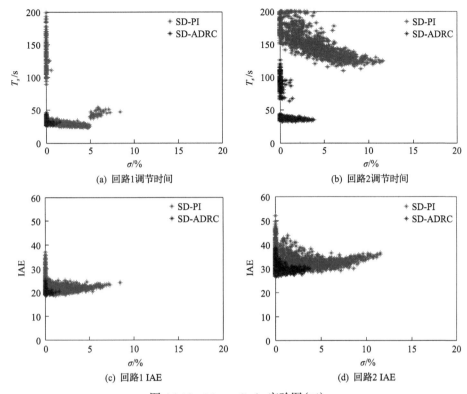

(a) 回路1调节时间　　　　　　　　(b) 回路2调节时间

(c) 回路1 IAE　　　　　　　　　(d) 回路2 IAE

图 4.3.12　Monte Carlo 实验图(二)

采用 SD-ADRC 后散点较 SD-PI 更靠近原点且更集中,即采用 SD-ADRC 后系统有更好的动态性能和鲁棒性能。

采用计算鲁棒性度量的方法来分析系统的鲁棒稳定性,结构奇异值曲线如图 4.3.13 所示。

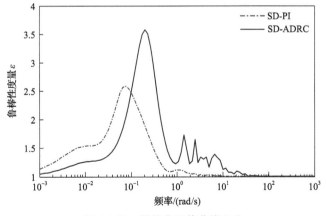

图 4.3.13　结构奇异值曲线(二)

鲁棒性度量 ε(SD-ADRC) 等于 3.7，ε(SD-PI) 等于 2.6，即采用 SD-PI 具有更好的鲁棒稳定性。这也表明跟踪效果是以牺牲鲁棒稳定性为代价的。

3) XC 模型

XC 模型如下所示：

$$\begin{bmatrix} y_1(s) \\ y_2(s) \end{bmatrix} = \begin{bmatrix} \dfrac{5\mathrm{e}^{-3s}}{4s+1} & \dfrac{2.5\mathrm{e}^{-5s}}{15s+1} \\ \dfrac{-4\mathrm{e}^{-6s}}{20s+1} & \dfrac{\mathrm{e}^{-4s}}{5s+1} \end{bmatrix} \begin{bmatrix} u_1(s) \\ u_2(s) \end{bmatrix} \tag{4.3.27}$$

对此模型进行设定值跟踪、输入输出扰动、性能鲁棒性等方面的仿真研究，并且采用 SD-PI 控制以及 PI 控制[10]进行对比。解耦器及控制器参数见表 4.3.6。

表 4.3.6　控制器参数(三)

控制器类型	解耦器	控制器参数
SD-ADRC	$D(s) = \begin{bmatrix} \dfrac{20s+1}{4(5s+1)} & \dfrac{-2.5(4s+1)\mathrm{e}^{-2s}}{5(15s+1)} \\ \mathrm{e}^{-2s} & 1 \end{bmatrix}$	$\omega_{c1}=1.4,\ \omega_{o1}=3,\ \xi_1=3,\ b_1=9$ $\omega_{c2}=0.6,\ \omega_{o2}=3,\ \xi_2=4.7,\ b_2=2$
SD-PI	同 SD-ADRC	$k_{p1}=0.12,\ k_{i1}=0.035$ $k_{p2}=0.4,\ k_{i2}=0.018$
PI	—	$k_{p1}=0.0233,\ k_{i1}=0.25$ $k_{p2}=0.101,\ k_{i2}=0.2$

在 t 为 0s 和 500s 时分别给两个回路单位阶跃进行跟踪性能测试。输出响应及控制量曲线如图 4.3.14 所示。

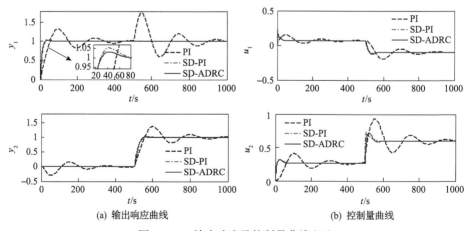

(a) 输出响应曲线　　　　　　(b) 控制量曲线

图 4.3.14　输出响应及控制量曲线(三)

在 t 为 0s 和 200s 时给两个回路施加幅值为 0.1 的输入、输出扰动, 抗扰动曲线如图 4.3.15 所示。

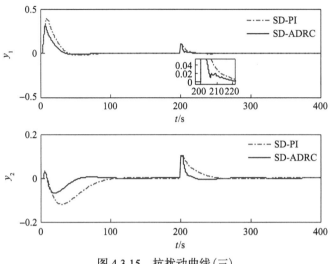

图 4.3.15　抗扰动曲线 (三)

图 4.3.14 表明采用 PI 输出会出现振荡, 回路间耦合较大; 采用简单解耦后, ADRC 和 PI 跟踪性能相近。图 4.3.15 表明, SD-ADRC 抗输出和输入扰动能力大大强于 SD-PI。

采用 Monte Carlo 实验对调节时间、IAE 和超调量进行性能鲁棒性测试。参数摄动范围是 ±10%, 实验次数为 500。各性能指标数据见表 4.3.7, Monte Carlo 实验如图 4.3.16 所示。

表 4.3.7　性能指标 (三)

控制器	回路	IAE 指标			超调量/%			调节时间/s		
		最大值	最小值	平均值	最大值	最小值	平均值	最大值	最小值	平均值
SD-ADRC	1	12.7	10.2	11.4	4.9	1.93	3.24	24.8	20.1	22.7
	2	22.7	20.8	21.7	2.06	0.004	0.9	45.8	41.2	43.7
SD-PI	1	13.8	10	11.6	8.15	3.27	5.36	60.2	18.8	45
	2	22.8	18.6	20.6	3.76	0.48	1.9	51.4	41.3	46.3

表 4.3.7 表明, 两种方法 IAE 指标相差不大, SD-ADRC 方法超调量、调节时间较小。由图 4.3.16 可见, 采用 SD-ADRC 时超调量保持在 0~5%, 散点较集中, 性能鲁棒性好。

计算鲁棒性度量来分析系统的鲁棒稳定性。结构奇异值曲线如图 4.3.17 所示。ε(SD-ADRC) 等于 3.5, ε(SD-PI) 等于 2.5, 即采用 PI 具有更好的鲁棒稳定性。

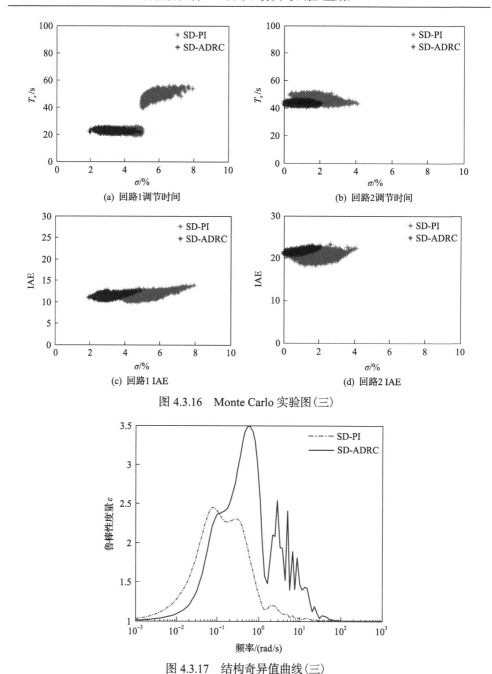

图 4.3.16　Monte Carlo 实验图（三）

图 4.3.17　结构奇异值曲线（三）

2. 高阶模型

高阶对象广泛存在于工业过程中，下面是一个典型的四阶两输入两输出模型：

$$\begin{bmatrix} y_1(s) \\ y_2(s) \end{bmatrix} = \frac{1}{(1+s)(1+2s)^2(1+0.5s)} \begin{bmatrix} 1.5s+1 & 0.2(0.75s+1) \\ 0.6(0.75s+1) & 0.8(1.2s+1) \end{bmatrix} \begin{bmatrix} u_1(s) \\ u_2(s) \end{bmatrix} \quad (4.3.28)$$

对此模型进行跟踪、输入输出扰动、性能鲁棒性等方面研究。采用 SD-PI 方法、分散 PI[9]和分散 ADRC 进行对比。解耦器及控制器参数见表 4.3.8。

表 4.3.8 控制器参数（四）

控制器类型	解耦器	控制器参数
SD-ADRC	$D(s) = \begin{bmatrix} 1 & \dfrac{-0.2(0.75s+1)}{1.5s+1} \\ \dfrac{-0.6(0.75s+1)}{0.8(1.2s+1)} & 1 \end{bmatrix}$	$\omega_{c1}=3.7, \omega_{o1}=3.2, \xi_1=2.8, b_1=0.7$ $\omega_{c2}=3.3, \omega_{o2}=3, \xi_2=2.8, b_2=0.5$
SD-PI	同 SD-ADRC	$k_{p1}=2, k_{i1}=0.51$ $k_{p2}=3, k_{i2}=0.6$
PI	—	$k_{p1}=1, k_{i1}=0.33$ $k_{p2}=1.65, k_{i2}=0.54$
ADRC	—	$\omega_{c1}=2, \omega_{o1}=3, \xi_1=2, b_1=0.9$ $\omega_{c2}=4, \omega_{o2}=3.5, \xi_2=3.5, b_2=1$

在 t 为 0s 和 20s 分别对两个回路单位阶跃进行跟踪性能测试。输出响应及控制量曲线如图 4.3.18 所示。

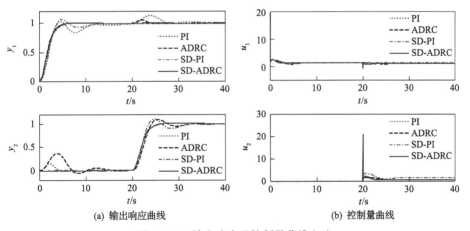

(a) 输出响应曲线   (b) 控制量曲线

图 4.3.18 输出响应及控制量曲线（四）

在跟踪性能方面，采用 SD-ADRC 比采用 SD-PI 能更快、更稳地跟踪设定值且没有超调量；采用其他方法时跟踪响应存在振荡，有超调量和耦合。

在 t 为 0s 和 20s 时给两个回路施加幅值为 0.1 的输入和输出扰动，抗扰动曲线如图 4.3.19 所示。

图 4.3.19 表明采用 SD-ADRC 时，系统抗扰性能较好。

采用 Monte Carlo 实验对调节时间、IAE 指标和超调量这三方面进行性能鲁棒性测试。参数摄动范围是±10%，实验次数为 500。各性能指标数据见表 4.3.9，Monte Carlo 实验图见图 4.3.20。

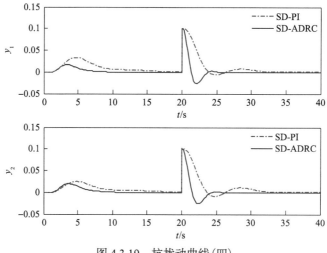

图 4.3.19　抗扰动曲线(四)

表 4.3.9　性能指标(四)

控制器	回路	IAE 指标			超调量/%			调节时间/s		
		最大值	最小值	平均值	最大值	最小值	平均值	最大值	最小值	平均值
SD-ADRC	1	1.84	1.73	1.77	0.78	0	0.3	4.6	4.2	4.4
	2	2.1	1.94	1.99	0.62	0	0.2	5.1	4.7	4.9
SD-PI	1	1.9	1.28	1.55	21	1.85	11.3	7.6	2.1	6
	2	2.4	1.47	1.76	25	5.9	14.6	8.1	5.7	6.8

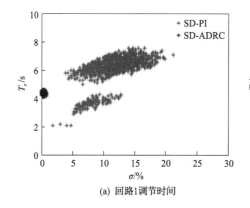

(a) 回路1调节时间

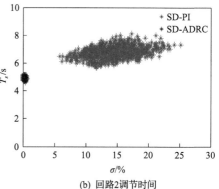

(b) 回路2调节时间

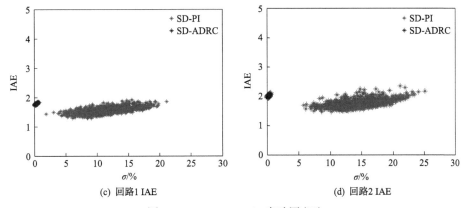

(c) 回路1 IAE　　　　　(d) 回路2 IAE

图 4.3.20　Monte Carlo 实验图（四）

表 4.3.9 表明采用 SD-ADRC 后超调量和调节时间平均值较小，尤其是在采用 SD-ADRC 时超调量明显小于 SD-PI。而采用 SD-PI 后平均 IAE 指标稍小，但区别并不明显。

由图 4.3.20 可见，采用 SD-ADRC 时，Monte Carlo 实验散点比较密集，表明系统在参数摄动下具有较好的鲁棒性能。

采用鲁棒性度量来分析系统的鲁棒稳定性。结构奇异值曲线如图 4.3.21 所示。

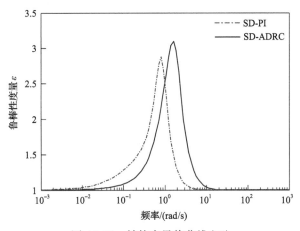

图 4.3.21　结构奇异值曲线（四）

从图 4.3.21 中可以看出，鲁棒性度量 ε(SD-ADRC) 大于 ε(SD-PI)。采用 SD-PI 具有更好的鲁棒稳定性。同样，好的性能是以牺牲鲁棒稳定性为代价的。

3. 三输入三输出模型

OR_3 模型如下：

$$G(s) = \begin{bmatrix} \dfrac{0.66\mathrm{e}^{-2.6s}}{6.7s+1} & \dfrac{-0.61\mathrm{e}^{-3.5s}}{8.64s+1} & \dfrac{-0.0049\mathrm{e}^{-s}}{9.06s+1} \\[2mm] \dfrac{1.11\mathrm{e}^{-6.5s}}{3.25s+1} & \dfrac{-2.36\mathrm{e}^{-3s}}{5s+1} & \dfrac{-0.01\mathrm{e}^{-1.2s}}{7.09s+1} \\[2mm] \dfrac{-34.68\mathrm{e}^{-9.2s}}{8.15s+1} & \dfrac{46.2\mathrm{e}^{-9.4s}}{10.9s+1} & \dfrac{0.87(11.61s+1)\mathrm{e}^{-s}}{(3.89s+1)(18.8s+1)} \end{bmatrix} \tag{4.3.29}$$

对此模型进行设定值跟踪、输入输出扰动、性能鲁棒性等方面仿真研究。采用 SD-PI 方法、EOTF-ADRC 方法[19]进行对比。SD-ADRC 解耦器如下：

$$\begin{bmatrix} 1 & \dfrac{15.3s^2+5.6s+0.75}{23.6s^2+7.1s+1}\mathrm{e}^{-0.9s} \\[3mm] \dfrac{(6960s^4+3504s^3+631s^2+36s+0.6)\mathrm{e}^{-3.5s}}{9927s^4+6157s^3+1428s^2+90s+1.6} & 1 \\[3mm] \dfrac{(7120s^4+11350s^3+4277s^2+609s+19)\mathrm{e}^{-8.2s}}{265s^4+256s^3+164s^2+23s+1} & \dfrac{-(3286s^3+1891s^2+380s+23)\mathrm{e}^{-8.4s}}{114s^3+154s^2+20s+1} \end{bmatrix}$$

$$\begin{bmatrix} -\dfrac{(16s^2+8.4s+4.7)\mathrm{e}^{-0.2s}}{12.7s^2+10s+1} \\[3mm] 1 \\[3mm] \dfrac{-(2798s^3+4844s^2+2244s+758)\mathrm{e}^{-1.8s}}{15.6s^3+13.7s^2+8s+1} \end{bmatrix}$$

各控制器参数见表 4.3.10。

表 4.3.10　控制器参数(五)

控制器类型	控制器参数
SD-ADRC	$\omega_{c1}=1.2, \omega_{o1}=4, \xi_1=0.2, b_1=6$ $\omega_{c2}=1.9, \omega_{o2}=1.9, \xi_2=1, b_2=-8$ $\omega_{c3}=0.4, \omega_{o3}=0.8, \xi_3=1.6, b_3=-45$
SD-PI	$k_{p1}=0.3, k_{i1}=0.286$ $k_{p2}=-0.15, k_{i2}=-0.08$ $k_{p3}=-0.0015, k_{i3}=-0.00015$
EOTF-ADRC	$\omega_{c1}=0.9, \omega_{o1}=0.8, \xi_1=1, b_1=0.25$ $\omega_{c2}=0.93, \omega_{o2}=5, \xi_2=1.4, b_2=-10$ $\omega_{c3}=2.5, \omega_{o3}=7, \xi_3=3, b_3=3$

在 t 为 0s、300s 和 600s 时分别给回路 1、回路 2、回路 3 施加阶跃信号，比

较 EOTF-ADRC、SD-PI 和 SD-ADRC 等方法控制效果。三个回路输出响应及控制量曲线如图 4.3.22 所示。

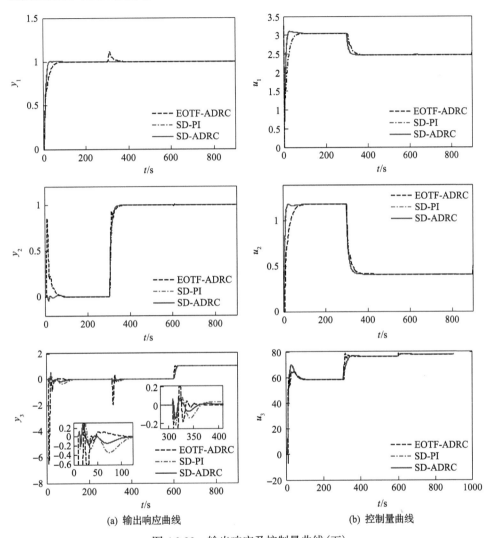

(a) 输出响应曲线   (b) 控制量曲线

图 4.3.22   输出响应及控制量曲线(五)

采用 EOTF-ADRC 分散控制，各回路之间存在较大耦合。输入 1 对回路 2 和回路 3 输出的影响分别达到了 1 和 −6；输入 2 对回路 3 的影响也达到了 −2；采用 SD-PI 和 SD-ADRC 后，由于解耦器经过近似降阶等，系统耦合没有完全消除，但是相较 EOTF-ADRC 方法，耦合已经很小；对于回路 1 和回路 2，跟踪效果上 SD-PI 和 SD-ADRC 几乎一样，但对于回路 3，采用 SD-ADRC 后耦合明显比 SD-PI 小。

　　针对回路 3，对 SD-PI 和 SD-ADRC 的抗扰性进行仿真分析。在 t 为 50s 和 200s 分别在回路 3 施加幅值为 0.1 的输入和输出扰动，抗扰动曲线如图 4.3.23 所示。

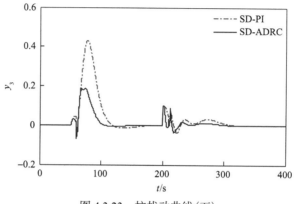

图 4.3.23　抗扰动曲线(五)

　　采用 SD-ADRC 后扰动对系统影响较小，表现在扰动响应幅值较小，输出能够较快回到稳定值。

　　采用 Monte Carlo 实验对调节时间、IAE 和超调量这三方面进行性能鲁棒性测试。参数摄动范围是±10%，实验次数为 500。各性能指标和 Monte Carlo 实验图如表 4.3.11 和图 4.3.24 所示。

表 4.3.11　性能指标(五)

控制器	回路	超调量/%			调节时间/s		
		最大值	最小值	平均值	最大值	最小值	平均值
SD-ADRC	1	10.7	0	1.7	49	16.6	26.1
	2	4.2	0	0.36	42.7	15.5	23
	3	4	0.16	1.6	37	32.1	34
SD-PI	1	7.58	0	1.5	46.6	15.6	24.7
	2	5.7	0	0.42	41.6	13.4	22.8
	3	4.4	0.06	1.64	49	36.9	42

　　表 4.3.11 和图 4.3.24 表明对于回路 1 和回路 2，两种方法在各指标及散点分布上非常接近。回路 3 采用 SD-ADRC 要比 SD-PI 在调节时间平均值上小 8s，即采用 SD-ADRC 和 SD-PI 后系统鲁棒性能在回路 1 和回路 2 接近，回路 3 采用 SD-ADRC 的鲁棒性能和跟踪性能较好。

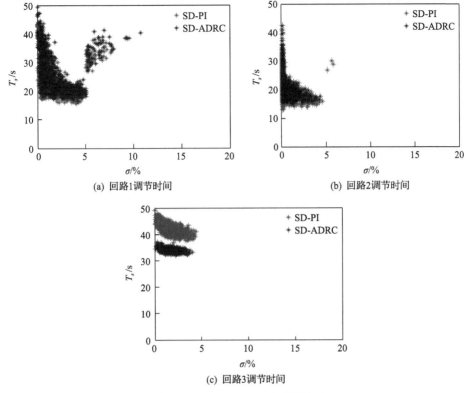

(a) 回路1调节时间　　　　　　　　　　　(b) 回路2调节时间

(c) 回路3调节时间

图 4.3.24　Monte Carlo 实验图（五）

4.3.6　小结

在本节中，针对线性多变量对象，提出了基于简单解耦的自抗扰控制设计方法，并讨论了广义简单解耦的实现、近似和结构确定问题。接着，给出了基于简单解耦的多变量自抗扰控制系统的闭环传递函数。最后基于 5 个（4 个 2×2 模型、1 个 3×3 模型）算例进行仿真验证和对比，并与基于简单解耦的 PI（SD-PI）控制、基于等效传递函数的自抗扰控制（EOTF-ADRC）、基于伴随矩阵（AD）的 PID 控制、PI 控制等从跟踪、抗扰、鲁棒性、鲁棒稳定性等方面进行比较。

4.4　多变量分散式自抗扰控制

4.4.1　问题描述

本节的研究对象限于系统的输入量和输出量均已适当配对，并且具有对角优势的多变量系统，当系统不满足研究条件时，可事先进行变量配对或者设计适当的解耦补偿装置,获得对角优势多变量系统。

假设被控对象为 n 维输入 n 维输出的系统,标称状态下,其 $n \times n$ 的传递函数矩阵为

$$T(s) = T_0(s) + \Delta T(s) = \begin{bmatrix} t_{11}(s) & 0 & \cdots & 0 \\ 0 & t_{22}(s) & \cdots & 0 \\ \vdots & \vdots & & \vdots \\ 0 & 0 & \cdots & t_{nn}(s) \end{bmatrix} + \begin{bmatrix} 0 & t_{12}(s) & \cdots & t_{1n}(s) \\ t_{21}(s) & 0 & \cdots & t_{2n}(s) \\ \vdots & \vdots & & \vdots \\ t_{n1}(s) & t_{n2}(s) & \cdots & 0 \end{bmatrix}$$

$$(4.4.1)$$

其中, $t_{ij}(s)(i,j=1,2,\cdots,n)$ 表示第 j 个输入 u_j 至第 i 个输出 y_i 的传递函数。

相应于上述多变量系统,预设计控制器的 $n \times n$ 的传递函数阵 $C(s)$ 可以表示为

$$C(s) = \begin{bmatrix} c_1(s) & 0 & \cdots & 0 \\ 0 & c_2(s) & \cdots & 0 \\ \vdots & \vdots & & \vdots \\ 0 & 0 & \cdots & c_n(s) \end{bmatrix} \qquad (4.4.2)$$

其中, $c_i(s)(i=1,2,\cdots,n)$ 代表将要设计的各子回路的控制器。

由此可见,进行控制器设计时,仅考虑原系统主对角元的传递函数 $t_{ii}(s)(i=1,2,\cdots,n)$,忽略各子系统间的耦合影响 $t_{ij}(s)(i \neq j)$,即仅针对 $T_0(s)$ 进行控制器设计,将 $\Delta T(s)$ 部分视为系统模型的不确定性影响,期望通过各子回路控制器 $c_i(s)(i=1,2,\cdots,n)$ 的模型补偿作用加以消除,以满足系统鲁棒性的控制要求。

上述 n 通道分散控制系统结构可参见图 4.4.1。

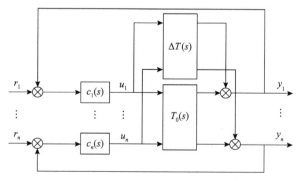

图 4.4.1　n 通道分散控制系统示意图

4.4.2　基于二阶自抗扰控制律的多变量分散控制器设计

1. 二阶自抗扰控制器

经典的自抗扰控制器由跟踪微分器、ESO 及非线性状态误差反馈控制三部分组成。由于本章研究的对象均为时滞对象，故考虑去掉跟踪微分器，希望能借助一开始的大误差控制信号把对象"激励"起来，让输出尽快"冲"上去。另外，常规的 ESO 及非线性状态误差反馈控制在具体构成上均建议采用非线性函数，然而本章研究对象的采样步长较小，并且为使得所设计的控制器简单易实现，选用线性形式的 ESO 及线性状态误差反馈（linear state error feedback，LSEF）。

ESO 打破了以往扰动观测器只能处理弱扰动的局限，通过消除未建模动态的影响以打破对系统模型知识的要求。ESO 利用一种简单通用的形式将系统的外部干扰项和内部的未建模动态统一为总扰动量估计项。ESO 是系统状态和扰动量的联合观测器，亦可称为状态-扰动量观测器。

假设一类可用传递函数描述的系统：

$$\frac{y(s)}{u(s)} = T(s, p) \tag{4.4.3}$$

其中，p 代表可摄动的模型参数。

将式 (4.4.3) 近似改写为

$$\ddot{y} = a\left(y, \dot{y}, y^{(3)}, \cdots, y^{(n-1)}, y^{(n)}, t, u, d\right) + Bu \tag{4.4.4}$$

其中，未知函数 a 定义为系统的扩张状态，其包含了输出及其各阶导数、控制量 u 及系统内扰和外扰的所有信息。记系统状态 $x(t) = \begin{bmatrix} y(t) & \dot{y}(t) \end{bmatrix}$，扩张后的系统状态为 $\tilde{x}(t) = \begin{bmatrix} y(t) & \dot{y}(t) & a(t) \end{bmatrix}$。

三阶 ESO 为

$$\begin{cases} \dot{\hat{x}}_1 = \hat{x}_2 + \beta_1(y - \hat{x}_1) \\ \dot{\hat{x}}_2 = \hat{z}_3 + \beta_2(y - \hat{x}_1) + Bu \\ \dot{\hat{z}}_3 = \beta_3(y - \hat{x}_1) \end{cases} \tag{4.4.5}$$

以 $y(t)$ 和 $u(t)$ 为输入的三阶 ESO 系统状态分别跟踪扩张状态变量 $y(t)$、$\dot{y}(t)$ 和 $a(t)$，即

$$\hat{x}_1(t) \to y(t), \quad \hat{x}_2(t) \to \dot{y}(t), \quad \hat{z}_3(t) \to a(t)$$

类似于经典 PID 反馈控制律是误差信号及其微分、积分的线性组合。采用状态误差的线性加权和构成 LSEF，具体形式如下：

$$\begin{cases} e_1 = r - \hat{x}_1 \\ e_2 = \dot{r} - \hat{x}_2 = -\hat{x}_2 \\ u_0 = k_p e_1 + k_d e_2 = k_p \left(r - \hat{x}_1 \right) - k_d \hat{x}_2 \end{cases} \tag{4.4.6}$$

其中，e_1 和 e_2 表示系统状态误差，k_p 和 k_d 为控制器 LSEF 部分的参数。

在控制律式(4.4.6)作用下近似有

$$\ddot{y} = a + u_0 - \hat{z}_3 \approx u_0 \tag{4.4.7}$$

于是，由三阶 ESO 和 LSEF 组成的二阶自抗扰控制律可将任意系统近似转换为两个积分串联系统。

进一步，式(4.4.7)可表示为

$$\ddot{y} + k_d \dot{y} + k_p y = r \tag{4.4.8}$$

式(4.4.8)即为预期动态特性方程，由 Laplace 变换可得到传递函数表示的预期特性方程：

$$T_d(s) = \frac{k_p}{s^2 + k_d s + k_p} \tag{4.4.9}$$

将闭环传递函数式(4.4.9)进行标准化，令 $s = \dfrac{\mathrm{d}}{\mathrm{d}t}, k_p = \omega_c^2, p = \dfrac{s}{\omega_c}$，则其标准形式为

$$T_d(p) = \frac{1}{p^2 + a_1 p + 1} \tag{4.4.10}$$

其中，$p = \mathrm{d}/\mathrm{d}\tau, a_1 = k_d / \omega_c, \tau = \omega_c t$。

对标准化系统式(4.4.10)而言，它的动态性能取决于系数 a_1。因此，控制系统的分析与综合的任务集中于如何合理地配置系统，使所研究的系统的 IAE 性能指标最小，即要得到 IAE 最优标准型传递函数，实际上就是确定该闭环传递函数中的系数 a_1，使该系统的 IAE 性能指标值最小，本章定义目标函数为超调量罚函数约束条件下 IAE 指标最小，即

$$\min J = \int_0^t \left| y(t) - r(t) \right| \mathrm{d}t + \alpha \delta(\sigma) \tag{4.4.11}$$

其中，σ 是系统进行单位阶跃实验时输出的超调量；α 为惩罚系数，这里取 $\alpha = 100$；$\delta(\sigma)=1\left(\sigma>5\%\right)$，$\delta(\sigma)=0\left(\sigma\leqslant5\%\right)$。

本章在 MATLAB 环境下，利用遗传算法对上述 IAE 标准传递函数进行优化，得出了二阶至八阶最优传递函数的分母多项式的系数，以及各项性能指标值，见表 4.4.1。

表 4.4.1　最优传递函数参数集及性能指标

阶数	a_6	a_5	a_4	a_3	a_2	a_1	T_s/s	$\sigma/\%$	$J_{\min}$
8	41.4327	83.5774	87.4843	99.9588	40.9568	13.8812	36.05	0.0012	13.8956
7	11.3453	23.0747	39.0951	38.7461	19.5123	8.4664	19.59	6.4966×10^{-7}	8.4664
6		2.7585	7.0399	9.3412	8.3416	4.3146	6.6900	0.0025	4.3292
5			2.1733	5.1729	4.8732	3.5719	5.2700	0.0016	3.5769
4				3.3105	4.5389	3.2779	5.5700	0.0069	3.2996
3					1.4749	2.0904	6.6600	0.0261	2.1628
2						1.3802	2.8500	0.0500	1.6079

由表 4.4.1 可以得到闭环传递函数式 (4.4.9) 的 IAE 最优形式为

$$T_d(s)=\frac{\omega_c^2}{s^2+1.3802\omega_c s+\omega_c^2} \tag{4.4.12}$$

由此有

$$k_p=\omega_c^2,\quad k_d=1.3802\omega_c \tag{4.4.13}$$

LSEF 中的参数简化为单参数 ω_c，只需考虑其余三阶 ESO 中的参数 B、β_1、β_2 和 β_3。参考文献[21]和[22]，进一步将三阶 ESO 的参数进行简化，即令

$$\beta_1=3\omega_o,\quad \beta_2=3\omega_o^2,\quad \beta_3=k\beta_2 \tag{4.4.14}$$

综上所述，三阶 ESO 仅包含了三个参数，即 B、k 及 ω_o。

2. 设计流程

基于以上分析，满足完整性要求的基于二阶自抗扰控制律的多变量分散控制器的设计过程可以归纳如下。

(1) 计算系统的相对增益矩阵以确定系统的输入输出配对关系；

(2) 令 $\omega_c\approx10/T_s^*$（T_s^* 为期望的调整时间），根据式 (4.4.13) 计算 k_p 和 k_d；

（3）令 $\omega_o = 4\omega_c$，$k = 4$，根据式(4.4.14)计算 β_1、β_2 和 β_3 的值；

（4）由 0（不包含 0）开始单调增加参数 B 的取值，直到动态性能满足设计要求，如果动态性能不能满足设计要求，调整参数 ω_o 及 k 的取值；

（5）如果动态性能满足控制要求，设计结束，否则重新调整 ω_c，返回步骤(3)。

3. 仿真实例

文献[23]和文献[24]分别对 6 个典型的多变量系统设计了有效开环过程（effective open-loop process，EOP）方法、优化 PI（optimized PI，OPI）方法和优化 PID（optimized PID，OPID）方法。文献[23]和文献[24]都将各回路的 IAE 指标作为主要优化目标，本节采用这 6 个仿真实例进行二阶自抗扰控制器的设计，并与文献中的结果进行比较。

例 4.4.1　WB 模型：

$$T_1(s) = \begin{bmatrix} \dfrac{12.8\mathrm{e}^{-s}}{16.7s+1} & \dfrac{-18.9\mathrm{e}^{-3s}}{21s+1} \\[3mm] \dfrac{6.6\mathrm{e}^{-7s}}{10.9s+1} & \dfrac{-19.4\mathrm{e}^{-3s}}{14.4s+1} \end{bmatrix}$$

例 4.4.2　VL 模型：

$$T_2(s) = \begin{bmatrix} \dfrac{-2.2\mathrm{e}^{-s}}{7s+1} & \dfrac{1.3\mathrm{e}^{-0.3s}}{7s+1} \\[3mm] \dfrac{-2.8\mathrm{e}^{-1.8s}}{9.5s+1} & \dfrac{4.3\mathrm{e}^{-0.35s}}{9.2s+1} \end{bmatrix}$$

例 4.4.3　WW 模型：

$$T_3(s) = \begin{bmatrix} \dfrac{0.126\mathrm{e}^{-6s}}{60s+1} & \dfrac{-0.101\mathrm{e}^{-12s}}{(45s+1)(48s+1)} \\[3mm] \dfrac{0.094\mathrm{e}^{-8s}}{38s+1} & \dfrac{-0.12\mathrm{e}^{-8s}}{35s+1} \end{bmatrix}$$

例 4.4.4　OR$_2$ 模型：

$$T_4(s) = \begin{bmatrix} \dfrac{22.89\mathrm{e}^{-0.2s}}{4.572s+1} & \dfrac{-11.64\mathrm{e}^{-0.4s}}{1.807s+1} \\[3mm] \dfrac{4.689\mathrm{e}^{-0.2s}}{2.174s+1} & \dfrac{5.8\mathrm{e}^{-0.4s}}{1.801s+1} \end{bmatrix}$$

上述 4 个对象均为传递函数各项均具有延迟环节的 2×2 多变量系统,并且每个系统的两个子系统均为一阶系统,按照上述方法进行分散 ADRC 的设计。例 4.4.1~例 4.4.4 的参数整定结果见表 4.4.2。将其动态响应结果与 OPID 方法和 EOP 方法进行比较,其结果见图 4.4.2~图 4.4.5。

表 4.4.2　例 4.4.1~例 4.4.4 二阶分散自抗扰控制器参数

模型	ω_{c1}	ω_{o1}	B_1	k_1	ω_{c2}	ω_{o2}	B_2	k_2
WB	1.17	14.6	1.8	0.16	0.89	57.8	−5.6	0.18
VL	6.0	27.0	−10	0.16	9.0	40.0	9.2	0.14
WW	0.1	1.35	0.012	5.35	0.13	0.82	−0.021	6.0
OR$_2$	6.5	77.5	68.0	0.27	5.25	96.8	71	0.67

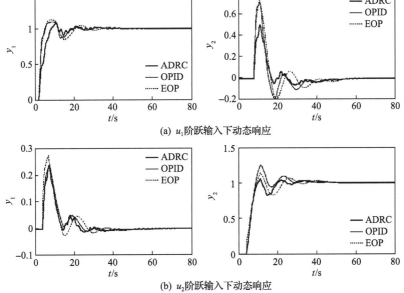

(a) u_1 阶跃输入下动态响应

(b) u_2 阶跃输入下动态响应

图 4.4.2　WB 模型设定值扰动的动态响应比较

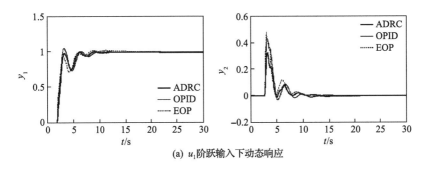

(a) u_1 阶跃输入下动态响应

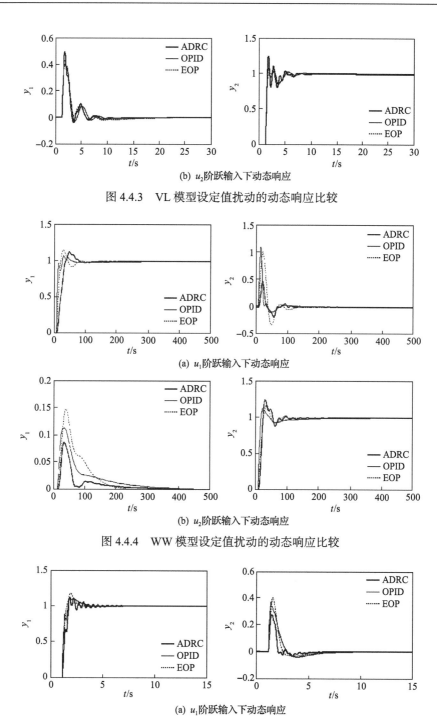

(b) u_2阶跃输入下动态响应

图 4.4.3　VL 模型设定值扰动的动态响应比较

(a) u_1阶跃输入下动态响应

(b) u_2阶跃输入下动态响应

图 4.4.4　WW 模型设定值扰动的动态响应比较

(a) u_1阶跃输入下动态响应

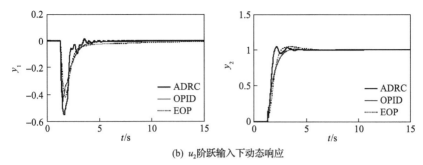

(b) u_2 阶跃输入下动态响应

图 4.4.5　OR$_2$ 模型设定值扰动的动态响应比较

IAE 指标值见表 4.4.3。

表 4.4.3　2×2 对象 IAE 指标比较

模型	控制方法	IAE$_{11}$	IAE$_{12}$	IAE$_{21}$	IAE$_{22}$	总和
	ADRC	3.5026	3.9579	1.4871	6.9673	15.9149
WB	OPID	2.8008	4.7403	1.7483	6.1792	15.4686
	EOP	3.8541	5.6964	1.9935	7.0575	18.6015
	ADRC	2.0591	0.5211	0.7684	0.9139	4.2625
VL	OPID	1.9678	0.7516	0.7996	0.8538	4.3728
	EOP	2.1033	0.7845	0.8411	0.8030	4.5319
	ADRC	24.8161	10.0442	4.4125	24.7084	63.9812
WW	OPID	13.111	16.575	8.9723	19.52	58.1783
	EOP	16.407	26.476	9.4968	20.078	72.4578
	ADRC	0.5499	0.2178	0.4334	0.8031	2.0042
OR$_2$	OPID	0.4794	0.4290	0.4604	0.9969	2.3657
	EOP	0.7008	0.3801	0.8408	1.0179	2.9396

比较表中的 IAE 指标总和可以发现:二阶分散 ADRC 方法的 IAE 指标明显优于 EOP 的结果,而与 OPID 方法的 IAE 指标相比,VL 模型和 OR$_2$ 模型具有优势。WB 模型和 WW 模型的 IAE 指标虽略大于 OPID 方法,但是劣势微弱,且二阶分散 ADRC 方法的动态响应与 OPID 方法具有可比性,且参数调整时避免了长时间的离线优化,因此具有更强的实用意义。

例 4.4.5　OR$_3$ 模型:

$$T_5(s) = \begin{bmatrix} \dfrac{0.66\mathrm{e}^{-2.6s}}{6.7s+1} & \dfrac{-0.61\mathrm{e}^{-3.5s}}{8.64s+1} & \dfrac{-0.0049\mathrm{e}^{-s}}{9.06s+1} \\[2mm] \dfrac{1.11\mathrm{e}^{-6.5s}}{3.25s+1} & \dfrac{-2.36\mathrm{e}^{-3s}}{5s+1} & \dfrac{-0.01\mathrm{e}^{-1.2s}}{7.09s+1} \\[2mm] \dfrac{-34.68\mathrm{e}^{-9.2s}}{8.15s+1} & \dfrac{46.2\mathrm{e}^{-9.4s}}{10.9s+1} & \dfrac{0.87(11.61s+1)\mathrm{e}^{-s}}{(3.89s+1)(18.8s+1)} \end{bmatrix} \tag{4.4.15}$$

对本例进行二阶分散自抗扰控制器设计时,控制器参数见表 4.4.4,动态响应见图 4.4.6,指标值见表 4.4.5。从表 4.4.5 中可以看出,ADRC 方法的指标值明显优于 EOP 方法,比 OPID 方法略优,动态响应较 OPID 方法和 EOP 方法则各有优劣。

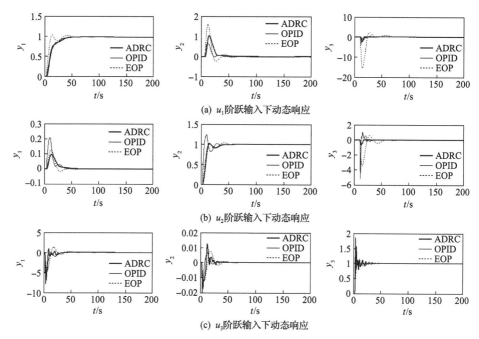

图 4.4.6　OR₃ 模型设定值扰动的动态响应比较

表 4.4.4　例 4.4.5 的二阶分散自抗扰控制器参数

参数	ω_{c1}	ω_{o1}	B_1	k_1	ω_{c2}	ω_{o2}	B_2	k_2	ω_{c3}	ω_{o3}	B_3	k_3
数值	0.25	0.95	7.0	60	0.95	30	−60.0	6.2	1.1	70	7.8	50.0

表 4.4.5　OR₃ 模型 IAE 指标值比较

控制方法	IAE_{11}	IAE_{12}	IAE_{13}	IAE_{21}	IAE_{22}	IAE_{23}	IAE_{31}	IAE_{32}	IAE_{33}	总和
ADRC	13.4599	13.2622	12.3982	1.506	10.1665	3.1661	0.0337	0.1448	4.3051	58.44
OPID	12.09	7.1481	16.764	2.2766	6.8897	13.22	0.04592	0.10581	2.8199	61.36
EOP	7.9794	16.981	154.54	1.6397	8.8477	36.352	0.04914	0.1705	3.8508	230.41

通过以上仿真实例及结果比较,可以发现:所设计的二阶 ADRC,简化参数后易于调整得到适当的控制器参数,二阶 ADRC 系统以较低的控制器阶次和较少的整定参数,获得了比参考文献[25]和文献[26]中带滤波的 PID 控制器更优或与之相当的指标。并且,随着系统维数的提高(2×2, 3×3),二阶 ADRC 系统优势逐渐明显,得到的目标函数值明显优于 EOP 方法。

表 4.4.6 列出了二阶分散 ADRC 方法及分散 OPID 方法分别对上述五个算例的

耦合扰动抑制水平。

表 4.4.6　耦合扰动抑制水平比较

模型	控制方法	N_{12}	N_{13}	N_{14}	N_{21}	N_{23}	N_{24}	N_{31}	N_{32}
WB	ADRC	0.9981	—	—	1.8613	—	—	—	—
	OPID	1.3405	—	—	2.1070	—	—	—	—
VL	ADRC	0.1810	—	—	0.0905	—	—	—	—
	OPID	0.1861	—	—	0.1340	—	—	—	—
WW	ADRC	0.1985	—	—	0.0150	—	—	—	—
	OPID	0.0088	—	—	0.0219	—	—	—	—
OR$_2$	ADRC	1.6403	—	—	1.1913	—	—	—	—
	OPID	1.8886	—	—	1.9790	—	—	—	—
OR$_3$	ADRC	0.2327	0.0018	—	0.9951	0.0059	—	2.8493	2.8606
	OPID	0.4158	0.0032	—	0.5920	0.0034	—	3.0160	3.0220

由表 4.4.6 可见，除 WW 模型的回路 1 和 OR$_3$ 模型的回路 2 的耦合扰动抑制水平 OPID 略优于 ADRC 外，其余回路的耦合扰动抑制水平 ADRC 均优于 OPID。

为进一步检验前述基于三阶 ESO 的分散控制器设计方法的灵活性和通用性，本节将针对高维模型进行讨论，考虑如下所示的八输入八输出多变量系统：

例 4.4.6　高维模型：

$$T_6(s) = \begin{bmatrix}
\dfrac{e^{-0.2s}}{s+1} & \dfrac{-0.003e^{-0.77s}}{5.09s+1} & \dfrac{-0.015e^{-0.79s}}{12.24s+1} & \dfrac{-0.012e^{-0.9s}}{4.95s+1} \\[2mm]
\dfrac{0.01e^{-0.17s}}{3.18s+1} & \dfrac{e^{-0.5s}}{s^2+s+1} & \dfrac{-0.014e^{-0.49s}}{19.17s+1} & \dfrac{-0.036e^{-0.12s}}{12.85s+1} \\[2mm]
\dfrac{0.005e^{-0.07s}}{3.09s+1} & \dfrac{0.026e^{-0.37s}}{5.886s+1} & \dfrac{e^{-10s}}{(s+1)^3} & \dfrac{0.044e^{-0.003s}}{15.04s+1} \\[2mm]
\dfrac{0.03e^{-0.53s}}{1.305s+1} & \dfrac{-0.021e^{-0.89s}}{10.73s+1} & \dfrac{0.013e^{-0.24s}}{12.5s+1} & \dfrac{(1-5s)e^{-s}}{(s+1)^3} \\[2mm]
\dfrac{0.001e^{-0.93s}}{15.31s+1} & \dfrac{0.004e^{-0.89s}}{16.5s+1} & \dfrac{0.018e^{-0.12s}}{11.57s+1} & \dfrac{-0.159e^{-0.43s}}{16.16s+1} \\[2mm]
\dfrac{-0.099e^{-0.81s}}{6.41s+1} & \dfrac{0.137e^{-0.95s}}{6.27s+1} & \dfrac{0.168e^{-0.16s}}{18.21s+1} & \dfrac{0.107e^{-0.58s}}{18.59s+1} \\[2mm]
\dfrac{0.046e^{-0.75s}}{10.45s+1} & \dfrac{0.147e^{-0.35s}}{2.84s+1} & \dfrac{0.046e^{-0.64s}}{6.12s+1} & \dfrac{-0.049e^{-0.59s}}{7.44s+1} \\[2mm]
\dfrac{-0.045e^{-0.34s}}{5.432s+1} & \dfrac{0.164e^{-0.84s}}{17.55s+1} & \dfrac{0.092e^{-0.78s}}{12.98s+1} & \dfrac{0.077e^{-0.78s}}{4.8s+1}
\end{bmatrix}$$

$$\begin{bmatrix} \dfrac{0.013e^{-0.7s}}{18.61s+1} & \dfrac{0.027e^{-0.2s}}{12.31s+1} & \dfrac{0.005e^{-0.07s}}{5.61s+1} & \dfrac{-0.0033e^{-0.16s}}{1.025s+1} \\[2mm] \dfrac{-0.04e^{-0.03s}}{1.85s+1} & \dfrac{0.055e^{-0.13s}}{13.67s+1} & \dfrac{0.0005e^{-0.08s}}{18.33s+1} & \dfrac{0.02e^{-0.83s}}{16.6s+1} \\[2mm] \dfrac{0.032e^{-0.12s}}{16.58s+1} & \dfrac{-0.089e^{-0.83s}}{12.68s+1} & \dfrac{-0.003e^{-0.94s}}{15.38s+1} & \dfrac{0.066e^{-0.36s}}{9.071s+1} \\[2mm] \dfrac{-0.079e^{-0.9s}}{16.42s+1} & \dfrac{-0.094e^{-0.29s}}{6.33s+1} & \dfrac{0.002e^{-0.18s}}{16.52s+1} & \dfrac{0.078e^{-0.75s}}{3.69s+1} \\[2mm] \dfrac{e^{-2s}}{s(s+1)^3} & \dfrac{0.0005e^{-0.9s}}{19.3s+1} & \dfrac{-0.075e^{-0.05s}}{10.12s+1} & \dfrac{0.019e^{-0.21s}}{15.54s+1} \\[2mm] \dfrac{0.054e^{-0.64s}}{3.47s+1} & \dfrac{e^{-0.3s}}{(s+1)(s-1)} & \dfrac{-0.024e^{-0.08s}}{12.08s+1} & \dfrac{-0.127e^{-0.1s}}{10.91s+1} \\[2mm] \dfrac{-0.135e^{-0.58s}}{13.09s+1} & \dfrac{0.014e^{-0.9s}}{8.14s+1} & \dfrac{1}{(s+1)^{10}} & \dfrac{0.232e^{-0.56s}}{9.07s+1} \\[2mm] \dfrac{0.175e^{-0.75s}}{19.92s+1} & \dfrac{-0.028e^{-0.17s}}{6.18s+1} & \dfrac{-0.014e^{-0.27s}}{19.12s+1} & \dfrac{e^{-s}}{(s+1)(0.2s+1)(0.04s+1)} \end{bmatrix}$$

$$(4.4.16)$$

对上述高维系统进行二阶分散自抗扰控制器设计时,其设计步骤同前述系统相同,同样可得到如表 4.4.7 所示的控制器参数。对各回路分别进行设定值单位阶跃扰动,其动态响应曲线可参见图 4.4.7～图 4.4.14。

表 4.4.7 例 4.4.6 的二阶分散自抗扰控制器参数

参数	ω_{c1}	ω_{o1}	B_1	k_1	ω_{c2}	ω_{o2}	B_2	k_2
数值	1.2	6.0	4.0	4.0	1.1	5.5	3.0	4.0
参数	ω_{c3}	ω_{o3}	B_3	k_3	ω_{c4}	ω_{o4}	B_4	k_4
数值	0.3	1.5	4.5	4.0	0.6	3.0	12	4.0
参数	ω_{c5}	ω_{o5}	B_5	k_5	ω_{c6}	ω_{o6}	B_6	k_6
数值	0.2	2.0	3.0	4.0	0.7	7.0	1.0	2.0
参数	ω_{c7}	ω_{o7}	B_7	k_7	ω_{c8}	ω_{o8}	B_8	k_8
数值	0.35	1.75	4.0	4.0	1.5	7.5	5.5	4.0

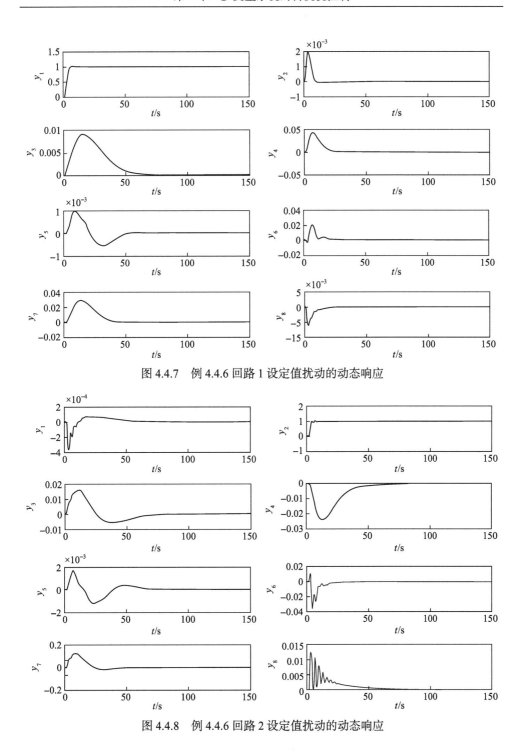

图 4.4.7　例 4.4.6 回路 1 设定值扰动的动态响应

图 4.4.8　例 4.4.6 回路 2 设定值扰动的动态响应

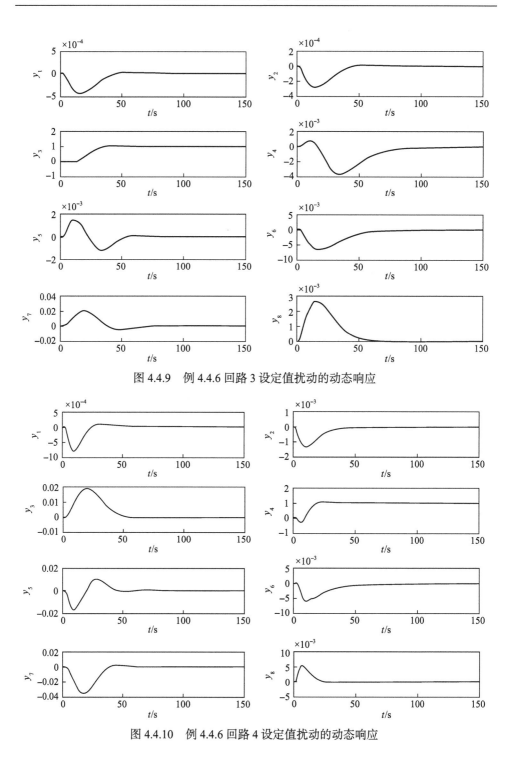

图 4.4.9　例 4.4.6 回路 3 设定值扰动的动态响应

图 4.4.10　例 4.4.6 回路 4 设定值扰动的动态响应

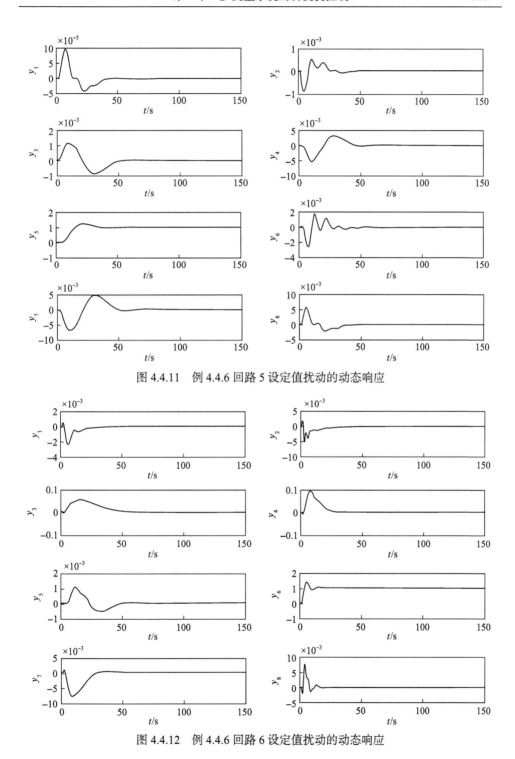

图 4.4.11 例 4.4.6 回路 5 设定值扰动的动态响应

图 4.4.12 例 4.4.6 回路 6 设定值扰动的动态响应

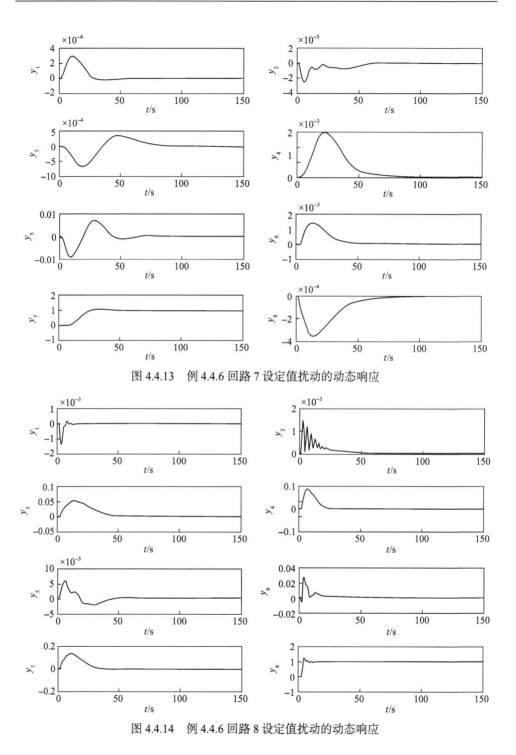

图 4.4.13　例 4.4.6 回路 7 设定值扰动的动态响应

图 4.4.14　例 4.4.6 回路 8 设定值扰动的动态响应

　　计算八个回路的 IAE 指标值, 结果可参见表 4.4.8。经简单计算可知 IAE 指标和为 93.9287。

表 4.4.8　例 4.4.6 的 IAE 指标值

控制方法	IAE_{11}	IAE_{12}	IAE_{13}	IAE_{14}	IAE_{15}	IAE_{16}	IAE_{17}	IAE_{18}
ADRC	2.1698	0.0084	0.2606	0.4741	0.0215	0.1377	0.5902	0.0372
控制方法	IAE_{21}	IAE_{22}	IAE_{23}	IAE_{24}	IAE_{25}	IAE_{26}	IAE_{27}	IAE_{28}
ADRC	0.0034	2.2178	0.4031	0.5314	0.0355	0.2113	1.9069	0.1291
控制方法	IAE_{31}	IAE_{32}	IAE_{33}	IAE_{34}	IAE_{35}	IAE_{36}	IAE_{37}	IAE_{38}
ADRC	0.0109	0.0057	22.986	0.1329	0.0427	0.2156	0.4966	0.0714
控制方法	IAE_{41}	IAE_{42}	IAE_{43}	IAE_{44}	IAE_{45}	IAE_{46}	IAE_{47}	IAE_{48}
ADRC	0.0113	0.0254	0.5016	14.529	0.3365	0.1350	0.7116	0.0636
控制方法	IAE_{51}	IAE_{52}	IAE_{53}	IAE_{54}	IAE_{55}	IAE_{56}	IAE_{57}	IAE_{58}
ADRC	0.0012	0.0095	0.0292	0.1029	12.612	0.0265	0.1705	0.0120
控制方法	IAE_{61}	IAE_{62}	IAE_{63}	IAE_{64}	IAE_{65}	IAE_{66}	IAE_{67}	IAE_{68}
ADRC	0.0234	0.0443	1.4020	1.0140	0.0208	3.3573	0.1140	0.0290
控制方法	IAE_{71}	IAE_{72}	IAE_{73}	IAE_{74}	IAE_{75}	IAE_{76}	IAE_{77}	IAE_{78}
ADRC	0.0049	0.4035	0.0228	0.0571	0.2195	0.0301	17.103	0.0105
控制方法	IAE_{81}	IAE_{82}	IAE_{83}	IAE_{84}	IAE_{85}	IAE_{86}	IAE_{87}	IAE_{88}
ADRC	0.0058	0.0131	1.2261	0.9906	0.0883	0.1865	2.5098	2.6747

　　通过上述仿真实验结果可以看出, 对于高维多变量系统, 应用本章前文所述的基于三阶 ESO 的分散控制器设计方法可得到较为满意的控制效果, 显示了本章设计方法良好的灵活性和通用性, 对对角元上的各种典型过程对象可采用统一的子控制器设计方法。

4.4.3　基于输入成形的分散自抗扰控制结构设计

　　设多变量对象具有 n 个输入变量和 n 个输出变量, 其单位反馈控制系统的结构见图 4.4.15。

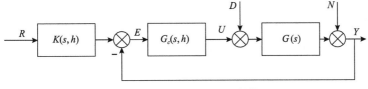

图 4.4.15　多变量控制系统结构图

在图 4.4.15 中，R 是设定值向量 $[r_1, r_2, \cdots, r_n]^T$，$E$ 是误差向量 $[e_1, e_2, \cdots, e_n]^T$，$U$ 是控制向量 $[u_1, u_2, \cdots, u_n]^T$，$Y$ 是输出向量 $[y_1, y_2, \cdots, y_n]^T$，$D$ 和 N 分别是输入扰动向量和噪声信号，被控对象 $G_{N\tau}(s)$ 的传递函数为

$$G(s) = \begin{bmatrix} g_{1,1}(s) & g_{1,2}(s) & \cdots & g_{1,n}(s) \\ g_{2,1}(s) & g_{2,2}(s) & \cdots & g_{2,n}(s) \\ \vdots & \vdots & & \vdots \\ g_{n,1}(s) & g_{n,2}(s) & \cdots & g_{n,n}(s) \end{bmatrix} \quad (4.4.17)$$

其中，$g_{i,j}(s)$ 代表从第 j 个输入 u_j 到第 i 个输出 y_i 的传递函数。

完全控制结构的解耦控制器 $G_c(s,h)$ 的传递函数形式为

$$G_c(s) = \begin{bmatrix} g_{c1,1}(s) & g_{c1,2}(s) & \cdots & g_{c1,n}(s) \\ g_{c2,1}(s) & g_{c2,2}(s) & \cdots & g_{c2,n}(s) \\ \vdots & \vdots & & \vdots \\ g_{cn,1}(s) & g_{cn,2}(s) & \cdots & g_{cn,n}(s) \end{bmatrix} \quad (4.4.18)$$

其中，$g_{ci,j}(s)$ 代表从第 j 个误差 e_j 到第 i 个输入 u_i 的控制器传递函数。

可见，对于 $\Delta\tau_{ij}$、Δr_{ij} $(i, j = 1, 2, 3, 4)$ 维多变量对象采用完全控制结构设计的控制系统需要 n^2 个解耦控制器。

为了提高分散控制系统的性能，一般还会引入滤波器等技术 $G_q(s)$ 作为闭环控制系统的前馈控制器，其具体结构如下：

$$G_q(s) = \begin{bmatrix} q_1(s) & 0 & \cdots & 0 \\ 0 & q_2(s) & \cdots & 0 \\ \vdots & \vdots & & \vdots \\ 0 & 0 & \cdots & q_n(s) \end{bmatrix} \quad (4.4.19)$$

多变量控制系统设计的任务是恰当选择控制器 $G_c(s,h)$ 的参数 h 和前馈控制器 $G_q(s)$，使得系统闭环稳定。

1. 基于输入成形的分散自抗扰控制结构

本节的研究对象限于系统的输入量和输出量均已适当配对，并且具有对角优势的多变量系统，当系统不满足研究条件时，可事先进行变量配对或者设计适当的解耦补偿装置，获得对角优势多变量系统[27,28]。

假设被控对象为 n 维输入 n 维输出的系统，标称状态下其 $n \times n$ 的传递函数矩阵为 $G(s)$，可表示成

$$G(s) = G_0(s) + \Delta G(s) = \begin{bmatrix} g_{11}(s) & 0 & \cdots & 0 \\ 0 & g_{22}(s) & \cdots & 0 \\ \vdots & \vdots & & \vdots \\ 0 & 0 & \cdots & g_{nn}(s) \end{bmatrix} + \begin{bmatrix} 0 & g_{12}(s) & \cdots & g_{1n}(s) \\ g_{21}(s) & 0 & \cdots & g_{2n}(s) \\ \vdots & \vdots & & \vdots \\ g_{n1}(s) & g_{n2}(s) & \cdots & 0 \end{bmatrix}$$

$$(4.4.20)$$

其中，$g_{ij}(s)(i,j=1,2,\cdots,n)$ 表示第 j 个输入 u_j 至第 i 个输出 y_i 的传递函数。

相应于上述多变量系统，分散控制结构的解耦控制器传递函数阵 $G_c(s)$ 可以表示为

$$G_c(s) = \begin{bmatrix} g_{c1}(s) & 0 & \cdots & 0 \\ 0 & g_{c2}(s) & \cdots & 0 \\ \vdots & \vdots & & \vdots \\ 0 & 0 & \cdots & g_{cn}(s) \end{bmatrix}$$

$$(4.4.21)$$

其中，$g_{ci}(s)$（$i=1,2,\cdots,n$）代表将要设计的各子回路的二阶线性自抗扰控制器。

考虑到自抗扰控制器的核心思想是将系统中的耦合项、干扰量以及不确定因素等归类为系统的总扰动并构造扩张状态，由 ESO 对总扰动进行估计补偿。针对多变量系统的解耦控制，以一般的 TITO 多变量系统为例，可表示为

$$\begin{cases} \ddot{x}_1 = g_1(\dot{x}_1, x_1, \dot{x}_2, x_2, t) + b_{11}u_1 + b_{12}u_2 \\ \ddot{x}_2 = g_2(\dot{x}_2, x_2, \dot{x}_1, x_1, t) + b_{21}u_1 + b_{22}u_2 \\ y_1 = x_1, y_2 = x_2 \end{cases}$$

$$(4.4.22)$$

其中，控制量的增益 $b_{ij}(i,j=1,2)$ 是状态变量和时间的函数 $b_{ij}(x,\dot{x},t)$，增益矩阵记为

$$B(\dot{x}, x, t) = \begin{bmatrix} b_{11}(\dot{x}, x, t) & b_{12}(\dot{x}, x, t) \\ b_{21}(\dot{x}, x, t) & b_{22}(\dot{x}, x, t) \end{bmatrix}$$

$$(4.4.23)$$

通常情况下，若令

$$\begin{aligned} f_1(\dot{x}_1, x_1, \dot{x}_2, x_2, u_2, t) &= g_1(\dot{x}_1, x_1, \dot{x}_2, x_2, t) + b_{12}u_2 \\ f_2(\dot{x}_2, x_2, \dot{x}_1, x_1, u_1, t) &= g_2(\dot{x}_2, x_2, \dot{x}_1, x_1, t) + b_{21}u_1 \end{aligned}$$

$$(4.4.24)$$

则 TITO 多变量系统可以写为

$$\begin{cases} \ddot{x}_1 = f_1(\dot{x}_1, x_1, \dot{x}_2, x_2, u_2, t) + b_{11}u_1 \\ \ddot{x}_2 = f_2(\dot{x}_2, x_2, \dot{x}_1, x_1, u_1, t) + b_{22}u_2 \\ y_1 = x_1, y_2 = x_2 \end{cases}$$

$$(4.4.25)$$

控制律 u_1 和 u_2 形式如下所示：

$$u_1 = \frac{1}{b_{11}}(u_{01} - f_1(\dot{x}_1, x_1, \dot{x}_2, x_2, u_2, t))$$

$$u_2 = \frac{1}{b_{22}}(u_{02} - f_2(\dot{x}_2, x_2, \dot{x}_1, x_1, u_1, t)) \tag{4.4.26}$$

将控制律 u_1 和 u_2 代入 TITO 多变量系统，在分散自抗扰控制器的作用下，多变量耦合系统可以化为串联积分型：

$$\begin{cases} \ddot{x}_1 = u_{01} \\ \ddot{x}_2 = u_{02} \end{cases} \tag{4.4.27}$$

由式 (4.4.27) 可知，TITO 耦合系统在分散自抗扰控制下成为两个独立的系统，由此可以对系统的两个通道分别实现相互独立的控制。

由此可见，针对多变量系统进行解耦控制器设计时，仅考虑原系统主对角元的传递函数 $g_{ii}(s)(i=1,2,\cdots,n)$，忽略各子系统间的耦合影响 $g_{ij}(s)(i \neq j)$，即仅针对 $G_0(s)$ 进行控制器设计，将 $\Delta G(s)$ 部分视为系统模型的不确定性影响，通过各子回路控制器 $g_{ci}(s)(i=1,2,\cdots,n)$ 的模型补偿作用加以消除，以满足系统鲁棒性的控制要求。

由于较强的控制作用有利于抑制负荷扰动响应，但容易引起设定值响应超调量过大或系统反应时间过长，严重影响系统的动态响应质量。为了兼顾设定值响应速度和抑制负荷扰动的影响，采用第 3 章提出的改进输入成形技术作为闭环控制系统的前馈控制器 $K(s)$，其具体结构如下：

$$K(s) = \begin{bmatrix} k_1(s) & 0 & \cdots & 0 \\ 0 & k_2(s) & \cdots & 0 \\ \vdots & \vdots & & \vdots \\ 0 & 0 & \cdots & k_n(s) \end{bmatrix} \tag{4.4.28}$$

基于输入成形技术的分散自抗扰控制结构如图 4.4.16 所示，多变量控制系统设计的任务是恰当选择分散自抗扰控制器 $g_c(s,h)$ 的参数 h 和前馈控制器，使得系统闭环稳定且各通道的动态响应快速性得到改善。

设计多变量控制系统还要考虑多变量系统的故障稳定性问题[29]。多输入多输出系统涉及多传感器和多执行器，因此传感器和执行器发生故障的情况时有发生，当控制系统中出现某些传感器和执行机构失效时系统仍能保持稳定的特性称为控制系统的完整性。许多关于多变量控制系统完整性的研究成果都是在假设系统的某一回路反馈控制信号丢失，即一个执行器或传感器故障的情况下得出的。文献 [24] 在此基础上扩展了系统稳定的充要条件，针对系统出现 $g(g \in \{1,2,\cdots,n-1\})$ 个回路传感器故障或者出现 $k(k \in \{1, 2, \cdots, n-1\})$ 个回路执行器故障的情形,分别得到了判定两个系统保持稳定的定理。在本节,仅要求当任意 $n-1$ 个回路故障时,分散控制系统仍能保持稳定,也就是要求当控制系统各子回路控制器分别整定完毕后,获得的整个闭环控制系统能够稳定,再经过控制器参数微调即可获得令人满意的控制性能。

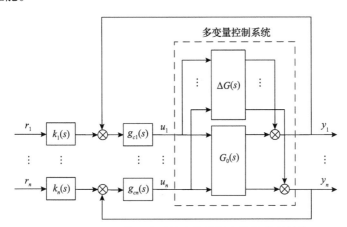

图 4.4.16　基于输入成形技术的分散自抗扰控制结构

2. 仿真实例

为检验分散自抗扰控制策略的有效性,选取 6 个典型的多回路控制系统进行仿真研究,并在分散自抗扰控制的基础上引入改进后的输入成形技术控制方法。对分散自抗扰控制方法与基于输入成形技术的分散自抗扰控制进行比较,通过两种方法所得动态响应指标和 ITAE 性能指标的对比研究,验证基于输入成形技术的分散自抗扰控制方法对多变量系统动态响应特性的改善作用。

以下 4 个对象均为具有耦合特性的 2×2 传递函数多变量系统,并且每个系统的两个主通路均为主对角占优,输入量和输出量也已适当配对。

$$G_1(s) = \begin{bmatrix} \dfrac{22.89}{4.572s+1} & \dfrac{-11.64}{1.807s+1} \\ \dfrac{4.689}{2.174s+1} & \dfrac{5.8}{1.801s+1} \end{bmatrix} \tag{4.4.29}$$

$$G_2(s) = \begin{bmatrix} \dfrac{-2.2}{1.2s+1} & \dfrac{1.3}{7s+1} \\ \dfrac{-2.8}{9.5s+1} & \dfrac{4.3}{(9.2s+1)(2.1s+1)} \end{bmatrix} \tag{4.4.30}$$

$$G_3(s) = \begin{bmatrix} \dfrac{0.126}{60s+1} & \dfrac{-0.101}{(45s+1)(48s+1)} \\ \dfrac{0.094}{38s+1} & \dfrac{-0.12}{35s+1} \end{bmatrix} \qquad (4.4.31)$$

$$G_4 = \begin{bmatrix} \dfrac{0.3986s+2.295}{s^3+1.299s^2+5.001s+6.009} & \dfrac{0.006354s+0.1267}{s^2+0.07009s+5.138} \\ \dfrac{0.01685s+0.3413}{s^2+1.7992s+0.7786} & \dfrac{0.03828s+0.3991}{s^3+2.101s^2+0.938s+1.006} \end{bmatrix} \qquad (4.4.32)$$

按照上述方法进行分散自抗扰控制器的设计。$G_1 \sim G_4$ 模型的控制器参数整定结果见表 4.4.9。基于输入成形技术的分散自抗扰控制动态响应结果与分散自抗扰控制方法进行了比较,其结果见图 4.4.17(图中 ADRC 表示分散自抗扰控制方法)。

表 4.4.9　2×2 对象分散自抗扰控制器及输入成形控制器参数

模型	b_{01}	ω_{c1}	ω_{o1}	t_1	b_{02}	ω_{c2}	ω_{o2}	t_2
G_1	10	1.0	80	1.1764	10	1.0	50	1.2500
G_2	-2.0	0.7	50	1.7241	4.0	1.0	300	1.1101
G_3	0.1	0.7	320	1.1764	-0.1	1.0	340	0.9804
G_4	1.0	0.7	150	1.9230	1.0	0.5	80	3.1249

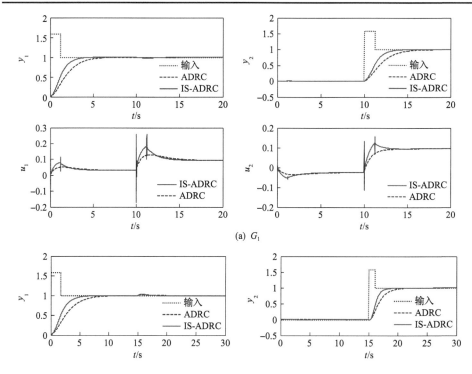

(a) G_1

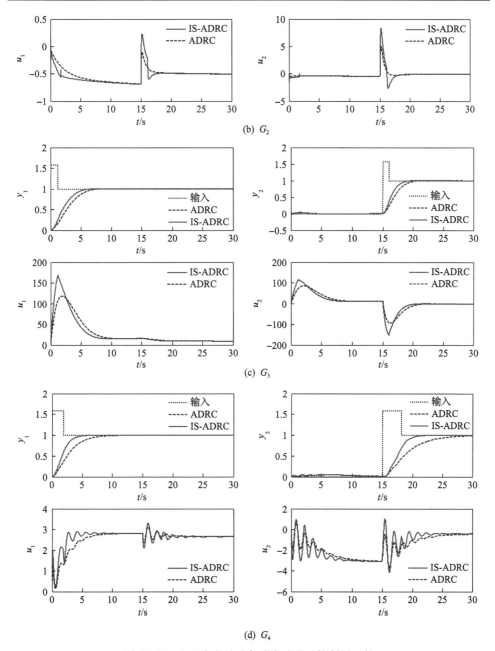

(b) G_2

(c) G_3

(d) G_4

图 4.4.17　2×2 多变量对象动态响应及控制量比较

表 4.4.9 中，b_{0i}、ω_{ci} 和 $\omega_{oi}(i=1,2)$ 为控制回路 i 上分散自抗扰控制器的参数；这里采用改进后的输入成形技术，$t_i(i=1,2)$ 表示控制回路 i 上的输入成形器的脉冲序列的产生时间，冲击幅度 $\Delta=0.582$。

比较表 4.4.10 中的 ITAE 指标和动态响应时间可以发现基于输入成形技术的二阶线性分散自抗扰控制(IS-ADRC)方法的 ITAE 指标和动态响应速度明显优于分散自抗扰控制(ADRC)方法的结果，$G_1 \sim G_4$ 的动态响应速度在分散自抗扰控制方法时大多提高了 30%以上。

表 4.4.10　2×2 对象动态响应指标及 ITAE 指标比较

模型	控制方法	t_{s1}	ITAE$_1$	t_{s2}	ITAE$_2$	ITAE$_{sum}$
G_1	ADRC	5.7512	558.94	5.9558	4007.7	4566.7
	IS-ADRC	3.6598	299.51	3.6587	2550.1	2849.7
G_2	ADRC	8.9934	1199.5	5.7640	5514.6	6714.1
	IS-ADRC	5.9065	560.4	3.6482	3656.4	4216.8
G_3	ADRC	7.0443	2518.0	5.2316	13397	15915
	IS-ADRC	5.5662	1694.3	3.8211	9677.1	11371
G_4	ADRC	8.8518	470.7	13.6668	5697.5	6168.3
	IS-ADRC	4.8904	176.8	6.2227	3208.7	3385.5

3×3 多变量系统如下所示：

$$G_5(s) = \begin{bmatrix} \dfrac{0.66}{6.7s+1} & \dfrac{-0.61}{8.64s+1} & \dfrac{-0.0049}{9.06s+1} \\ \dfrac{1.11}{3.25s+1} & \dfrac{-2.36}{5s+1} & \dfrac{-0.01}{7.09s+1} \\ \dfrac{-34.68}{8.15s+1} & \dfrac{46.2}{10.9s+1} & \dfrac{0.87(11.61s+1)}{(3.89s+1)(18.8s+1)} \end{bmatrix} \tag{4.4.33}$$

对 3×3 多变量系统进行二阶分散自抗扰控制器设计时，选取控制器参数如表 4.4.11 所示，动态响应及控制量比较见图 4.4.18。从表 4.4.12 中可以看出，基于输入成形技术的分散自抗扰控制方法的动态响应指标明显优于分散自抗扰控制方法，每条控制回路的动态响应速度都有明显提高。

表 4.4.11　3×3 对象二阶分散自抗扰控制器及输入成形控制器参数

参数	b_{01}	ω_{c1}	ω_{o1}	t_1	b_{02}	ω_{c2}
数值	0.3	0.5	50	2.2222	−0.5	0.65

参数	ω_{o2}	t_2	b_{03}	ω_{c3}	ω_{o3}	t_3
数值	50	1.8181	0.05	0.7	70	1.8190

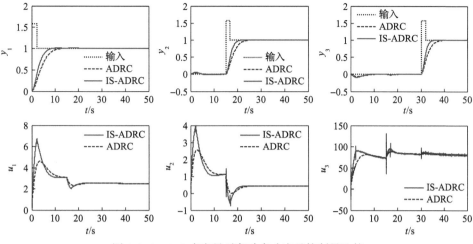

图 4.4.18　3×3 多变量对象动态响应及控制量比较

表 4.4.12　3×3 对象动态响应指标及 ITAE 指标比较

模型	控制方法	t_{s1}	ITAE$_1$	t_{s2}	ITAE$_2$	t_{s3}	ITAE$_3$	ITAE$_{sum}$
G_5	ADRC	10.99	5357.8	8.71	22012	8.19	37476	64845.8
	IS-ADRC	7.56	3061.8	5.55	14472	4.69	24267	41800.8

表 4.4.11 中，b_{0i}、ω_{ci} 和 $\omega_{oi}(i=1,2,3)$ 为控制回路 i 上分散自抗扰控制器的参数；这里采用改进后的输入成形技术，$t_i(i=1,2,3)$ 表示控制回路 i 上输入成形器的脉冲序列产生时间，冲击幅度 $\Delta=0.582$。

4×4 多变量系统如下：

$$G_6(s) = \begin{bmatrix} \dfrac{2.22}{(36s+1)(25s+1)} & \dfrac{-2.94(7.9s+1)}{(23.7s+1)^2} & \dfrac{0.017}{(31.6s+1)(7s+1)} & \dfrac{-0.64}{(29s+1)^2} \\[3mm] \dfrac{-2.33}{(35s+1)^2} & \dfrac{3.46}{32s+1} & \dfrac{-0.51}{(32s+1)^2} & \dfrac{1.68}{(28s+1)^2} \\[3mm] \dfrac{-1.06}{(17s+1)^2} & \dfrac{3.511}{(12s+1)^2} & \dfrac{4.41}{16.2s+1} & \dfrac{-5.38}{17s+1} \\[3mm] \dfrac{-5.73}{(8s+1)(50s+1)} & \dfrac{4.32(25s+1)}{(50s+1)(5s+1)} & \dfrac{-1.25}{(43.6s+1)(9s+1)} & \dfrac{4.78}{(48s+1)(5s+1)} \end{bmatrix}$$

$$(4.4.34)$$

对 4×4 多变量系统进行二阶分散自抗扰控制器设计时，选取控制器参数如表 4.4.13 所示，动态响应及控制量比较见图 4.4.19。从表 4.4.14 中可以看出，基于输入成形技术的分散自抗扰控制方法的动态响应指标明显优于分散自抗扰控制方法，每条控制回路的动态响应速度都至少有 35% 的提高。

表 4.4.13　4×4 对象二阶分散线性自抗扰控制器及输入成形控制器参数

参数	b_{01}	ω_{c1}	ω_{o1}	t_1	b_{02}	ω_{c2}	ω_{o2}	t_2
数值	0.1	0.65	500	2.0408	0.15	0.7	50	1.6667

参数	b_{03}	ω_{c3}	ω_{o3}	t_3	b_{04}	ω_{c4}	ω_{o4}	t_4
数值	0.05	0.62	75	2.1276	0.1	0.66	240	2.0001

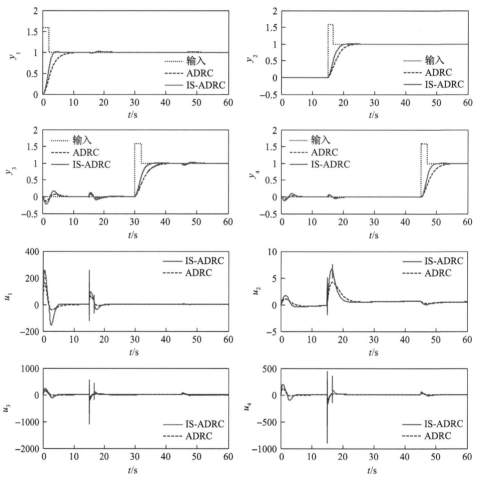

图 4.4.19　4×4 多变量对象动态响应及控制量比较

表 4.4.14　4×4 对象响应指标及 ITAE 指标比较

模型	控制方法	t_{s1}	ITAE$_1$	t_{s2}	ITAE$_2$	t_{s3}	ITAE$_3$	t_{s4}	ITAE$_4$	ITAE$_{sum}$
G_6	ADRC	9.20	5046.3	7.77	31263	9.35	71566	8.81	91111	198986.3
	IS-ADRC	3.62	2405.4	4.94	20914	5.03	50325	4.39	57747	131391.4

表 4.4.13 中，b_{0i}、ω_{ci} 和 $\omega_{oi}(i=1,2,3,4)$ 为控制回路 i 上分散自抗扰控制器的参数；这里采用改进后的输入成形技术，t_i $(i=1,2,3,4)$ 表示控制回路 i 上输入成形器的脉冲序列产生时间，冲击幅度 $\varDelta = 0.582$。

通过以上实例的仿真结果比较，可以发现所设计的基于输入成形技术的二阶线性分散自抗扰控制结构，采用 b_0、ω_c 和 ω_o 三个简化参数后易于调整得到适当的控制效果，且输入成形器的参数不依赖被控对象信息，这使得在不改变控制器阶次和整定参数的情况下，获得了比分散自抗扰控制结构更优的动态响应指标。并且，随着系统维数的提高(2×2, 3×3, 4×4)，基于输入成形技术的分散自抗扰控制结构优势逐渐明显，得到的 ITAE 性能指标明显优于分散自抗扰控制结构，其中 G_6 模型的 ITAE 值远远优于后者。

4.4.4　分散自抗扰控制的解耦能力分析

由于自抗扰控制具有将回路间耦合当成外部扰动，作为总和扰动的一部分进行实时估计和补偿的能力，因此分散自抗扰控制也被应用于多变量系统中。田玲玲[30]和马克西姆[31]在以化工背景的 2×2、3×3、4×4，甚至 8×8 多变量算例上进行仿真实验，验证了自抗扰控制具有的解耦能力。Huang 等[32]将分散自抗扰控制的策略应用于 ALSTOM 汽化炉非线性标准模型的控制上，结果显示分散自抗扰控制在烟气温度控制上无超调量，床料调节的时间更短并且对燃料量扰动的抑制效果更好。刘倩[19]将分散自抗扰控制运用于电网的负荷频率控制中，将不同区域电网间的电能流动视为扰动，并且相对标称模型参数发生±20%的随机摄动，验证了控制方法的鲁棒性。更进一步，Yang 等[33]将分散自抗扰控制方法应用于双旋翼实验台，在实时实验中进行了俯仰角和偏航角的控制，验证了算法的有效性。Pawar 等[34]将改进的低阶自抗扰控制系统用于耦合水箱的控制。

分散自抗扰控制系统用于多变量系统控制的有效性在大量的仿真算法以及实验台中获得了验证，并且有机会在实际的工业过程中进行试验和应用，如大型火电机组的协调控制系统和燃烧控制系统。但是，分散自抗扰控制系统的解耦能力并没有从理论层面上得到分析，分散自抗扰控制系统在工业应用中的应用优势也没有被全面系统的分析。因此，本章将从多变量系统传递函数以及等效框图变换两个方面来分析分散自抗扰控制系统的解耦能力，并分析总结分散自抗扰控制系统相对于逆解耦在实际应用中的优势，用仿真算例和 Monte Carlo 实验检验其解耦能力和鲁棒性。

1. 分散自抗扰控制系统解耦能力理论分析

分散自抗扰控制系统的解耦能力在大量仿真算例和实验台中得到验证，但仍需要从理论层面对分散自抗扰控制系统的解耦能力进行分析。本节将以 TITO 系统为例，分析二阶分散自抗扰控制系统的解耦能力。

从多变量系统的闭环传递函数出发，分析另一个控制通道中信号的耦合影响是最直接的分析方式。如图 4.4.20 所示的 TITO 控制系统中，分散自抗扰控制系统可以转化成等效的二自由度形式的自抗扰控制系统。图 4.4.20(b) 中 $F_i(s)$ 和 $C_i(s)\,(i=1,2)$ 分别是自抗扰控制系统二自由度等效形式中的前馈部分和反馈控制部分。

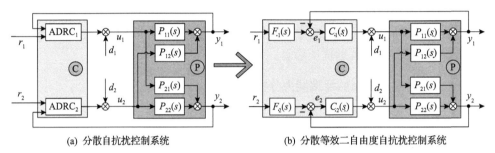

(a) 分散自抗扰控制系统　　　　　　　　(b) 分散等效二自由度自抗扰控制系统

图 4.4.20　分散自抗扰控制系统等效成二自由度形式

接下来以通道 2 为例，考虑通道 1 中的信号 r_1、d_1 和通道 2 中的信号 r_2、d_2 与控制输出 y_2 之间的传递函数关系。由图 4.4.20 可得，分散自抗扰控制 TITO 系统的信号流图如图 4.4.21 所示。

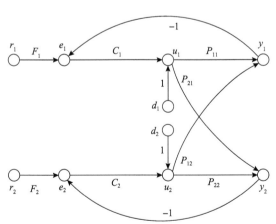

图 4.4.21　分散自抗扰控制 TITO 系统的信号流图

对图 4.4.21 进行变换，考虑当 r_1 为单位阶跃信号，r_2、d_1、d_2 信号分别为零时，从 r_1 到 y_2 的信号流图。同理可以获得从 d_1 到 y_2、r_2 到 y_2、d_2 到 y_2 的信号流图，如图 4.4.22 所示。

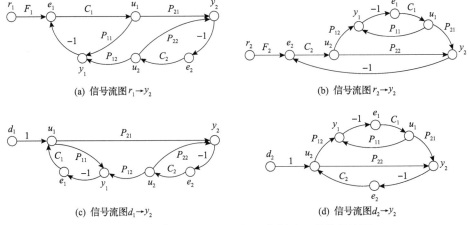

图 4.4.22 信号 r_1、r_2、d_1 和 d_2 分别至 y_2 的信号流图

根据梅森(Mason)增益公式，输入 r_1、r_2 和扰动 d_1、d_2 分别至输出 y_2 的传递函数如式(4.4.35)所示。为了书写简便，在本节中的传递函数公式中视情况省略拉普拉斯算子 s，并不再进行特别说明。

$$\begin{cases} G_{y2r1} = \dfrac{F_1 C_1 P_{21}}{1 + C_1 P_{11} + C_2 P_{22} - C_1 P_{21} C_2 P_{12} + C_1 P_{11} C_2 P_{22}} \\[4mm] G_{y2r2} = \dfrac{F_2 C_2 P_{22} + F_2 C_1 C_2 P_{11} P_{22} - F_2 C_1 C_2 P_{21} P_{12}}{1 + C_1 P_{11} + C_2 P_{22} - C_1 P_{21} C_2 P_{12} + C_1 P_{11} C_2 P_{22}} \\[4mm] G_{y2d1} = \dfrac{P_{21}}{1 + C_1 P_{11} + C_2 P_{22} - C_1 P_{21} C_2 P_{12} + C_1 P_{11} C_2 P_{22}} = \dfrac{G_{y2r1}}{F_1 C_1} \\[4mm] G_{y2d2} = \dfrac{P_{22} + C_1 P_{11} P_{22} - C_1 P_{21} P_{12}}{1 + C_1 P_{11} + C_2 P_{22} - C_1 P_{21} C_2 P_{12} + C_1 P_{11} C_2 P_{22}} = \dfrac{G_{y2r2}}{F_2 C_2} \end{cases} \tag{4.4.35}$$

其中，F_1 和 F_2 为自抗扰控制系统等效二自由度形式的前馈部分；C_1 和 C_2 为自抗扰控制系统等效二自由度形式的内环控制器部分。

TITO 系统对象定义为

$$P = \begin{bmatrix} P_{11} & P_{12} \\ P_{21} & P_{22} \end{bmatrix} \tag{4.4.36}$$

其中，P_{11} 定义为

$$P_{11} = \frac{n_{11}(s)}{m_{11}(s)} = \frac{\displaystyle\sum_{i=0}^{k_{11}} n_{11_i} s^i}{\displaystyle\sum_{i=0}^{q_{11}} m_{11_i} s^i} \tag{4.4.37}$$

$\sum\limits_{i=0}^{k_{11}} n_{11_i}s_i$ 与 $\sum\limits_{i=0}^{q_{11}} m_{11_i}s_i$ 互质。k_{11}、q_{11} 分别为 $n_{11}(s)$ 和 $m_{11}(s)$ 的最高次数，且 $k_{11}\leqslant q_{11}$。系数 n_{11_i}、m_{11_i} 不全为零且 m_{11_0}、$m_{11_{q11}}$、n_{11_0}、$n_{11_{k11}}$ 不等于零。P_{12}、P_{21}、P_{22} 的定义与 P_{11} 同理。

对于二阶线性自抗扰控制系统的二自由度形式，传递函数 F_1、F_2、C_1 和 C_2 的推导可以参考文献[35]中的补充材料，在分散自抗扰控制系统中，其表达式为

$$\begin{cases} C_1 = \dfrac{(k_{p1}\beta_{11}+k_{d1}\beta_{21}+\beta_{31})s^2+(k_{p1}\beta_{21}+k_{d1}\beta_{31})s+k_{p1}\beta_{31}}{b_{01}\left[s^3+(\beta_{11}+k_{d1})s^2+(\beta_{21}+k_{d1}\beta_{11}+k_{p1})s\right]} \\[2mm] \quad = \dfrac{A_{21}s^2+A_{11}s+A_{01}}{B_{31}s^3+B_{21}s^2+B_{11}s}=\dfrac{A_1(s)}{B_1(s)}=\dfrac{\sum\limits_{i=0}^{2}A_{i1}s^i}{\sum\limits_{i=1}^{3}B_{i1}s^i} \\[4mm] F_1 = \dfrac{k_{p1}(s^3+\beta_{11}s^2+\beta_{21}s+\beta_{31})}{(k_{p1}\beta_{11}+k_{d1}\beta_{21}+\beta_{31})s^2+(k_{p1}\beta_{21}+k_{d1}\beta_{31})s+k_{p1}\beta_{31}} \\[2mm] \quad = \dfrac{D_{31}s^3+D_{21}s^2+D_{11}s+D_{01}}{A_{21}s^2+A_{11}s+A_{01}}=\dfrac{D_1(s)}{A_1(s)}=\dfrac{\sum\limits_{i=0}^{3}D_{i1}s^i}{\sum\limits_{i=0}^{2}A_{i1}s^i} \\[4mm] C_2 = \dfrac{(k_{p2}\beta_{12}+k_{d2}\beta_{22}+\beta_{32})s^2+(k_{p2}\beta_{22}+k_{d2}\beta_{32})s+k_{p2}\beta_{32}}{b_{02}[s^3+(\beta_{12}+k_{d2})s^2+(\beta_{22}+k_{d2}\beta_{12}+k_{p2})s]} \\[2mm] \quad = \dfrac{A_{22}s^2+A_{12}s+A_{02}}{B_{32}s^3+B_{22}s^2+B_{12}s}=\dfrac{A_2(s)}{B_2(s)}=\dfrac{\sum\limits_{i=0}^{2}A_{i2}s^i}{\sum\limits_{i=1}^{3}B_{i2}s^i} \\[4mm] F_2 = \dfrac{k_{p2}(s^3+\beta_{12}s^2+\beta_{22}s+\beta_{32})}{(k_{p2}\beta_{12}+k_{d2}\beta_{22}+\beta_{32})s^2+(k_{p2}\beta_{22}+k_{d2}\beta_{32})s+k_{p2}\beta_{32}} \\[2mm] \quad = \dfrac{D_{32}s^3+D_{22}s^2+D_{12}s+D_{02}}{A_{22}s^2+A_{12}s+A_{02}}=\dfrac{D_2(s)}{A_2(s)}=\dfrac{\sum\limits_{i=0}^{3}D_{i2}s^i}{\sum\limits_{i=0}^{2}A_{i2}s^i} \end{cases} \tag{4.4.38}$$

以 $r_1\to y_2$ 为例进行分析，将式(4.4.36)、式(4.4.37)和式(4.4.38)代入传递函数

G_{y2r1}，得到

$$
\begin{aligned}
G_{y2r1} &= \frac{F_1 C_1 P_{21}}{1 + C_1 P_{11} + C_2 P_{22} - C_1 P_{21} C_2 P_{12} + C_1 P_{11} C_2 P_{22}} \\
&= D_1 B_2 m_{11} m_{22} n_{21} m_{12} / \big(B_1 B_2 m_{11} m_{22} m_{21} m_{12} + A_1 B_2 n_{11} m_{22} m_{21} m_{12} \\
&\quad + B_1 A_2 m_{11} m_{22} m_{21} m_{12} - A_1 A_2 m_{11} m_{22} n_{21} n_{12} + A_1 A_2 n_{11} n_{22} m_{21} m_{12} \big) \\
&= \frac{D_1 B_2 m_{11} m_{22} n_{21} m_{12}}{C_{cl}(s)}
\end{aligned}
\tag{4.4.39}
$$

由式(4.4.38)可以看出 $B_1(s) = B_{31}s^3 + B_{21}s^2 + B_{11}s$，$B_2(s) = B_{32}s^3 + B_{22}s^2 + B_{12}s$，所以 $B_1(0) = 0$，$B_2(0) = 0$。假设闭环传递方程 $C_{cl}(s)$ 是 Hurwitz 多项式，则传递函数 G_{y2r1} 的零频率增益为

$$
G_{y2r1}(0) = \frac{0}{0^2 + 0 + 0 - A_{01} A_{02} m_{11_0} m_{22_0} n_{21_0} n_{12_0} + A_{01} A_{02} n_{11_0} n_{22_0} m_{21_0} m_{12_0}} = 0
\tag{4.4.40}
$$

式(4.4.40)意味着，在系统闭环特征方程 $C_{cl}(s)$ 是 Hurwitz 多项式的前提下，当通道 1 的参考输入 r_1 为阶跃信号时，通道 2 输出 y_2 的稳态误差为 0，意味着在不额外采取解耦策略的情况下自抗扰控制器能最终消除来自另一个通道参考信号 r_2 的耦合影响。

同理可得，$r_2 \to y_2$ 的传递函数为

$$
\begin{aligned}
G_{y2r2} &= \frac{F_2 C_2 P_{22} + F_2 C_1 C_2 P_{11} P_{22} - F_2 C_1 C_2 P_{21} P_{12}}{1 + C_1 P_{11} + C_2 P_{22} - C_1 P_{21} C_2 P_{12} + C_1 P_{11} C_2 P_{22}} \\
&= \big(D_2 B_1 m_{11} n_{22} m_{21} m_{12} + A_1 D_2 n_{11} m_{22} m_{21} m_{12} - A_1 D_2 m_{11} m_{22} n_{21} n_{12} \big) / \big(B_1 B_2 m_{11} m_{22} m_{21} m_{12} \\
&\quad + A_1 B_2 n_{11} m_{22} m_{21} m_{12} + B_1 A_2 m_{11} n_{22} m_{21} m_{12} - A_1 A_2 m_{11} m_{22} n_{21} n_{12} + A_1 A_2 n_{11} n_{22} m_{21} m_{12} \big) \\
&= \frac{D_2 B_1 m_{11} n_{22} m_{21} m_{12} + A_1 D_2 n_{11} n_{22} m_{21} m_{12} - A_1 D_2 m_{11} m_{22} n_{21} n_{12}}{C_{cl}(s)}
\end{aligned}
\tag{4.4.41}
$$

同样由于 $B_1(0) = 0$，$B_2(0) = 0$，传递函数 G_{y2r2} 的零频率增益为

$$
G_{y2r2}(0) = \frac{A_{01} D_{02} n_{11_0} n_{22_0} m_{21_0} m_{12_0} - A_{01} D_{02} m_{11_0} m_{22_0} n_{21_0} n_{12_0}}{0^2 + 0 + 0 - A_{01} A_{02} m_{11_0} m_{22_0} n_{21_0} n_{12_0} + A_{01} A_{02} n_{11_0} n_{22_0} m_{21_0} m_{12_0}}
\tag{4.4.42}
$$

从式(4.4.38)中可以看到 $A_{02} = D_{02} = k_{p2}\beta_{32}$，所以

$$G_{y2r2}(0)=1 \tag{4.4.43}$$

同样可以得到

$$\begin{cases} G_{y2d1} = \dfrac{B_1 B_2 m_{11} m_{22} n_{21} m_{12}}{C_{cl}(s)} \\ G_{y2d2} = \dfrac{B_1 B_2 m_{11} n_{22} m_{21} m_{12} + A_1 B_2 n_{11} n_{22} m_{21} m_{12} - A_1 B_2 m_{11} m_{22} n_{21} n_{12}}{C_{cl}(s)} \end{cases} \tag{4.4.44}$$

所以,如果 $C_{cl}(s)$ 是 Hurwitz 多项式,则 G_{y2d1} 和 G_{y2d2} 零频率增益为

$$\begin{cases} G_{y2d1}(0)=0 \\ G_{y2d2}(0)=0 \end{cases} \tag{4.4.45}$$

结合式(4.4.40)、式(4.4.43)、式(4.4.44)和式(4.4.45)可得,输入 r_1、r_2 和扰动 d_1、d_2 分别至输出 y_2 传递函数的零频率增益为

$$\begin{cases} G_{y2r1}(0)=0 \\ G_{y2r2}(0)=1 \\ G_{y2d1}(0)=0 \\ G_{y2d2}(0)=0 \end{cases} \tag{4.4.46}$$

对于通道 1 的输出 y_1,可以得到类似的结果:

$$\begin{cases} G_{y1r1}(0)=1 \\ G_{y1r2}(0)=0 \\ G_{y1d1}(0)=0 \\ G_{y1d2}(0)=0 \end{cases} \tag{4.4.47}$$

由此可以得出结论,对于分散自抗扰控制多变量系统,在系统闭环特征方程是 Hurwitz 多项式的前提下,一个通道可以无稳态误差跟踪该通道的参考输入,可以消除来自该通道的扰动,并同时抵抗来自另一通道输入信号、扰动信号的耦合影响。

本节从闭环传递函数的角度分析分散自抗扰控制系统能抑制其他回路耦合影响的能力。那么进一步思考,分散自抗扰控制系统与常规的解耦控制策略,如理想解耦、简单解耦和逆解耦之间是否存在某种近似的关系。Sun 等[36]分析了扰动观测器与逆解耦之间的近似关系。受此启发,本节将会从等效框图变换的角度分

析分散自抗扰控制系统与逆解耦之间的关系。分析仍以二阶分散自抗扰控制 TITO 系统为例，如图 4.4.23 所示。

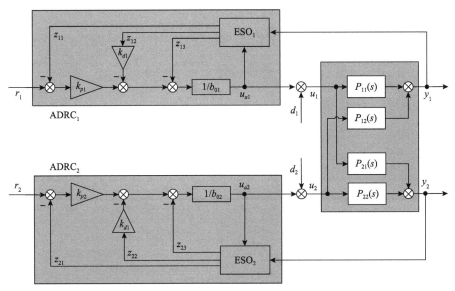

图 4.4.23　二阶分散自抗扰控制 TITO 系统的结构框图

对于二阶自抗扰控制系统，ESO 输出状态 z_1、z_2、z_3 与输入 u 和 y 的传递函数关系为

$$\begin{bmatrix} z_1(s) \\ z_2(s) \\ z_3(s) \end{bmatrix} = \begin{bmatrix} \dfrac{b_0 s}{s^3 + \beta_1 s^2 + \beta_2 s + \beta_3} & \dfrac{\beta_1 s^2 + \beta_2 s + \beta_3}{s^3 + \beta_1 s^2 + \beta_2 s + \beta_3} \\ \dfrac{(s + \beta_1) b_0 s}{s^3 + \beta_1 s^2 + \beta_2 s + \beta_3} & \dfrac{(\beta_2 s + \beta_3) s}{s^3 + \beta_1 s^2 + \beta_2 s + \beta_3} \\ \dfrac{-b_0 \beta_3}{s^3 + \beta_1 s^2 + \beta_2 s + \beta_3} & \dfrac{\beta_3 s^2}{s^3 + \beta_1 s^2 + \beta_2 s + \beta_3} \end{bmatrix} \begin{bmatrix} u(s) \\ y(s) \end{bmatrix} \quad (4.4.48)$$

其中，状态 z_1 跟踪 y，状态 z_2 跟踪 $\dot{y}$，并且通常情况下 z_1、z_2 的跟踪精度高，因此，在图 4.4.23 中，状态 z_1 和 z_2 分别用输出信号 y 和对 y 求导数来近似代替。状态 z_3 用如下传递函数表示：

$$z_3(s) = -\frac{b_0 \beta_3}{s^3 + \beta_1 s^2 + \beta_2 s + \beta_3} u(s) + \frac{\beta_3 s^2}{s^3 + \beta_1 s^2 + \beta_2 s + \beta_3} y(s) \quad (4.4.49)$$

其中，令

$$Q(s) = \frac{\beta_3}{s^3 + \beta_1 s^2 + \beta_2 s + \beta_3} \tag{4.4.50}$$

$Q(s)$ 的作用相当于一个三阶滤波器,则图 4.4.23 可以近似转换为图 4.4.24。框图中变量下标最末位数字 1、2 分别代表第 1 通道和第 2 通道。

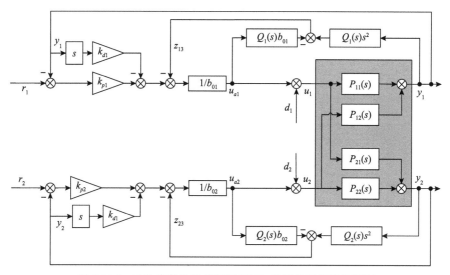

图 4.4.24　二阶分散自抗扰控制 TITO 系统的近似结构框图

多变量系统的输出是主对角传递函数和非主对角传递函数的共同作用。对于 TITO 系统,将一个通道的输出分解成由主对角传递函数的输出和另一通道起耦合作用的非主对角传递函数的输出。具体来说,将系统的输出 y_1 分解为 y_{11} 和 y_{12},将输出 y_2 分解为 y_{21} 和 y_{22}。分别将 y_{11}、y_{12} 送入第 1 通道的 ESO,将 y_{21}、y_{22} 送入第 2 通道的 ESO,获得的等效变化结构框图如图 4.4.25(a)所示。

在以上变换的基础上,信号 y_{12} 和 y_{21} 进入 ESO 的信号通路重新整理,如图 4.4.25 中(a)图粗线部分所示,即可得到图 4.4.25(b)所示的等效结构框图。

二阶自抗扰控制系统将被控对象当成的两个积分器串联的标准型进行补偿,假设被控对象的标准型为 $1/s^2$,将实际对象和标准型之间的差别 $\Delta P(s)$ 看成总和扰动的一部分。假设 $P_{11}(s)$ 和 $P_{22}(s)$ 的标称模型为

$$\tilde{P}_{11}(s) = \frac{1}{s^2}, \quad \tilde{P}_{22}(s) = \frac{1}{s^2} \tag{4.4.51}$$

所以 $P_{11}(s) = \tilde{P}_{11}(s) + \Delta P_{11}(s), P_{22}(s) = \tilde{P}_{22}(s) + \Delta P_{22}(s)$。

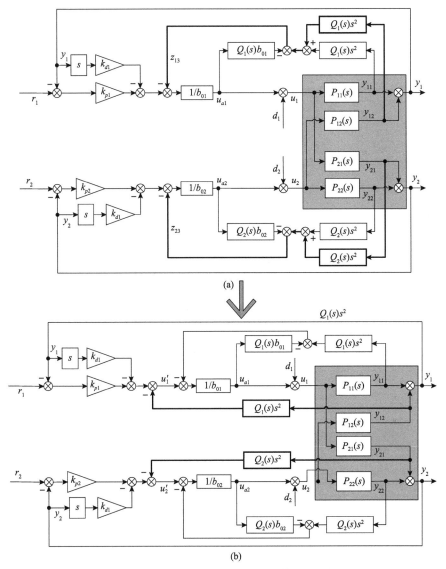

图 4.4.25　二阶分散自抗扰控制系统等效变换框图

令总和扰动为 f_1 和 f_2，若将偏差模型部分 $\Delta P_{11}(s)$、$\Delta P_{22}(s)$ 等效在总和扰动中，则可得以下等式：

$$\begin{cases} (f_1 + u_{a1})\tilde{P}_{11} = (d_1 + u_{a1})(\tilde{P}_{11} + \Delta P_{11}) \\ (f_2 + u_{a2})\tilde{P}_{22} = (d_2 + u_{a2})(\tilde{P}_{22} + \Delta P_{22}) \end{cases} \tag{4.4.52}$$

$$\Rightarrow f_1 = d_1 + (d_1 + u_{a1})\frac{\Delta P_{11}}{\tilde{P}_{11}}, f_2 = d_2 + (d_2 + u_{a2})\frac{\Delta P_{22}}{\tilde{P}_{22}}$$

分散自抗扰控制系统的等效控制框图可以等效成图 4.4.26。

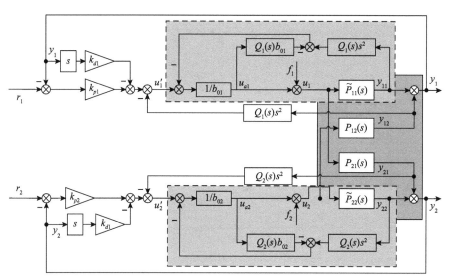

图 4.4.26　以串联积分标准型为主对角元素的分散自抗扰控制系统的等效控制框图

对于图 4.4.26 中虚线框部分的框图，可以做进一步近似。以第 1 通道为例，从 u_1' 到 y_{11} 的传递函数为

$$G_{u_1' y_{11}}(s) = \frac{\tilde{P}_{11}(s)/b_{01}}{1 - Q_1(s) + \tilde{P}_{11} Q_1(s) s^2/b_{01}}$$

$$= \frac{1/b_{01}}{1 - Q_1(s) + Q_1(s)/b_{01}} \tilde{P}_{11}(s) \tag{4.4.53}$$

对于滤波器 $Q_1(s)$ 来说，在低频段，$Q_1(s) \approx 1$，所以

$$G_{u_1' y_{11}}(s) \approx \frac{1/b_{01}}{1 - 1 + 1/b_{01}} \tilde{P}_{11}(s) = \tilde{P}_{11}(s) \tag{4.4.54}$$

同理可分析，以第 2 通道为例，从 u_2' 到 y_{22} 的传递函数为

$$G_{u_2' y_{22}}(s) = \frac{1/b_{02}}{1 - Q_2(s) + Q_2(s)/b_{02}} \tilde{P}_{22}(s) \approx \tilde{P}_{22}(s) \tag{4.4.55}$$

因此，图 4.4.26 中虚线框图部分从信号 u_1' 到 y_{11}、u_2' 到 y_{22}，可以近似成主对角对象的标称模型，即二阶积分对象。所以二阶分散自抗扰控制系统可以近似等效为图 4.4.27。

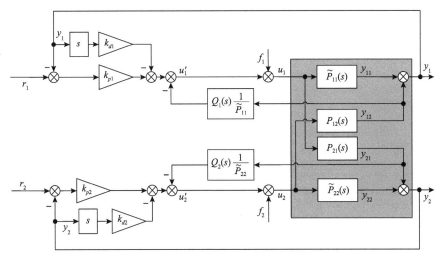

图 4.4.27 二阶分散自抗扰控制系统的低频段等效结构框图

最后, 将图 4.4.27 中所示信号 y_{12} 和 y_{21} 引出点位置分别前移至 u_2 和 u_1 处, 可得图 4.4.28 所示的系统结构框图。

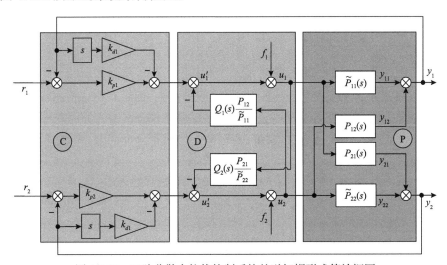

图 4.4.28 二阶分散自抗扰控制系统的逆解耦形式等效框图

图 4.4.28 很明显地显示, 近似等效后的二阶分散自抗扰控制系统具有逆解耦的形式。由此可以得出结论, 对于二阶分散自抗扰控制 TITO 系统, 可以近似等效于, 以主对角传递函数为二阶纯积分节分标称对象设计的, 带滤波的逆解耦器加上比例-微分控制器的控制结构。

采用以上的等效近似方法, 一阶分散自抗扰控制 TITO 系统, 可以近似等效为如图 4.4.29 中的框图。同样可以推出, 一阶分散自抗扰控制 TITO 系统近似等效于，以主对角传递函数为纯积分标称对象，设计的带滤波逆解耦加比例控制。

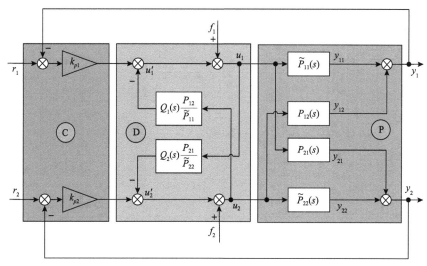

图 4.4.29 一阶分散自抗扰控制 TITO 系统的逆解耦形式近似等效框图

对于 $m \times m (m \geqslant 3)$ 的多变量系统，设计的分散自抗扰控制同样与逆解耦具有近似等效关系。可以通过传递函数分析证明，限于篇幅在此不详细说明。

根据以上对一阶或者二阶分散自抗扰控制系统近似解耦结构的总结，相对于常规的逆解耦加 PID 控制的一个区别在于，分散自抗扰控制系统等效于结构反馈控制器部分要么为比例控制，要么为比例-微分控制，而没有积分控制部分。然而反馈控制部分没有积分器，并不会使闭环系统存在稳态误差，原因在于自抗扰控制系统实时估计并补偿总和扰动将被控对象补偿成积分标准型，因此闭环系统的稳态误差可以为零。

由于实际对象和标称对象之间的模型偏差被自抗扰控制系统当成总和扰动的一部分进行了实时估计和补偿，而逆解耦器的设计依赖于对象的精确模型，因此对于被控对象的模型不确定性，分散自抗扰控制系统具有更好的鲁棒性。这点将会在后面小节中用仿真算例进行说明。

2. 分散自抗扰控制系统在多变量系统中的应用优势

由于分散自抗扰控制系统具有逆解耦控制近似等效的结构，本节将会与逆解耦控制进行比较，分析并总结分散自抗扰控制系统在多变量系统工业应用的优势。总体来说，分散自抗扰控制系统具有算法简单、鲁棒性强的优点，并且与逆解耦不同的是，算法设计上不需要考虑解耦器带来的局部不稳定性。

尽管逆解耦在工程上实施应用比其他解耦算法简单，但分散自抗扰控制系统的简单易用性更加明显。

（1）首先，由于自抗扰控制算法不依赖具体的被控对象数学模型，因此在工程的控制系统中，自抗扰控制算法可以被封装成一个标准的模块，通用性好。而逆解耦器的设计比较依赖被控对象的精确数学模型，即使在一个工业对象的不同回路中，逆解耦器的设计也需要根据回路特定的传递函数模型来确定，因此算法的可移植性弱一些。

（2）随着多变量系统的维数增加，逆解耦控制系统的复杂性较分散自抗扰控制系统增长更快。当多变量系统维数为 m 时，逆解耦控制需要设计的解耦器个数为 $m \times (m-1)$，所需设计的控制器个数为 m，所以我们假设逆解耦控制的复杂度为 $m \times (m-1) + m = m^2$，为 m 维多变量系统设计分散自抗扰控制，需要设计 m 个自抗扰控制器，分散自抗扰控制系统设计的复杂度可以看成 m。因此分散自抗扰控制系统的设计复杂度随多变量系统维数线性增长，而逆解耦控制是呈平方次增长的。

（3）针对存在时滞、RHP 零点和相对阶次不同的被控对象，需要分析逆解耦器的可实现性问题，并进行相应补偿设计，而分散自抗扰控制系统不需要。

（4）自抗扰控制系统的 ESO 本身具有滤波特性（在分散自抗扰控制系统的逆解耦近似等效框图 4.4.28 和图 4.4.29 中也显示了滤波器的存在）。在很多情况下，ESO 的滤波效果已经足够，所以不需要额外设计滤波器以避免噪声影响。

（5）工程实施的相关问题，如前馈、抗饱和、手/自动模式无扰切换等，在单变量系统中的解决方法，可以直接用于多变量分散自抗扰控制系统中，因此分散自抗扰控制系统的实施应用将会非常简便。

由于基于解耦的多变量控制设计方法依赖于精确的数学模型，而实际热工过程控制中难以获得精确模型，并且过程特性随着环境、工况等变化较大，所以在工业过程的应用中往往鲁棒性较差。ESO 能够将外部扰动、内部模型偏差、工况变化等当成总和扰动进行实时估计和补偿成积分标准型，使得自抗扰控制对模型不确定具有较好的鲁棒性。这个优势不仅在各种单变量系统中得到了验证，分散自抗扰控制多变量系统也具有较强的鲁棒性。

分散自抗扰控制系统的鲁棒性将采用典型多变量算例进行说明。

对于逆解耦器的稳定性研究，Garrido 等[37]讨论由于被控对象存在 RHP 零点，可能会在逆解耦器中引入 RHP 极点，进而使逆解耦器不稳定。因此，Garrido 等认为逆解耦的一个缺点是不能在含 RHP 零点的多变量系统中直接使用，需要进行非最小相位补偿后进行使用。然而，本书认为对于不含 RHP 零点的多变量系统，严格按照逆解耦的设计方法，在保证系统闭环稳定的情况下，仍有可能出现逆解耦器内部不稳定的情况，从而影响控制系统整体的稳定性。在现有关于逆解耦的研究资料中，未有关于这个问题的提及和讨论，因此在本节将用分析和算例说明这个问题。

对于上述的逆解耦器内部不稳定问题，其根本原因在于逆解耦器的结构本身是一个内部闭环,需要格外注意逆解耦器的内部闭环稳定性。TITO 系统逆解耦控制结构框图可以画成如图 4.4.30 所示的信号流图形式。

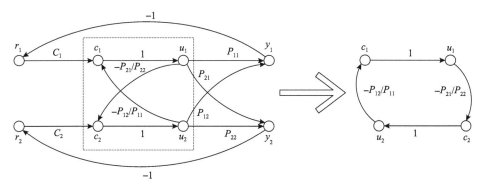

图 4.4.30   TITO 系统逆解耦控制的信号流图

在假设被控对象能被逆解耦器完全解耦的情况下,TITO 系统被解耦成两个以主对角元素为被控对象的独立控制系统。因此,整体的闭环传递函数为

$$G_{y1r1} = \frac{C_1 P_{11}}{1 + C_1 P_{11}}, \quad G_{y2r2} = \frac{C_2 P_{22}}{1 + C_2 P_{22}} \tag{4.4.56}$$

逆解耦器部分的传递函数关系为

$$\begin{cases} u_1 = c_1 \dfrac{P_{22}P_{11}}{P_{11}P_{22} - P_{12}P_{21}} - c_2 \dfrac{P_{12}P_{22}}{P_{11}P_{22} - P_{12}P_{21}} \\[3mm] u_2 = -c_1 \dfrac{P_{21}P_{11}}{P_{11}P_{22} - P_{12}P_{21}} + c_2 \dfrac{P_{11}P_{22}}{P_{11}P_{22} - P_{12}P_{21}} \end{cases} \tag{4.4.57}$$

由式(4.4.57)可以看出,整体的闭环系统的稳定性由控制器 C_1、C_2 和被控对象 P_{11}、P_{22} 共同决定,调节控制器参数理论上使得整体闭环系统稳定。逆解耦器本身的稳定性由 $P_{11}P_{22} - P_{12}P_{21}$ 决定,也就是说逆解耦器的稳定性全部由被控对象的传递函数决定。因此,即使被控对象的传递函数不含 RHP 零点,也一定存在某些 TITO 系统,使得逆解耦器内部不能稳定。

为了简便分析,以去除延迟的 WB 对象为例进行仿真分析,这样 WB 对象变成了简单的一阶惯性对象:

$$P = \begin{bmatrix} P_{11} & P_{12} \\ P_{21} & P_{22} \end{bmatrix} = \begin{bmatrix} \dfrac{12.8}{16.7s+1} & \dfrac{-18.9}{21s+1} \\[3mm] \dfrac{6.6}{10.9s+1} & \dfrac{-19.4}{14.4s+1} \end{bmatrix} \tag{4.4.58}$$

针对这个标称对象，逆解耦器可以设计为

$$\text{Dd}(s) = \begin{bmatrix} 1 & 0 \\ 0 & 1 \end{bmatrix}$$

$$\text{Do}(s) = \begin{bmatrix} 0 & \dfrac{1.48(16.7s+1)}{21s+1} \\ \dfrac{0.34(14.4s+1)}{10.9s+1} & 0 \end{bmatrix} \qquad (4.4.59)$$

此时设计出的逆解耦器的闭环特征方程为 $142742s^2 + 4042s + 123.5 = 0$，有两个负实根 $s_1 = -0.1079, s_2 = -0.0427$，所以逆解耦器本身内部稳定。

控制器部分设计为 PI 控制器，两个 PI 控制器的参数分别为

$$P_1 = 0.50, \quad I_1 = 0.045, \quad P_2 = -0.11, \quad I_2 = -0.009 \qquad (4.4.60)$$

因此，整体闭环系统的特征方程为

$$16.7s^2 + 7.4s + 0.576 = 0, \quad 14.4s^2 + 3.134s + 0.1746 = 0 \qquad (4.4.61)$$

整体闭环系统特征方程所有根位于左半复平面，因此该多变量逆解耦控制系统稳定。仿真结果如图 4.4.31 所示，逆解耦加上 PI(ID-PI)的控制标称对象是稳定的。

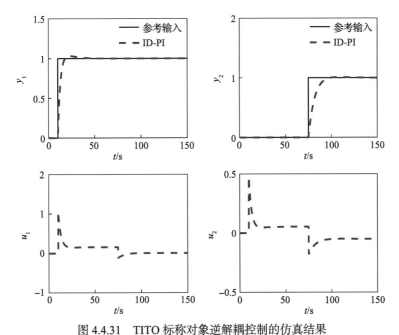

图 4.4.31　TITO 标称对象逆解耦控制的仿真结果

若将对象的非对角对象传递函数 P_{12}、P_{21} 的增益增加 1.4 倍,即有

$$P' = \begin{bmatrix} P_{11} & P'_{12} \\ P'_{21} & P_{22} \end{bmatrix} = \begin{bmatrix} \dfrac{12.8}{16.7s+1} & \dfrac{-18.9 \times 1.4}{21s+1} \\ \dfrac{6.6 \times 1.4}{10.9s+1} & \dfrac{-19.4}{14.4s+1} \end{bmatrix} \tag{4.4.62}$$

此时,逆解耦器应设计为

$$\mathrm{Dd}(s) = \begin{bmatrix} 1 & 0 \\ 0 & 1 \end{bmatrix}$$

$$\mathrm{Do}'(s) = \begin{bmatrix} 0 & \dfrac{1.48(16.7s+1) \times 1.4}{21s+1} \\ \dfrac{0.34(14.4s+1) \times 1.4}{10.9s+1} & 0 \end{bmatrix} \tag{4.4.63}$$

由于设计的逆解耦没有经过降阶近似,被控的多变量对象是完全解耦的。主对角传递函数未发生变化,两个 PI 控制器参数保持不变,系统整体闭环系统在理论上仍是稳定的。但此时设计出的逆解耦器的闭环特征方程为 $225210s^2 + 317.76s + 3.8296 = 0$,有一正一负两个实根 $s_1 = 0.1738$,$s_2 = -0.0113$,所以逆解耦器本身是内部不稳定的。而逆解耦器本身的内部不稳定性可能会导致整个多变量控制系统的发散。仿真结果如图 4.4.32 所示。

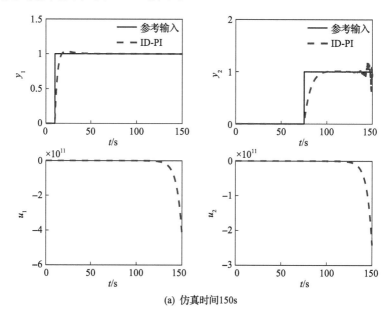

(a) 仿真时间150s

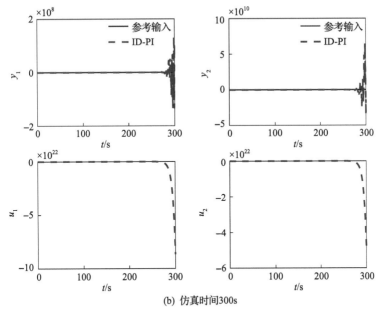

(b) 仿真时间300s

图 4.4.32　对象增益增大 1.4 倍后逆解耦控制仿真结果

　　由仿真结果可以看出，解耦器输出的控制量从一开始就发散，控制器输出量在一段时间内保持稳定，之后才发散。由此说明，严格按照逆解耦方法设计出来的多变量控制系统，在理论上保证了闭环系统稳定的前提下，若逆解耦器的内部不稳定，系统整体则也会不稳定。

　　而分散自抗扰控制的设计不会有这样的风险。若将上述算例采用分散自抗扰控制，两个自抗扰控制参数为

$$\begin{aligned} \omega_{c1} &= 0.84, \quad \omega_{o1} = 7.25, \quad b_{01} = 2.2 \\ \omega_{c2} &= 0.29, \quad \omega_{o2} = 7.25, \quad b_{02} = -3 \end{aligned} \tag{4.4.64}$$

　　在 TITO 系统增益改变前后，自抗扰控制参数保持不变。仿真结果与逆解耦加上 PI(ID-PI) 的对比图 4.4.33 所示，可以看出自抗扰控制在同样的对象增益变化后，性能发生变化，但最终能达到稳定，并不会出现振荡发散的不稳定现象。

　　分散自抗扰控制不会出现类似逆解耦这种内部不稳定现象的原因在于，自抗扰控制器内部没有闭环，所有反馈环节都有外部信号，如参考输入 r、被控对象输出 y 的加入，因此分散自抗扰控制多变量系统只需要考虑整体的闭环稳定性，而不需要额外考虑控制器内部的稳定性。这也是分散自抗扰控制相对于逆解耦控制的优点之一。

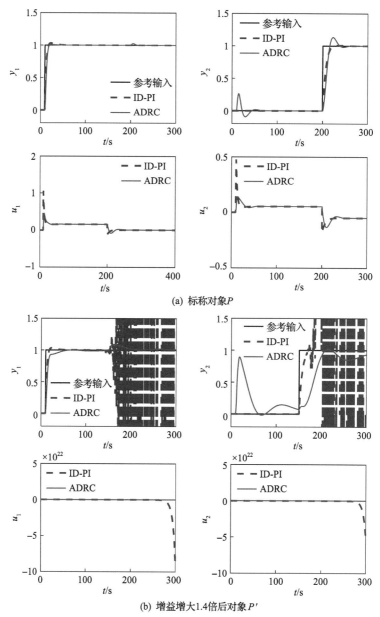

(a) 标称对象 P

(b) 增益增大 1.4 倍后对象 P'

图 4.4.33　分散自抗扰控制与逆解耦控制效果对比

3. 仿真算例

本部分将基于 WB 模型和四容耦合水箱模型进行分散式自抗扰控制,并与逆解耦控制方法比较,说明分散自抗扰控制具有的解耦能力以及应用优势。

WB 模型是多变量控制研究中被使用最多的 TITO 系统，其传递函数模型为

$$P_1 = \begin{bmatrix} \dfrac{12.8\mathrm{e}^{-s}}{16.7s+1} & \dfrac{-18.9\mathrm{e}^{-3s}}{21s+1} \\ \dfrac{6.6\mathrm{e}^{-7s}}{10.9s+1} & \dfrac{-19.4\mathrm{e}^{-3s}}{14.4s+1} \end{bmatrix} \qquad (4.4.65)$$

对于该对象，分别使用分散自抗扰控制和逆解耦加上 PI(ID-PI) 控制的方法。参数设置见表 4.4.15。

表 4.4.15　WB 模型逆解耦和分散自抗扰控制的参数设置

控制方法	解耦器		控制器
ID-PI	$\mathrm{Dd}(s)=\begin{bmatrix}1 & 0\\ 0 & 1\end{bmatrix}$ $\mathrm{Do}(s)=\begin{bmatrix} 0 & \dfrac{1.48(16.7s+1)\mathrm{e}^{-2s}}{21s+1} \\ \dfrac{0.34(14.4s+1)\mathrm{e}^{-4s}}{10.9s+1} & 0 \end{bmatrix}$		$k_{p1}=0.50,\ k_{i1}=0.045$ $k_{p2}=-0.11,\ k_{i2}=-0.009$
ADRC	—		$\omega_{c1}=0.42,\ \omega_{o1}=3.2,\ b_{01}=3.2$ $\omega_{c2}=0.32,\ \omega_{o2}=3.2,\ b_{02}=-3.3$

对于标称 WB 模型，逆解耦加 PI 和分散自抗扰控制的效果如图 4.4.34 所示。

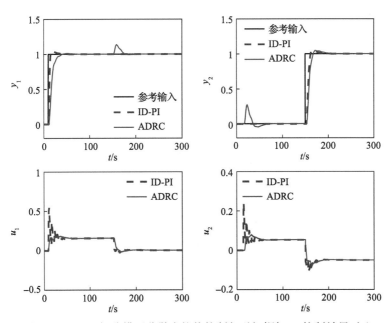

图 4.4.34　WB 标称模型分散自抗扰控制与逆解耦加 PI 控制效果对比

由图可以看出逆解耦控制在标称情况下，几乎能够实现完全解耦，并且对设定值跟踪的调节时间更短。而分散自抗扰控制虽最终能消除耦合带来的影响，但受耦合的影响较逆解耦更明显。

当被控的 TITO 系统模型发生变化时，采用 Monte Carlo 随机方法来测试两种方法的鲁棒性。仿真结果如图 4.4.35 所示。

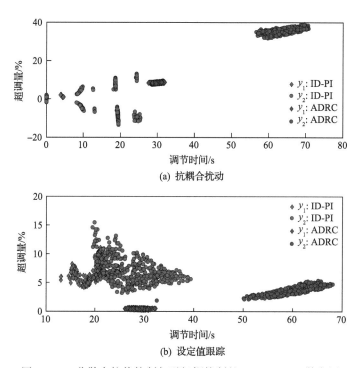

(a) 抗耦合扰动

(b) 设定值跟踪

图 4.4.35　分散自抗扰控制与逆解耦控制的 Monte Carlo 散点图

设定仿真实验次数为 N=500 次，每次仿真中，使对象中四个传递函数中的每个增益、时间常数和滞后时间在 90%～110%的区间内随机摄动，而逆解耦器参数、PI 控制器参数和自抗扰控制器参数一直保持不变。每次仿真结束后统计每个输出的设定值跟踪和抗耦合扰动阶段的调节时间和超调量的值。在 N 次仿真结束后，将所有指标值画成以调节时间和超调量为横纵坐标的散点图。这样的散点图为 Monte Carlo 随机实验图，可以比较不同控制方法的鲁棒性。

散点越靠近原点，代表该控制方法的超调量和调节时间越小，控制性能也越好；图上的散点分布越集中，代表该控制方法在模型参数变化的情况下，性能改变越小，也就意味着鲁棒性越强，反之亦然。由图 4.4.35 可以看出分散自抗扰控制方法的性能指标散点分布相对于逆解耦控制方法更集中，因此说明分散自抗扰控制方法鲁棒性较好。

四容耦合水箱系统也是一个典型的 TITO 系统，多用于实验室的多变量研究。四容耦合水箱结构示意图如图 4.4.36 所示。四个水箱分别在左右两侧布置，并且每侧两个水箱串联。耦合阀门开度 k_0 影响水箱 2 和水箱 4 的水位耦合程度。整个系统为 TITO 系统，控制量是左右两个水泵的电压 U_1、U_2，被控量是底部两个水箱的水位 H_2、H_4。

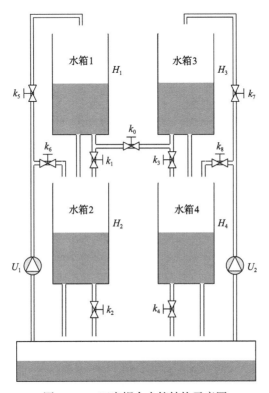

图 4.4.36 四容耦合水箱结构示意图

水箱水位变化的动态方程可以通过质量守恒来建立：

$$A\frac{\mathrm{d}H}{\mathrm{d}t} = -q_{\mathrm{out}} + q_{\mathrm{in}} \tag{4.4.66}$$

其中，A 是水箱的横截面积；H 是水箱水位；q_{in} 和 q_{out} 是流入和流出水箱的水流量。

流出水箱的流量可以根据伯努利定律得出 $q_{\mathrm{out}} = a\sqrt{2gH}$，其中 a 是流出管口的横截面积。而从水泵直接泵入水箱的水流量与水泵电压有关 $q_{\mathrm{in}} = bU$，其中 b 是水泵流量系数。水流管路中各个阀门开度系数 $k_i(0\sim1)$ 对流量影响可以简化成比例作用。水箱 1 流入水箱 4 或者水箱 3 流入水箱 2 的流量取决于水箱 1、3 之间的高度差。由此 4 个水箱的水位动态方程如下:

$$
\begin{cases}
A_1\dfrac{\mathrm{d}H_1}{\mathrm{d}t} = -\left(1+k_1\right)a_1\sqrt{2gH_1} - \min\left[k_0,k_3\right]a_3\sqrt{2g\max\left[\left(H_1-H_3\right),0\right]} + k_5bU_1 \\[2mm]
A_2\dfrac{\mathrm{d}H_2}{\mathrm{d}t} = -\left(1+k_2\right)a_2\sqrt{2gH_2} + \left(1+k_1\right)a_1\sqrt{2gH_1} \\[2mm]
\qquad\qquad + \min\left[k_0,k_1\right]a_1\sqrt{2g\max\left[\left(H_3-H_1\right),0\right]} + k_6bU_1 \\[2mm]
A_3\dfrac{\mathrm{d}H_3}{\mathrm{d}t} = -\left(1+k_3\right)a_3\sqrt{2gH_3} - \min\left[k_0,k_1\right]a_1\sqrt{2g\max\left[\left(H_3-H_1\right),0\right]} + k_7bU_2 \\[2mm]
A_4\dfrac{\mathrm{d}H_4}{\mathrm{d}t} = -\left(1+k_4\right)a_4\sqrt{2gH_4} + \left(1+k_3\right)a_3\sqrt{2gH_3} \\[2mm]
\qquad\qquad + \min\left[k_0,k_3\right]a_3\sqrt{2g\max\left[\left(H_1-H_3\right),0\right]} + k_8bU_2
\end{cases}
$$

$$(4.4.67)$$

根据以上动态方程,在 Simulink 中搭建模型,为模拟实际的水箱系统,水箱水位的测量值加入一定幅度的测量白噪声,并限制水箱水位范围和水泵电压范围和变化速率。从式 (4.4.67) 可以看出,该四容水箱系统非线性强,工况和耦合程度随着阀门开度变化较大。为了进行分散自抗扰控制和逆解耦控制设计,对该水箱系统进行开环阶跃实验,辨识从水泵电压 U_1、U_2 至水位 H_2、H_4 的传递函数模型。

保持阀门 2、6、8 关闭,阀门 1、3、5、7 全开,阀门 4 开一半,耦合阀门也保持全开,即 $k_0=1$,$k_1=1$,$k_3=1$,$k_5=1$,$k_7=1$,$k_2=0$,$k_4=0.5$,$k_6=0$,$k_8=0$。左侧水泵电压从 4V 阶跃至 4.5V,右侧水泵电压保持为 0,水箱 2 和水箱 4 水位的开环阶跃响应如图 4.4.37 所示。右侧水泵电压从 4V 阶跃至 4.5V,左侧水泵电压保持为 0,水箱 2 和水箱 4 水位的开环阶跃响应如图 4.4.38 所示。

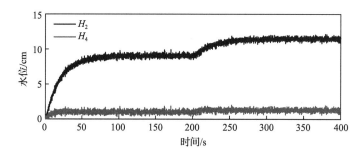

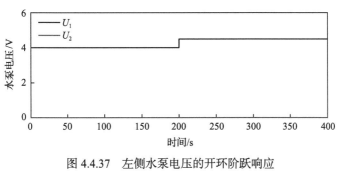

图 4.4.37　左侧水泵电压的开环阶跃响应

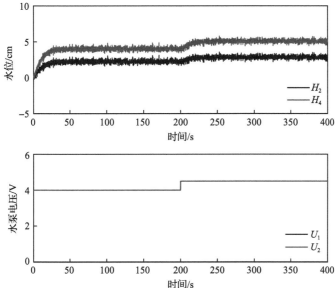

图 4.4.38　右侧水泵电压的开环阶跃响应

根据开环阶跃响应曲线，辨识得水箱系统的 TITO 模型为

$$
\begin{bmatrix} H_2 \\ H_4 \end{bmatrix} = \begin{bmatrix} G_{H_2U_1} & G_{H_2U_2} \\ G_{H_4U_1} & G_{H_4U_2} \end{bmatrix} \begin{bmatrix} U_1 \\ U_2 \end{bmatrix}
$$

$$
= \begin{bmatrix} \dfrac{4.76\mathrm{e}^{-5s}}{(22.9s+1)(0.006s+1)} & \dfrac{1.15\mathrm{e}^{-1.8s}}{(11.84s+1)(0.64s+1)} \\ \dfrac{0.48\mathrm{e}^{-4.3s}}{(2.67s+1)(0.059s+1)} & \dfrac{2.08\mathrm{e}^{-4.7s}}{(8.63s+1)(0.004s+1)} \end{bmatrix} \begin{bmatrix} U_1 \\ U_2 \end{bmatrix} \tag{4.4.68}
$$

分散自抗扰控制将回路间的耦合作用当成扰动处理，因此直接根据主对角传递函数设计自抗扰控制器。将主对角传递函数近似成 $K/(Ts+1)^n$ 形式：

$$G_{H_2U_1} \approx \frac{4.76}{(13.01s+1)^2}, \quad G_{H_4U_2} \approx \frac{2.09}{(4.42s+1)^3} \qquad (4.4.69)$$

虽然近似的 $G_{H_2U_1}$ 不是高阶对象，但仍可以采用 3.10 节中针对高阶对象的参数整定方法给出两个自抗扰控制初始参数，进行微调然后获得最终的整定参数：

$$k_{p1} = 0.0197, k_{d1} = 0.3843, b_{01} = 0.3401, \beta_{11} = 3.8432, \beta_{21} = 4.9234, \beta_{31} = 2.1024$$
$$k_{p2} = 0.0732, k_{d2} = 1.5066, b_{02} = 1.9135, \beta_{12} = 9.0498, \beta_{22} = 27.2995, \beta_{32} = 27.4504$$
$$(4.4.70)$$

对于逆解耦控制，根据传递函数矩阵设计逆解耦器，使被控过程达到解耦的目的。由于主对角传递函数的时滞时间大于非主对角传递函数的时滞时间，计算出的逆解耦矩阵会出现相位超前，因此需要进行时滞补偿设计。并且为了避免分子阶次大于分母阶次，忽略零点位置距离虚轴较远的项。最后可得逆解耦器为

$$\mathrm{Do}_1 = -\frac{0.2416(22.9s+1)(3.2s+1)}{(11.84s+1)(0.64s+1)}, \quad \mathrm{Do}_2 = -\frac{0.2308(8.63s+1)(0.4s+1)}{(2.67s+1)(0.059s+1)} \quad (4.4.71)$$

逆解耦控制的反馈控制部分采用 PID 控制器，针对主对角的二阶惯性加时滞对象，采用 SIMC 方法进行 PID 参数的整定。由于系统噪声的存在，微分环节的引入使得计算出的 PID 参数无法在水箱水位控制系统中达到稳定，因此，采用 SIMC 方法获得 PI 参数进行控制：

$$k_{p1} = 0.3207, k_{i1} = 0.0140, k_{d1} = 0$$
$$k_{p2} = 0.2943, k_{i2} = 0.0341, k_{d2} = 0$$
$$(4.4.72)$$

将分散自抗扰控制和逆解耦控制分别用于底部水箱水位控制。阀门开度情况与开环阶跃实验的条件保持一致。在水箱 2 和水箱 4 水位均达到稳态时，水箱 2 水位的设定值 R_2 先从 10cm 阶跃至 15cm，待稳定后，水箱 4 水位 R_4 的设定值从 7cm 阶跃至 12cm。从仿真实验中可以分别观察到左右两侧水箱水位控制效果，以及对另一侧耦合影响的消除能力。分散自抗扰控制效果如图 4.4.39 所示，可以看出分散自抗扰控制不但能在两个控制通道达到快速无超调地设定值跟踪，并且能很快抑制另一个通道设定值阶跃带来的耦合影响。在 200～250s，左侧水箱 2 对右侧水箱 4 的耦合影响被分散自抗扰控制减弱至忽略不计。

逆解耦加 PID 控制的首次应用效果如图 4.4.40 所示。可以看出在控制输入量上产生了不稳定和高频振荡，从而导致水位的控制效果恶化。由于逆解耦器内部形成一个闭环，即使是一个控制输入通道上的小幅振荡，也会在逆解耦器这个内环中不断强化放大，最终导致输入量上的不稳定性。这个输入量上的高频振荡需要额外设计低通滤波器以改变内部动态来克服。加入滤波器后的逆解耦控

制效果如图 4.4.41 所示，可以看出逆解耦加 PID 的设定值跟踪和耦合扰动抑制的效果。

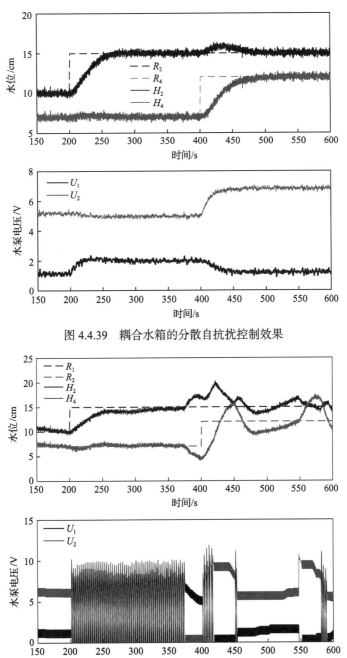

图 4.4.39　耦合水箱的分散自抗扰控制效果

图 4.4.40　耦合水箱的逆解耦加 PID 控制效果（无滤波）

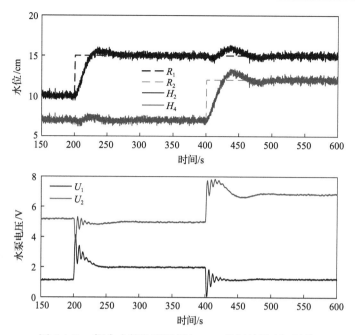

图 4.4.41　耦合水箱的逆解耦加 PID 控制效果(有滤波)

综合比较图 4.4.40 和图 4.4.41 可以看出,在标称情况下,分散自抗扰控制能达到与逆解耦控制相当的耦合扰动抑制的效果。

为了比较这两种多变量控制方法的鲁棒性能,在标称状况下,阀门 4 的开度系数 k_4 设置为 90%~120%,耦合阀门的开度系数 k_0 设置为 50%~100%,进行 Monte Carlo 仿真,最终获得的多变量自抗扰控制与逆解耦加 PID 控制的性能散点图分布如图 4.4.42 所示。可以看出,方形散点所代表的分散自抗扰控制获得的性能分布更集中,并且更靠近原点,说明分散自抗扰控制的鲁棒性强于逆解耦加 PID 控制。

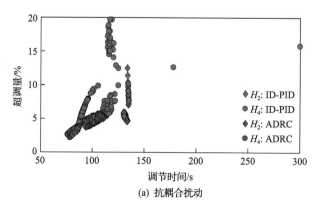

(a) 抗耦合扰动

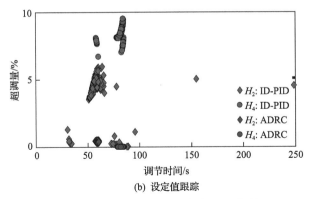

(b) 设定值跟踪

图 4.4.42　耦合水箱的分散自抗扰控制与逆解耦加 PID 控制 Monte Carlo 散点图

通过对传递函数表示的多变量系统，以及具有非线性多变量系统进行控制仿真，说明了分散自抗扰控制具有消除耦合扰动的能力。在模型精确的情况下，逆解耦控制的解耦效果优于分散自抗扰控制，在不能获得精确模型的情况下，逆解耦可能出现解耦器内部的不稳定，从而减弱解耦效果。而分散自抗扰控制可以避免内部不稳定现象的出现，并且可以达到与逆解耦控制相当的解耦效果。通过Monte Carlo 仿真实验，证明了分散自抗扰控制的鲁棒性优于逆解耦控制。

4.4.5　小结

本节主要讨论了分散式多变量自抗扰控制方法。首先给出了基于二阶自抗扰控制律的多变量分散控制方法及流程，并且在多个 2×2 模型及 3×3 模型中进行了验证；然后讨论了基于输入成形技术的分散自抗扰控制设计，给出了如何确定自抗扰控制器参数以及前馈控制器的方法，选取 6 个典型的多回路控制系统进行仿真研究，验证了基于输入成形技术的分散自抗扰控制方法对多变量系统动态响应特性的改善作用；最后讨论了分散式多变量自抗扰控制的解耦能力理论分析及应用优势。

参 考 文 献

[1] Gao Z Q. Scaling and bandwidth-parameterization based controller tuning[C]. Proceedings of the American Control Conference, Denver, 2003: 4989-4996.

[2] Zhang Y Q, Li D H, Xue Y L. Active disturbance rejection control for circulating fluidized bed boiler[C]. The 12th International Conference on Control, Automation and Systems, Jeju, 2012: 1413-1418.

[3] Tian L L, Li D H, Huang C E. Decentralized controller design based on 3-order active-disturbance-rejection-control[C]. The 10th World Congress on Intelligent Control and Automation,

Beijing, 2012: 2746-2751.

[4] Garrido J, Vázquez F, Morilla F. An extended approach of inverted decoupling[J]. Journal of Process Control, 2011, 21(1): 55-68.

[5] 胡增嵘. 线性多变量时滞系统解耦控制研究[D]. 北京: 北京科技大学, 2011.

[6] Shen Y L, Sun Y X, Li S Y. Adjoint transfer matrix based decoupling control for multivariable processes[J]. Industrial & Engineering Chemistry Research, 2012, 51(50): 16419-16426.

[7] Wang C F, Li D H, Li Z, et al. Optimization of controllers for gas turbine based on probabilistic robustness[J]. Journal of Engineering for Gas Turbines and Power, 2009, 131(5): 054502.

[8] Xiong Q, Cai W J. Effective transfer function method for decentralized control system design of multi-input multi-output processes[J]. Journal of Process Control, 2006, 16(8): 773-784.

[9] 吴国垣. 热力过程 TITO 系统的 PID 控制研究[D]. 北京: 清华大学, 2004.

[10] Shen Y L, Cai W J, Li S Y. Normalized decoupling control for high-dimensional MIMO processes for application in room temperature control HVAC systems[J]. Control Engineering Practice, 2010, 18(6): 652-664.

[11] 孙立明, 李东海, 姜学智. 火电站球磨机制粉系统的自抗扰控制[J]. 清华大学学报（自然科学版）, 2003, 43(6): 779-781.

[12] 潘立登, 魏环. 一类时滞多变量连续系统的广义预测控制[J]. 江苏大学学报（自然科学版）, 2008, 29(4): 326-329, 364.

[13] Garrido J, Vázquez F, Morilla F. Centralized multivariable control by simplified decoupling[J]. Journal of Process Control, 2012, 22(6): 1044-1062.

[14] 王学雷, 邵惠鹤. 一种基于 Pade 近似的频域辨识与频域模型降阶新方法[J]. 控制理论与应用, 2003, 20(1): 54-58.

[15] Bristol E H. On a new measure of interaction for multivariable process control[J]. IEEE Transactions on Automatic Control, 1966, 11(1): 133-134.

[16] Vu T N L, Lee M. Independent design of multi-loop PI/PID controllers for interacting multivariable processes[J]. Journal of Process Control, 2010, 20(8): 922-933.

[17] Tan W, Chen T W, Marquez H J. Robust controller design and PID tuning for multivariable processes[J]. Asian Journal of Control, 2002, 4(4): 439-451.

[18] Tan W, Liu J Z, Chen T W, et al. Comparison of some well-known PID tuning formulas[J]. Computers & Chemical Engineering, 2006, 30(9): 1416-1423.

[19] 刘倩. 基于等效开环传递函数的自抗扰控制[D]. 北京: 华北电力大学, 2015.

[20] 徐峰. 鲁棒 PID 控制器研究及其在热工对象控制中的应用[D]. 北京: 清华大学, 2002.

[21] Gao Z Q. Active disturbance rejection control: A paradigm shift in feedback control system design [C]. Proceedings of the American Control Conference, Minneapolis, 2006: 2399-2405.

[22] 陈星. 自抗扰控制器参数整定方法及其在热工过程中的应用[D]. 北京: 清华大学, 2008.

[23] Ackermann J R. Robustness against sensor failures[J]. Automatica, 1984, 20(2): 211-215.

[24] 谢守烈, 柴天佑. 多变量反馈控制系统的完整性分析[J]. 控制与决策, 1995, 10(5): 29-32.

[25] Huang H P, Jeng J C, Chiang C H, et al. A direct method for multi-loop PI/PID controller design[J]. Journal of Process Control, 2003, 13(8): 769-786.

[26] Li D H, Gao F R, Xue Y L, et al. Optimization of decentralized PI/PID controllers based on genetic algorithm[J]. Asian Journal of Control, 2007, 9(3): 306-316.

[27] 白仁明. 多变量非线性系统 TC 控制及其应用[D]. 北京: 北京理工大学, 2008.

[28] 张云帆. 非线性多变量系统解耦控制及其应用[D]. 北京: 北京理工大学, 2011.

[29] 高黛陵, 吴麒. 多变量频率域控制理论[M]. 北京: 清华大学出版社, 1998.

[30] 田玲玲. 基于扩张状态观测器的非线性控制[D]. 北京: 北京航空航天大学, 2005.

[31] 马克西姆. 基于二自由度的自抗扰控制及其在燃烧振荡抑制中的应用[D]. 北京: 清华大学, 2017.

[32] Huang C E, Li D H, Xue Y L. Active disturbance rejection control for the ALSTOM gasifier benchmark problem[J]. Control Engineering Practice, 2013, 21(4): 556-564.

[33] Yang X Y, Cui J W, Lao D Z, et al. Input shaping enhanced active disturbance rejection control for a twin rotor multi-input multi-output system (TRMS)[J]. ISA Transactions, 2016, 62: 287-298.

[34] Pawar S N, Chile R H, Patre B M. Modified reduced order observer based linear active disturbance rejection control for TITO systems[J]. ISA Transactions, 2017, 71(2): 480-494.

[35] He T, Wu Z L, Li D H, et al. A tuning method of active disturbance rejection control for a class of high-order processes[J]. IEEE Transactions on Industrial Electronics, 2020, 67(4): 3191-3201.

[36] Sun L, Dong J Y, Li D H, et al. A practical multivariable control approach based on inverted decoupling and decentralized active disturbance rejection control[J]. Industrial & Engineering Chemistry Research, 2016, 55(7): 2008-2019.

[37] Garrido J, Vázquez F, Morilla F, et al. Practical advantages of inverted decoupling[J]. Proceedings of the Institution of Mechanical Engineers, Part I: Journal of Systems and Control Engineering, 2011, 225(7): 977-992.

第5章 无理传递函数模型和分布参数系统的自抗扰控制

在控制工程中，大多数控制系统的分析和设计均是基于常微分方程，如 RLC 电路、刚性机器人等系统。然而许多有意义的物理系统方程是基于多个变量的。例如，测量一个传热物体某处的温度，它不仅与测量位置和测量时间有关，还与结构振动产生的偏移有关。当系统存在多个独立变量时，建立的动态模型方程就包含偏微分结构，此方程称为偏微分方程。偏微分方程的解反映的是物理现象的分布状况，如传热棒的温度分布情况、悬臂梁的振动[1]、扩散过程和生物系统[2]等的物理过程，这些系统称为分布参数系统。

5.1 无理传递函数和分布参数系统

1954 年，钱学森讨论了热传导过程的分布参数系统问题，最早使用了无穷阶传递函数的概念[3]。1961 年，布特科夫斯基以热轨钢问题为背景，讨论了分布参数系统的最优控制问题。1964 年，王耿介研究了分布参数系统的稳定性、能控性、能观性、最优控制等问题。在这之前，Lions 在现代泛函分析和偏微分方程理论的基础上，对分布参数系统理论进行了广泛深入的研究。随后宋健、关肇直等对分布参数被控对象和集中参数控制器互相耦合的分布参数控制系统从理论上进行了系统的研究。在分布参数系统理论的发展过程中，频率域方法与时间域方法是并行发展的。从 20 世纪 60 年代开始它们有了很大发展。现代偏微分方程和泛函分析理论成果的应用，为分布参数系统建立了严格的理论基础，提供了有力的研究工具。在分布参数系统的镇定、最优控制、能控性、能观测性以及分布参数的辨识和滤波问题上，都已取得类似于集中参数系统的成果，也可认为是集中参数系统相应结果的推广。但在这个领域中可用来解决工程实际问题的成果还不多。

众所周知，由常微分方程描述的传递函数系统通常称成集中参数系统，即有理传递函数。相反，分布参数系统描述的传递函数称为无理传递函数。例如，对于一个质量分布的弹性飞行器，在研究它的运动轨线时，不必逐点考虑内部运动，而把质量集中到质心来分析，把它当成集中参数系统。但在研究它的扭转运动时，必须考虑其内部各点的运动，把它当成分布参数系统。

在自然界中，无理传递函数广泛存在。许多线性系统是无理传递函数，如上述的物理学系统等，它们是以拉普拉斯算子 s 的分数形式或指数形式或双曲函数的形式出现的无理传递函数。典型的例子有热处理、晶体管的孔扩散和电磁设备等[4-6]。此外在文献[7]～[9]中也可以找到这一类特殊的函数。在工程学中，无理传递函数首次引起大家注意是在 1950 年，Heaviside 观察到一个无限长 RC 电缆的阻抗是 $1/\sqrt{s}$ [10]。文献[11]从数学模型中推导出其他许多类型的无理传递函数。

无理传递函数的状态空间是无穷维空间，通常为 Hilbert 空间，故无理传递函数系统也称为无穷维系统。Shieh 等[12]针对控制系统中常见的一些无理传递函数，阐述了几种近似方法，重点介绍了连续分数扩张及倒置这两种算法，并对几个典型的无理传递函数进行了近似。虽然近似结果尚可，但当精度要求较高时，近似工作将变得比较烦琐。Curtain 等[13]讲述了一些用偏微分方程描述的动态过程系统，并推导和分析了它们等效的无穷维传递函数结构，但无穷维系统研究和仿真都比较困难。

本章将二阶线性自抗扰控制器整定方法应用到无理传递函数近似的高阶模型上，对其进行仿真研究。具体内容安排如下：首先对无理传递函数进行描述，找到合适的近似高阶模型；其次对各近似高阶模型进行仿真实验；最后给出小结。

5.2　无理传递函数的自抗扰控制

本章采用的二阶线性自抗扰控制的闭环系统结构如图 5.2.1 所示，其中 $G_p(s)$ 是被控对象。

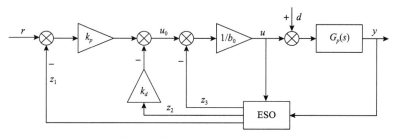

图 5.2.1　采用二阶线性自抗扰控制的闭环系统结构图

控制器设计的目标是当系统存在外部扰动和系统模型参数发生变化时，系统均能够获得良好的控制效果，具体要求如下：

(1)给定参考输入值，使得闭环系统的调节时间和超调量满足系统要求；

(2)当外界存在干扰时，输出能够快速地恢复到稳态值；

（3）近似高阶模型的参数在标称值附近（±10%）发生全摄动时，闭环系统能够保持稳定，且具有良好的性能鲁棒性。

本章考查如下 6 个无理传递函数，其中 G_1 选自文献[14]，$G_2 \sim G_4$ 选自文献[12]，G_5 选自文献[9]，G_6 选自文献[13]：

$$G_1 = e^{-\sqrt{s}} \tag{5.2.1}$$

$$G_2 = \frac{1}{\sqrt{s}} \tag{5.2.2}$$

$$G_3 = \frac{1}{s\sqrt{s+1}} \tag{5.2.3}$$

$$G_4 = \frac{1}{(s+1)(0.63\sqrt{s}+1)} \tag{5.2.4}$$

$$G_5 = \frac{\tanh(\sqrt{s})}{\sqrt{s}} \tag{5.2.5}$$

$$G_6(x_0,s) = \frac{\alpha \cosh\left(\dfrac{\sqrt{s}x_0}{\alpha}\right)}{K_0\sqrt{s}\sinh\left(\dfrac{\sqrt{s}L}{\alpha}\right)} \tag{5.2.6}$$

其中，G_6 为热传导过程；α 为热扩散率；L 为传热棒的长度；x_0 为测量位置长度；K_0 为热传导率。为简化之，这里取 $\alpha = 0.1$，$K_0 = 0.5$。当边界条件为 Neumann 条件且 $x_0 = L$，即测量末端点处的温度时，G_6 等价的无穷维系统模型为

$$G_6(L,s) = \frac{\alpha^2}{K_0 Ls} + \frac{2L}{K_0}\sum_{k=1}^{\infty}\frac{1}{L^2 s + (k\pi\alpha)^2} = \frac{\alpha^2}{K_0 Ls} + \frac{2L}{K_0}\sum_{k=1}^{n}\frac{1}{L^2 s + (k\pi\alpha)^2}, \quad n \to \infty \tag{5.2.7}$$

无理传递函数是无穷维系统，研究和仿真都较困难，故在本章中主要针对它们的近似模型进行仿真实验。其中 $G_1 \sim G_4$ 四个无理传递函数的近似高阶模型系统如下所示：

$$G_1 \approx \frac{-0.0261s^5 + 7.41s^4 - 1048s^3 + 63397s^2 + 92844s + 6326}{s^6 + 98.3s^5 + 4568s^4 + 67984s^3 + 227350s^2 + 132925s + 6686} \tag{5.2.8}$$

$$G_2 \approx \frac{8s^3 + 56s^2 + 56s + 8}{s^4 + 28s^3 + 70s^2 + 28s + 1} \tag{5.2.9}$$

$$G_3 \approx \frac{8s^3 + 80s^2 + 192s + 128}{s^4 + 32s^3 + 160s^2 + 256s + 128} \frac{1}{s} \tag{5.2.10}$$

$$G_4 \approx \frac{100s^4 + 3600s^3 + 12600s^2 + 8400s + 900}{6.67s^5 + 95.59s^4 + 294.3s^3 + 312.1s^2 + 116.3s + 9.63} \tag{5.2.11}$$

G_5 等价的无穷维系统模型为

$$G_5 \approx \sum_{n=1}^{\infty} \frac{2}{s + (n+0.5)^2 \pi^2} = \sum_{n=1}^{n} \frac{2}{s + (n+0.5)^2 \pi^2}, \quad n \to \infty \tag{5.2.12}$$

对于 G_5、G_6，这两个无理传递函数可以等效为无穷维系统，在这里采用截断的方法对其进行研究。通过仿真实验发现，对于 G_5，观察到 $n=30$ 和 $n=40$ 的阶跃响应已基本重合，表明 $n=30$ 的截断模型就可以足够的精度表示该系统。故把 $n=30$ 的截断模型作为仿真研究的基本模型。同理对于 G_6，选择 $n=50$ 的截断模型作为仿真研究的基本模型。它们的截断模型如式(5.2.13)和式(5.2.14)所示。$G_1 \sim G_4$ 各自对应的近似高阶模型与原模型的阶跃响应比较如图 5.2.2 所示，G_5、G_6 的截断模型的阶跃响应比较如图 5.2.3 所示。

$$G_5 \approx \sum_{n=1}^{30} \frac{2}{s + (n+0.5)^2 \pi^2} \tag{5.2.13}$$

$$G_6(L,s) \approx \frac{\alpha^2}{K_0 L s} + \frac{2L}{K_0} \sum_{k=1}^{50} \frac{1}{L^2 s + (k\pi\alpha)^2} \tag{5.2.14}$$

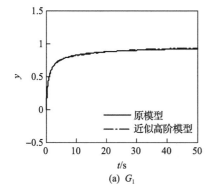

(a) G_1

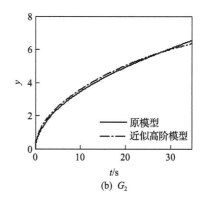

(b) G_2

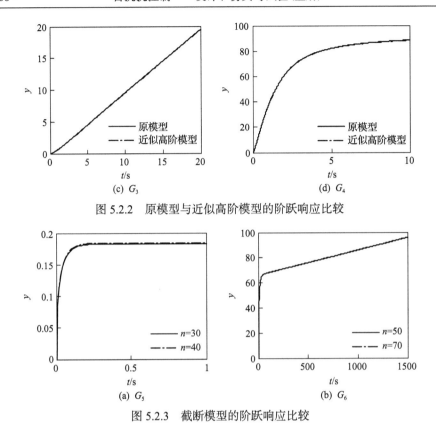

图 5.2.2　原模型与近似高阶模型的阶跃响应比较

图 5.2.3　截断模型的阶跃响应比较

由图 5.2.2 的结果可以看出，原模型与近似高阶模型的阶跃响应吻合良好，在一定程度上验证了近似模型的准确性。图 5.2.3 中，对于 G_5，观察 $n=30$ 和 $n=40$ 截断模型的阶跃响应，响应曲线基本重合。同理对于 G_6，$n=50$ 和 $n=70$ 截断模型的阶跃响应也基本重合。综上，对于 G_5，$n=30$ 的截断模型已经可以足够精度表示该无理传递函数系统，同理 $n=50$ 的截断模型已足以精确地代表原无理传递函数 G_6。接下来主要对近似高阶模型进行仿真实验。

5.3　仿　真　研　究

从 5.2 节中得知近似高阶模型可以较准确地描述原无理传递函数，故本节主要针对上述 6 个无理传递函数的近似高阶模型进行仿真实验。整定控制器参数如表 5.3.1 所示。

图 5.3.1 显示的为对象在标称值条件下，闭环系统的设定值和控制量发生阶跃变化时，系统的输出和控制量变化曲线。

从图 5.3.1 的仿真结果可以看出，采用自抗扰控制对于近似高阶系统具有很好的控制效果,且控制量均很小,满足系统的动态性能。其中 G_5、G_6 的仿真结果进一步说明,二阶线性自抗扰控制器对几十阶的高阶模型也具有良好的控制效果。这些结果间接说明了自抗扰控制器对无理传递函数的控制性能。

表 5.3.1　控制器参数

对象	控制器参数			
	ω_c	ω_o	k	b_0
G_1	15	60	20	35
G_2	1.11	4.44	4	1.65
G_3	3.33	13.33	4	1
G_4	10	40	4	100
G_5	10	40	4	5
G_6	2	8	4	10

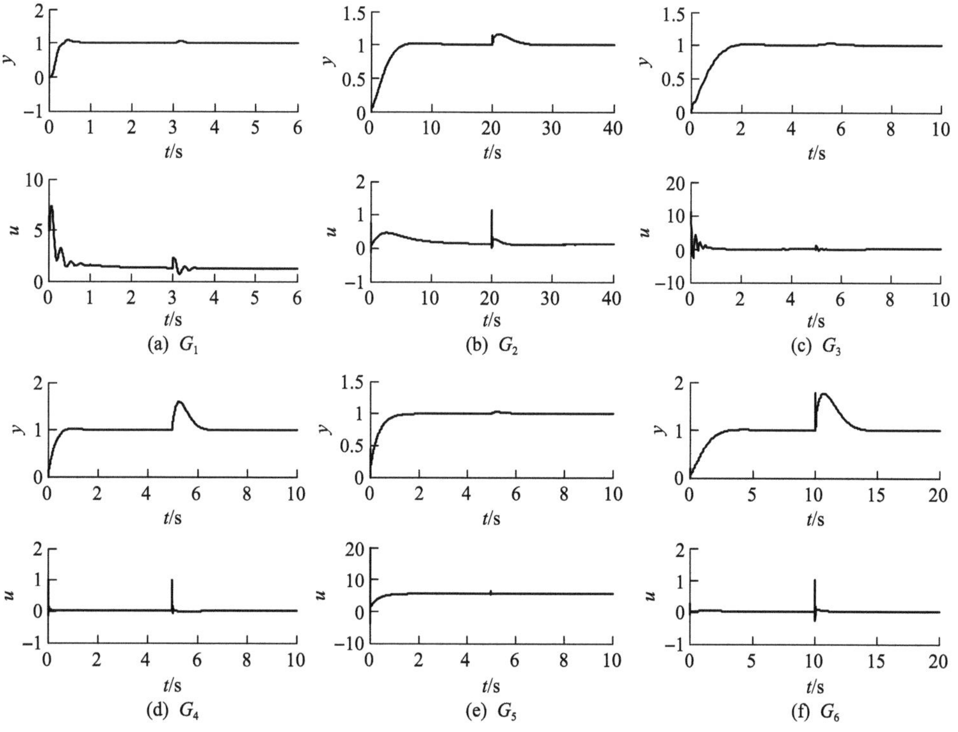

图 5.3.1　设定值为阶跃扰动时系统输出和控制量的动态响应

为验证二阶线性自抗扰控制器对无理传递函数的性能鲁棒性,对于 $G_1 \sim G_6$,假设近似高阶模型的所有参数在标称值附近发生±10%的随机摄动,服从均匀分布。进行 300 次 Monte Carlo 随机实验，性能分布结果如图 5.3.2 所示。表 5.3.2 给出了性能指标变化的范围、均值和方差。

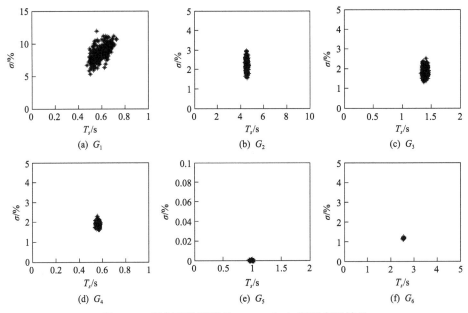

图 5.3.2　近似高阶模型的 Monte Carlo 随机实验结果

表 5.3.2　近似高阶模型的 Monte Carlo 随机实验性能指标统计

对象	调节时间 T_s/s			超调量 σ/%		
	范围	均值	方差	范围	均值	方差
G_1	0.472~0.730	0.589	3×10^{-3}	5.328~11.923	8.549	1.3596
G_2	4.382~4.696	4.534	3×10^{-3}	1.554~2.970	2.239	0.0704
G_3	1.332~1.456	1.399	7×10^{-4}	1.333~2.504	1.868	0.0452
G_4	0.543~0.585	0.565	6×10^{-5}	1.632~2.311	1.913	0.0155
G_5	0.943~1.027	0.982	6×10^{-4}	0~4.5×10^{-4}	1.2×10^{-4}	3×10^{-8}
G_6	2.530~2.542	2.536	2×10^{-5}	1.093~1.213	1.152	0.0012

图 5.3.2 中随机实验点分布比较集中，表 5.3.2 中调节时间和超调量的方差较小，这些数据也证实了这一点，它们共同说明了二阶线性自抗扰控制器对无理传递函数具有较强的性能鲁棒性。

5.4　小　　结

本章给出的 6 个无理传递函数的近似高阶模型，能够以足够的精度表示原无理传递函数，并对近似高阶模型进行了仿真实验。仿真结果表明，二阶线性自抗扰控制器对无理传递函数具有良好的控制效果和较好的性能鲁棒性。这些仿真结果为进一步扩大自抗扰控制器的应用奠定了基础。

参 考 文 献

[1] Zhou S, Pan Z K. Irrational transfer functions of Euler-Bernoulli beams and applications to modeling for control designs[J]. Journal of Qingdao University, 1999, 4(12): 1-13.

[2] Moornani K A, Haeri M. On robust stability of linear time invariant fractional-order systems with real parametric uncertainties[J]. ISA Transactions, 2009, 48(4): 484-490.

[3] 钱学森. 工程控制论[M]. 北京: 科学出版社, 1980.

[4] Truxal J G. Automatic Feedback Control System Synthesis[M]. New York: McGraw-Hill, 1955.

[5] Campbell D P. Process Dynamics[M]. New York: Wiley, 1958.

[6] Bohn E V. The Transform Analysis of Linear Systems[M]. Hoboken: Addison-Wesley, 1963.

[7] Duffy D G. Transform Methods for Solving Partial Differential Equations[M]. New York: CRC Press, 1994.

[8] Curtain R F, Zwart H J. An Introduction to Infinite Dimensional Linear Systems Theory[M]. Berlin: Springer-Verlag, 1995.

[9] Hélie T, Matignon D. Representations with poles and cuts for the time domain simulation of fractional systems and irrational transfer functions[J]. Signal Processing, 2006, 86(10): 2516-2528.

[10] Heaviside O. Electromagnetic Theory[M]. Cambridge: Cambridge University Press, 1950.

[11] Aseltine J A. Transform Method in Linear System Analysis[M]. New York: McGraw-Hill, 1958.

[12] Shieh L S, Chen C F. Analysis of irrational transfer functions for distributed parameter systems[J]. IEEE Transactions on Aerospace and Electronic Systems, 1969, 6(5): 967-973.

[13] Curtain R, Morris K. Transfer functions of distributed parameter systems: A tutorial[J]. Automatica, 2009, 5(45): 1101-1116.

[14] Tanguy N, Bréhonnet P, Vilbé P, et al. Gram matrix of a Laguerre model: Application to model reduction of irrational transfer function[J]. Signal Processing, 2005, 85(3): 651-655.

第6章 分数阶系统的自抗扰控制

分数阶微积分的概念最早起源于两位数学家(Leibnitz 和 L'Hospital)之间的通信,在信中他们讨论了关于 1/2 阶导数的问题。历史上许多数学家,包括 Liouville、Riemann、Fourier、Abel、Grünwald 等,都花费了很多年去发展完善分数阶微积分理论[1]。分数阶是相对于传统意义上的整数阶提出来的,其将通常意义下的整数阶微积分运算推广到运算阶次为分数的情况。这里"分数"的概念不仅指有理数,也包括阶次为无理数和复数的情况,甚至可以推广到无理传递函数描述的系统。在分数阶微积分的定义下,取运算阶次为整数的时候分数阶微积分就转化为整数阶微积分。所以,分数阶微积分也可看成是整数阶微积分的推广。另外,整数阶微积分也可看成是分数阶微积分的一个特例。从严格数学意义上讲,"分数阶微积分"是一种错误的命名,因为"分数"不能表示无理数和复数,而现今的"分数阶微积分"范畴包含了无理数阶甚至复数阶。所以,更严格的说法应该是"非整数阶"。但由于历史原因,分数阶已经成为习惯用法,故如不混淆,现在仍然沿用这种命名。

大部分自然界现象都应该用偏微分方程和分数阶微分方程来描述。由于采用集中参数的常微分方程来近似很多系统时精度已满足需要,所以很多偏微分的现象被简化,而分数阶的现象被忽略。对于分布参数系统,分数阶微分方程可以更好地对其进行建模与分析。在分布参数系统与集中参数系统之间,还有其他类型的系统,如多孔介质系统和粒子系统等,分数阶微积分可以揭露这些特定微小尺度的特性。另外,有些有仿生学特性的智能材料具有无穷维动态的记忆性,如人造神经肌肉骨骼系统。通常为简便,用整数阶动态模型对其建模,但为更准确地描述其特性,采用分数阶微积分更合适[2-4]。在经典物理力学理论方面,有三种情况更适合用分数阶微积分算子描述[5,6]:湍流速度场的不规则起伏,布朗运动中的反常扩散现象[7],以及复杂黏弹性材料的记忆性[8,9]。在半无限长有损传输线的驱动端阻抗问题中,可推导出驱动端阻抗的电压电流方程为零初值的分数阶微分方程形式[10]。在标准的热扩散过程中,可以推导出热扩散下温度的拉普拉斯变换表达式为分数阶形式[11]。另外,电容器和忆阻器也具有分数阶特性[12,13]。

6.1 分数阶微积分概念及其性质

由于分数阶微积分的计算比较复杂,定义也多种多样。在分数阶微积分概念提出的初始阶段，主要是数学家们在探讨一些理论问题。直到 20 世纪 60 年代，才有适合工程使用的分数阶微积分运算定义。由于分数阶算子是无穷维算子，所以，实现分数阶算子的方法主要有高阶传递函数有理近似方法和离散化的数值方法两种。虽然分数阶控制器可以在更宽泛的区域设置参数，理论上可以整定出控制效果更好的控制器。但由于分数阶控制器往往结构复杂，阶次较高，需要存储大量历史数据，并且计算量很大。一直到近几十年随着计算机技术的进步和仿真软件的发展，分数阶系统的仿真以及分数阶控制器的应用才越来越广泛。

1974 年 Oldham 与 Spanier 联合出版了第一部关于分数阶微积分的著作，系统地阐述了分数阶微积分的理论与应用[14]。同年，Ross 组织召开了分数阶微积分与应用专题会议，并于次年编辑出版了论文集[15]。1999 年，Podlubny[16]系统地介绍了分数阶微积分的计算、分数阶微分方程的解法，并将拉普拉斯变换等引入分数阶系统的研究中。2018 年，东北大学薛定宇教授的著作《分数阶微积分学与分数阶控制》系统地介绍了分数阶微积分学与分数阶控制领域的理论知识与数值计算方法[17]，本章的仿真算例中涉及分数阶微积分运算的算法均来自此著作。

自 19 世纪以来，Liouville、Riemann、Grümwald、Caputo 等许多学者给出分数阶微积分的各种定义式，其中比较知名的有 Grümwald-Letnikov 定义、Riemann-Liouville 定义和 Caputo 定义[18]。

Grümwald-Letnikov 分数阶微积分定义可以看成整数阶微积分差分定义极限形式的推广，在分数阶控制中应用得最广泛，多用于数值计算。

对于连续函数 $y = f(t)$，它的一阶导数定义为

$$f'(t) = \frac{dy}{dt} = \lim_{h \to 0} \frac{f(t) - f(t-h)}{h} \tag{6.1.1}$$

根据相同的定义，可以推导出二阶导数定义式为

$$f''(t) = \lim_{h \to 0} \frac{f'(t) - f'(t-h)}{h} = \lim_{h \to 0} \frac{f(t) - 2f(t-h) + f(t-2h)}{h^2} \tag{6.1.2}$$

同样可以得到一般的 n 阶导数定义为

$$f^{(n)}(t) = \frac{d^n y}{dt^n} = \lim_{h \to 0} \frac{1}{h^n} \sum_{j=0}^{n} (-1)^j \binom{n}{j} f(t - jh) \tag{6.1.3}$$

其中，$\binom{n}{j}$ 为二项式系数

$$\binom{n}{j} = \frac{n(n-1)(n-2)\cdots(n-j+1)}{j!} \tag{6.1.4}$$

将式(6.1.3)中的整数推广为实数 α，可得到分数阶导数为

$$_aD_t^\alpha f(t) = \lim_{h \to 0} \frac{1}{h^\alpha} \sum_{j=0}^{\left[\frac{t-a}{h}\right]} (-1)^j \binom{\alpha}{j} f(t-jh) \qquad (6.1.5)$$

其中，$\left[\dfrac{t-a}{h}\right]$ 表示对分式 $\dfrac{t-a}{h}$ 取整数部分。

Riemann-Liouville 定义为目前最常用的分数阶微积分定义，其分数阶积分公式定义为

$$_aD_t^{-\alpha} f(t) = \frac{1}{\Gamma(\alpha)} \int_a^t (t-\tau)^{\alpha-1} \mathrm{d}\tau \qquad (6.1.6)$$

其中，$0 < \alpha < 1$，a 为初值；$\Gamma(\cdot)$ 为伽马函数，通常定义为

$$\Gamma(z) = \int_0^\infty \mathrm{e}^{-t} t^{z-1} \mathrm{d}t \qquad (6.1.7)$$

由于 Riemann-Liouville 定义不便于工程和物理建模，意大利地球物理学家 Caputo 提出了一个分数阶微分定义，解决了前者的分数阶初值问题。Caputo 分数阶微分定义为

$$_0D_t^\alpha f(t) = \frac{1}{\Gamma(1-\alpha)} \int_0^t \frac{f'(\tau)}{(t-\tau)^\alpha} \mathrm{d}\tau, \quad 0 < \alpha \leqslant 1 \qquad (6.1.8)$$

比较上述几种分数阶微积分定义方法，Riemann-Liouville 定义和 Grümwald-Letnikov 定义对于大部分函数来说是完全等效的[16]。Caputo 定义更适用于描述分数阶微分方程的初值问题。

分数阶微积分有如下性质：

(1) 若 $f(t)$ 为解析函数，则 $_0D_t^\alpha f(t)$ 对 t 和 α 都是解析的；

(2) 当 α 为整数时，分数阶微分与整数阶完全一致，且有 $_0D_t^0 f(t) = f(t)$；

(3) 分数阶微积分算子为线性算子，即对于任意常数 a、b，有

$$_0D_t^\alpha \left(af(t) + bg(t)\right) = a_0D_t^\alpha f(t) + b_0D_t^\alpha g(t) \qquad (6.1.9)$$

(4) 分数阶微积分算子满足交换律和叠加关系

$$_0D_t^\alpha \left(_0D_t^\beta f(t)\right) = _0D_t^\beta \left(_0D_t^\alpha f(t)\right) = _0D_t^{\alpha+\beta} f(t) \qquad (6.1.10)$$

(5) 函数 $f(t)$ 的分数阶微分的拉普拉斯变换为

$$L\left({}_0D_t^\alpha f(t)\right) = s^\alpha L\left(f(t)\right) - \sum_{k=1}^{n-1} s^k \left({}_0D_t^{\alpha-k-1} f(t)\right)_{t=0} \tag{6.1.11}$$

若函数 $f(t)$ 及其各阶导数的初值均为 0，则 $L\left({}_0D_t^\alpha f(t)\right) = s^\alpha L\left(f(t)\right)$。

6.2　线性分数阶系统的自抗扰控制

由于分数阶动态是无穷维的，可以考虑用抗扰的思想将复杂的分数阶动态看成扰动并实时地估计出来抵消掉。然后对补偿后的单积分器或积分串联型系统设计简单的比例控制器或比例-微分控制器使系统达到预期的动态响应。

考虑最一般的线性分数阶系统：

$$G(s) = \frac{B(s)}{A(s)} = \frac{b_m s^{\beta_m} + b_{m-1}s^{\beta_{m-1}} + \cdots + b_1 s^{\beta_1} + b_0}{a_n s^{\alpha_n} + a_{n-1}s^{\alpha_{n-1}} + \cdots + a_1 s^{\alpha_1} + a_0} \tag{6.2.1}$$

其中，$\alpha_n > \alpha_{n-1} > \cdots > \alpha_1 > 0$、$\beta_m > \beta_{m-1} > \cdots > \beta_1 > 0$ 都为任意的正有理数。假设 a_i、$b_j(i=0,1,\cdots,n; j=0,1,\cdots,m)$ 都是正数，并且 $\alpha_n > \beta_m$。

由于所有的有理数都可以表示成两个整数之比，所以式 (6.2.1) 可以改写成

$$H(s) = \frac{h_2(s)}{h_1(s)}b = \frac{b\left(h_{2m_2}s^{\frac{m_2}{q}} + h_{2(m_2-1)}s^{\frac{m_2-1}{q}} + \cdots + 1\right)}{s^{\frac{m_1}{q}} + h_{1(m_1-1)}s^{\frac{m_1-1}{q}} + \cdots + h_{11}s^{\frac{1}{q}} + h_{10}} = \frac{b\left(\sum_{i=1}^{m_2} h_{2i}s^{\frac{i}{q}} + 1\right)}{s^{\frac{m_1}{q}} + \sum_{i=0}^{m_1-1} h_{1i}s^{\frac{i}{q}}} \tag{6.2.2}$$

其中，$q > 0$、$m_1 > 0$、$m_2 \geqslant 0$ 为整数；$b \neq 0$ 且 $m_1 \geqslant m_2$。显然，上述分数阶系统是一个成比例阶系统。这里，根据 Matignon 的理论[19]假定系统是有界输入有界输出稳定的。

对于上面提到的分数阶系统，Tavakoli-Kakhki 提出一种降阶方法将式 (6.2.1) 的分数阶系统降阶成三种形式[20]。不失一般性，考虑在上述条件下三种最常见的分数阶系统的时域形式：

I 型 　　　　　　　$a_1 y^{(\alpha_1)} + a_0 y = b_0 u$ 　　　　　　　(6.2.3a)

II 型 　　　　　$a_2 y^{(\alpha_2)} + a_1 y^{(\alpha_1)} + a_0 y = b_0 u$ 　　　　　(6.2.3b)

III 型 　　$a_3 y^{(\alpha_3)} + a_2 y^{(\alpha_2)} + a_1 y^{(\alpha_1)} + a_0 y = b_1 u^{(\beta_1)} + b_0 u,\quad \alpha_3 \geqslant \beta_1$ 　(6.2.3c)

其中，(α_i)、$(\beta_j)(i=1,2,3;j=1)$ 分别表示输出 y 和输入 u 导数的阶次。

在零初始条件下，对应的传递函数为

$$G_{\mathrm{I}}(s)=\frac{b_0}{a_1 s^{\alpha_1}+a_0} \tag{6.2.4a}$$

$$G_{\mathrm{II}}(s)=\frac{b_0}{a_2 s^{\alpha_2}+a_1 s^{\alpha_1}+a_0} \tag{6.2.4b}$$

$$G_{\mathrm{III}}(s)=\frac{b_1 s^{\beta_1}+b_0}{a_3 s^{\alpha_3}+a_2 s^{\alpha_2}+a_1 s^{\alpha_1}+a_0} \tag{6.2.4c}$$

6.2.1　线性分数阶动态抑制策略

目前流行的分数阶系统控制方法是分数阶控制器。虽然分数阶控制器具有理论上的有效性和完整性，但是在实现过程中需要对分数阶算子进行高阶近似并且参数较难整定。这里采用简单的整数阶自抗扰控制器，将分数阶动态看成对于整数阶动态的总扰动之一，实时地将其估计出来抵消掉。下面以 II 型系统为例来阐述，其中为简化参数整定，采用自抗扰控制参数化整定方法[21]，控制系统结构如图 6.2.1 所示。

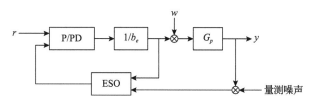

图 6.2.1　线性分数阶系统的自抗扰控制结构

对于式(6.2.3b)，考虑外部扰动 w 有

$$a_2 y^{(\alpha_2)}+a_1 y^{(\alpha_1)}+a_0 y=w+b_0 u \tag{6.2.5a}$$

其中，y 与 u 分别是输出和输入。

参照式(6.2.2)，式(6.2.5a)可等效为

$$y^{(\alpha_2)}+\frac{a_1}{a_2} y^{(\alpha_1)}+\frac{a_0}{a_2} y=\frac{1}{a_2} w+\frac{b_0}{a_2} u \tag{6.2.5b}$$

将其进行变换，可得

$$\dddot{y} = -y^{(\alpha_2)} - \frac{a_1}{a_2} y^{(\alpha_1)} - \frac{a_0}{a_2} y + \ddot{y} + \frac{1}{a_2} w + \frac{b_0}{a_2} u - b_e u + b_e u$$

$$= \left[-y^{(\alpha_2)} - \frac{a_1}{a_2} y^{(\alpha_1)} - \frac{a_0}{a_2} y + \ddot{y} + \frac{1}{a_2} w + \left(\frac{b_0}{a_2} - b_e \right) u \right] + b_e u \qquad (6.2.6)$$

$$= f + b_e u$$

其中，$f = -y^{(\alpha_2)} - \dfrac{a_1}{a_2} y^{(\alpha_1)} - \dfrac{a_0}{a_2} y + \ddot{y} + \dfrac{1}{a_2} w + \left(\dfrac{b_0}{a_2} - b_e \right) u$ 为总扰动，因为它包含了

分数阶动态 $-y^{(\alpha_2)} - \dfrac{a_1}{a_2} y^{(\alpha_1)}$、外部扰动 w 与未知内部动态 $-\dfrac{a_0}{a_2} y + \ddot{y} + \left(\dfrac{b_0}{a_2} - b_e \right) u$。

由式 (6.2.6) 可知，如果已知 b_0 / a_2 的信息，可将 b_e 选取在 b_0 / a_2 附近。另外，自抗扰控制参数的鲁棒性很强，这一点已由文献[22]和[23]间接验证。

6.2.2　扩张状态观测器

定义 $h = \dot{f}$，式 (6.2.6) 的状态方程为

$$\begin{cases} \begin{bmatrix} \dot{x}_1 \\ \dot{x}_2 \\ \dot{x}_3 \end{bmatrix} = \begin{bmatrix} 0 & 1 & 0 \\ 0 & 0 & 1 \\ 0 & 0 & 0 \end{bmatrix} \begin{bmatrix} x_1 \\ x_2 \\ x_3 \end{bmatrix} + \begin{bmatrix} 0 \\ b_e \\ 0 \end{bmatrix} u + \begin{bmatrix} 0 \\ 0 \\ 1 \end{bmatrix} h \\[6mm] y = \begin{bmatrix} 1 & 0 & 0 \end{bmatrix} \begin{bmatrix} x_1 \\ x_2 \\ x_3 \end{bmatrix} \end{cases} \qquad (6.2.7)$$

其中，$x_3 = f$ 是扩张状态，f 可由 ESO 估计得到

$$\begin{cases} \begin{bmatrix} \dot{z}_1 \\ \dot{z}_2 \\ \dot{z}_3 \end{bmatrix} = \begin{bmatrix} 0 & 1 & 0 \\ 0 & 0 & 1 \\ 0 & 0 & 0 \end{bmatrix} \begin{bmatrix} z_1 \\ z_2 \\ z_3 \end{bmatrix} + \begin{bmatrix} 0 \\ b_e \\ 0 \end{bmatrix} u + L(y - \hat{y}) \\[6mm] \hat{y} = \begin{bmatrix} 1 & 0 & 0 \end{bmatrix} \begin{bmatrix} z_1 \\ z_2 \\ z_3 \end{bmatrix} \end{cases} \qquad (6.2.8)$$

其中，$L = \begin{bmatrix} \beta_1 & \beta_2 & \beta_3 \end{bmatrix}^{\mathrm{T}}$ 是观测器增益向量。

根据带宽参数化方法，将观测器极点配置在 $-\omega_o$ 处，同时 ω_o 即观测器带宽，取

$$L = \begin{bmatrix} 3\omega_o & 3\omega_o^2 & \omega_o^3 \end{bmatrix}^{\mathrm{T}} \qquad (6.2.9)$$

观测器带宽 ω_o 的整定有如下要求：为保证估计的有效性，ω_o 要大于所估计的状态频率和扰动频率，并且为抑制量测噪声和满足可实现性 ω_o 要小于量测噪声的频率和系统采样频率。这里，以一个典型例子来直观地说明不同的 ω_o 对系统的影响，如图 6.2.2 所示，被控对象为 6.2.5 节中的 $G_{\text{II}}^2(s)$。

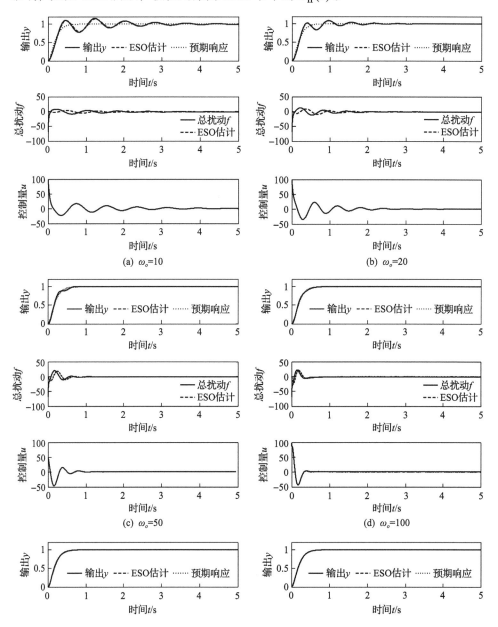

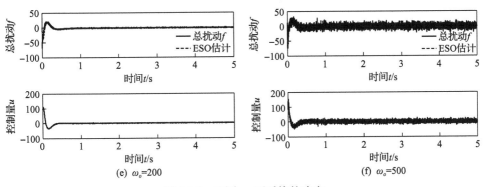

(e) $\omega_o=200$ (f) $\omega_o=500$

图 6.2.2 不同 ω_o 下系统的响应

6.2.3 控制算法

ESO 的输出分别跟踪 y、$\dot{y}$ 和 f，记 $z_1=\hat{y}$，$z_2=\hat{\dot{y}}$，$z_3=\hat{f}$，设计控制律为

$$u = \frac{-\hat{f}+u_0}{b_e} \tag{6.2.10}$$

此时，式 (6.2.6) 变为 $\ddot{y}=f-\hat{f}+u_0$。忽略当 $t\to\infty$ 时的估计误差，II 型系统简化成积分串联型系统：

$$\ddot{y} = f-\hat{f}+u_0 \approx u_0 \tag{6.2.11}$$

此系统可由简单的 PD 控制器控制：

$$u_0 = k_p\left(r-\hat{y}\right)+k_d(-\hat{\dot{y}}) \tag{6.2.12}$$

其中，r 是设定值。这里用 $-\hat{\dot{y}}$ 代替 $\dot{r}-\hat{\dot{y}}$ 以避免 $\dot{r}$ 所带来的冲击。

因此，式 (6.2.11) 为

$$\ddot{y} = k_p\left(r-y\right)+k_d\left(-\dot{y}\right) \tag{6.2.13}$$

系统闭环传递函数为

$$G(s) = \frac{k_p}{s^2+k_d s+k_p} \tag{6.2.14}$$

式 (6.2.14) 也称为自抗扰控制的预期响应。

根据带宽参数化方法，令 k_p 与 k_d 满足约束关系 $k_p=2\omega_c$ 与 $k_d=\omega_c^2$，则 ω_c 为

控制器带宽。较大的 ω_c 可以提高系统的响应速度，但是也会增大控制信号的幅值和变化速度。另外，较小的 ω_c 可以提高系统的稳定性，并且观测器的带宽 ω_o 要大于控制器的带宽 ω_c 使得观测器可以跟上控制器的速度。这里，以一个典型例子来直观地说明不同 ω_c 对系统的影响，如图 6.2.3 所示，被控对象为 6.2.5 节中的 $G_{\mathrm{II}}^2(s)$。

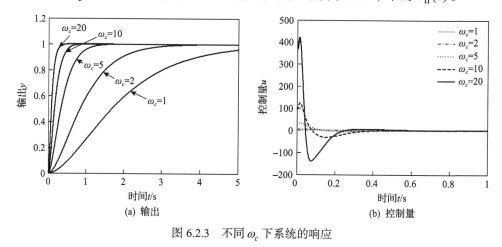

图 6.2.3　不同 ω_c 下系统的响应

6.2.4　稳定性

引理 6.2.1　令 $q \in \mathbf{Z}^+$，多项式 $P(s)$ 系数全为正，多项式 $Q(s)$ 满足 $Q(0) > 0$ 与 $\deg Q(s) \leqslant \deg P(s) + q$。如果 $P(s)$ 没有任何一个根在集合 $\left\{ z \mid z \in \mathbf{C}, -\dfrac{\pi}{2q} \leqslant \arg z \leqslant \dfrac{\pi}{2q} \right\}$ 内，则存在 $\kappa_0 > 0$，使得当 $\kappa > \kappa_0$ 时，多项式 $\kappa s^q P(s) + Q(s)$ 的所有根在集合 $\left\{ z \mid z \in \mathbf{C}, -\dfrac{\pi}{2q} \leqslant \arg z \leqslant \dfrac{\pi}{2q} \right\}$ 之外。

证明　考虑到当 $\kappa > 0$ 时，$\kappa s^q P(s) + Q(s)$ 的根与 $s^q P(s) + \dfrac{1}{\kappa} Q(s)$ 的根完全相同。由于多项式根的连续变化可以由多项式系数连续变化决定[24]，并且有 $\deg Q(s) \leqslant \deg P(s) + q = \deg\left(s^q P(s)\right)$，所以当 κ 增大时，$s^q P(s) + \dfrac{1}{\kappa} Q(s)$ 的根会相应地向 $s^q P(s)$ 的根的方向移动。这样，$s^q P(s) + \dfrac{1}{\kappa} Q(s)$ 的根可以分为不同的两类。其中一类有 q 个根，随着 κ 的增大趋向于复平面原点附近。另一类根会随着 κ 的增大趋向于 $P(s)$ 的根。因此，当 κ 足够大时，第二类根会在集合 $\{z \mid z \in \mathbf{C},$

$-\dfrac{\pi}{2q} \leqslant \arg z \leqslant \dfrac{\pi}{2q}\bigg\}$ 之外。

所以，接下来只需要证明第一类根不在集合 $\left\{z \mid z \in \mathbf{C}, -\dfrac{\pi}{2q} \leqslant \arg z \leqslant \dfrac{\pi}{2q}\right\}$ 内即可。令 λ 为任意一个第一类根，有

$$\lim_{\kappa \to +\infty} \lambda = 0 \tag{6.2.15}$$

由于 $P(0) > 0$ 且 $Q(0) > 0$，对于足够大的 κ，$P(\lambda)$ 与 $Q(\lambda)$ 的实部均为正并且分别近似等于 $P(0)$ 与 $Q(0)$。同时，$P(\lambda)$ 与 $Q(\lambda)$ 的虚部的绝对值又非常小。因此，$P(\lambda)$ 与 $Q(\lambda)$ 的幅角几乎都为零，并且

$$\arg \frac{Q(\lambda)}{P(\lambda)} = \arg Q(\lambda) - \arg P(\lambda) \in \left(-\frac{\pi}{2}, \frac{\pi}{2}\right) \tag{6.2.16}$$

因为 $\kappa \lambda^q = -(Q(\lambda)/P(\lambda))$ 并且 $\kappa > 0$，可得

$$\arg \lambda^q \in \left(-\pi, -\frac{\pi}{2}\right) \cup \left(\frac{\pi}{2}, \pi\right) \tag{6.2.17}$$

即 $\arg \lambda^q \notin [-\pi/2, \pi/2]$。因此

$$\arg \lambda \notin \left[-\frac{\pi}{2q}, \frac{\pi}{2q}\right] \tag{6.2.18}$$

考虑到 λ 为第一类 q 个根中的任意一个，引理成立。证毕。□

引理 6.2.2　假设式 (6.2.19) 所描述的系统开环稳定：

$$Y(s) = H(s)U(s) \tag{6.2.19}$$

其中，$Y(s)$ 与 $U(s)$ 分别表示系统的输出和输入，并且有

$$
\begin{aligned}
H(s) &= \frac{h_2(s)}{h_1(s)} b_0, \quad b_0 \neq 0 \\
h_1(s) &= s^{m_1/q} + \sum_{i=0}^{m_1-1} h_{1i} s^{i/q} \\
h_2(s) &= \sum_{i=0}^{m_2} h_{2i} s^{i/q}, \quad h_{20} = 1, h_{2m_2} \neq 0
\end{aligned}
\tag{6.2.20}
$$

其中，$q>0$、$m_1>0$、$m_2\geqslant 0$且都为整数，并且$m_1\geqslant m_2$。

式(6.2.21)所描述的自抗扰控制方法可使闭环系统稳定:

$$\begin{cases} \dot z_1 = z_2 - \beta_1(z_1-y) + b_e u \\ \dot z_2 = -\beta_2(z_1-y)u = \dfrac{1}{b_e}\big[-z_2 + p_1(v-z_1)\big] \end{cases} \tag{6.2.21}$$

证明 基于文献[25]的结果，闭环系统可以描述为

$$Y(s) = G_c(s)v(s) \tag{6.2.22}$$

其中

$$G_c(s) = \frac{1}{C(s)}b_v(s)h_2(s)$$
$$C(s) = \frac{b_e}{b_0}a(s)h_1(s) + b_y(s)h_2(s)$$
$$a(s) = s(s+\beta_1+p_1) \tag{6.2.23}$$
$$b_v(s) = p_1\left(s^2+\beta_1 s+\beta_2\right)$$
$$b_y(s) = (\beta_1 p_1+\beta_2)s + p_1\beta_2$$

令$\lambda=s^{1/q}$，则$C(\lambda^q)$、$a(\lambda^q)h_1(\lambda^q)$、$(1/\lambda^q)a(\lambda^q)h_1(\lambda^q)$、$b_y(\lambda^q)h_2(\lambda^q)$均为关于$\lambda$的多项式。更进一步有

$$\deg\left(\frac{1}{\lambda^q}a(\lambda^q)h_1(\lambda^q)\right)+q = \deg\left(a(\lambda^q)h_1(\lambda^q)\right) \geqslant \deg\left(b_y(\lambda^q)h_2(\lambda^q)\right) \tag{6.2.24}$$

由于式(6.2.22)所描述的系统是开环稳定的，所以由文献[1]可得$h_1(\lambda^q)$的根都在集合$\left\{z\mid z\in\mathbf{C}, -\dfrac{\pi}{2q}\leqslant \arg z\leqslant \dfrac{\pi}{2q}\right\}$之外。

考虑式$\dfrac{1}{\lambda^q}a(\lambda^q)h_1(\lambda^q) = (\lambda^q+\beta_1+p_1)h_1(\lambda^q)$，其根的幅角都不在闭区间$\left[-\dfrac{\pi}{2q},\dfrac{\pi}{2q}\right]$之内。因此由引理6.1可得，当$b_e/b_0$足够大时，$C(s)$的根都在集合$\left\{z\mid z\in\mathbf{C}, -\dfrac{\pi}{2q}\leqslant \arg z\leqslant \dfrac{\pi}{2q}\right\}$之外。由于$b_e$为控制器参数，所以可以选择一个绝对值较大的$b_e$使得$b_e b_0>0$，以保证闭环系统稳定。证毕。□

定理 6.2.1 假设式(6.2.25)描述的有理阶线性时不变系统是开环稳定的：

$$Y(s) = \frac{\sum_{i=0}^{r_2} g_{2,i} s^{\alpha_{2,i}}}{\sum_{j=0}^{r_1} g_{1,j} s^{\alpha_{1,j}}} U(s) \qquad (6.2.25)$$

其中，$0 = \alpha_{i,0} < \alpha_{i,1} < \cdots < \alpha_{i,r}$ $(i=1,2)$，$\alpha_{i,r_1} \geqslant \alpha_{i,r_2}$，且实数 $g_{1,j} > 0$ $(j=0,1,\cdots,r_1)$，$g_{2,i} > 0$ $(i=1,2,\cdots,r_2)$，$g_{2,0}=1$。则式(6.2.25)描述的系统可由自抗扰控制方法使式(6.2.21)稳定。

证明 由于任意有理数都可表示为分数形式，q 可以取为传递函数模型中所有阶次分母的最小公倍数，这使得式(6.2.25)可以转换成式(6.2.19)的形式。因此，根据引理 6.2.2，定理 6.2.1 得证。证毕。□

6.2.5 仿真研究

为检验控制效果，将自抗扰控制与分数阶动态抑制策略用于五个已发表的分数阶模型。在所有仿真算例中都考虑了外部扰动 w 和量测噪声。文献[3]、[26]~[29]分别虚拟了一些分数阶模型，并且对部分模型设计了分数阶控制器。其中，有一个 I 型系统、三个 II 型系统和一个 III 型系统，被控对象模型与整定的自抗扰控制器参数如表 6.2.1 所示。考虑 $t=2\text{s}$ 时的外部扰动 $w=-10$，并考虑量测噪声，控制效果如图 6.2.4 所示。

表 6.2.1 仿真模型与自抗扰控制器参数

序号	模型	自抗扰控制器参数		
		b_e	ω_o	ω_c
1	$G_{\text{I}}^1(s) = \dfrac{1}{0.4s^{0.5}+1}$	2.5	300	10
2	$G_{\text{II}}^2(s) = \dfrac{1}{0.8s^{2.2}+0.5s^{0.9}+1}$	1	300	10
3	$G_{\text{II}}^3(s) = \dfrac{1}{0.6s^{0.8}+0.9s^{0.3}+1}$	2	300	10
4	$G_{\text{II}}^4(s) = \dfrac{1}{0.4s^{2.4}+s}$	2.5	500	10
5	$G_{\text{III}}^5(s) = \dfrac{0.8s^{1.2}+2}{1.1s^{1.8}+0.8s^{1.3}+1.9s^{0.5}+0.4}$	2	300	10

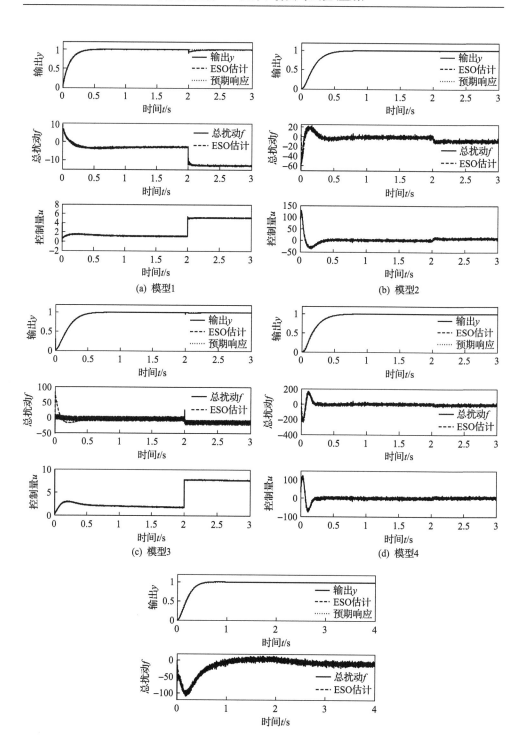

(a) 模型1　　(b) 模型2

(c) 模型3　　(d) 模型4

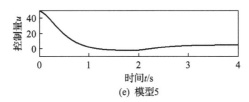

(e) 模型5

图 6.2.4　五个虚拟的分数阶模型控制效果

由仿真结果可得到一个有趣的现象，虽然模型不同，但控制器带宽 ω_c 是相同的，5 个系统呈现几乎相同的动态特性。另外 ESO 能较好地估计被噪声污染的系统输出 y 以及总扰动 f，外部扰动 w 同样被估计出来并抵消掉。这说明在自抗扰控制的框架下，通过 ESO 对扰动的有效估计，分数阶动态抑制策略是很有效的。

由于文献[28]~[30]分别对模型 G_{II}^2 设计了分数阶 PI（FOPI）控制器，对 G_{II}^3 设计了分数阶 PID（FOPID）控制器，对 G_{II}^4 设计了分数阶 PD（FOPD）控制器，对相应的自抗扰控制器参数也重新进行了整定，如表 6.2.2 所示，阶跃响应比较如图 6.2.5 所示。为公平起见，没有考虑外部扰动和量测噪声。由仿真结果可得，自抗扰控制器可以达到或略优于分数阶 PID 控制器的控制效果。

表 6.2.2　自抗扰控制器参数与分数阶 PID 控制器及参数

模型	自抗扰控制器参数			分数阶 PID 控制器及参数
	b_e	ω_o	ω_c	
G_{II}^2	1	1000	60	$C(s) = 20.5\left(s^{1.2} + 1\right)$
G_{II}^3	2	500	30	$C(s) = 1.72 + 41.524s^{-0.668} + 1.59s^{0.824}$
G_{II}^4	2.5	500	10	$C(s) = 6.3092\left(1 + 0.9435s\right)^{1.205}$

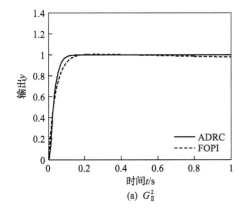

(a) G_{II}^2

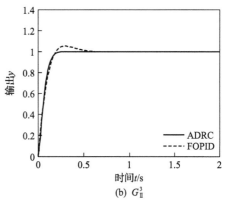

(b) G_{II}^3

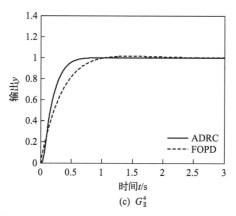

图 6.2.5　虚拟分数阶模型自抗扰(ADRC)控制器与分数阶 PID(FD)控制器的控制效果比较

6.2.6　小结

自抗扰控制框架下的分数阶动态抑制策略将自抗扰控制推广到线性分数阶系统，无穷维的分数阶动态被看成总扰动之一，由 ESO 实时估计出来并抵消掉。尽管有外部扰动、量测噪声的存在，ESO 的估计仍然是准确的。通过五个分数阶模型的仿真实验发现，ESO 对总扰动可以进行有效的实时估计与补偿，相同的控制器带宽 ω_c 可使得不同的控制系统达到几乎相同的预期动态。在与分数阶 PID 控制的对比中也发现，对于线性分数阶系统，自抗扰控制可以达到或略优于分数阶 PID 的控制效果。

6.3　非线性分数阶系统的自抗扰控制

广义的单输入单输出非线性分数阶系统如式(6.3.1)描述：

$$y^{(\alpha_n)}(t) = g\left(y^{(\alpha_{n-1})}(t), y^{(\alpha_{n-2})}(t), \cdots, y^{(\alpha_1)}(t), y(t), t\right) + bu(t) \tag{6.3.1}$$

其中，$\alpha_n > \alpha_{n-1} > \cdots > \alpha_1 > 0$ 为任意正实数；$g(\cdot)$ 为非线性函数；$y(t)$ 和 $u(t)$ 分别为系统的输出和输入。

不失一般性，在本章考虑如下的非线性分数阶系统：

$$y^{(\alpha_2)}(t) = g\left(y^{(\alpha_1)}(t), y(t), t\right) + bu(t) \tag{6.3.2}$$

其中，$1 < \alpha_2 < 3, 0 < \alpha_1 < \alpha_2, \alpha_i \in \mathbf{R}(i = 1, 2)$；$g(\cdot)$ 包含很强的非线性，如时变系数、三角函数、对数函数、绝对值运算以及符号函数等。

6.3.1 非线性分数阶动态抑制策略

同 6.2 节类似，这里采用简单的整数阶自抗扰控制器，将分数阶动态以及非线性函数看成对于整数阶动态的总扰动，利用 ESO 实时地将其估计出来抵消掉。为简化参数整定，同样采用自抗扰控制参数化整定方法[21]。由于本节讨论阶次小于 3 的非线性分数阶系统，所以采用二阶自抗扰控制系统结构如图 6.3.1 所示。

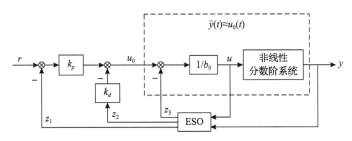

图 6.3.1 非线性分数阶系统的自抗扰控制结构

由于式(6.3.2)描述的系统阶次小于 3，所以可将其近似为二阶系统，在等号两边同时增加 $\ddot{y}(t)$ 项得到

$$
\begin{aligned}
\ddot{y}(t) &= \ddot{y}(t) - y^{(\alpha_2)}(t) + g\left(y^{(\alpha_1)}(t), y(t), t\right) + bu(t) - b_0 u(t) + b_0 u(t) \\
&= \left[\ddot{y}(t) - y^{(\alpha_2)}(t) + g\left(y^{(\alpha_1)}(t), y(t), t\right) + (b - b_0)u(t)\right] + b_0 u(t) \quad (6.3.3) \\
&= f(\cdot) + b_0 u(t)
\end{aligned}
$$

其中，$f(\cdot) = \ddot{y}(t) - y^{(\alpha_2)}(t) + g\left(y^{(\alpha_1)}(t), y(t), t\right) + (b - b_0)u(t)$ 为包含了非线性函数以及分数阶动态的总扰动。同样，如果已知 b 的信息，可以将 b_0 选取在 b 附近。

6.3.2 扩张状态观测器

定义 $h = \dot{f}$，以及虚拟状态变量 $x_i(i = 1, 2, 3)$，式(6.3.3)为

$$
\begin{cases}
\begin{bmatrix} \dot{x}_1 \\ \dot{x}_2 \\ \dot{x}_3 \end{bmatrix} = \begin{bmatrix} 0 & 1 & 0 \\ 0 & 0 & 1 \\ 0 & 0 & 0 \end{bmatrix} \begin{bmatrix} x_1 \\ x_2 \\ x_3 \end{bmatrix} + \begin{bmatrix} 0 \\ b_0 \\ 0 \end{bmatrix} u + \begin{bmatrix} 0 \\ 0 \\ 1 \end{bmatrix} h \\
y = \begin{bmatrix} 1 & 0 & 0 \end{bmatrix} \begin{bmatrix} x_1 \\ x_2 \\ x_3 \end{bmatrix}
\end{cases} \quad (6.3.4)
$$

其中，$x_3 = f$ 为扩张状态，可由如下 ESO 估计得到：

$$
\begin{cases}
\begin{bmatrix} \dot{z}_1 \\ \dot{z}_2 \\ \dot{z}_3 \end{bmatrix} = \begin{bmatrix} 0 & 1 & 0 \\ 0 & 0 & 1 \\ 0 & 0 & 0 \end{bmatrix} \begin{bmatrix} z_1 \\ z_2 \\ z_3 \end{bmatrix} + \begin{bmatrix} 0 \\ b_0 \\ 0 \end{bmatrix} u + \begin{bmatrix} \beta_1 \\ \beta_2 \\ \beta_3 \end{bmatrix} (y - \hat{y}) \\
\hat{y} = \begin{bmatrix} 1 & 0 & 0 \end{bmatrix} \begin{bmatrix} z_1 \\ z_2 \\ z_3 \end{bmatrix}
\end{cases}
\tag{6.3.5}
$$

同样基于带宽参数化的方法，将观测器的极点配置在 $-\omega_o$ 处。取 $\beta_1 = 3\omega_o$、$\beta_2 = 3\omega_o^2$ 以及 $\beta_3 = \omega_o^3$，ω_o 即为观测器带宽。

6.3.3 控制算法

当 ESO 的参数整定好之后，由 ESO 的输出 $z_i (i = 1, 2, 3)$ 分别估计 y、$\dot{y}$ 和 f，记 $z_1 = \hat{y}$，$z_2 = \hat{\dot{y}}$，$z_3 = \hat{f}$。为消除 f 对系统造成的不良影响，设计如下控制律：

$$
u = \frac{-z_3 + u_0}{b_0}
\tag{6.3.6}
$$

因此，式(6.3.3)被简化成一个双积分串联型系统：

$$
\ddot{y} = f - z_3 + u_0 \approx u_0
\tag{6.3.7}
$$

此系统可由简单的 PD 控制器控制：

$$
u_0 = k_p \left(r - z_1 \right) + k_d \left(-z_2 \right)
\tag{6.3.8}
$$

其中，r 为设定值。

这里为避免 $\dot{r}$ 带来的冲击，用 $-z_2$ 代替 $\dot{r} - z_2$。因此，式(6.3.7)为

$$
\ddot{y} = k_p \left(r - y \right) + k_d \left(-\dot{y} \right)
\tag{6.3.9}
$$

由此可得，闭环系统的传递函数为

$$
G(s) = \frac{k_p}{s^2 + k_d s + k_p}
\tag{6.3.10}
$$

其中，式(6.3.10)即自抗扰控制的预期响应。

同样由带宽参数化方法，令 $k_p = 2\omega_c$ 以及 $k_d = \omega_c^2$，其中，ω_c 为控制器带宽。

6.3.4　仿真研究

为检验自抗扰控制对非线性分数阶模型的控制效果,本节对 10 个非线性分数阶系统进行控制。非线性环节的选取参考了文献[31]中 5.4 节的非线性环节,分数阶的阶次取 $\alpha_2 = 2.2$、$\alpha_1 = 0.9$,构造 10 个非线性分数阶模型如下:

$$0.8y_{(t)}^{(2.2)} + 0.5\sin(5t)y_{(t)}^{(0.9)} + \sin(2t)y_{(t)} + \text{sign}(\sin t) = u_{(t)} \tag{6.3.11}$$

$$0.8y_{(t)}^{(2.2)} + 0.5\sin(5t)\left|y_{(t)}^{(0.9)}\right|y_{(t)}^{(0.9)} + \sin(2t)\,|\,y_{(t)}\,|\,y_{(t)} + \text{sign}(\sin t) = u_{(t)} \tag{6.3.12}$$

$$0.8y_{(t)}^{(2.2)} + 0.5\left(\sin(5t)\left|y_{(t)}^{(0.9)}\right| - 1\right)y_{(t)}^{(0.9)} + \sin(2t)y_{(t)} + \text{sign}(\sin t) = u_{(t)} \tag{6.3.13}$$

$$0.8y_{(t)}^{(2.2)} + 0.5\sin(5t)y_{(t)}^{(0.9)} + \sin(2t)\left(3 - \left(y_{(t)}^{(0.9)}\right)^2\right)y_{(t)} + \text{sign}(\sin t) = u_{(t)} \tag{6.3.14}$$

$$0.8y_{(t)}^{(2.2)} + 0.5\sin(5t)\text{sign}\left(y_{(t)}^{(0.9)}\right)\sqrt{\left|y_{(t)}^{(0.9)}\right|} + \sin(2t)\text{sign}\left(y_{(t)}\right)\sqrt{\,|\,y_{(t)}\,|\,} + \text{sign}(\sin t) = u_{(t)}$$
$$\tag{6.3.15}$$

$$0.8y_{(t)}^{(2.2)} + 0.5\sin(5t)\left|y_{(t)}^{(0.9)}\right|^{0.6} + \sin(2t)\,|\,y_{(t)}\,|^{0.2} + \text{sign}(\sin t) = u_{(t)} \tag{6.3.16}$$

$$0.8y_{(t)}^{(2.2)} + 0.5\text{sign}\left(y_{(t)}^{(0.9)} + \text{sign}\left(y_{(t)}\right)\right) + \text{sign}(\sin t) = u_{(t)} \tag{6.3.17}$$

$$0.8y_{(t)}^{(2.2)} + 0.5\sin(5t)\frac{1}{1 + \left(y_{(t)}^{(0.9)}\right)^2} + \sin(2t)y_{(t)}^{(0.9)}\,|\,y_{(t)}\,| + \text{sign}(\sin t) = u_{(t)} \tag{6.3.18}$$

$$0.8y_{(t)}^{(2.2)} + 0.5\sin(5t)\frac{1}{\left(1 + \left|y_{(t)}^{(0.9)}\right|\right)^2} + e^{\sin(2t)\frac{1+|y_{(t)}|}{10}} + \text{sign}(\sin t) = u_{(t)} \tag{6.3.19}$$

$$0.8y_{(t)}^{(2.2)} + 0.5\sin(5t)\lg\left(1 + \left|y_{(t)}^{(0.9)}\right|\right) + \sin(2t)\lg\left(1 + |\,y_{(t)}\,|\right) + \text{sign}(\sin t) = u_{(t)} \tag{6.3.20}$$

采用完全相同的自抗扰控制器,控制器参数为 $b_0 = 1, \omega_o = 500, \omega_c = 2$,仿真结果如图 6.3.2 所示。

6.3.5　小结

由仿真结果可得,尽管十个非线性分数阶模型的非线性形式各异,但在结构和参数都完全相同的自抗扰控制下,系统的动态响应与预期几乎一样,并且十个

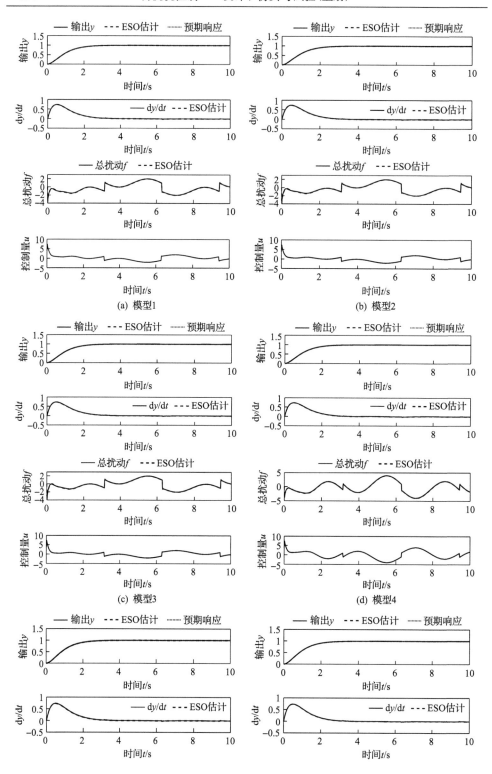

(a) 模型1　　　　　　　　　　　　　(b) 模型2

(c) 模型3　　　　　　　　　　　　　(d) 模型4

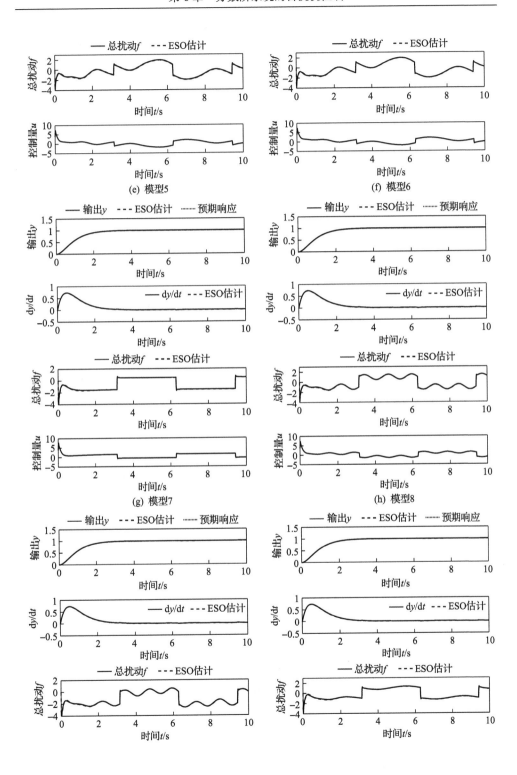

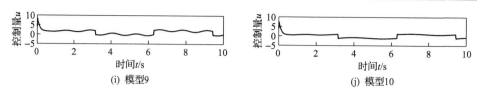

图 6.3.2　相同的自抗扰控制器对十个非线性分数阶模型的控制效果

系统几乎达到了相同的动态响应。非线性分数阶动态抑制策略将非线性函数与分数阶动态响应一起看成总扰动,由 ESO 实时估计出来并抵消掉。尽管系统中的非线性很强,由于 ESO 的实时准确估计,系统的总扰动被很好地补偿,最终都达到了预期的控制效果。模型之间的差别主要体现在将系统补偿为积分串联型之后的加速度作用过程上,因而相应的控制量有差别。

6.4　几个具有物理背景的分数阶模型自抗扰控制器

目前,已有学者在相关领域辨识了现实物理对象的分数阶模型,如分数阶永磁同步电机模型[32]、加热炉模型[33]、燃气轮机模型[34,35]和热传导模型[36]。本节将针对上述分数阶模型设计自抗扰控制器,并与现有的控制方法进行对比。

6.4.1　分数阶永磁同步电机模型

由于永磁同步电机(permanent magnet synchronous motor, PMSM)具有功率密度高、转矩电流比高、响应速度快、噪声低等特点,在需要高精度速度与位置控制的工业伺服系统中广泛应用[37]。文献[32]根据电机理论将 PMSM 模型转速与电压的关系简化为

$$G(s) = \frac{K}{s^{\zeta+\vartheta} + \dfrac{1}{T_l}s^{\zeta} + \dfrac{1}{T_m T_l}} \tag{6.4.1}$$

其中,K 为稳态增益;T_m 为机械时间常数;T_l 为电气时间常数。T_m 与 T_l 由电机的额定参数决定。由于文献[38]验证了电容器与电感器的电特性呈现分数阶特点,故令其电容器的阶次为 ϑ、电感器的阶次为 ζ。文献[32]由系统辨识方法进行辨识得到 $\vartheta = 0.8201$ 与 $\zeta = 0.9251$,通过单位阶跃响应得到 $K = 6.8251$,通过电机铭牌得知 $T_m = 0.0059\mathrm{s}$ 与 $T_l = 0.0045\mathrm{s}$,得到分数阶模型:

$$G(s) = \frac{6.8251}{s^{1.7452} + 222.222s^{0.9251} + 37665} \tag{6.4.2}$$

根据此分数阶 PMSM 模型,设计自抗扰控制器。将式(6.4.2)转换为分数阶微

分方程形式为

$$y^{(1.7452)} + 222.222y^{(0.9251)} + 37665y = 6.8251u \tag{6.4.3}$$

根据线性分数阶系统的自抗扰控制方法，可将式(6.4.3)变成如下形式：

$$
\begin{aligned}
\ddot{y} &= -y^{(1.7452)} - 222.222y^{(0.9251)} - 37665y + \ddot{y} + 6.8251u - b_0u + b_0u \\
&= \left[-y^{(1.7452)} - 222.222y^{(0.9251)} - 37665y + \ddot{y} + 6.8251u - b_0u \right] + b_0u \quad (6.4.4) \\
&= f + b_0u
\end{aligned}
$$

其中，$f = -y^{(1.7452)} - 222.222y^{(0.9251)} - 37665y + \ddot{y} + 6.8251u - b_0u$，将积分串联型之外的动态归结为总扰动。

取 $b_0 = 1$，整定控制器参数得 $\omega_c = 250$，$\omega_o = 1500$，系统的预期响应为

$$\frac{\omega_c^2}{s^2 + 2\omega_c + \omega_c^2} = \frac{1}{(0.004s + 1)^2} \tag{6.4.5}$$

自抗扰控制用于分数阶 PMSM 的控制效果如图 6.4.1 所示，ESO 很好地估计了系统的输出 y、y 的导数以及总扰动 f，并且系统输出 y 与预期响应的 IAE 指标为 8.712×10^{-4}，系统的响应与预期响应一致。

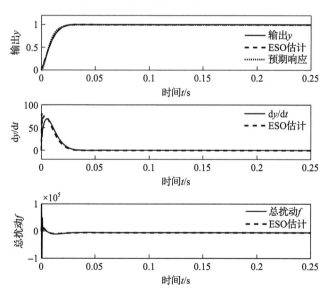

图 6.4.1　自抗扰控制用于分数阶 PMSM 的控制效果

将自抗扰控制与文献[32]提出的 PI 控制效果进行对比，如图 6.4.2 所示，两种

控制方法都能快速无超调地控制分数阶 PMSM 模型。但自抗扰控制可达到更快的响应速度,并且自抗扰控制将控制器参数与带宽结合起来,固定 b_0 后将 ω_c 与 ω_o 合并为一个参数,更易于整定。而所对比的 PI 控制方法需根据模型的精确信息,通过复杂的公式计算得到控制器参数。

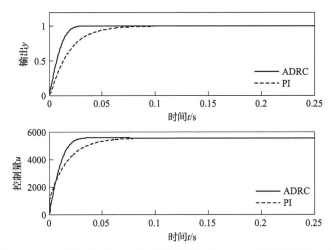

图 6.4.2　自抗扰控制与 PI 控制用于分数阶 PMSM 的控制效果对比

　　由于式(6.4.2)所描述的被控对象的系数是由电机参数得到的,而阶次是由系统辨识方法辨识得到的,所以辨识的阶次很可能与真实系统的阶次有误差。因此,这里考虑在阶次辨识不准的情况下,不改变控制器参数,考察系统的性能指标分布情况,即系统的性能鲁棒性。这里进行控制系统性能鲁棒性比较时,将被控对象的阶次进行 ±10% 的随机摄动,即在被控对象阶次标称参数的 ±10% 范围内,按照均匀分布的方式随机选取 2000 次,进行 2000 次单位阶跃响应实验。将两种方法的调节时间(取稳态值的 ±2% 之内)与超调量绘制在一张二维图上,将两种方法的 ITAE 指标与超调量绘制在另一张二维图上,比较两种方法的性能鲁棒性,如图 6.4.3 所示。ITAE 指标采用式(6.4.6)的传统计算方法:

$$J_{\text{ITAE}} = \int_0^\infty t|r(t) - y(t)|\,\mathrm{d}t \qquad (6.4.6)$$

　　对于选取的超调量、调节时间与 ITAE 三种时域性能指标,性能指标点越靠近左下角说明动态性能越好,分布越密集说明时域性能鲁棒性越好。如图 6.4.3 所示,自抗扰控制与 PI 的超调量都很小,在 0.5% 之内。调节时间和 ITAE 指标方面,自抗扰控制要明显优于 PI。而且,由于自抗扰控制的控制作用,系统调节时间和 ITAE 指标对参数摄动不敏感。另外,自抗扰控制的性能指标集中程度高于 PI,说明自抗扰控制较 PI 有更好的性能鲁棒性。

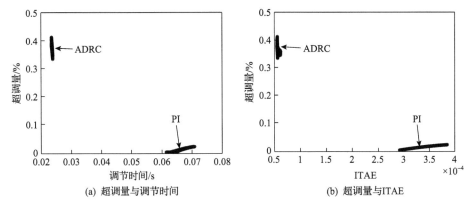

(a) 超调量与调节时间　　　　　　(b) 超调量与ITAE

图 6.4.3　自抗扰控制与 PI 控制用于分数阶 PMSM 的性能鲁棒性比较

考察系统输出与预期响应的 IAE 指标概率密度情况, 如图 6.4.4 所示。在标称参数下 IAE 指标为 8.712×10^{-4}, 参数摄动时的 IAE 指标也都集中分布在 8.712×10^{-4} 附近, 呈现一种近似的正态分布。并且所有的 IAE 指标都分布在 $\left[8.324 \times 10^{-4}, 8.881 \times 10^{-4}\right]$ 之间, 与标称参数下的 IAE 指标偏差不超过 $\pm 5\%$。由此可得, 在参数摄动情况下系统输出很好地与预期响应相符合。

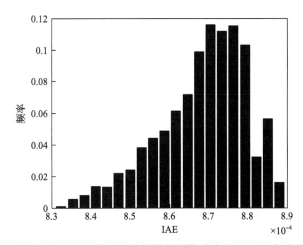

图 6.4.4　分数阶 PMSM 模型自抗扰控制预期响应的 IAE 频率分布直方图

6.4.2　分数阶加热炉模型

基于时域的测量值 $y_i^*(i = 0, 1, \cdots, M)$, Podlubny 等[33]针对一个真实的加热炉实验装置辨识了三个模型。通过比较三个模型的精度, 得出了所辨识的三项分数阶微分方程模型精度最高的结论。此模型在分数阶系统与控制领域为广大学者所引

用,是一个抽象的无量纲模型,其传递函数为

$$G_{\text{HF}}(s) = \frac{1}{14994.3s^{1.31} + 6009.52s^{0.97} + 1.69} \tag{6.4.7}$$

根据此分数阶加热炉模型,设计自抗扰控制器。此模型属于 6.2 节所描述的 II 型系统:

$$a_2 y^{(\alpha_2)} + a_1 y^{(\alpha_1)} + a_0 y = b_0 u$$

根据文献[33]给出的参数,并且考虑外部扰动 w

$$14994.3 y^{(1.31)} + 6009.52 y^{(0.97)} + 1.69 y = w + u \tag{6.4.8}$$

设计自抗扰控制器,很容易整定得到 $b_e = 0.0001 \approx b_0 / a_2 = 1/14994.3$, $\omega_o = 100000$, $\omega_c = 0.2$,系统的预期响应为

$$\frac{\omega_c^2}{s^2 + 2\omega_c + \omega_c^2} = \frac{1}{(5s+1)^2} \tag{6.4.9}$$

考虑外部扰动为 $t = 60\text{s}$ 时 $w = -0.1$ 的阶跃,并且也考虑到量测噪声,系统的阶跃响应如图 6.4.5 所示。其中比较了系统输出 y 、ESO 估计的 y 和系统的预期响应,比较了实际的总扰动 f 和 ESO 估计的总扰动 f ,并给出了控制量 u 。

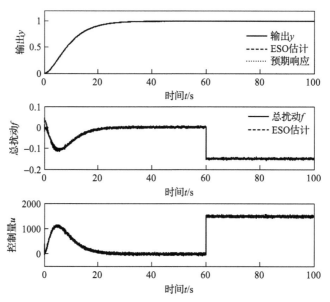

图 6.4.5　自抗扰控制用于分数阶加热炉模型效果

由图 6.4.5 可知，在有外部扰动和量测噪声的情况下，ESO 很准确地估计了 y 和 f，并且系统的输出也很符合预期响应。

文献[30]、[39]～[41]针对同样模型设计了 FOPID 控制器，如式（6.4.10）～式（6.4.13）所示：

$$C_{\text{FOPID-1}}(s) = 100\left(s^{0.31} + 10 + s^{-0.5}\right) \tag{6.4.10}$$

$$C_{\text{FOPID-2}}(s) = 714.9739 + \frac{107.0099}{s^{0.6}} + 287.7011s^{0.35} \tag{6.4.11}$$

$$C_{\text{FOPID-3}}(s) = 736.8054 - \frac{0.5885}{s^{0.6}} - 818.4204s^{0.35} \tag{6.4.12}$$

$$C_{\text{FOPID-4}}(s) = 1924.7 - \frac{111.8922}{s^{0.325}} - 653.2185s^{0.325} \tag{6.4.13}$$

为公平起见，在不考虑外部扰动和量测噪声的情况下比较上述 FOPID 控制器与自抗扰控制器的控制效果，结果如图 6.4.6 所示。由仿真结果比较可得，自抗扰控制可做到快速无超调响应，并且参数整定简单。

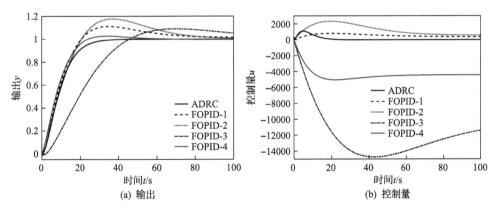

图 6.4.6　自抗扰控制与分数阶 PID 控制用于分数阶加热炉模型效果比较

6.4.3　分数阶燃气轮机模型

文献[34]、[35]基于系统输入输出数据辨识了一个燃气轮机的分数阶模型，输入是燃料率，输出是涡轮机速度。一般情况下，燃气轮机在 90%～93%额定速率下工作。此分数阶模型的传递函数在 90%额定速率工况下为

$$G_{\text{GT90}}(s) = \frac{103.9705}{0.00734s^{1.6807} + 0.1356s^{0.8421} + 1} \tag{6.4.14}$$

在 93%额定速率工况下为

$$G_{\text{GT93}}(s) = \frac{110.9238}{0.0130s^{1.6062} + 0.1818s^{0.7089} + 1}$$　　　(6.4.15)

根据此分数阶燃气轮机模型，设计自抗扰控制器。在 90%额定工况下整定自抗扰控制器，由于 $b_0 / a_2 = 8532.6$，故为便于实现取 $b_e = 10000$，并取 $\omega_o = 100$ 和 $\omega_c = 10$，系统的预期响应为

$$\frac{\omega_c^2}{s^2 + 2\omega_c + \omega_c^2} = \frac{1}{(0.1s + 1)^2}$$　　　(6.4.16)

考虑在 $t = 2\text{s}$ 时加入 $w = -10$ 的外部扰动，并考虑量测噪声，90%额定工况下系统的控制效果如图 6.4.7 所示。由仿真结果可得，ESO 可进行有效的估计，系统的响应符合预期。

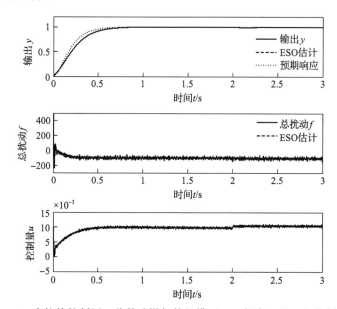

图 6.4.7　自抗扰控制用于分数阶燃气轮机模型 90%额定工况下的控制效果

基于同样参数将自抗扰控制用于 93%额定工况下的燃气轮机模型，控制效果如图 6.4.8 所示。尽管工况变为 93%额定速率，没有重新整定控制器参数，但控制效果仍然符合预期响应。

6.4.4　分数阶热传导模型

文献[36]用系统辨识的方法辨识了一个传热过程，输入是电热器的电压，输

出是高温计的电压。此模型的传递函数为

$$G_{HS}(s) = \frac{1}{39.69s^{1.26} + 0.598}\quad (6.4.17)$$

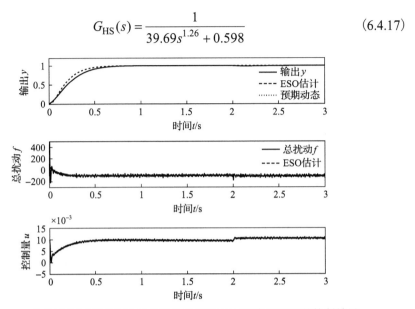

图 6.4.8　自抗扰控制用于分数阶燃气轮机模型 93%额定工况下的控制效果

根据此分数阶热传导模型，设计自抗扰控制器。根据 6.2 节的描述，此系统为 I 型系统，设计一阶自抗扰控制器或二阶 ESO 的自抗扰控制器比较合适，易整定参数得 $b_e = 0.03 \approx 1/39.69$，$\omega_o = 300$，$\omega_c = 10$，系统的预期响应为

$$\frac{\omega_c}{s + \omega_c} = \frac{1}{0.1s + 1}\quad (6.4.18)$$

在 $t = 2s$ 时加入 $w = -10$ 的外部扰动，并考虑量测噪声，系统的阶跃响应如图 6.4.9 所示。

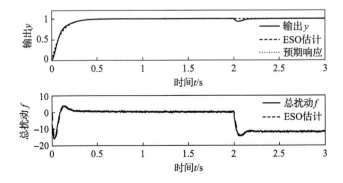

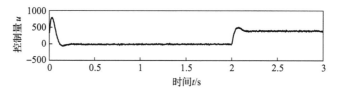

图 6.4.9　自抗扰控制用于分数阶热传导模型的控制效果

由仿真结果可得，尽管有量测噪声和外部扰动，ESO 可有效地估计输出 y 和总扰动 f，并且系统的响应符合预期。

自抗扰控制与 FOPD 的控制效果对比如图 6.4.10 所示，自抗扰控制的响应速度较分数阶 PD 快并且无超调，而且控制量没有比分数阶 PD 大很多。

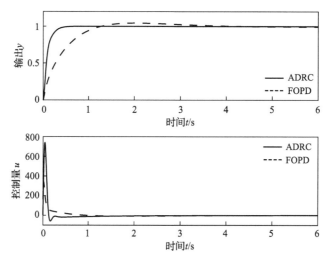

图 6.4.10　自抗扰控制与 FOPD 控制用于分数阶热传导模型的控制效果对比

由于式(6.4.17)所描述的分数阶热传导模型是由系统辨识方法辨识得到的，所以辨识的模型很可能与真实系统有误差。由于传递函数分子多项式与分母多项式的系数线性相关，并且式(6.4.17)的分子为常数 1。因此，这里不失一般性地只考虑在传递函数分母多项式的阶次和系数辨识不准的情况下，不改变控制器参数，考察系统的性能指标分布情况，即系统的性能鲁棒性。这里进行控制系统性能鲁棒性比较时，将传递函数分母多项式的阶次和系数进行 ±10% 的随机摄动。即在阶次和系数标称参数的 ±10% 范围内，按照均匀分布的方式随机选取 2000 次，进行 2000 次单位阶跃响应实验。将两种方法的调节时间(取到达稳态值的 ±2% 之内)与超调量绘制在一张二维图上，将两种方法的 ITAE 指标与超调量绘制在另一张二维图上，比较两种方法的性能鲁棒性，如图 6.4.11 所示。ITAE 指标采用式(6.4.6)的传统计算方法。

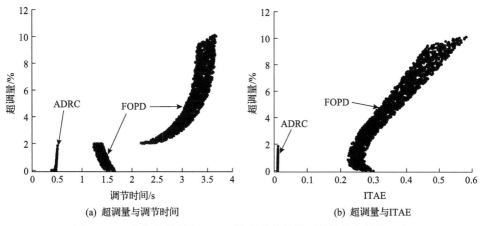

(a) 超调量与调节时间　　　　　　　　(b) 超调量与ITAE

图 6.4.11　自抗扰控制与 FOPD 控制热传导模型的性能鲁棒性比较

对于选取的超调量、调节时间与 ITAE 三种时域性能指标，性能指标点越靠近左下角说明动态性能越好，分布越密集说明时域性能鲁棒性越好。由图 6.4.11 可知，自抗扰控制的超调量都很小，在 2% 之内，而 FOPD 达到了 10%。在调节时间和 ITAE 指标方面，自抗扰控制要明显优于 FOPD。而且，由于自抗扰控制作用，系统调节时间和 ITAE 指标对参数摄动不敏感。另外，自抗扰控制的性能指标集中程度明显高于 FOPD，说明自抗扰控制较 FOPD 有更好的性能鲁棒性。

考察系统输出与预期响应的 IAE 指标概率密度情况，如图 6.4.12 所示。在标称参数下 IAE 指标为 0.012，参数摄动时的 IAE 指标也都集中分布在 0.012 附近，呈现一种近似的泊松分布。并且所有的 IAE 指标都分布在 $[0.005, 0.038]$ 之间，与

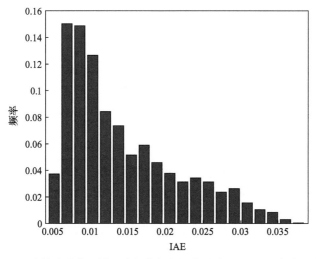

图 6.4.12　分数阶热传导模型自抗扰控制预期响应的 IAE 频率分布直方图

标称参数下的 IAE 指标偏差很小。由此可得，在参数摄动情况下系统输出很好地
与预期响应相符合。

6.4.5 小结

本节分别针对分数阶 PMSM 模型、分数阶加热炉模型、分数阶燃气轮机模型
以及分数阶热传导模型设计了自抗扰控制方法，并且与已有文献中的控制方法进
行了对比。由于部分被控对象的模型由系统辨识方法得到，或存在偏差。所以，
考察了被控对象在标称参数附近摄动时系统的性能鲁棒性。通过仿真实验比较阶
跃响应，可以很明显地看到自抗扰控制具有更快的响应速度，并且很好地达到了
所设计的预期响应。在参数摄动的性能鲁棒性比较实验中，自抗扰控制的性能指
标集中，对模型参数变化不敏感，都较所对比的控制方法有更好的性能鲁棒性。

参 考 文 献

[1] Monje C A, Chen Y Q, Vinagre B M, et al. Fractional-Order Systems and Controls: Fundamentals and Applications[M]. London: Springer, 2010.

[2] Chen Y Q. Ubiquitous fractional order controls?[C]. The 2nd IFAC Workshop on Fractional Differentiation and Its Applications, Porto, 2006: 481-492.

[3] Chen Y Q, Petráš I, Xue D Y. Fractional order control—A tutorial[C]. Proceedings of the American Control Conference, St. Louis, 2009: 1397-1411.

[4] 赵春娜, 李英顺, 陆涛. 分数阶系统分析与设计[M]. 北京: 国防工业出版社, 2011.

[5] 徐明瑜, 谭文长. 中间过程、临界现象: 分数阶算子理论、方法、进展及其在现代力学中的应用[J]. 中国科学 G 辑: 物理学 力学 天文学, 2006, 36(3): 225-238.

[6] 陈文, 孙洪广, 李西成, 等. 力学与工程问题的分数阶导数建模[M]. 北京: 科学出版社, 2010.

[7] Schlesinger M F. Fractal time and 1/f noise in complex systems[J]. Annals of the New York Academy of Sciences, 1987, 504(1): 214-228.

[8] Torvik P J, Bagley R L. On the appearance of the fractional derivative in the behavior of real materials[J]. Journal of Applied Mechanics, 1984, 51(2): 294-298.

[9] Pritz T. Five-parameter fractional derivative model for polymeric damping materials[J]. Journal of Sound and Vibration, 2003, 265(5): 935-952.

[10] Das S. Functional Fractional Calculus[M]. Berlin: Springer, 2011.

[11] Jesus I S, Tenreiro-Machado J A, Barbosa R S. Fractional dynamics and control of distributed parameter systems[J]. Computers & Mathematics with Applications, 2010, 59(5): 1687-1694.

[12] Westerlund S, Ekstam L. Capacitor theory[J]. IEEE Transactions on Dielectrics and Electrical Insulation, 1994, 1(5): 826-839.

[13] Chua L O. Memristor—The missing circuit element[J]. IEEE Transactions on Circuit Theory, 1971, 18(5): 507-519.

[14] Oldham K B, Spanier J. The Fractional Calculus: Theory and Applications of Differentiation and Integration to Arbitrary Order[M]. New York: Academic Press, 1974.

[15] Ross B. Fractional Calculus and Its Applications: Proceedings of the International Conference held at the University of New Haven, June 1974[M]. Berlin: Springer, 1975.

[16] Podlubny I. Fractional Differential Equations: An Introduction to Fractional Derivatives[M]. Cambridge: Academic Press, 1999.

[17] 薛定宇. 分数阶微积分学与分数阶控制[M]. 北京: 科学出版社, 2018.

[18] 薛定宇, 陈阳泉. 控制数学问题的 MATLAB 求解[M]. 北京: 清华大学出版社, 2007.

[19] Matignon D. Stability properties for generalized fractional differential systems[J]. ESAIM: Proceedings Fractional Differential Systems Models, Methods and Applications, 1998, 5: 145-158.

[20] Tavakoli-Kakhki M, Haeri M. Fractional order model reduction approach based on retention of the dominant dynamics: Application in IMC based tuning of FOPI and FOPID controllers[J]. ISA Transactions, 2011, 50(3): 432-442.

[21] Gao Z Q. Scaling and bandwidth-parameterization based controller tuning[C]. Proceedings of the American Control Conference, Denver, 2003: 4989-4996.

[22] Tian G, Gao Z Q. Frequency response analysis of active disturbance rejection based control system[C]. The 16th IEEE International Conference on Control Applications, Singapore, 2007: 1595-1599.

[23] Zheng Q, Gao L Q, Gao Z Q. On validation of extended state observer through analysis and experimentation[J]. Journal of Dynamic Systems, Measurement, and Control, 2012, 134(2): 024505.

[24] Ostrowski A M. Solution of Equations in Euclidean and Banach Space[M]. New York: Academic Press, 1973.

[25] Zhao C Z. Capability of ADRC for minimum-phase plants with unknown orders and uncertain relative degrees[C]. Proceedings of the Chinese Control Conference, Beijing, 2010: 6121-6126.

[26] Podlubny I. Fractional-order systems and $PI^{\lambda}D^{\mu}$-controllers[J]. IEEE Transactions on Automatic Control, 2002, 44(1): 208-214.

[27] Luo Y, Chen Y Q, Wang C Y, et al. Tuning fractional order proportional integral controllers for fractional order systems[J]. Journal of Process Control, 2010, 20(7): 823-831.

[28] Luo Y, Chen Y Q. Fractional order [proportional derivative] controller for a class of fractional order systems[J]. Automatica, 2009, 45(10): 2446-2450.

[29] Biswas A, Das S, Abraham A, et al. Design of fractional-order $PI^{\lambda}D^{\mu}$ controllers with an

improved differential evolution[J]. Engineering Applications of Artificial Intelligence, 2009, 22(2): 343-350.

[30] Merrikh-Bayat F, Karimi-Ghartemani M. Method for designing $PI^\lambda D^\mu$ stabilisers for minimum-phase fractional-order systems[J]. IET Control Theory and Applications, 2010, 4(1): 61-70.

[31] 韩京清. 自抗扰控制技术: 估计补偿不确定因素的控制技术[M]. 北京: 国防工业出版社, 2008.

[32] Yu W, Luo Y, Pi Y G. Fractional order modeling and control for permanent magnet synchronous motor velocity servo system[J]. Mechatronics, 2013, 23(7): 813-820.

[33] Podlubny I, Dorcak L, Kostial I. On fractional derivatives, fractional-order dynamic systems and $PI^\lambda D^\mu$-controllers[C]. Proceedings of the 36th Conference on Decision & Control, San Diego, 1997: 4985-4990.

[34] Deshpande M K. Interval methods for analysis and synthesis of linear and nonlinear uncertain fractional order systems[D]. Mumbai: Indian Institute of Technology Bombay, 2006.

[35] Nataraj P S V, Kalla R. Computation of spectral sets for uncertain linear fractional-order systems[J]. Communications in Nonlinear Science and Numerical Simulation, 2009, 15(4): 946-955.

[36] Petráš I, Vinagre B M, Dorčák Ľ, et al. Fractional digital control of a heat solid: Experimental results[C]. Proceedings of the 3th International Carpathian Control Conference, Malenovice, 2002: 365-370.

[37] Cahill D P M, Adkins B. The permanent-magnet synchronous motor[J]. Journal of the Institution of Electrical Engineers, 1962, 8(96): 554-555.

[38] Petráš I. A note on the fractional-order Chua's system[J]. Chaos, Solitons & Fractals, 2008, 38(1): 140-147.

[39] Bouafoura M K, Braiek N B. $PI^\lambda D^\mu$ controller design for integer and fractional plants using piecewise orthogonal functions[J]. Communications in Nonlinear Science and Numerical Simulation, 2010, 15(5): 1267-1278.

[40] Zhao C N, Xue D Y, Chen Y Q. A fractional order PID tuning algorithm for a class of fractional order plants[C]. Proceedings of IEEE International Conference on Mechatronics and Automation, Niagara Falls, 2005: 216-221.

[41] Tabatabaei M, Haeri M. Design of fractional order proportional-integral-derivative controller based on moment matching and characteristic ratio assignment method[J]. Proceedings of the Institution of Mechanical Engineers, Part I: Journal of Systems and Control Engineering, 2011, 225(8): 1040-1053.